Josef Hoffmann, Franz Quint
**Simulation technischer linearer und
nicht linearer Systeme mit MATLAB®/Simulink®**

Weitere empfehlenswerte Titel

Einführung in Signale und Systeme
Josef Hoffmann, Franz Quint, 2013
ISBN 978-3-486-73085-2, e-ISBN 978-3-486-75523-7

Ereignisdiskrete Systeme, 3. Auflage
Fernando Puente León, Uwe Kiencke, 2013
ISBN 978-3-486-73574-1, e-ISBN 978-3-486-76971-5

Verallgemeinerte Netzwerke in der Mechatronik
Jörg Grabow, 2013
ISBN 978-3-486-71261-2, e-ISBN 978-3-486-71982-6

Computational Intelligence
Andreas Kroll
ISBN 978-3-486-70976-6, e-ISBN 978-3-486-73742-4

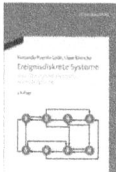

Josef Hoffmann, Franz Quint

Simulation technischer linearer und nichtlinearer Systeme mit MATLAB®/Simulink®

DE GRUYTER
OLDENBOURG

Autoren

Prof. Dr.-Ing. Josef Hoffmann
Hochschule Karlsruhe Technik und Wirtschaft
Fakultät Elektro- u. Informationstechnik
Moltkestr. 30
76133 Karlsruhe
josef.hoffmann@hs-karlsruhe.de

Prof. Dr.-Ing. Franz Quint
Hochschule Karlsruhe Technik und Wirtschaft
Fakultät Elektro- u. Informationstechnik
Moltkestr. 30
76133 Karlsruhe
franz.quint@hs-karlsruhe.de

ISBN 978-3-11-034382-3
e-ISBN 978-3-11-034383-0

Library of Congress Cataloging-in-Publication Data
A CIP catalog record for this book has been applied for at the Library of Congress.

Bibliografische Information der Deutschen Nationalbibliothek
Die Deutsche Nationalbibliothek verzeichnet diese Publikation in der Deutschen Nationalbibliografie; detaillierte bibliografische Daten sind im Internet über http://dnb.dnb.de abrufbar

© 2014 Oldenbourg Wissenschaftsverlag GmbH
Rosenheimer Straße 143, 81671 München, Deutschland
www.degruyter.com
Ein Unternehmen von De Gruyter
Lektorat: Gerhard Pappert
Herstellung: Tina Bonertz
Titelbild: Autoren
Druck und Bindung: CPI books GmbH, Leck

Gedruckt in Deutschland
Dieses Papier ist alterungsbeständig nach DIN/ISO 9706.

Vorwort

Die Physik lehrt uns die Naturgesetze, die das Verhalten unserer Welt bestimmen. Die Mathematik liefert uns die Werkzeuge, um die von der Physik aufgestellten Gleichungen zu lösen und so die Vorgänge in der Natur zu verstehen und vorhersagen zu können. Den physikalischen Modellen liegen jedoch oftmals Idealisierungen oder Vereinfachungen zu Grunde, so dass die zu komplexe oder noch nicht vollständig erforschte Realität für manche Anwendungen nur unzureichend beschrieben wird. Doch selbst in Fällen, in denen die Gleichungen alle relevanten Phänomene erfassen, kann es sein, dass die Gleichungen, z.B. wenn sie Nichtlinearitäten enthalten, analytisch nicht lösbar sind. In solchen Fällen helfen nur numerische Lösungsverfahren, bzw. Simulationen, um den zeitlichen Verlauf von Prozessen oder Systemen zu ermitteln. Die Simulation ist heute ein unerlässlicher Bestandteil in der Entwicklung technischer Systeme.

So wurde auch der Gedanke verworfen, eine Aufgabensammlung mit Lösungen als Begleitung zu unserem zuvor erschienen Buch „Einführung in Signale und Systeme: Lineare zeitinvariante Systeme mit anwendungsorientierten Simulationen in MATLAB/Simulink" herauszugeben. Analytische Lösungen sind weitgehend nur für lineare Systeme möglich, ein großer Teil technischer Systeme wäre außen vor geblieben.

Auch der Wunsch von Studierenden der Studiengänge Mechatronik und Elektrotechnik der Hochschule Karlsruhe hat dazu beigetragen, neben linearen auch nichtlineare Systeme mit Hilfe von Simulationen zu untersuchen. So werden in einem umfangreichen ersten Kapitel mechanische Systeme modelliert und simuliert, wobei Radaufhäungen und allgemein Feder-Masse-Systeme mit Dämpfungen, Unwuchten, passiven und aktiven Tilgern sowie Systeme mit Reibungskräften betrachtet werden. Dabei wird gezeigt, wie die auftretenden nichtlinearen Differentialgleichungen in Simulationen untersucht werden können.

Das zweite Kapitel widmet sich überwiegend den elektronischen Spannungswandlern, welche aufgrund der Schaltvorgänge linear nur in Teilzuständen, insgesamt aber nichtlinear sind.

Das letzte Kapitel widmet sich der Regelungstechnik, wobei auch hier überwiegend nichtlineare Regelungen untersucht werden. Mit diesem Querschnitt an Anwendungen hoffen wir, Ingenieurstudenten und Praktikern verschiedener Fachrichtungen einen Leitfaden zur Modellierung und Simulation technischer linearer und nichtlinearer Systeme an die Hand zu geben.

Alle Untersuchungen sind in Form von kleinen Projekten aufgebaut. Dabei wird zunächst ein Modell für das untersuchte System ermittelt und mit Hilfe von linearen oder nichtlinearen Differentialgleichungen beschrieben. Die Lösung dieser Differentialgleichungen erfolgt mittels Simulation mit den Werkzeugen der MATLAB-Produktfamilie. Zur Initialisierung der Simulation, zur Festlegung der Parameter usw. wird jeweils ein kleines MATLAB-Programm verwendet, welches auch die eigentliche Simulation mit einem Simulink-Modell startet. Nach Durchführung der Simulation werden die Ergebnisse mit Hilfe des MATLAB-Programms aufbereitet, grafisch dargestellt und eventuell weitere Kenngrößen wie Übertragungsfunktionen oder Spektren bestimmt. Die Zusammengehörigkeit des MATLAB-Programms und des Simulink-Modells wird durch die Wahl der Namen sichergestellt. Wird ein MATLAB-Programm z.B. mit dem Namen `feder_masse_1.m` bezeichnet, so trägt das dazugehörige Simulink-Modell den entsprechenden Namen `feder_masse1.mdl` (oder `feder_masse1.slx`).

Es wurde darauf geachtet, dass die Programme und Modelle möglichst einfach gehalten sind, so dass sie verständlich bleiben und der Leser sich auf das simulierte System konzentrieren kann. Alle Programme und Modelle können von der Internetseite des Verlags kopiert werden und durch den Leser zu eigenen Zwecken verwendet, angepasst, erweitert werden.

Aufgrund der Einfachheit des Einsatzes von MATLAB/Simulink wurde darauf verzichtet, in das Buch eine Einführung in die Programmierung aufzunehmen. Im Fall, dass sich vereinzelt die Bedeutung von Befehlen oder Funktionen nicht direkt erschließen sollte, wird auf das Hilfsystem von MATLAB/Simulink oder auf die Vielzahl von Büchern oder im Internet frei verfügbaren und von Hochschulen herausgegebenen Skripten verwiesen.

Das Buch soll auch dem Ausspruch Albert Einsteins dienen: „Das Problem zu erkennen ist wichtiger, als die Lösung finden, denn die genaue Darstellung des Problems führt fast automatisch zur richtigen Lösung". Das Hauptziel der Lehre sollte sein, die richtigen Fragen zu stellen und die reale Welt korrekt zu modellieren. Die Simulationen werden anschließend mit gegenwärtigen, leistungsfähigen Rechnern durchgeführt. Damit können Fachkenntnisse näher an der Praxis und leichter verständlich vermittelt werden und es bleibt Raum für kreatives Denken.

Hinweise

In den Zahlenbeispielen werden die Größen mit Einheiten im SI-System angenommen und in die Formeln eingesetzt. Die Unterschriften der Abbildungen, in denen die Ergebnisse der Simulationen dargestellt sind, enthalten in Klammern auch die Dateinamen der MATLAB-Programme bzw. Simulink-Modelle, die zu diesen Darstellungen geführt haben.

Zur Erstellung der MATLAB-Programme und Simulink-Modelle wurde die Version 2012b der MATLAB-Software verwendet. Die Kompatibilität mit der neueren Version 2013b wurde überprüft. Die im Buch verwendeten Skripte und Modelle, können aus dem Internet heruntergeladen werden. Sie befinden sich als Zusatzmaterial auf den Web-Seiten des Verlags zu diesem Buch: `http://www.degruyter.com/`.

Aus dem großen Umfang der MATLAB-Produktfamilie werden in diesem Buch hauptsächlich Funktionen aus der Grundsoftware eingesetzt. Dadurch kann die *Student Version* dieser Software, die zu einem günstigen Preis von ca. 100 Euro für Studierende angeboten wird, uneingeschränkt verwendet werden. Mit der Software wird auf der DVD eine ausführliche Dokumentation geliefert. Einzelheiten kann man auf der Web-Seite der Firma MathWorks `http://www.mathworks.com/academia/student_version/?BB=1` erfahren.

Zur MATLAB-Produktfamilie bietet die Firma *MathWorks* im Internet ausführliche Unterstützung an. So findet man z.B. unter der Adresse `http://www.mathworks.com/matlabcentral` im Menü *File Exchange* eine Vielzahl von Programm- und Modellbeispielen. Weiterhin werden laufend *Webinare*[1], auch in deutscher Sprache, angeboten. Weltweit gibt es über 1000 Buchtitel, die die MATLAB-Software beschreiben und einsetzen. Auf den Internet Seiten `https://www.mathworks.de/support/books/index.html` findet man sortiert nach Anwendungsgebieten die Titel und kurze Resümees dieser Büchern.

Danksagung

Wir möchten uns vor allem beim Kollegen Prof. Dr. Robert Kessler von der Hochschule Karlsruhe - Technik und Wirtschaft bedanken. Er hat zusammen mit Dipl.-Ing. Michael Schultz von der gleichen Hochschule die Simulationssprache Tephys entwickelt und verschiedene Problemstellungen damit simuliert. Die Ideen zu einigen der mechanischen Beispiele wurden mit freundlicher Genehmigung von seiner Web-Seite `http://www.home.hs-karlsruhe.de/~kero0001` übernommen. Bei Prof. Dr. Horst Klepp bedanken wir uns für die Überprüfung einiger Differentialgleichungen mechanischer Systeme.

Dank gebührt den Mitarbeitern der Firma *The MathWorks*, die die Autoren von MATLAB-Büchern betreuen und ihnen neue Versionen der Software zur Verfügung stellen.

Josef Hoffmann, Franz Quint

---

[1]Multimediale Seminare über das Internet

Inhaltsverzeichnis

1 Simulation mechanischer Systeme

Lineare Systeme lassen sich weitgehend problemlos simulieren, weil die in MAT-LAB/Simulink verwendeten Lösungsverfahren („*Solver*") für Differential- und Differenzengleichungen gut konvergieren [13]. Auch für „harmlose"Nichtlinearitäten, d.h. solche ohne Unstetigkeitsstellen, konvergieren die üblichen Lösungsverfahren mit variabler, angepasster Schrittweite.

Bei Unstetigkeitsstellen, die z.B. bei Systemen mit Gleitreibung vorhanden sind, haben die Solver mit variabler Schrittweite jedoch Probleme. Hier bietet sich der Ausweg an, mit fester Schrittweite zu arbeiten, wobei diese unter Umständen sehr klein gewählt werden muss.

Im vorliegenden Kapitel werden Beispiele mechanischer Systeme vorgestellt, in denen all diese Aspekte auftreten. Die dynamischen Eigenschaften von Schwingungssystemen [22] bieten viele Möglichkeiten, die Systemtheorie anzuwenden. Für Servosysteme, die modellbasiert arbeiten, sind die klassischen Modelle der Gleitreibung nicht geeignet. Mehrere neue Modelle [2], [46], [34], die mit Erfolg eingesetzt wurden, werden durch Simulationen in diesem Kapitel vorgestellt. Ebenso wird die Selbstsynchronisation von Unwuchtsystemen [41] und die Tilgung von Schwingungen [47] mit praktischen Beispielen untersucht.

1.1 Simulation eines einfachen Modells einer Radaufhängung

Abb. 1.1 zeigt das Modell einer Radaufhängung. Mit m_s ist die Masse des Chassis und mit m_a ist die Masse der Aufhängung bezeichnet. Die Faktoren für die Dämpfung von Federung und Reifen sind c und c_t und die Federkonstanten der Feder und des Reifens sind k und k_t.

Die Differentialgleichungen der Bewegungen des Systems $x_1(t), x_2(t)$ relativ zur statischen Gleichgewichtslage, die sich für eine Anregung $y(t) \neq 0$ ergeben, sind:

$$m_s \ddot{x}_1(t) + c(\dot{x}_1(t) - \dot{x}_2(t)) + k(x_1(t) - x_2(t)) = 0$$
$$m_a \ddot{x}_2(t) + c(\dot{x}_2(t) - \dot{x}_1(t)) + c_t(\dot{x}_2(t) - \dot{y}(t)) + \quad\quad (1.1)$$
$$k(x_2(t) - x_1(t)) + k_t(x_2(t) - y(t)) = 0$$

Die Anregung $y(t)$ stellt die Unebenheiten der Fahrbahn dar. Wegen des Dämpfers mit Dämpfungsfaktor c_t wirkt als Anregung auch die Geschwindigkeit $\dot{y}(t)$. Man kann daraus ein System von Differentialgleichungen erster Ordnung für die Zustandsvariablen bilden. Hier sind die Zustandsvariablen die Lagekoordinaten (kurz Lagen) der Massen $x_1(t), x_2(t)$ und die entsprechenden Geschwindigkeiten $\dot{x}_1(t), \dot{x}_2(t)$.

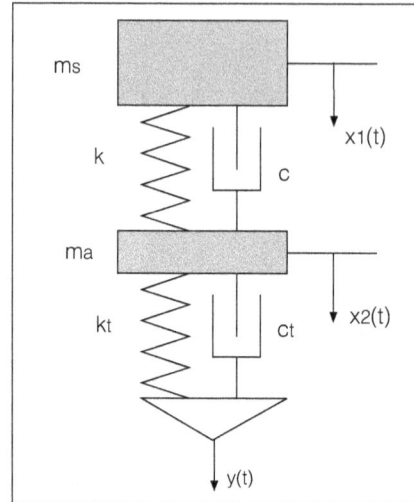

Abb. 1.1: Einfaches Modell einer
Radaufhängung

In der Mechanik wird oft ein solches System durch folgende Matrixform
beschrieben:

$$\begin{bmatrix} m_s & 0 \\ 0 & m_a \end{bmatrix} \begin{bmatrix} \ddot{x}_1(t) \\ \ddot{x}_2(t) \end{bmatrix} + \begin{bmatrix} c & -c \\ -c & c_t + c \end{bmatrix} \begin{bmatrix} \dot{x}_1(t) \\ \dot{x}_2(t) \end{bmatrix} + \begin{bmatrix} k & -k \\ -k & k_t + k \end{bmatrix} \begin{bmatrix} x_1(t) \\ x_2(t) \end{bmatrix} =$$

$$\begin{bmatrix} 0 \\ c_t \end{bmatrix} \dot{y}(t) + \begin{bmatrix} 0 \\ k_t \end{bmatrix} y(t) \tag{1.2}$$

In kompakter Form geschrieben erhält man die Gleichung:

$$\mathbf{M}\ddot{\mathbf{x}}(t) + \mathbf{C}\dot{\mathbf{x}}(t) + \mathbf{K}\mathbf{x}(t) = \mathbf{D}\dot{y}(t) + \mathbf{B}y(t) \tag{1.3}$$

Der Vektor $\mathbf{x}(t)$ enthält die zwei Lagekoordinaten der Massen und die Massen-
matrix M, die Dämpfungsmatrix C und die Steifigkeitsmatrix $\mathbf{K}$ sind gemäß Gl. (1.2)
definiert. Die Anregung $y(t)$ und deren Geschwindigkeit $\dot{y}(t)$ sind mit den Matrizen B
bzw. D gewichtet.

1.1.1   Homogene Lösung

Es wird zuerst die homogene Lösung ermittelt, die der Gl. (1.3) ohne Anregung entspricht, d.h. $y(t) = 0, \dot{y}(t) = 0$:

$$\mathbf{M}\ddot{\mathbf{x}}(t) + \mathbf{C}\dot{\mathbf{x}}(t) + \mathbf{K}\mathbf{x}(t) = \mathbf{0} \tag{1.4}$$

Die Lösung der homogenen Differentialgleichung erfolgt mittels des üblichen Ex-
ponentialansatzes:

$$\mathbf{x}_h(t) = \mathbf{X}e^{\lambda t} \tag{1.5}$$

Hierdurch entsteht das Eigenwertproblem:

$$[\mathbf{M}\lambda^2 + \mathbf{C}\lambda + \mathbf{K}]\mathbf{X} = \mathbf{0} \tag{1.6}$$

Nichttriviale Lösungen der Gl. (1.6) sind nur möglich, wenn die Koeffizientendeterminante Null wird:

$$\det[\mathbf{M}\lambda^2 + \mathbf{C}\lambda + \mathbf{K}] = 0 \tag{1.7}$$

Diese Gleichung führt auf die charakteristische Gleichung des Systems, bei deren Lösung man $2n$ Eigenwerte λ_i und gleich viele Eigenvektoren $\mathbf{X}_i$ erhält. Mit n wurde die Größe des Vektors $\mathbf{x}(t)$ bezeichnet (hier $n = 2$). Komplexe Eigenwerte und Eigenvektoren treten immer als konjugiert komplexe Paare auf, weil die Gleichung reelle Koeffizienten hat:

$$\begin{aligned} \lambda_i &= \sigma_i + j\omega_i & \lambda_{i+1} &= \sigma_i - j\omega_i \\ \mathbf{X}_i &= |\mathbf{X}_i|e^{j\phi} & \mathbf{X}_{i+1} &= |\mathbf{X}_i|e^{-j\phi} \end{aligned} \tag{1.8}$$

Hierin sind ω_i die Eigenfrequenzen (des Systems mit Dämpfung) und $\sigma_i < 0$ sind Konstanten, die mit den Faktoren $e^{\sigma_i t}$ die Lösung abklingen lassen.

Die homogene Lösung kann jetzt wie folgt geschrieben werden:

$$\mathbf{x}_h(t) = p_1\mathbf{X}_1 e^{\lambda_1 t} + p_2\mathbf{X}_2 e^{\lambda_2 t} + p_3\mathbf{X}_3 e^{\lambda_3 t} + p_4\mathbf{X}_4 e^{\lambda_4 t} \tag{1.9}$$

Jedes konjugiert komplexes Paar ergibt einen reellen Anteil in der homogenen Lösung. Wenn z.B. angenommen wird, dass

$$\mathbf{X}_2 = \mathbf{X}_1^* \qquad \lambda_2 = \lambda_1^* \quad \text{und} \quad p_2 = p_1^*, \tag{1.10}$$

dann führt der Anteil

$$p_1\mathbf{X}_1 e^{\lambda_1 t} + p_2\mathbf{X}_2 e^{\lambda_2 t} \tag{1.11}$$

zu einer reellen Schwingung. Mit ()* wurde die konjugiert Komplexe bezeichnet.

Die Faktoren p_i gewichten die Anteile in der homogene Lösung und sind von den Anfangsbedingungen $\mathbf{x}_h(0)$ und $\dot{\mathbf{x}}_h(0)$ abhängig. Für $t = 0$ ist die homogene Lösung und ihre Ableitung durch

$$\begin{aligned} \mathbf{x}_h(0) &= p_1\mathbf{X}_1 + p_2\mathbf{X}_2 + p_3\mathbf{X}_3 + p_4\mathbf{X}_4 \\ \dot{\mathbf{x}}_h(0) &= p_1\lambda_1\mathbf{X}_1 + p_2\lambda_2\mathbf{X}_2 + p_3\lambda_3\mathbf{X}_3 + p_4\lambda_4\mathbf{X}_4 \end{aligned} \tag{1.12}$$

gegeben. In Matrixform ergibt sich:

$$\begin{bmatrix} \mathbf{x}_h(0) \\ \dot{\mathbf{x}}_h(0) \end{bmatrix} = \begin{bmatrix} \mathbf{X}_1 & \mathbf{X}_2 & \mathbf{X}_3 & \mathbf{X}_4 \\ \lambda_1\mathbf{X}_1 & \lambda_2\mathbf{X}_2 & \lambda_3\mathbf{X}_3 & \lambda_4\mathbf{X}_4 \end{bmatrix} \begin{bmatrix} p_1 \\ p_2 \\ p_3 \\ p_4 \end{bmatrix} \tag{1.13}$$

Für gegebenen Anfangsbedingungen $\mathbf{x}_h(0), \dot{\mathbf{x}}_h(0)$ kann man daraus die Gewichtungsfaktoren $p_i, i = 1, 2, 3, 4$ ermitteln:

$$
\begin{bmatrix} p_1 \\ p_2 \\ p_3 \\ p_4 \end{bmatrix} = \begin{bmatrix} \mathbf{X}_1 & \mathbf{X}_2 & \mathbf{X}_3 & \mathbf{X}_4 \\ \lambda_1\mathbf{X}_1 & \lambda_2\mathbf{X}_2 & \lambda_3\mathbf{X}_3 & \lambda_4\mathbf{X}_4 \end{bmatrix}^{-1} \begin{bmatrix} \mathbf{x}_h(0) \\ \dot{\mathbf{x}}_h(0) \end{bmatrix}
\tag{1.14}
$$

Man beachte, dass $\mathbf{X}_1, \ldots, \mathbf{X}_4$ Vektoren der Dimension zwei sind und die Matrix mit diesen Vektoren aus Gl. (1.13) und Gl. (1.14) eine quadratische Matrix ist, die eine Inverse hat.

Für ein stabiles System ist der Realteil σ_i eines konjugiert komplexen Eigenwertspaars negativ, so dass die homogene Lösung für $t \to \infty$ zu null geht. Wenn das System zwei konjugiert komplexe Eigenwertpaare besitzt, dann gibt es zwei Eigenfrequenzen ω_1 und ω_2 und somit zwei Schwingungsarten (oder Schwingung-Moden). Die Winkel der Eigenvektoren geben die Phasenverschiebung zwischen den beiden Schwingungs-Moden an und bestimmen ob die Massen gleichphasig oder gegenphasig schwingen.

Für bestimmte Parameter können auch gleiche Eigenwerte vorkommen. Wenn z.B. $\lambda_3 = \lambda_4$ ist, dann müssen die Anteile in der homogene Lösung wie folgt geschrieben werden:

$$
\mathbf{x}_h(t) = p_1\mathbf{X}_1 e^{\lambda_1 t} + p_2\mathbf{X}_2 e^{\lambda_2 t} + p_3\mathbf{X}_3 e^{\lambda_3 t} + t(p_4\mathbf{X}_4 e^{\lambda_3 t})
\tag{1.15}
$$

Die erste Zeile des in Matrixform dargestellten Ergebnisses gemäß Gl. (1.9) stellt für das System ohne Anregung die Lage $x_1(t)$ dar und die zweite Zeile stellt die Lage $x_2(t)$ dar.

Im Skript `rad_aufhaeng_1.m` werden die Ergebnisse für die Schwingung einer Radaufhängung exemplarisch ermittelt. Zuerst werden die Parameter des Systems initialisiert und die Matrizen $\mathbf{M}$, $\mathbf{C}$ und $\mathbf{K}$ berechnet. Mit der Funktion **polyeig** werden die Eigenwerte und Eigenvektoren ermittelt und in steigender Reihenfolge sortiert.

```
% Skript rad_aufhaeng_1.m, in dem die Radaufhängung
% eines Fahrzeugs simuliert wird
clear;
% ------- Parameter des Systems
ms = 200;    c = 1200;      k = 12000;
ma = 25;     ct = 5000;     kt = 100000;
% ------- Matrizen des Systems
M = [ms 0;0 ma];    C = [c -c;-c ct+c];    K = [k -k; -k kt+k];
% ------- Poly-Eigenwerte
[X,e] = polyeig(K, C, M);
[e, k] = sort(e),
X = X(:,k);
f1 = abs(imag(e(1)))/(2*pi),     f2 = abs(imag(e(3)))/(2*pi),
```

```
% ------- Homogene Lösung
dt = 0.01;           Tfinal = 5;
t = 0:dt:Tfinal;
x0 = [1;0]*1e-2;   v0 = [1;0];   % Anfangsbedingungen


p = inv([X(:,1),X(:,2),X(:,3),X(:,4);...
    X(:,1)*e(1),X(:,2)*e(2),X(:,3)*e(3),X(:,4)*e(4)])*[x0;v0];

x = p(1)*X(:,1)*exp(e(1)*t) + p(2)*X(:,2)*exp(e(2)*t)+...
    p(3)*X(:,3)*exp(e(3)*t) + p(4)*X(:,4)*exp(e(4)*t);
x1 = real(x);          % Die eventuellen kleinen Imaginärteile
                       % wegen numerischer Fehler entfernen
figure(1);    clf;
plot(t, x1);
title(' Lagekoordinaten der zwei Massen');    grid on;
xlabel('Zeit in s');    legend('x1', 'x2');
```

In der Annahme, dass konjugiert komplexe Eigenwertpaare vorliegen, werden die Eigenfrequenzen in f1, f2 berechnet. Weiter werden die Gewichtungsfaktoren $p_i, i = 1, 2, 3, 4$ mit Hilfe der angenommenen Anfangsbedingungen ermittelt und die homogene Lösung berechnet. Wegen der numerischen Fehler, die bei der Ermittlung der Eigenwerte und Eigenvektoren auftreten können, kommt es vor, dass die homogene Lösung auch sehr kleine Imaginärteile besitzt. Diese werden im Vektor x1 entfernt.

Mit den Parametern aus dem Skript erhält man folgende sortierte Eigenwerte und Eigenvektoren:

```
e =   1.0e+02 *
  -0.0254 - 0.0692i
  -0.0254 + 0.0692i
  -0.1924
  -2.2967
X =
    0.5532 - 0.8249i      0.5532 + 0.8249i      0.1735      -0.0256
    0.0298 - 0.1126i      0.0298 + 0.1126i     -0.9848       0.9997
```

Es gibt ein konjugiert komplexes Eigenwertepaar und zwei reelle Eigenwerte. Entsprechend bestehen auch die Eigenvektoren aus zwei konjugiert komplexen Vektoren und zwei reellwertigen Vektoren. Mit den gewählten Anfangsbedingungen erhält man folgende Werte für die Gewichtungsfaktoren $p_i, i = 1, 2, 3, 4$:

```
p =
  -0.0606 + 0.0459i
  -0.0606 - 0.0459i
   0.0079 - 0.0000i
   0.0011 + 0.0000i
```

Die homogene Lösung besteht aus einer gedämpften Schwingung mit dem Parameter $\sigma_1 = -2, 54$ und der Kreisfrequenz $\omega_1 = 6, 92$ rad/s oder $f_1 = 1, 1008$ Hz. Dazu kommen noch zwei aperiodische Anteile mit Zeitkonstanten, die man aus den Kehrwerten der reellen Eigenwerten berechnen kann (1/19,24 und 1/229,67). Bei diesen kleinen Zeitkonstanten sind diese Anteile in der Lösung nicht bemerkbar.

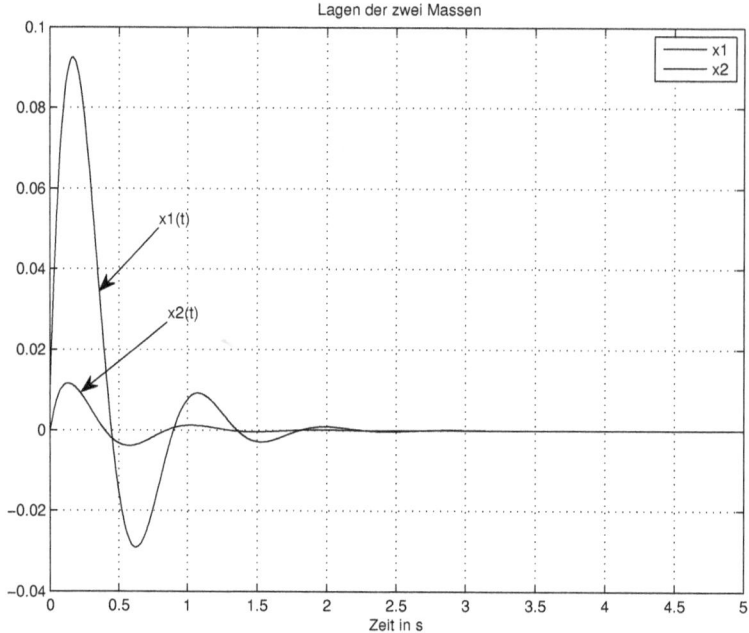

Abb. 1.2: Lagekoordinaten der Massen in der homogenen Lösung (rad_aufhaeng_1.m)

In Abb. 1.2 sind die Lagekoordinaten der zwei Massen der homogenen Lösung dargestellt. Die Schwingung mit der Periode von $1/1,1008 \cong 0,91$ ist in dieser Abbildung zu erkennen.

Wenn man die Dämpfungsfaktoren c, ct ändert, z.B. kleiner wählt, dann erhält man zwei konjugiert komplexe Paare von Eigenwerten und Eigenvektoren. Das System besitzt dann zwei Eigenfrequenzen. Im Skript rad_aufhaeng_2.m wird dieser Fall simuliert:

```
% Skript rad_aufhaeng_2.m, in dem die Radaufhängung
% eines Fahrzeugs simuliert wird
clear;

% ------- Parameter des Systems
ms = 200;    c = 100;      k = 12000;
ma = 25;     ct = 100;     kt = 10000;
% ------- Matrizen des Systems
M = [ms 0;0 ma];    C = [c -c;-c ct+c];    K = [k -k; -k kt+k];
% ------- Poly-Eigenwerte
[X,e] = polyeig(K, C, M);
[e, k] = sort(e),
X = X(:,k);
f1 = abs(imag(e(1)))/(2*pi),    f2 = abs(imag(e(3)))/(2*pi),
```

```
% ------- Homogene Lösung
dt = 0.005;              Tfinal = 2;
t = 0:dt:Tfinal;
p = [0 0 1 1];    % Es wird nur die zweite Eigenfrequenz angeregt
%p = [1 1 0 0];   % Es wird nur die erste Eigenfrequenz angeregt
xv0 = [X(:,1),X(:,2),X(:,3),X(:,4);...
    X(:,1)*e(1),X(:,2)*e(2),X(:,3)*e(3),X(:,4)*e(4)]*p';

x = p(1)*X(:,1)*exp(e(1)*t) + p(2)*X(:,2)*exp(e(2)*t)+...
    p(3)*X(:,3)*exp(e(3)*t) + p(4)*X(:,4)*exp(e(4)*t);
x1 = real(x);                % Die eventuellen kleinen Imaginärteile
                             % wegen numerischen Fehlern entfernen
figure(1);      clf;
plot(t, x1);
title(' Lagekoordinaten der zwei Massen');       grid on;
xlabel('Zeit in s');       legend('x1', 'x2');
```

Statt die Anfangswerte zu wählen, werden hier die Gewichtungsfaktoren $p_i, i = 1, 2, 3, 4$ gewählt und damit werden die Schwingungsarten separat angeregt. So z.B. wird mit p = [1 1 0 0]' die Schwingung der ersten zwei konjugiert komplexen Eigenwertpaare mit der kleineren Eigenfrequenz angeregt. Abb. 1.3 zeigt die Lagekoordinaten der Massen in diesem Fall. Die zwei Massen schwingen gleichphasisch mit relativ großen Amplituden.

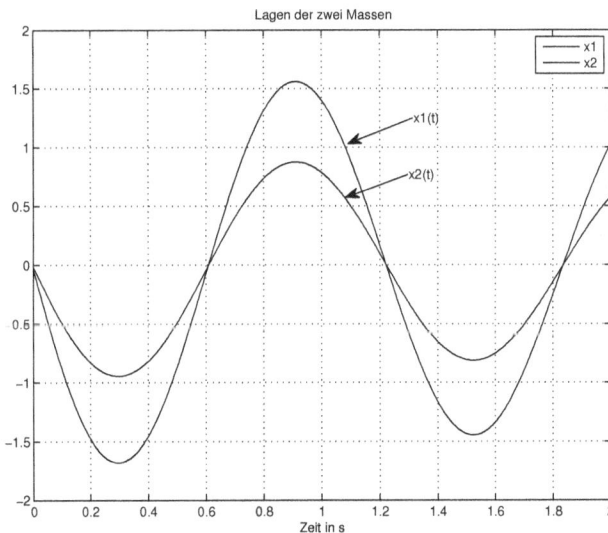

Abb. 1.3: *Lagekoordinaten der Massen für die kleinere Eigenfrequenz* (rad_aufhaeng_2.m)

Für p = [0 0 1 1]' wird die zweite Schwingungsart, die der höheren Eigenfrequenz entspricht, angeregt. Abb. 1.4 zeigt die Lagekoordinaten der Massen dieser Schwingungsart. Die Massen bewegen sich gegenphasig.

Die Schwingungsarten ergeben sich auch aus den Eigenvektoren. Die Winkel der Eigenvektoren sind in diesen Fall:

```
>> angle(X)
ans =
    -1.5949       1.5949      -3.1152       3.1152
    -1.5910       1.5910       0.0039      -0.0039
```

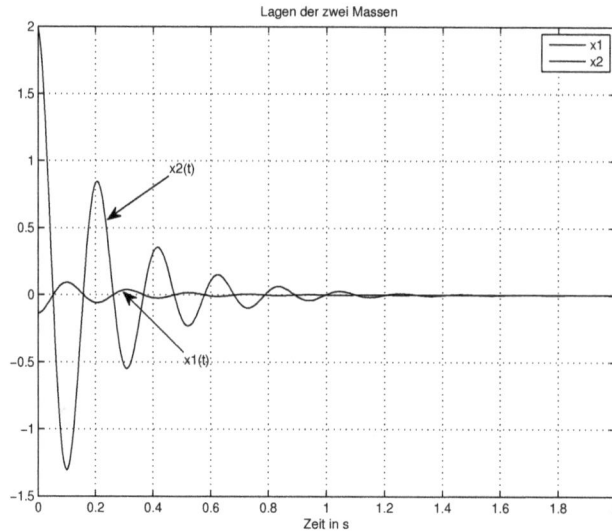

Abb. 1.4: Lagekoordinate der Massen für die größere Eigenfrequenz (rad_aufhaeng_2.m)

Die ersten zwei Spalten enthalten die Winkel der konjugiert komplexen Eigenvektoren für die niedrige Eigenfrequenz. Die praktisch gleichen Winkel der ersten und zweiten Zeile dieser Spalten (-1,5949 $\cong$ -1,5910) signalisieren die phasengleiche Bewegung der Massen bei dieser Eigenfrequenz.

Die letzten zwei Spalten stellen die Winkel der konjugiert komplexen Eigenvektoren, die der größeren Eigenfrequenz entsprechen. Die Differenz der Winkel der ersten und zweiten Zeile dieser Spalten ist gleich π und zeigt, dass bei dieser Eigenfrequenz die Massen sich gegenphasig bewegen.

Über die Beträge der Eigenvektoren

```
>> abs(X)
ans =
     0.8717       0.8717       0.0699       0.0699
     0.4901       0.4901       0.9976       0.9976
```

kann man auch die relativen Stärken der Amplituden ermitteln. Bei der niedrigen Eigenfrequenz ist das Verhältnis zwischen der Amplitude der Lage $x_1(t)$ der Masse m_s und der Amplitude der Lage $x_2(t)$ der Masse m_a gleich 0,8717/0,4901. Dieses Verhältnis ist auch in der Darstellung aus Abb. 1.3 zu sehen. Bei der höheren Eigenfrequenz ist dasselbe Verhältnis gleich 0,0699/0,9976, das in Abb. 1.4 sichtbar ist.

1.1.2   Partikuläre und allgemeine Lösung

Die partikulären Lösungen für die Lagekoordinaten der zwei Massen mit Anfangsbedingungen null werden mit Hilfe der Übertragungsfunktionen von der Anregung $y(t)$ bis zu den Lagekoordinaten $x_1(t)$ bzw. $x_2(t)$ ermittelt. Die allgemeine Lösung erhält man dann durch Addition der homogenen Lösungen, die für gegebene Anfangsbedingungen berechnet wurde, und der partikulären Lösungen, die für Anfangsbedingungen null ermittelt wird. Diese partikuläre Lösung entspricht einem LTI-System (*Linear-Timeinvariant-System*) [29].

Die Differentialgleichung des Systems gemäß Gl. (1.3)

$$\mathbf{M}\ddot{\mathbf{x}}(t) + \mathbf{C}\dot{\mathbf{x}}(t) + \mathbf{K}\mathbf{x}(t) = \mathbf{D}\dot{y}(t) + \mathbf{B}y(t)$$

wird in den Bildbereich der Laplace-Transformation umgewandelt:

$$[s^2\mathbf{M} + s\mathbf{C} + \mathbf{K}]\,\mathbf{X}(s) = [s\mathbf{D} + \mathbf{B}]\,\mathbf{Y}(s) \tag{1.16}$$

Daraus erhält man die Übertragungsfunktion $\mathbf{H}(s)$:

$$\mathbf{H}(s) = \frac{\mathbf{X}(s)}{\mathbf{Y}(s)} = [s^2\mathbf{M} + s\mathbf{C} + \mathbf{K}]^{-1}[s\mathbf{D} + \mathbf{B}] \tag{1.17}$$

Man darf nicht vergessen, dass es ein SIMO-System (*Single-Input-Multiple-Output*) mit einem Eingang $y(t)$ und zwei Ausgängen $x_1(t), x_2(t)$ ist. Somit enthält die Übertragungsfunktion $\mathbf{H}(s)$ eigentlich zwei Übertragungsfunktionen.

Im Skript `rad_aufhaeng_3.m` wird am Anfang nochmals die homogene Lösung für gegebene Anfangsbedingungen ermittelt. Aus den Anfangsbedingungen werden die Gewichtungsfaktoren $p_i, i = 1, 2, 3, 4$ berechnet und dann die Lösung, wie im vorherigen Abschnitt gezeigt, ermittelt:

```
% Skript rad_aufhaeng_3.m, in dem die Radaufhängung
% eines Fahrzeugs simuliert wird
% Es wird auch die partikuläre Lösung ermittelt
% Arbeitet mit Simulink-Modell rad_aufhaeng3.mdl
clear;
s = tf('s');
% ------- Parameter des Systems
ms = 300;    c = 12000;      k = 50000;
ma = 30;     ct = 10000;     kt = 100000;
f10 = sqrt(k/ms)/(2*pi),    % Eigenfrequenzen ohne Dämpfung
f20 = sqrt(kt/ma)/(2*pi),
% ------- Matrizen des Systems
M = [ms 0;0 ma];    C = [c -c;-c ct+c];    K = [k -k; -k kt+k];
% ------- Poly-Eigenwerte
[X,e] - polyeig(K, C, M);
[e, k] = sort(e),
X = X(:,k);
f1 = abs(imag(e(1)))/(2*pi),  % Eigenfrequenzen mit Dämpfung
f2 = abs(imag(e(3)))/(2*pi),
```

```
% ------- Homogene Lösung
dt = 0.01;            Tfinal = 1;
t = 0:dt:Tfinal;
xv0 = [0.2;0;0;0]; % Anfangsbedingungen (Lagen und Geschwindigkeiten)
p = inv([X(:,1),X(:,2),X(:,3),X(:,4);...
    X(:,1)*e(1),X(:,2)*e(2),X(:,3)*e(3),X(:,4)*e(4)])*xv0,

xh_temp = p(1)*X(:,1)*exp(e(1)*t) + p(2)*X(:,2)*exp(e(2)*t)+...
    p(3)*X(:,3)*exp(e(3)*t) + p(4)*X(:,4)*exp(e(4)*t);
xh = real(xh_temp);      % Die eventuellen kleinen Imaginärteile
                         % wegen numerischen Fehlern entfernen
figure(1);     clf;
    plot(t, xh);
    title('Homogene Lösung für die Lagekoordinaten der zwei Massen');
    grid on;   xlabel('Zeit in s');      legend('x1', 'x2');
```

Danach wird die Matrixübertragungsfunktion $\mathbf{H}(s)$ berechnet und ihre zwei Elemente $\mathbf{H}_1(s)$, für die Übertragungsfunktion von der Anregung bis zur Lage der Masse m_s, und $\mathbf{H}_2(s)$, für die Übertragungsfunktion von der Anregung bis zur Lage der Masse m_a, extrahiert:

```
% ------- Partikuläre Lösung über Übertragungsfunktion
D = [0;ct];       B = [0;kt];
H = inv(s^2*M + s*C + K)*[s*D + B],
H1 = H(1),        H2 = H(2), % Transfer-Function Daten
```

Für die gegebenen Parameter des Systems erhält man folgende Übertragungsfunktionen:

```
H1 =
            1.333e04 s^2 + 1.889e05 s + 5.556e05
    -----------------------------------------------------------
     s^4 + 773.3 s^3 + 1.85e04 s^2 + 1.889e05 s + 5.556e05

H2 =
        333.3 s^3 + 1.667e04 s^2 + 1.889e05 s + 5.556e05
    -----------------------------------------------------------
     s^4 + 773.3 s^3 + 1.85e04 s^2 + 1.889e05 s + 5.556e05
```

Die Nenner der zwei Übertragungsfunktionen sind gleich und somit besitzen beide dieselben Pole, die gleich mit den Eigenwerten der Matrix $M\lambda^2 + C\lambda + K$ sind, die im Skript ermittelt wurden und in der Variable e hinterlegt sind.

Mit der Funktion **tfdata** werden aus der Matrixübertragungsfunktion $\mathbf{H}(s)$ die Koeffizienten der Zähler und Nenner der zwei Übertragungsfunktionen extrahiert. Die Variablen a, b in Form von MATLAB-Zellen (*Cell*) enthalten diese Koeffizienten. Man erkennt den Typ Zelle durch die geschweiften Klammern, die man hier anwenden muss:

```
[b, a] = tfdata(H);
b1 = b{1};     a1 = a{1};    % Koeffizienten der Übertragungs-
                             % funktion von y zu x1
```

```
b2 = b{2};     a2 = a{2};     % Koeffizienten der Übertragungs-
                               % funktion von y zu x2
```

Die allgemeine Lösung wird mit dem Modell `rad_aufhaeng3.mdl`, das in Abb. 1.5 dargestellt ist, ermittelt. Als Anregung wurde ein Einheitssprung gewählt, so dass die Ergebnisse die Sprungantworten darstellen, wenn man Anfangsbedingungen gleich null wählt.

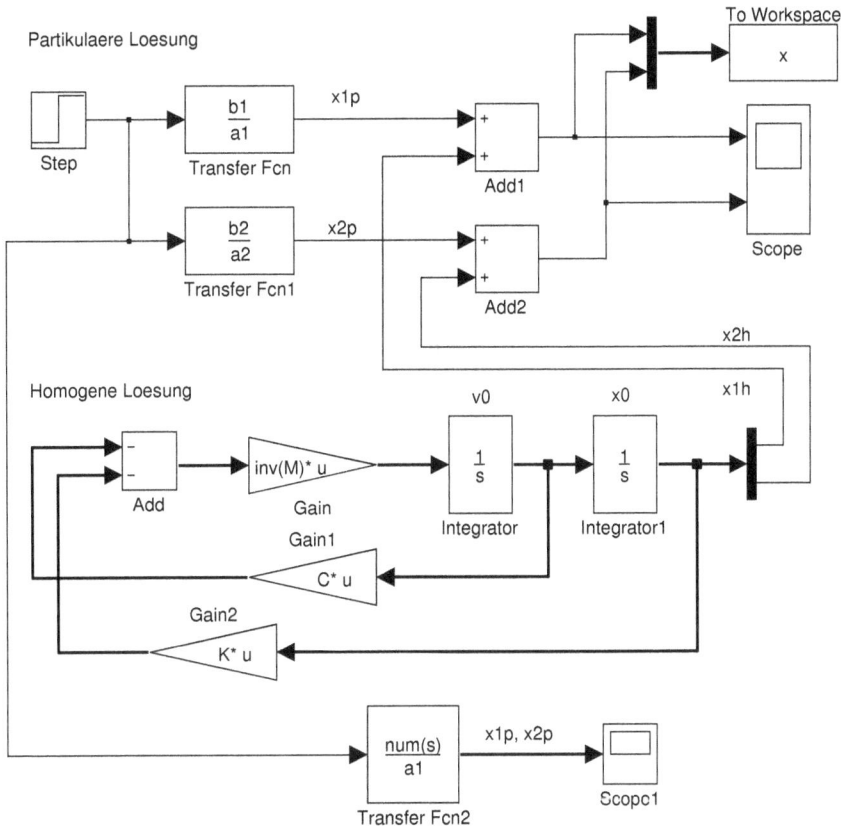

Abb. 1.5: Simulink-Modell zur Bestimmung der allgemeinen Lösung
(rad_aufhaeng_3.m, rad_aufhaeng3.mdl)

Mit den zwei Blöcken *Transfer Fcn, Transfer Fcn1* sind die Übertragungsfunktionen von der Anregung bis zu den zwei Lagekoordinaten der Massen simuliert. Mit dem unteren Teil werden die homogenen Lösungen ermittelt und über die Blöcke *Add1, Add2* den partikulären Lösungen hinzuaddiert.

Für die homogene Lösung wird von der Gl. (1.4) ausgegangen:

$$\mathbf{M}\ddot{\mathbf{x}}(t) + \mathbf{C}\dot{\mathbf{x}}(t) + \mathbf{K}\mathbf{x}(t) = \mathbf{0}$$

Die Auflösung nach der zweiten Ableitung $\ddot{\mathbf{x}}(t)$ ergibt:

$$\ddot{\mathbf{x}}(t) = \mathbf{M}^{-1}[-\mathbf{C}\dot{\mathbf{x}}(t) - \mathbf{K}\mathbf{x}(t)] \qquad (1.18)$$

Die zweiten Ableitungen werden als bekannt angenommen und über zwei Integrier-Blöcke *Integrator* und *Integrator1* werden die ersten Ableitungen bzw. die Lagekoordinate erhalten. In den Block *Integrator* werden die Anfangsgeschwindigkeiten und in den Block *Integrator1* werden die Anfangslagen eingetragen. Danach kann man die rechte Seite der Gl. (1.18) mit den Ausgängen der Integratoren berechnen und so die anfänglich als bekannt angenommene zweite Ableitung bilden.

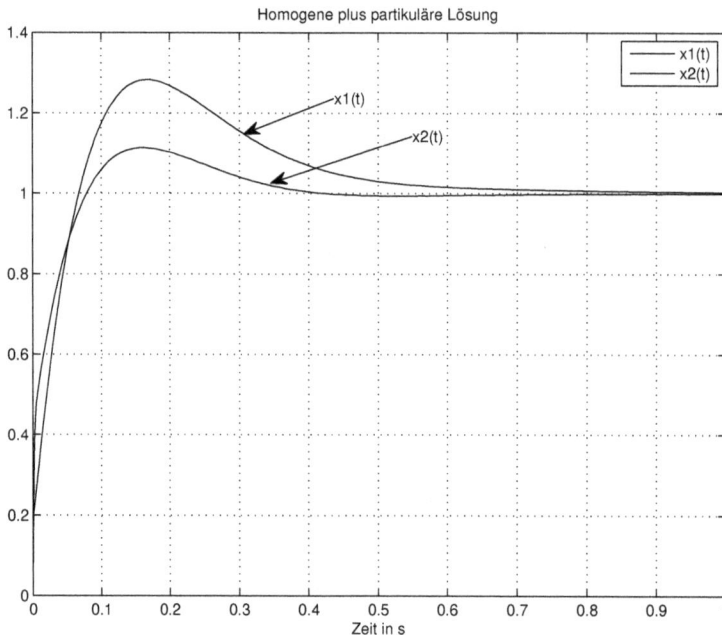

Abb. 1.6: Allgemeine Lösungen für die Lagekoordinaten der Massen (rad_aufhaeng_3.m, rad_aufhaeng3.mdl)

Am *Scope*-Block kann man die gesamten Lösungen während der Simulation verfolgen und in der Senke *To Workspace* werden die Lösungen zwischengespeichert, um sie mit dem Skript darzustellen. Diese Senke ist als *Structure with Time* parametriert. Im Skript ist exemplarisch gezeigt, wie man aus der Struktur x die Simulationszeit und die zwei Lagekoordinaten der Massen extrahiert:

```
% --------- Aufruf der Simulation
dt = 0.01;      Tfinal = 1;
my_options = simset('MaxStep',dt);
sim('rad_aufhaeng3',[0,Tfinal], my_options);
t = x.time;
x1 = x.signals.values(:,1);
```

```
x2 = x.signals.values(:,2);
figure(2);    clf;
   plot(t, [x1, x2]);
   title('Homogene plus partikuläre Lösung');
   xlabel('Zeit in s');        grid on;
   legend('x1(t)','x2(t)');
```

Abb. 1.6 zeigt die Gesamtlagen der Masse m_s und Masse m_a für die Anfangsbedingungen aus dem Skript. Viele der Zeilen des Skripts sind nicht mit Semikolon abgeschlossen, so dass Zwischenergebnisse ausgegeben werden. So werden z.B. die Eigenwerte

```
e =    1.0e+02 *
  -0.0465
  -0.0986 - 0.0790i
  -0.0986 + 0.0790i
  -7.4897
```

ausgegeben und zeigen, dass nur eine einzige periodische Komponente in den homogenen Lösungen angeregt wird.

Zuletzt werden im Skript die Frequenzgänge für die zwei Übertragungsfunktionen berechnet und deren Amplitudengänge dargestellt:

```
% -------- Frequenzgänge
fx = logspace(-1, 2);
H1s = freqs(b1, a1, 2*pi*fx);
H2s = freqs(b2, a2, 2*pi*fx);

figure(3);    clf;
semilogx(fx, 20*log10(abs(H1s)));
hold on;
semilogx(fx, 20*log10(abs(H2s)),'r');
title('Amplitudengänge')
hold off;    xlabel('Hz');    grid on;
legend('y zu x1','y zu x2'); ylabel('dB')
```

Diese Frequenzgänge kann man auch mit der Funktion **bode** ermitteln und darstellen, was eine gute Übung für den Leser darstellt. In Abb. 1.7 sind die Amplitudengänge dargestellt.

Ganz unten im Modell ist eine weitere Möglichkeit gezeigt, wie man mit einem einzigen Block des Typs *Transfer Function* (*Transfer Fcn2*) die partikulären Lösungen ermitteln kann. Der Block erlaubt SIMO-Systeme zu simulieren. Im Parametrierungsfenster des Blocks wird im Feld *Numerator* eine Matrix eingegeben, die als Zeilen die Koeffizienten der Zähler der Teilübertragungsfunktionen enthält. Im Feld *Denumerator* wird der Vektor der Koeffizienten des gleichen Nenners der Teilübertragungsfunktionen eingegeben.

Die Verbindungslinien der Blöcke, die mehrdimensionale Signale übertragen, sind breiter dargestellt.

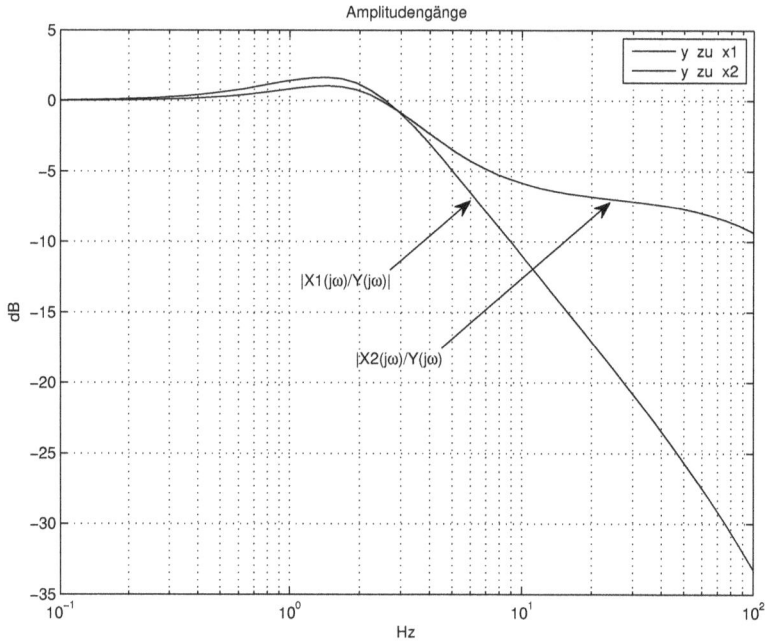

Abb. 1.7: Amplitudengänge der Übertragungsfunktionen
(rad_aufhaeng_3.m, rad_aufhaeng3.mdl)

1.1.3   Partikuläre Lösung für Zufallsanregung

Die Fahrbahn erzeugt eine Anregung $y(t)$ in Form einer Zufallsvariablen mit einer bestimmten spektralen Leistungsdichte. In [22] ist die spektrale Leistungsdichte einer Fahrbahn mit folgendem Wert angegeben:

$$S_0 = 2,3 \cdot 10^{-5} \frac{m^2}{Zyklus/m} \tag{1.19}$$

Es wird angenommen, dass diese Anregung weißes Rauschen ist. Die Leistung bei dieser Anwendung wird in m^2 statt Watt angegeben und mit Zyklus/m wird eine räumliche Frequenz angegeben. In dieser Form kann man für ein Fahrzeug mit einer bestimmten Geschwindigkeit z.B. $v = 30$ m/s diese Frequenz in eine zeitliche Frequenz umwandeln:

$$1 Zyklus/m = 1\frac{Zyklus}{m} 30\frac{m}{s} \frac{2\pi\, rad}{Zyklus} = 60\pi\frac{rad}{s} = 120\pi^2 Hz \tag{1.20}$$

Die spektrale Leistungsdichte bei dieser Geschwindigkeit wird nun:

$$S_0 = 2,3 \cdot 10^{-5} \frac{m^2}{120\pi^2 Hz} = 1,9419 \cdot 10^{-8}\frac{m^2}{Hz} \cong 2 \cdot 10^{-8}\frac{m^2}{Hz} \tag{1.21}$$

Vereinfacht wird weiter mit $S_0 = 2 \cdot 10^{-8} \, m^2/Hz$ gearbeitet.

Abb. 1.8 zeigt das Simulink-Modell `rad_aufhaeng4.slx` für diese Untersuchung. Bei der zufälligen Anregung interessieren nur die stationären Antworten und somit werden sie mit Hilfe der Übertragungsfunktionen ermittelt. Diese sind im Block *Transfer Fcn2* nachgebildet, wie im vorherigen Abschnitt erläutert.

Die Anregung wird mit dem Block *Random Number* erzeugt, der unkorrellierte, zeitdiskrete, normalverteilte Sequenzen erzeugt. Hier muss man als Parameter die Varianz und die Zeitschrittweite festlegen. Die Sequenz wird als mittelwertfreie Sequenz parametriert und dadurch ist die Varianz auch ihre Leistung. Damit diese Sequenz die benötigte zeitkontinuierliche Zufallsanregung mit einer bestimmten spektralen Leistungsdichte modelliert, muss man die Varianz σ^2 abhängig von der Zeitschrittweite dt wählen.

Die Leistung σ^2 des Signal verteilt auf den gesamten Frequenzbereich $f_s = 1/dt$ ergibt die spektrale Leistungsdichte $S_0 = \sigma^2/fs = \sigma^2 \, dt$ und daraus folgt $\sigma^2 = S_0/dt$.

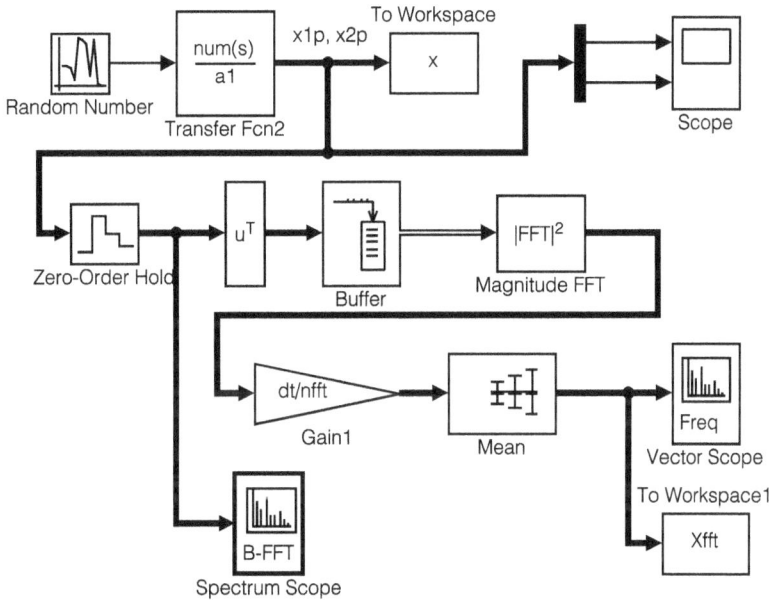

Abb. 1.8: Simulink-Modell der Untersuchung mit Zufallsanregung
(rad_aufhaeng_4.m, rad_aufhaeng4.mdl)

Das Modell wird im Skript `rad_aufhaeng_4.m` initialisiert und dann aufgerufen. Wie in den vorherigen Skripten werden anfänglich die Koeffizienten der Übertragungsfunktionen von der Anregung $y(t)$ bis zu der Lage $x_1(t)$ der Masse m_s und der Lage $x_2(t)$ der Masse m_a berechnet:

```
% Skript rad_aufhaeng_4.m, in dem die Radaufhängung
% eines Fahrzeugs simuliert wird, die mit Zufallssignalen
% angeregt wird.
% Arbeitet mit Simulink-Modell rad_aufhaeng4.slx
clear;
s = tf('s');
% ------- Parameter des Systems
ms = 300;   c = 12000;    k = 50000;
ma = 30;    ct = 10000;   kt = 100000;
f10 = sqrt(k/ms)/(2*pi),   % Eigenfrequenzen ohne Dämpfung
f20 = sqrt(kt/ma)/(2*pi),
% ------- Matrizen des Systems
M = [ms 0;0 ma];   C = [c -c;-c ct+c];   K = [k -k; -k kt+k];
% ------- Poly-Eigenwerte
[X,e] = polyeig(K, C, M);
[e, k] = sort(e),
X = X(:,k);
f1 = abs(imag(e(1)))/(2*pi),    f2 = abs(imag(e(3)))/(2*pi),
% ------- Partikuläre Lösung über Übertragungsfunktion
D = [0;ct];    B = [0;kt];
H = inv(s^2*M + s*C + K)*[s*D + B],
H1 = H(1),     H2 = H(2),   % Transfer-Function Daten

[b, a] = tfdata(H);
b1 = b{1};     a1 = a{1};   % Koeffizienten der Übertragungs-
                            % funktion von y zu x1
b2 = b{2};     a2 = a{2};   % Koeffizienten der Übertragungs-
                            % funktion von y zu x2
```

Danach wird der Aufruf der Simulation vorbereitet und durchgeführt. Durch die Zeitangabe im Befehl **sim** als Vektor mit der Schrittweite *dt* werden die Ergebnisse nur für diese Zeitschritte geliefert. Das ist wichtig weil man die spektrale Leistungsdichte der Signale mit dieser Zeitschrittweite verbinden möchte.

Im Modell werden die zwei Lagekoordinaten der Massen in der Senke *To Workspace* zwischengespeichert, um sie in der MATLAB-Umgebung darzustellen und eventuell weiter bearbeiten. Das Format der Daten wurde als *Structure with Time* gewählt und im Skript sieht man, wie man die gewünschten Daten aus dieser Struktur extrahiert.

Die spektrale Leistungsdichte wird einmal mit dem *Spectrum Scope* ermittelt und dargestellt und parallel dazu wird die Funktionalität des Blockes *Spectrum Scope* mit den Blöcken *Buffer, Magnitude FFT, Gain1, Mean* und *Vector Scope* nachgebildet.

Die Bestimmung der spektralen Leistungsdichte über die FFT[1] kann nur für zeitdiskrete Signale erfolgen. Daher der Block *Zero-Order Hold* mit dem man aus dem zeitkontinuierlichen Signal am Ausgang des *Transfer Fcn2*-Blocks ein zeitdiskretes Signal erhält. Die Abtastperiode wurde gleich der Zeitschrittweite *dt* für die Ergebnisse gewählt. Festzuhalten ist, dass die Simulation mit dem Solver ode45 und variable Zeitschrittweite stattfindet, die Ergebnisse werden aber mit der festen Zeitschrittweite *dt* geliefert.

---

[1]*Fast Fourier Transform*

```
% -------- Aufruf der Simulation
dt = 0.01;     Tfinal = 100;
S0 = 2e-8;                      % Spektrale Leistungsdichte für die
                % Anregung in m^2/Hz bei einer Geschwindigkeit von 30 m/s
varianz = S0/dt;   % Varianz der Anregung für den Random-Number Block
nfft = 256;                     % Buffer-Größe
wind = sum(hann(nfft));    % Hanning-Fenster Werte
sim('rad_aufhaeng4',[0:dt:Tfinal]);
t = x.time;
x1 = x.signals.values(:,1);
x2 = x.signals.values(:,2);
figure(1);     clf;
nd = 1:500;
subplot(211), plot(t(nd), x1(nd));
   title('Lage x1 der Masse ms');
   xlabel('Zeit in s');       grid on;
subplot(212), plot(t(nd), x2(nd));
   title('Lage x2 der Masse ma');
   xlabel('Zeit in s');       grid on;
% ------- Spektrale Leistungsdichten
X1fft = Xfft(:,1,end);     % Die gemittelten spektralen
X2fft = Xfft(:,2,end);     % Leistungsdichten
figure(2);     clf;
subplot(211), plot((-nfft/2:nfft/2-1)/(dt*nfft),...
   10*log10(fftshift(X1fft)));
   title('Spektrale Leistungsdichte für x1');     grid on;
   xlabel('Hz');     ylabel('dBW/Hz')
subplot(212), plot((-nfft/2:nfft/2-1)/(dt*nfft),...
   10*log10(fftshift(X2fft)));
   title('Spektrale Leistungsdichte für x2');     grid on;
   xlabel('Hz');     ylabel('dBW/Hz')
```

Die im Alternativpfad ermittelten spektralen Leistungsdichten der zwei Lagekoordinaten werden auch in der Senke *To Workspace* zwischengespeichert und der MATLAB-Umgebung zur Verfügung gestellt. Diese Senke wird für das Format der Daten mit *array* parametriert. Wenn man mit size(Xfft) die Größe dieser Daten erfahren will, erhält man folgende Antwort:

```
>> size(Xfft)
ans =
   256     2     49
```

Es sind 49 Felder mit je 256 Zeilen und 2 Spalten, die der Reihe nach vom Block *Mean*, der als *Runing Mean* parametriert ist, geliefert werden. Das letzte Feld enthält in den zwei Spalten mit je 256 Werten die gemittelten spektralen Leistungsdichten. Der Wert 256 ist die Größe der Daten des *Buffer*-Blocks, die im Skript mit der Variable nfft festgelegt wird. Das letzte Feld Xfft(:,:,end) enthält die gemittelten spektralen Leistungsdichten. Abb. 1.9 zeigt die Lagekoordinaten der zwei Massen, oben $x_1(t)$ für die

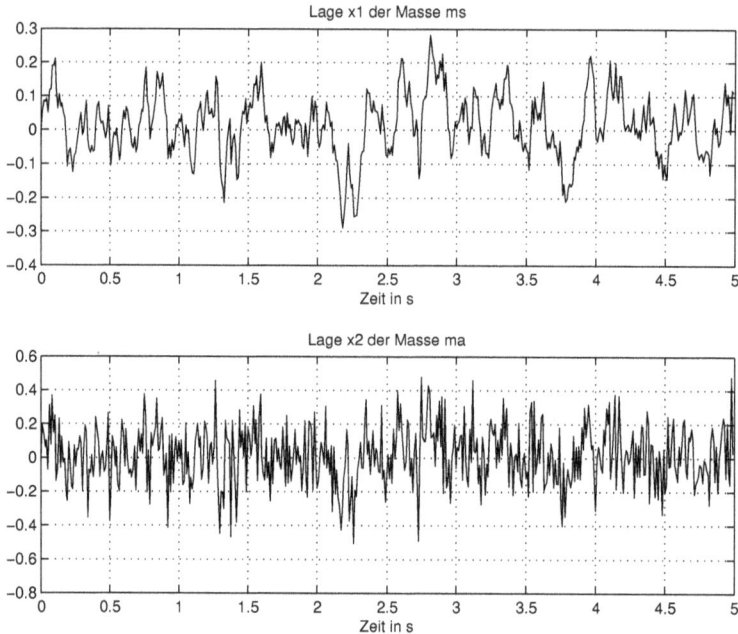

Abb. 1.9: Lagekoordinaten x1(t) und x2(t) der Massen für zufälliger Anregung mit unkorrelierter Sequenz (rad_aufhaeng_4.m, rad_aufhaeng4.mdl)

Masse m_s und darunter $x_2(t)$ für die Masse m_a. Wie man sieht, wirkt die Übertragung bis zur oberen Masse m_s als Tiefpassfilter, das die höheren Frequenzen unterdrückt. Das ist auch aus den Amplitudengängen, die in Abb. 1.7 dargestellt sind, ersichtlich. Die höheren Frequenzen werden für die Masse m_a weniger unterdrückt, was in Abb. 1.9 unten sichtbar ist.

In Abb. 1.10 sind die spektralen Leistungsdichten, wie sie auf dem *Spectrum-Scope* zu sehen sind, dargestellt. Auch hier sieht man, dass für die Masse m_s und die Lage $x_1(t)$ bei höheren Frequenzen die Leistungsdichte viel kleiner ist. Im Gegensatz dazu ist die spektrale Leistungsdichte (mit * gekennzeichnet) für die Masse m_a und die Lage $x_2(t)$ bei höheren Frequenzen nur mit ca. 5 dB gedämpft.

In der Umgebung der Frequenz null besitzen beide Übertragungsfunktionen gemäß den Amplitudengänge aus Abb. 1.7 eine Verstärkung gleich eins und somit muss in diesem Bereich die spektrale Leistungsdichte gleich der spektralen Leistungsdichte der Anregung sein. Aus Abb. 1.10 ist diese spektrale Leistungsdichte ca. -77 dB/Hz, was einem Wert gleich $10^{-77/10} = 1.9953 \times 10^{-8}$ (statt 2×10^{-8}) entspricht.

Am Ende des Skripts wird das Parseval-Theorem [56] eingesetzt um die Normierung der Ergebnisse zu überprüfen. Das Theorem besagt, dass die Leistung des Signals berechnet im Zeitbereich gleich sein muss mit der Leistung, die sich aus der spektralen Leistungsdichte berechnet:

```
% ------- Parseval Theorem
```

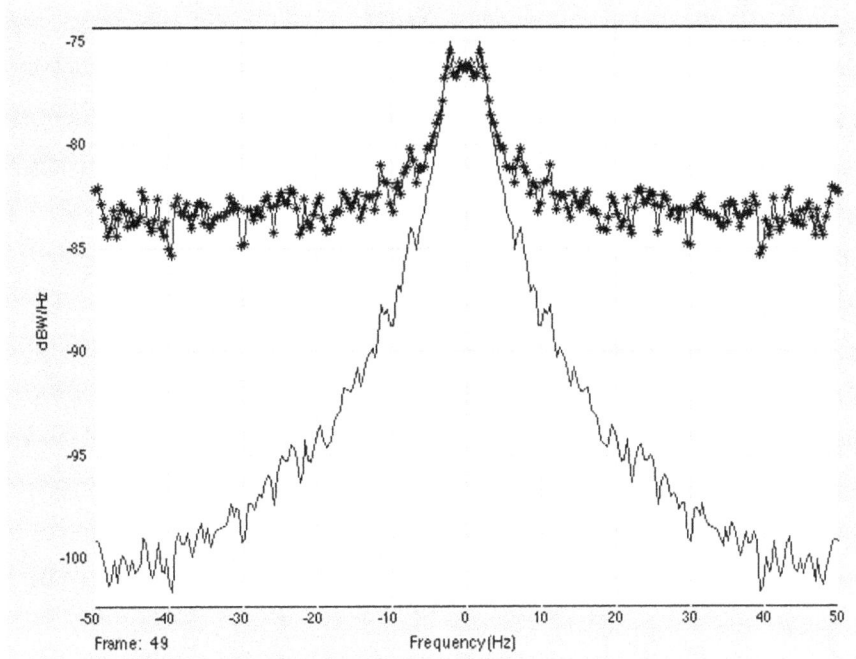

Abb. 1.10: Spektrale Leistungsdichten vom Spectrum-Scope
(rad_aufhaeng_4.m, rad_aufhaeng4.mdl)

```
P1t = std(x1)^2,        % Leistungen über Zeit
P2t = std(x2)^2,
P1f = sum(X1fft)/(dt*nfft),    % Leistungen über spektrale
P2f = sum(X2fft)/(dt*nfft),    % Leistungsdichte
```

Man erhält folgende Werte:

```
P1t =   2.3690e-07          P1f =   2.2809e-07
P2t =   6.3814e 07          P2f =   6.2036e-07
```

Die Übereinstimmung ist gut und kann mit einer größeren Datenmenge für die Schätzung der spektralen Leistungsdichte verbessert werden.

1.2   Simulation einer Radaufhängung mit zwei Achsen

In diesem Abschnitt wird ein Modell der Hälfte der Radaufhängung mit zwei Achsen untersucht. Abb. 1.11 zeigt das System jetzt achter Ordnung (4 Freiheitsgrade), wobei die Variablen die Lagekoordinaten der Massen $x_1(t), x_2(t), x_3(t)$ und der Winkel θ der Hauptmasse relativ zur Horizontalen sind.

Die Differentialgleichungen für diese Variablen relativ zur statischen Gleichgewichtslage für das System ohne Anregung sind nach [22]:

$$I\ddot{\theta}(t) + c[a^2 + (L-a)^2]\dot{\theta}(t) + c(L-2a)\dot{x}_1(t) - c(L-a)\dot{x}_2(t) + ca\dot{x}_3(t) +$$
$$k[a^2 + (L-a)^2]\theta(t) + k(L-2a)x_1(t) - k(L-a)x_2(t) + kax_3(t) = 0$$
$$m_s\ddot{x}_1(t) + c(L-2a)\dot{\theta}(t) + 2c\dot{x}_1(t) - c\dot{x}_2(t) - c\dot{x}_3(t) + k(L-2a)\theta(t) +$$
$$2kx_1(t) - kx_2(t) - kx_3(t) = 0$$
$$m_a\ddot{x}_2(t) - ca\dot{\theta}(t) - c\dot{x}_1(t) + (c+c_t)\dot{x}_2(t) - ka\theta - kx_1(t) +$$
$$(k+k_t)x_2(t) = c_t\dot{y}(t) + k_ty(t)$$
$$m_a\ddot{x}_3(t) + c(L-a)\dot{\theta}(t) - c\dot{x}_1(t) + (c+c_t)\dot{x}_3(t) + k(L-a)\theta - kx_1(t) +$$
$$(k+k_t)x_3(t) = c_t\dot{z}(t) + k_tz(t)$$

$$(1.22)$$

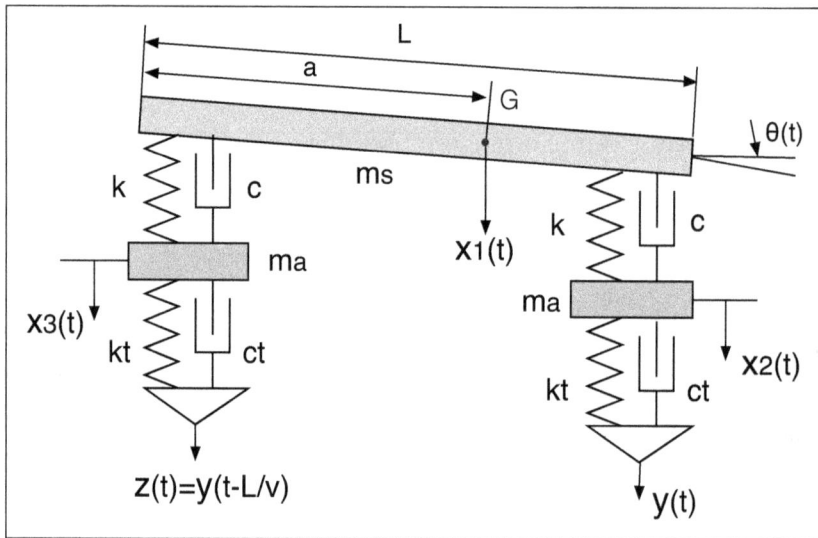

Abb. 1.11: Radaufhängung mit zwei Rädern

Mit I wurde das axiale Trägheitsmoment der Hauptmasse relativ zum Schwerpunkt G bezeichnet. Als Anregungen dienen die Unebenheiten der Fahrbahn $y(t)$ und $z(t)$ mit

$$z(t) = y(t - L/v) \tag{1.23}$$

Dabei ist v die Geschwindigkeit des Fahrzeugs von links nach rechts. Die restlichen Parameter des Systems sind aus der Abbildung zu entnehmen.

Auch in diesem Fall wird das System mit folgender Matrixform beschrieben:

$$
\begin{bmatrix} I & 0 & 0 & 0 \\ 0 & m_s & 0 & 0 \\ 0 & 0 & m_a & 0 \\ 0 & 0 & 0 & m_a \end{bmatrix} \begin{bmatrix} \ddot{\theta}(t) \\ \ddot{x}_1(t) \\ \ddot{x}_2(t) \\ \ddot{x}_3(t) \end{bmatrix} + \begin{bmatrix} c[a^2 + (L-a)^2] & c(L-2a) & -c(L-a) & -ca \\ c(L-2a) & 2c & -c & -c \\ -ca & -c & c+c_t & 0 \\ c(L-a) & -c & 0 & c+c_t \end{bmatrix} \begin{bmatrix} \dot{\theta}(t) \\ \dot{x}_1(t) \\ \dot{x}_2(t) \\ \dot{x}_3(t) \end{bmatrix} +
$$

$$
\begin{bmatrix} k[a^2 + (L-a)^2] & k(L-2a) & -k(L-a) & ka \\ k(L-2a) & 2k & -k & -k \\ -ka & -k & k+k_t & 0 \\ k(L-a) & -k & 0 & k+k_t \end{bmatrix} \begin{bmatrix} \theta(t) \\ x_1(t) \\ x_2(t) \\ x_3(t) \end{bmatrix} = \begin{bmatrix} 0 \\ 0 \\ c_t\dot{y}(t) + k_t y(t) \\ c_t\dot{z}(t) + k_t z(t) \end{bmatrix}
$$

$$\tag{1.24}$$

Es ist ein MIMO-System (*Multiple Input Multiple Output*) mit vier Eingängen in Form der Anregungen $y(t), \dot{y}(t)$ und $z(t), \dot{z}(t)$ und mit vier Ausgängen: $\theta(t), x_1(t), x_2(t), x_3(t)$.

1.2.1   Homogene und partikuläre Lösung

Es wird auf die Erfahrung aus dem vorherigen Abschnitt zurückgegriffen. In einer kompakten Matrixform ist das System von homogenen Differentialgleichungen zweiter Ordnung durch

$$\mathbf{M}\ddot{\mathbf{x}}(t) + \mathbf{C}\dot{\mathbf{x}}(t) + \mathbf{K}\mathbf{x}(t) = 0 \tag{1.25}$$

gegeben. Der Vektor $\mathbf{x}(t)$ enthält als Elemente die „generalisierten Variablen" des Systems $\theta(t), x_1(t), x_2(t), x_3(t)$ und die Matrizen sind in der Gleichung (1.24) definiert.

Wie im vorherigen Abschnitt wird angenommen, dass die homogene Lösung folgende Form hat:

$$\mathbf{x}_h(t) = \mathbf{X}e^{\lambda t} \tag{1.26}$$

Durch Einsetzen in die Gl. (1.25) erhält man das Eigenwertproblem:

$$[\mathbf{M}\lambda^2 + \mathbf{C}\lambda + \mathbf{K}]\mathbf{X} = 0 \tag{1.27}$$

Nichttriviale Lösungen dieser Gleichung sind nur möglich, wenn die Koeffizientendeterminante Null wird:

$$\det[\mathbf{M}\lambda^2 + \mathbf{C}\lambda + \mathbf{K}] = 0 \tag{1.28}$$

Wie schon vom vorherigen Abschnitt bekannt ist, führt diese Gleichung auf die charakteristische Gleichung des Systems, bei deren Lösung man 2n Eigenwerte λ_i und gleich viele Eigenvektoren $\mathbf{X}_i$ erhält. Hier ist $n = 4$ gleich der Größe des Vektors $\mathbf{x}(t)$.

Komplexe Eigenwerte und Eigenvektoren treten wegen der reellen Koeffizienten immer als konjugiert komplexe Paare auf:

$$\lambda_i = \sigma_i + j\omega_i \qquad \lambda_{i+1} = \sigma_i - j\omega_i$$
$$\mathbf{X}_i = |\mathbf{X}_i|e^{j\phi} \qquad \mathbf{X}_{i+1} = |\mathbf{X}_i|e^{-j\phi} \tag{1.29}$$

Hierin ist ω_i eine Eigenfrequenz (des Systems mit Dämpfung) und σ_i ist eine Konstante, die mit dem Faktor $e^{\sigma_i t}$ den Anteil in der homogenen Lösung wegen des konjugiert komplexen Eigenwertspaars λ_i, λ_{i+1} gewichtet.

Die homogene Lösung kann jetzt wie folgt geschrieben werden:

$$\mathbf{x}_h(t) = p_1\mathbf{X}_1 e^{\lambda_1 t} + p_2\mathbf{X}_2 e^{\lambda_2 t} + \cdots + p_8\mathbf{X}_8 e^{\lambda_8 t} \tag{1.30}$$

Jedes konjugiert komplexes Paar ergibt einen reellen Anteil in der homogenen Lösung. Wenn z.B. angenommen wird, dass

$$\mathbf{X}_2 = \mathbf{X}_1^* \qquad \lambda_2 = \lambda_1^* \quad \text{und} \quad p_2 = p_1^*, \tag{1.31}$$

dann führt der Anteil

$$p_1\mathbf{X}_1 e^{\lambda_1 t} + p_2\mathbf{X}_2 e^{\lambda_2 t} \tag{1.32}$$

zu einer reellen Schwingung der Frequenz ω_1, die noch mit dem Faktor $e^{\sigma_1 t}$ gewichtet ist. Für ein stabiles System, wie es das vorliegende ist, muss $\sigma_i < 0$ sein, so dass dieser Anteil für $t \to \infty$ zu null abklingt.

So wie im vorherigen Fall der Aufhängung mit einem Rad, sind die Faktoren $p_i, i = 1, 2, \ldots, 8$ von den Anfangsbedingungen des System in Form der vier Variablen aus $\mathbf{x}(t)$ und deren vier Ableitungen $\dot{\mathbf{x}}(t)$ abhängig.

Anfänglich sollte man mit der Wahl diese Faktoren die verschiedenen Anteile der homogenen Lösung anregen. Wenn die Eigenwerte paarweise konjugiert komplex sind, kann man die periodische Anteile anregen, indem man je zwei Werte für p_i, die einem Paar entsprechen, gleich eins wählt und die restlichen null. Für einen reellen Eigenwert wird der entsprechende Anteil mit einem einzigen Wert $p_i = 1$ angeregt.

Die partikulären Lösungen mit Anfangsbedingungen null werden mit Hilfe der Übertragungsfunktionen von den zwei Eingängen $y(t), z(t)$ bis zu den vier Ausgängen $\theta(t), x_1(t), x_2(t), x_3(t)$ ermittelt. Die Laplace-Transformation der Differentialgleichungen gemäß Gl. (1.24) ist:

$$[s^2\mathbf{M} + s\mathbf{C} + \mathbf{K}]\mathbf{X}(s) = \begin{bmatrix} 0 \\ 0 \\ c_t s + k_t \\ 0 \end{bmatrix} Y(s) + \begin{bmatrix} 0 \\ 0 \\ 0 \\ c_t s + k_t \end{bmatrix} Z(s) \tag{1.33}$$

Daraus werden zwei Matrix-Übertragungsfunktion ermittelt:

$$
\mathbf{H}_y(s) = \frac{\mathbf{X}(s)}{Y(s)} = [s^2\mathbf{M} + s\mathbf{C} + \mathbf{K}]^{-1}
\begin{bmatrix} 0 \\ 0 \\ c_t s + k_t \\ 0 \end{bmatrix}
$$

$$
\mathbf{H}_z(s) = \frac{\mathbf{X}(s)}{Z(s)} = [s^2\mathbf{M} + s\mathbf{C} + \mathbf{K}]^{-1}
\begin{bmatrix} 0 \\ 0 \\ 0 \\ c_t s + k_t \end{bmatrix}
$$

(1.34)

Mit dem Skript `suspension_2.m` und dem Simulink-Modell `suspension2.mdl` wird die Untersuchung dieses System durchgeführt:

```
% Skript suspension_2.m, in dem ein vereinfachtes Modell
% eines Fahrzeugs simuliert wird
% Arbeitet mit dem Modell suspension2.mdl
clear;
s = tf('s');
% ------- Parameter des Systems
ms = 300;    % kg
ma = 25;     % kg
I = 225;     % kg m^2
L = 3;       % m
a = 1.7;     % m
c = 1200;      % N s/m
ct = 5000;     % N s/m
k = 12000;     % N/m
kt = 100000;  % N/m
% ------- Matrizen des Modells
M = [I 0 0 0;0 ms 0 0;0 0 ma 0;0 0 0 ma];
C = [c*(a^2 + (L-a)^2) c*(L-2*a) -c*(L-a) -c*a;
     c*(L-2*a) 2*c -c -c;
     -c*a -c c+ct 0;
     c*(L-a) -c 0 c+ct];
K = [k*(a^2+(L-a)^2) k*(L-2*a) -k*(L-a) k*a;
     k*(L-2*a) 2*k -k -k;
     -k*a -k k+kt 0;
     k*(L-a) -k 0 k+kt];
% ------- Homogene Lösung
[X, e] = polyeig(K,C,M);    % Eigenwerte
[e, k] = sort(e),
```

```
X = X(:,k);
% -------- Homogene Lösung
dt = 0.002;
t = 0:dt:1.5;
%p =[1 1 0 0 0 0 0 0]; % Faktoren für periodischen Anteil_1
p =[1 1 1 1 0 0 0 0]; % Faktoren für periodischen Anteil_1
                      % plus Anteil_2
%p =[0 0 1 1 0 0 0 0]; % Faktoren für periodischen Anteil_2
%p =[0 0 0 0 1 0 0 0]; % Faktoren für aperiodischen Anteil_1
% ......
%p =[0 0 0 0 0 0 0 1]; % Faktoren für aperiodischen Anteil_8
x0v0 = [X(:,1),X(:,2),X(:,3),X(:,4),X(:,5),X(:,6),X(:,7),X(:,8);
        X(:,1)*e(1),X(:,2)*e(2),X(:,3)*e(3),X(:,4)*e(4),...
        X(:,5)*e(5),X(:,6)*e(6),X(:,7)*e(7),X(:,8)*e(8)]*p';
                      % Anfangsbedingungen
xh = p(1)*X(:,1)*exp(e(1)*t)  + p(2)*X(:,2)*exp(e(2)*t)+...
     p(3)*X(:,3)*exp(e(3)*t)  + p(4)*X(:,4)*exp(e(4)*t)+...
     p(5)*X(:,5)*exp(e(5)*t)  + p(6)*X(:,6)*exp(e(6)*t)+...
     p(7)*X(:,7)*exp(e(7)*t)  + p(8)*X(:,8)*exp(e(8)*t);
figure(1);      clf;
plot(t, xh);
    title(['Homogene Lösung für p = ',num2str(p)]);
    xlabel('Zeit in s');    grid on;
    legend('Winkel', 'x1', 'x2', 'x3');
```

Anfänglich wird die homogene Lösung für bestimmte Gewichtungsfaktoren $p_1.i = 1,\dots,8$ ermittelt und dargestellt. Damit kann man viele Experimente durchführen. Für die gegebenen Parameter erhält man folgende nach Größe sortierte Eigenwerte:

```
e =   1.0e+02 *
  -0.0319 - 0.0781i
  -0.0319 + 0.0781i
  -0.1070 - 0.0838i
  -0.1070 + 0.0838i
  -0.1902
  -0.2343
  -2.2758
  -2.3062
```

Sie zeigen, dass das System zwei Eigenfrequenzen und somit zwei periodische Anteile in den homogenen Lösungen für die vier Variablen enthält. Die vier reellen Eigenwerte ergeben vier aperiodische Anteile. Mit p = [1 1 1 1 0 0 0 0] werden die zwei periodischen Anteile der homogenen Lösung angeregt. Für diese Faktoren werden dann die acht Anfangsbedingungen im Vektor x0v0 ermittelt. Sicher sind diese Faktoren physikalisch nicht realistisch. Der umgekehrte Weg, aus realistischen Anfangsbedingungen die Gewichtungsfaktoren zu bestimmen, wird hier nicht mehr verfolgt. Er kann ähnlich wie für die Aufhängung mit einem Rad aus dem vorherigen Abschnitt untersucht werden.

Die homogene Lösung für den Vektor p = [1 1 1 1 0 0 0 0], der die zwei periodischen Anteile anregt, ist in Abb. 1.12 dargestellt.

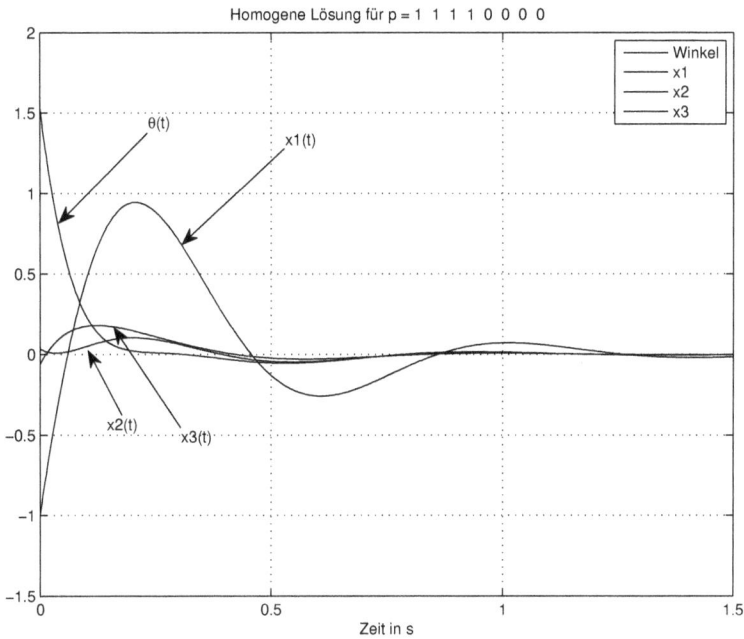

Abb. 1.12: Homogene Lösung (suspension_2.m, suspension2.mdl)

In Abb. 1.13 ist das Simulink-Modell dargestellt, mit dessen Hilfe die allgemeine Lösung ermittelt wird.

Im oberen Teil wird die homogene Lösung ausgehend von den Anfangsbedingungen für die Variablen und deren Ableitungen, die im Vektor x0v0 hinterlegt sind, ermittelt. Im unteren Teil wird die partikuläre Lösung für eine zufällige Anregung $y(t)$ mit einer spektralen Leistungsdichte, die auch im vorherigen Abschnitt benutzt wurde, berechnet. Die Anregung $z(t)$ wird durch eine Verzögerung aus $y(t)$ erzeugt, die für eine bestimmte Geschwindigkeit des Fahrzeugs berechnet wird.

Die Blöcke *Transfer Fcn2* und *Transfer Fcn3* simulieren die Übertragungsfunktionen gemäß Gl. (1.34). Jeder Block simuliert die Übertragung von einem Eingang $y(t)$ bzw. $z(t)$ zu den vier Variablen als Ausgänge. Als Parameter für *Numerator coefficients* werden die Koeffizienten der Zähler der Teilübertragungsfunktionen eingetragen, und zwar werden sie in eine Matrix als Zeilen eingetragen. So wird z.B. für $H_y(s)$ die Matrix [b11y; b12y; b13y; b14y] benutzt. Da alle Teilübertragungsfunktionen denselben Nenner besitzen, werden als Parameter für *Denominator coefficients* nur die Koeffizienten a11y eingetragen. Ähnlich wird auch der zweite Block *Transfer Fcn3* initialisiert.

```
% ------- Initialisierung des Simulink-Modells
% Rauigkeit der Fahrbahn
x0v0 = [0 0.002 0 0 0.01 0 0 0]';    % Anfangsbedingungen
dt = 0.01;    Tfinal = 50;
```

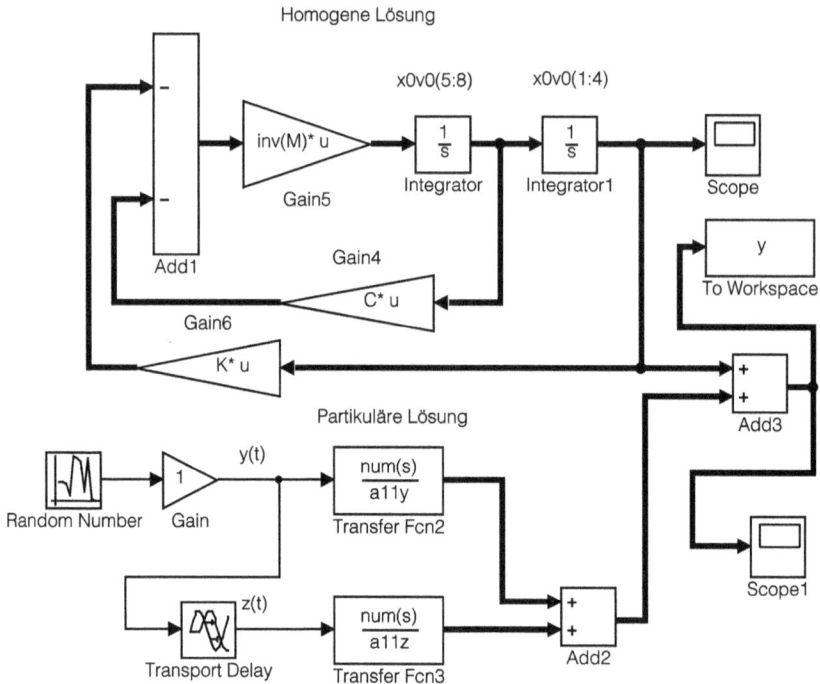

Abb. 1.13: Simulink-Modell der Untersuchung der Aufhängung mit zwei Achsen
(suspension_2.m, suspension2.mdl)

```
S0 = 2e-8;      % Spektrale Leistungsdichte für die
                % Anregung in m^2/Hz bei einer Geschwindigkeit von 30 m/s
varianz = S0/dt
v = 30;         % Geschwindigkeit m/s
delay = (L/v);
% -------- Übertragungsfunktionen von Y und Z zu X
Py = [0;0;ct*s+kt;0];    % Anregungen
Pz = [0;0;0;ct*s+kt];
Hy = inv(s^2*M + s*C + K)*Py; % Übertragungsfunktion von Y zu X
Hz = inv(s^2*M + s*C + K)*Pz; % Übertragungsfunktion von Z zu X

[b, a] = tfdata(Hy);     % liefert Zellen
b11y = b{1,:};           % Koeffizienten des Zählers von Y zu Winkel
b12y = b{2,:};           % Koeffizienten des Zählers von Y zu Lage x1
b13y = b{3,:};           % Koeffizienten des Zählers von Y zu Lage x2
b14y = b{4,:};           % Koeffizienten des Zählers von Y zu Lage x3

a11y = a{1,:};           % Koeffizienten des Nenners von Y zu Winkel
```

```matlab
                             % Die anderen sind alle gleich
[b, a] = tfdata(Hz);         % liefert Zellen
b11z = b{1,:};               % Koeffizienten des Zählers von Z zu Winkel
b12z = b{2,:};               % Koeffizienten des Zählers von Z zu Lage x1
b13z = b{3,:};               % Koeffizienten des Zählers von Z zu Lage x2
b14z = b{4,:};               % Koeffizienten des Zählers von Z zu Lage x3

a11z = a{1,:};               % Koeffizienten des Nenners von Z zu Winkel
                             % Die anderen sind  alle gleich
```

Die Ausgänge der zwei Blöcke, die die Übertragungsfunktionen simulieren, werden addiert und weiter nochmals mit den homogenen Lösungen des oberen Teils des Modells ebenfalls addiert. Die Ergebnisse werden in der Senke *To Workspace*, deren Datenformat als *Array with Time* parametriert ist, zwischengespeichert.

Der Aufruf der Simulation findet mit einem Minimum von Argumenten statt:

```matlab
% -------- Aufruf der Simulation
sim('suspension2',[0:dt:100]);
t = y.time;
winkel = y.signals.values(:,1);   % Winkel des Chassis (Masse ms)
x1 = y.signals.values(:,2);       % Lage des Chassis
x2 = y.signals.values(:,3);       % Lage der vorderen Achse
x3 = y.signals.values(:,4);       % Lage der hinteren Achse
figure(2);      clf;
   nd = 1:500;
subplot(211), plot(t(nd), winkel(nd));
   hold on, plot(t(nd), x1(nd),'r');
   title('Winkel und Lagekoordinate des Chassis'); grid on;
   hold off;
subplot(212), plot(t(nd), x2(nd));
   hold on, plot(t(nd), x3(nd),'r');
   title('Lagekoordinaten der Achsen'); grid on;
   hold off;
```

Abb. 1.14 zeigt oben die Variable $\theta(t)$ und die Lage des Chassis $x_1(t)$ und darunter die Lagekoordinaten $x_2(t)$ und $x_3(t)$ der Massen m_a. Wie erwartet werden die höheren Frequenzen der Anregungen unterdrückt, stärker für die Variablen $\theta(t), x_1(t)$. Das kann man auch aus den Frequenzgängen des Systems beobachten. Für die Variablen $\theta(t)$ und $x_1(t)$ fallen die Amplitudengänge bei hohen Frequenzen ab.

Am Ende des Skriptes werden exemplarisch die Frequenzgängen mit der Funktion **bode** ermittelt und dargestellt:

```matlab
% -------- Frequenzgänge mit bode
f = logspace(-1,2,100);
% Frequenzgänge von y zu den Ausgängen
[betrag_x, phase_x, w] = bode(Hy, 2*pi*f);   % Y zu X
figure(3);      clf;
   subplot(211), semilogx(f, 20*log10(squeeze(betrag_x)));
   axis tight;   grid on;
   title('Amplitudengänge für Anregung y');      xlabel('Hz');
```

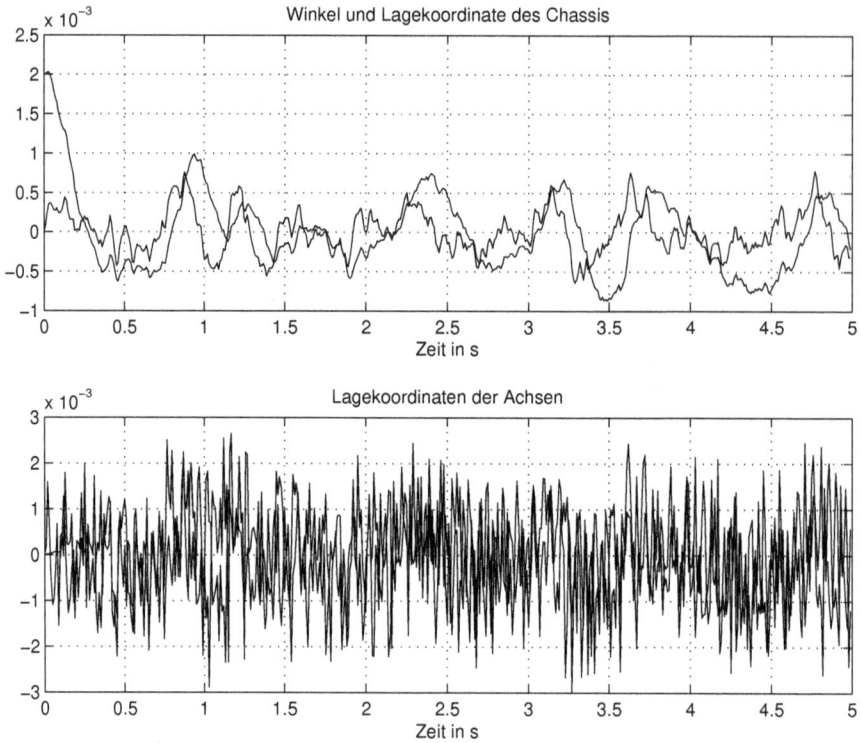

Abb. 1.14: a) Gesamtlösung mit den Variablen $\theta(t)$ und $x_1(t)$ b) mit den Variablen $x_2(t)$ und $x_3(t)$ (suspension_2.m, suspension2.mdl)

```
    legend('Winkel', 'Lage x1', 'Lage x2', 'Lage x3');
subplot(212), semilogx(w/(2*pi), squeeze(phase_x));
    axis tight;    grid on;
    title('Phasengänge für Anregung y');    xlabel('Hz');
    legend('Winkel', 'Lage x1', 'Lage x2', 'Lage x3');
% Frequenzgänge von z zu den Ausgängen
[betrag_x, phase_x, w] = bode(Hz, 2*pi*f);    % Z zu X
figure(4);    clf;
subplot(211), semilogx(f, 20*log10(squeeze(betrag_x)));
    axis tight;    grid on;
    title('Amplitudengänge für Anregung z');    xlabel('Hz');
    legend('Winkel', 'Lage x1', 'Lage x2', 'Lage x3');
subplot(212), semilogx(w/(2*pi), squeeze(phase_x));
    axis tight;    grid on;
    title('Phasengänge für Anregung z');    xlabel('Hz');
    legend('Winkel', 'Lage x1', 'Lage x2', 'Lage x3');
```

Die Funktion **bode** liefert die Beträge und die Phasen der Frequenzgänge in Felder mit mehreren Dimensionen. Um die unnötigen Dimensionen zu entfernen wird die

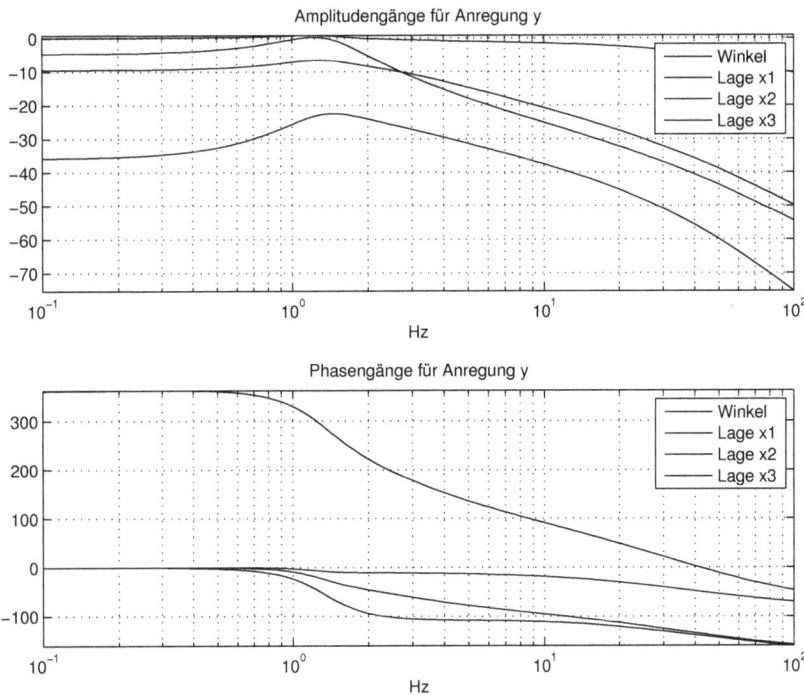

Abb. 1.15: *Frequenzgänge von der Anregung $y(t)$ bis zu den Variablen des Systems* (suspension_2.m, suspension2.mdl)

Funktion **squeeze** eingesetzt. Mit

```
betrag_x
betrag_x(:,:,1) =
     0.5494
     0.3658
     0.0610
     1.0087
betrag_x(:,:,2) =
     0.5501
     0.3663
     0.0611
     1.0089
   .........
```

erhält man die Inhalte dieser mehrdimensionalen Felder mit zwei sogenannten *singleton*, das sind für diese Anwendung zwei unnötige Dimensionen.

Mit Hilfe des Skriptes suspension_3.m und des Modells suspension_3.mdl aus Abb. 1.17 werden die spektralen Leistungsdichten der Signale für eine zufällige Anregung ermittelt.

In diesen Fall interessiert nur die partikuläre Lösung für den stationären Zustand.

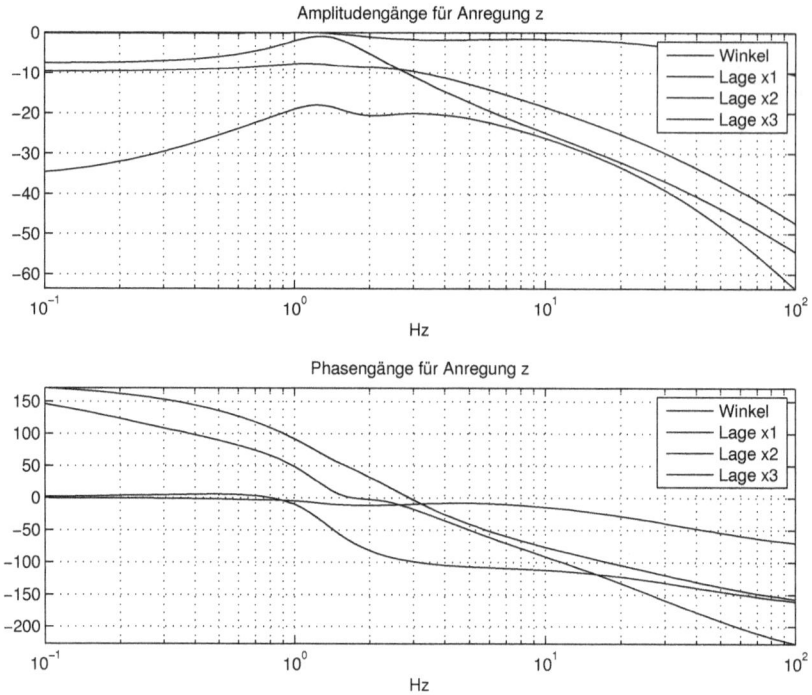

Abb. 1.16: Frequenzgänge von der Anregung $z(t)$ bis zu den Variablen des Systems
(suspension_2.m, suspension2.mdl)

Die Variablen der zwei Übertragungsfunktionen *Transfer Fcn2*, *Transfer Fcn3* werden addiert und danach mit dem *Zero-Order Hold*-Block zeitdiskretisiert. Die Senke *Spectrum Scope* zeigt die spektralen Leistungsdichten der vier Variablen die durch folgenden *Markern* gekennzeichnet sind: $\theta(t)$ mit *, $x_1(t)$ mit ·, $x_2(t)$ mit x und $x_3(t)$ mit o. Abb. 1.18 zeigt diese Spektren.

Die zeitdiskretisierten Variablen werden in der Senke *To Workspace* zwischengespeichert um damit die spektralen Leistungsdichten im Skript zu berechnen. Der Anfang des Skriptes `suspension_3.m` ist dem Skript `suspension_2.m` gleich. Es werden hier die Teilübertragungsfunktionen ermittelt und das Simulink-Modell initialisiert:

```
. . . . . . . . . . . .
% -------- Aufruf der Simulation
sim('suspension3',[0:dt:100]);
t = y.time;
winkel = y.signals.values(:,1);   % Winkel des Chassis (Masse ms)
x1 = y.signals.values(:,2);       % Lage des Chassis
x2 = y.signals.values(:,3);       % Lage der vorderen Achse
x3 = y.signals.values(:,4);       % Lage der hinteren Achse
. . . . . . . . . . . .
```

Partikuläre Lösung

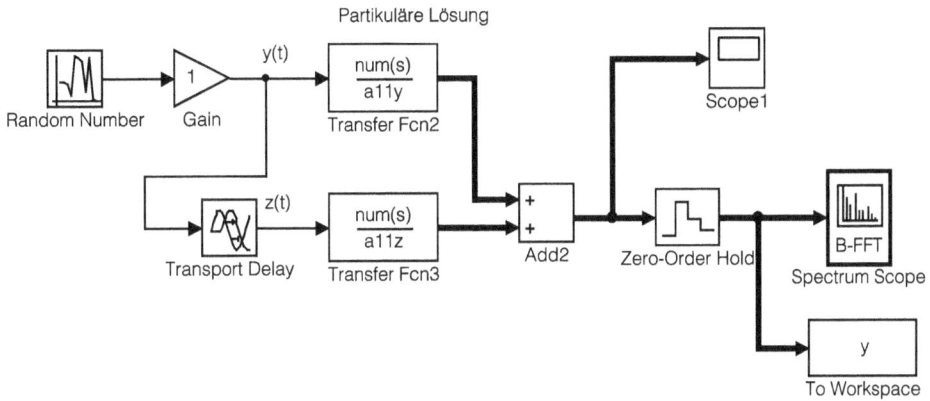

Abb. 1.17: Simulink-Modell der Untersuchung der spektralen Leistungsdichten
(suspension_3.m, suspension3.mdl)

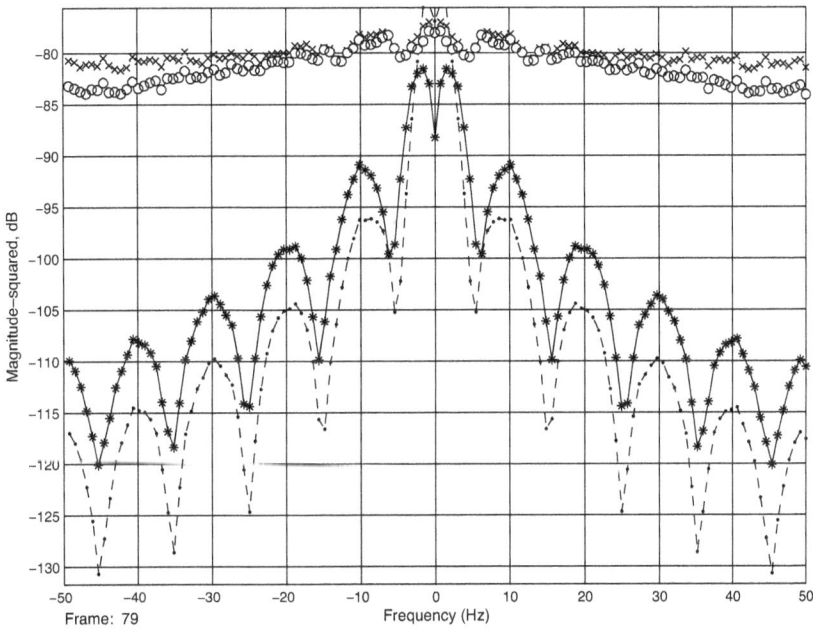

Abb. 1.18: Spektrale Leistungsdichten vom Spectrum Scope
(suspension_3.m, suspension3.mdl)

```
% -------- Spektrale Leistungsdichten
fs = 1/dt;
```

```
h = spectrum.welch;
Htheta = psd(h, winkel, 'Fs', fs);        Hx1    = psd(h, x1, 'Fs', fs);
Hx2    = psd(h, x2, 'Fs', fs);            Hx3    = psd(h, x3, 'Fs', fs);

Htheta = Htheta.data;                     Hx1 = Hx1.data;
Hx2 =     Hx2.data;                       Hx3 = Hx3.data;
nx = length(Htheta);
figure(2);        clf;
plot((0:nx-1)*fs/(2*(nx-1)), 10*log10(Htheta),'*');
    hold on;
plot((0:nx-1)*fs/(2*(nx-1)), 10*log10(Hx1),'.');
plot((0:nx-1)*fs/(2*(nx-1)), 10*log10(Hx2),'x');
plot((0:nx-1)*fs/(2*(nx-1)), 10*log10(Hx3),'o');
    title('Spektrale Leistungsdichten');
    xlabel('Hz');       ylabel('dB m^2/Hz');       grid on;
    legend('Winkel \theta', 'x1','x2','x3');
    hold off;
```

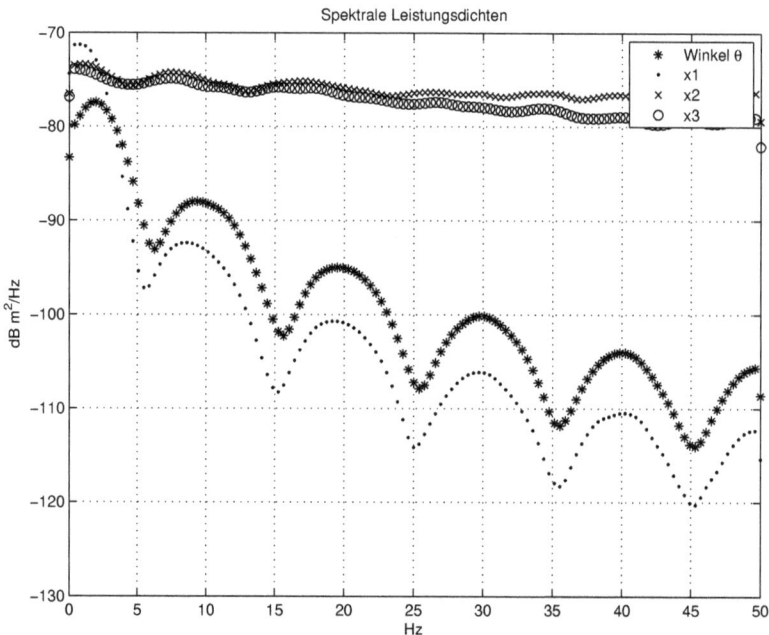

Abb. 1.19: Berechnete spektrale Leistungsdichten (suspension_3.m, suspension3.mdl)

Nach der Simulation werden die Spektren mit Hilfe der Signale ermittelt. Der Befehl **spectrum.welch** definiert ein Objekt für die Ermittlung der Spektren mit dem *Welch*-Verfahren [27]. Danach werden konkret die Spektren für jedes Signal mit dem Befehl **psd** (*Power Spectral Density*) berechnet. Dieser liefert eine Struktur, die z.B. für Htheta folgende Felder enthält:

```
>> Htheta
Htheta =
                    Name: 'Power Spectral Density'
                    Data: [129x1 double]
            SpectrumType: 'Onesided'
      NormalizedFrequency: false
                      Fs: 100
              Frequencies: [129x1 double]
               ConfLevel: 'Not Specified'
             ConfInterval: []
```

Man extrahiert weiter die spektralen Leistungsdichten aus den Data-Felder und erzeugt die Darstellung aus Abb. 1.19. Eine gute Übung besteht darin, die MATLAB-
Befehle so zu ändern, dass zweiseitige Spektren entstehen, die dann in derselben Art
wie die Spektren am *Spectrum Scope* um die Frequenz null dargestellt werden. Folgende Programmzeilen sollen als Hinweise dienen:

```
Htheta = psd(h,winkel,'Fs',fs,'SpectrumType', 'twosided');
nx = length(Htheta.Data);
........
plot((-nx/2:nx/2-1)*fs/nx, 10*log10(fftshift(Htheta.Data)));
```

Um den Umgang mit den Ergebnissen, die von den MATLAB-Befehlen in Form von
mehrdimensionalen Feldern geliefert werden, zu verstehen, werden in dem Skript
suspension_4.m exemplarisch die Ergebnisse der Funktionen **step** und **bode** besprochen.

Für das vorliegende System wird eine Matrix-Übertragungsfunktion ermittelt,
die die zwei Eingänge $Y(s), Z(s)$ in einem Vektor zusammenfasst und mit den vier
Ausgängen aus dem Vektor $\mathbf{X}(s)$ verbindet. Die Laplace-Transformation gemäß Gl.
(1.33) wird wie folgt geschrieben:

$$[s^2\mathbf{M} + s\mathbf{C} + \mathbf{K}]\mathbf{X}(s) = \begin{bmatrix} 0 & 0 \\ 0 & 0 \\ c_t s + k_t & 0 \\ 0 & c_t s + k_t \end{bmatrix} \begin{bmatrix} Y(s) \\ Z(s) \end{bmatrix} \tag{1.35}$$

Daraus wird die Matrix-Übertragungsfunktion ermittelt:

$$\mathbf{H}_{yz}(s) = [s^2\mathbf{M} + s\mathbf{C} + \mathbf{K}]^{-1} \begin{bmatrix} 0 & 0 \\ 0 & 0 \\ c_t s + k_t & 0 \\ 0 & c_t s + k_t \end{bmatrix} \tag{1.36}$$

Sie enthält jetzt acht Teilübertragungsfunktionen von jedem Eingang zu den vier Ausgängen. Es werden weiter nur die Programmzeilen aus dem Skript dargestellt, die bei der Manipulation der mehrdimensionalen Felder relevant sind. Am Anfang wird die Matrix-Übertragungsfunktion H_{yz} gemäß Gl. (1.36) ermittelt:

```
. . . . . . . . . . .
% ------- Matrizen des Modells
M = [I 0 0 0;0 ms 0 0;0 0 ma 0;0 0 0 ma];
C = [c*(a^2 + (L-a)^2) c*L -c*a c*(L-a);
    c*(L-2*a) 2*c -c -c;
    -c*a -c c+ct 0;
    c*(L-a) -c 0 c+ct];
K = [k*(a^2+(L-a)^2) k*L -k*a k*(L-a);
    k*(L-2*a) 2*k -k -k;
    -k*a -k k+kt 0;
    k*(L-a) -k 0 k+kt];
% -------- Matrix-Übertragungsfunktion von Y und Z zu X
Pyz = [0,0;0,0;ct*s+kt,0;0,ct*s+kt];    % Anregngen [Y(s); Z{s)]
Hyz = inv(s^2*M + s*C + K)*Pyz;   % Übertragungsfunktion-Matrix
. . . . . . . . .
```

Wenn man in MATLAB >>Hyz eingibt, werden zwei mal vier Übertragungsfunktionen von jedem Eingang zu den vier Ausgängen dargestellt. Mit

```
% -------- Sprungantworten
Tfinal = 2;
my_sys = tf(Hyz);
[xstep_yz, t] = step(my_sys, Tfinal);
```

werden die Sprungantworten in dem mehrdimensionalen Feld xstep_yz berechnet. Die Größe des Feldes ist:

```
>> size(xstep_yz)
ans =
      5083          4          2
```

Es besteht aus zwei Matrizen mit 5083 Zeilen und 4 Spalten. Die erste Matrix enthält entlang der Spalten die Sprungantworten für den ersten Eingang ($y(t)$) und die zweite Matrix enthält ähnlich die Sprungantworten für den zweiten Eingang ($z(t)$). Somit enthält xstep_yz(:,:,1) die vier Sprungantworten vom Eingang $y(t)$ und xstep_yz(:,:,2) beinhaltet die Sprungantworten vom Eingang $z(t)$ und können dann separat dargestellt werden:

```
figure(1);      clf;
subplot(211), plot(t, [xstep_yz(:,:,1)]);
   title('Sprungantworten von y(t) bis zu den Variablen x(t)')
   xlabel('Zeit in s');      grid on;
   legend('\theta(t)', 'x1(t)','x2(t)','x3(t)');
subplot(212), plot(t, [xstep_yz(:,:,2)]);
   title('Sprungantworten von z(t) bis zu den Variablen x(t)')
   xlabel('Zeit in s');      grid on;
   legend('\theta(t)', 'x1(t)','x2(t)','x3(t)');
```

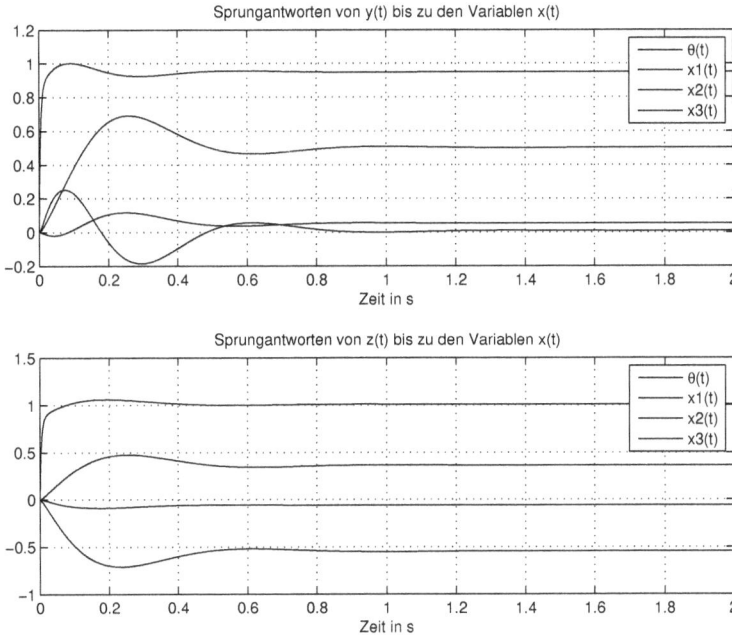

Abb. 1.20: a) Sprungantworten vom Eingang $y(t)$ b) Sprungantworten vom Eingang $z(t)$
(suspension_4.m)

Abb. 1.20 zeigt die Sprungantworten separat für jedem Eingang.

Auch die Funktion **bode** für die Ermittlung der Frequenzgänge liefert für dieses System ein dreidimensionales Feld:

```
% -------- Frequenzgänge mit bode
f = logspace(-1, 2, 500);
[betrag, phase] = bode(my_sys,2*pi*f);
% Beträge und Phasen von 2 Eingängen zu vier Ausgängen
..........
```

Die Größe des Feldes `betrag` erhält man mit:

```
>> size(betrag)
ans =
     4     2     500
```

Das Feld besteht aus 500 Matrizen der Größe 4 Zeilen und 2 Spalten, so dass für jede Frequenz die Werte der Beträge in einer dieser Matrizen enthalten sind. Die erste Spalte dieser kleinen Matrizen ergibt die vier Beträge für den Eingang $Y(j\omega)$ und ähnlich ergibt die zweite Spalte die vier Beträge für den Eingang $Z(j\omega)$. Das Feld für die `phase` ist ebenfalls in dieser Form organisiert.

Die Beträge und die Phasen für jedem Eingang erhält man somit durch:

```
betrag_yx = betrag(:,1,:);            % Beträge und Phasen vom y Eingang
phase_yx = phase(:,1,:);
```

```
betrag_zx = betrag(:,2,:);          % Beträge und Phasen vom z Eingang
phase_zx = phase(:,2,:);
```

Die Darstellungen, die mit folgenden Programmzeilen erzeugt werden, sind den Darstellungen aus Abb. 1.15 und Abb. 1.16 gleich.

```
figure(2);     clf;
subplot(211), semilogx(f, squeeze(20*log10(betrag_yx)));
    title('Amplitudengänge vom Eingang y zu allen x Ausgängen');
    xlabel('Hz');     grid on;     ylabel('dB');
subplot(212), semilogx(f, squeeze(phase_yx));
    title('Phasengänge vom Eingang y zu allen x Ausgängen');
    xlabel('Hz');     grid on;     ylabel('Grad');
figure(3);     clf;
subplot(211), semilogx(f, squeeze(20*log10(betrag_zx)));
    title('Amplitudengänge vom Eingang y zu allen x Ausgängen');
    xlabel('Hz');     grid on;     ylabel('dB');
subplot(212), semilogx(f, squeeze(phase_zx));
    title('Phasengänge vom Eingang y zu allen x Ausgängen');
    xlabel('Hz');     grid on;     ylabel('Grad');
```

Die extrahierten Variablen `betrag_yx`, `phase_yx`, ... sind noch immer Felder mit drei Dimensionen, wobei zwei Dimensionen unnötig sind, die für die Darstellung mit **plot**-Befehl mit Hilfe der Funktion **squeeze** entfernt werden.

1.3   Feder-Masse-System mit Unwuchtanregung

Unwuchtsysteme sind für viele technische Anwendungen von großer Bedeutung. Die Wäsche in einer Waschmaschine ergibt eine Unwucht, die im ungünstigsten Fall die Beschleunigung des eventuell in der Leistung zu kleinen Motors verhindern kann. Die Unwuchtmassen der gelenkten Räder eines PKWs können zu unangenehmen Schwingungen des Lenkrads und allgemein zu Überbeanspruchung der Lager führen.

Abb. 1.21 zeigt ein einfaches System mit Masse m, Dämpfungsfaktor c und Federsteifigkeit k der Blattfeder, die eine Bewegung in vertikaler Richtung erlauben. Die Unwucht entsteht durch die Drehbewegung mit Radius e der kleineren, angenommenen punktförmigen Masse m_0. Die Bewegung in x-Richtung relativ zur statischen Gleichgewichtslage ist das Objekt der Untersuchung.

Die Differentialgleichung dieser Bewegung ergibt sich aus dem Gleichgewicht der Kräfte, die in Richtung der Auslenkung x projiziert sind:

$$-(m + m_0)\ddot{x}(t) - c\dot{x}(t) - kx(t) + m_0 e\dot{\theta}^2(t)\sin\theta(t) - m_0 e\ddot{\theta}(t)\cos\theta(t) = 0 \qquad (1.37)$$

Dabei sind:

$$\theta(t) = \omega(t)t + \theta_0; \qquad \dot{\theta}(t) = \omega(t) + \dot{\omega}(t)t \qquad \ddot{\theta}(t) = \ddot{\omega}(t)t + 2\dot{\omega}(t) \qquad (1.38)$$

Für eine gleichförmige Drehbewegung $\omega(t) = \omega$ ist die Winkelbeschleunigung $\ddot{\theta}(t) = 0$ und man erhält folgende Differentialgleichung:

$$(m + m_0)\ddot{x}(t) + c\dot{x}(t) + kx(t) = m_0 e\omega^2\sin(\omega t + \theta_0) = F_e(t) \qquad (1.39)$$

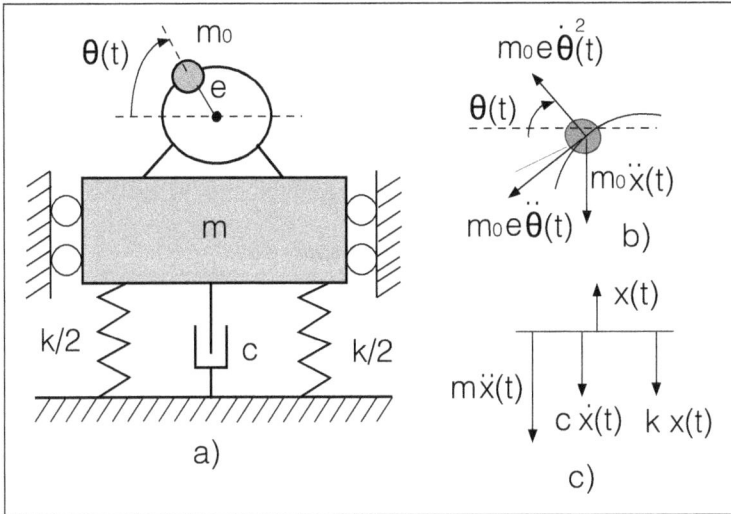

Abb. 1.21: a) Feder-Masse-System mit Unwuchtanregung b) Kräfte die auf die Unwuchtmasse wirken c) Kräfte die auf die Hauptmasse wirken

Sie beschreibt ein lineares System zweiter Ordnung mit einer sinusförmigen Kraftanregung $F_e(t)$, deren Amplitude $m_0 e \omega^2$ von der Kreisfrequenz ω abhängt.

Die Übertragungsfunktion von der Anregung $F_e(t)$ bis zur Lage $x(t)$ der Hauptmasse m wird aus der Laplace-Transformation der Differentialgleichung

$$[(m + m_0)s^2 + cs + k]X(s) = F_e(s) \tag{1.40}$$

ermittelt:

$$H(s) = \frac{X(s)}{F_e(s)} = \frac{1}{(m + m_0)s^2 + cs + k} \tag{1.41}$$

Mit $s = j\omega$ erhält man den komplexen Frequenzgang des Systems, der das Verhalten für eine sinus- oder cosinusförmige Anregung im stationären Zustand beschreibt. Das Verhältnis der Amplituden $\hat{x}/\hat{F}_e$ ist somit:

$$\frac{\hat{x}}{\hat{F}_e} = \left| \frac{1}{(m + m_0)(j\omega)^2 + c(j\omega) + k} \right| \qquad \text{mit} \qquad \hat{F}_e = m_0 e \omega^2 \tag{1.42}$$

Daraus erhält man die Amplitude der Bewegung der Hauptmasse abhängig von ω:

$$\hat{x} = m_0 e \omega^2 \frac{1}{\sqrt{[k - (m + m_0)\omega^2]^2 + (c\,\omega)^2}} \tag{1.43}$$

Bei Frequenzen, die viel kleiner als die Eigenfrequenz ohne Dämpfung $\omega \ll \sqrt{k/(m + m_0)}$ sind, ist die Amplitude durch

$$\hat{x} = \frac{m_0 e \omega^2}{k} \tag{1.44}$$

gegeben. Für Frequenzen, die viel größer als die Eigenfrequenz ohne Dämpfung sind, ist die Amplitude unabhängig von ω und gleich mit:

$$\hat{x} = \frac{m_0 e}{m + m_0} \tag{1.45}$$

Im Skript unwucht_1.m ist die Abhängigkeit gemäß Gl. 1.43 ermittelt und dargestellt.

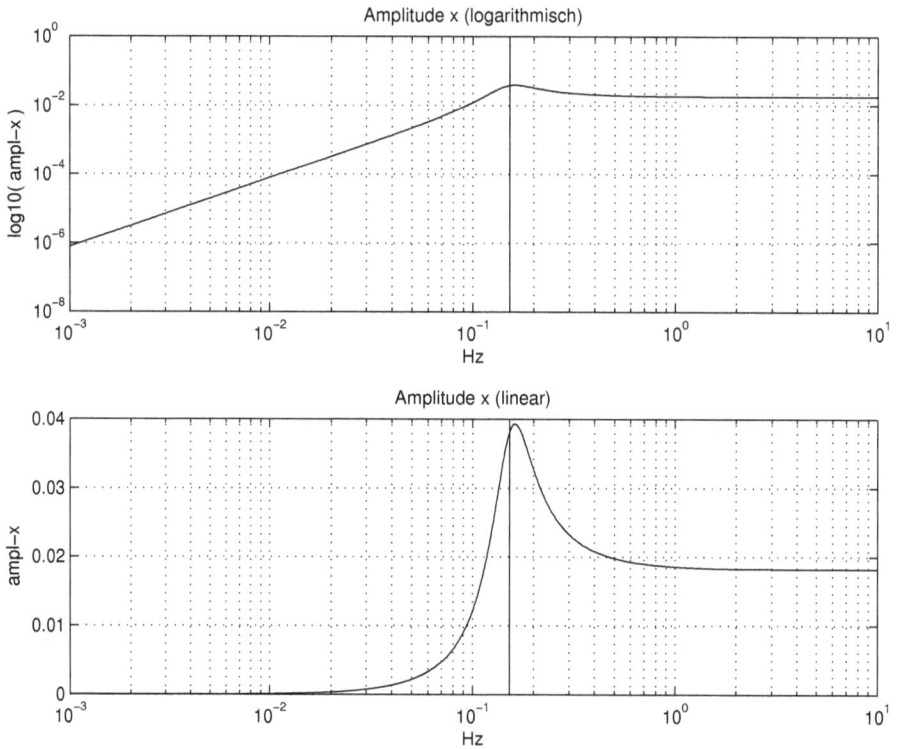

Abb. 1.22: *Amplitude der Bewegung abhängig von ω* (unwucht_1.m)

In Abb. 1.22 ist diese für folgende Parameter des Systems

```
m = 10;    m0 = 1;
k = 10;    c = 5;
e = 0.2;
```

gezeigt.

Mit vertikaler Linie ist die Stelle der Eigenfrequenz ohne Dämpfung markiert, die für die gewählten Parameter gleich 0,1517 Hz ist.

Für die Anregung $F_e(t)$ mit konstanter Frequenz gibt es die Möglichkeit mit einem Tilger („Kompensationstilger") die Amplitude der Schwingung zu mindern oder die Schwingung gänzlich zu unterdrücken.

In Abb. 1.23 ist das Feder-Masse-System angeregt von der Kraft $F_e(t)$ und zusätzlich mit dem Tilger dargestellt. Der Tilger besteht aus der Masse m_T, einer Feder der Steifigkeit k_T und einem Dämpfer mit Faktor c_T.

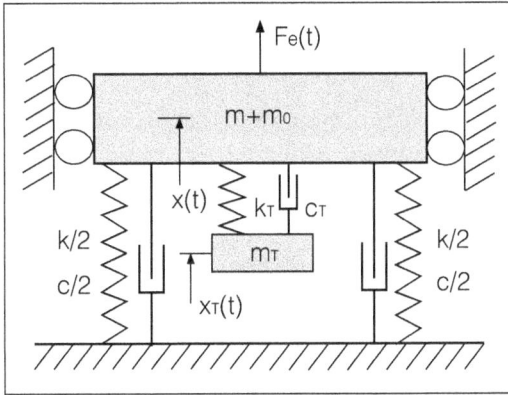

Abb. 1.23: Das System mit der Unwuchtkraft und mit Tilger

Die Kompensation ist am besten, wenn der Tilger keinen Dämpfer hat, was aus der Untersuchung hervorgehen wird. Die Differentialgleichungen der Bewegungen relativ zum Ruhezustand sind jetzt:

$$(m + m_0)\ddot{x}(t) + c\dot{x}(t) + c_T(\dot{x}(t) - \dot{x}_T(t)) + kx(t) + k_T(x(t) - x_T(t)) = F_e(t)$$
$$(m_T)\ddot{x}_T(t) + c_T(\dot{x}_T(t) - \dot{x}(t)) + k_T(x_T(t) - x(t)) = 0 \qquad (1.46)$$
$$F_e(t) = m_0 e\omega^2 \sin(\omega t + \theta_0)$$

Die Übertragungsfunktionen von der Anregung $F_e(t)$ bis zur Lage $x(t)$ der Masse $(m + m_0)$ und bis zur Lage $x_T(t)$ der Masse des Tilgers werden mit Hilfe der Laplace-Transformation dieser Differentialgleichungen, ausgehend von der Annahme, dass die Anfangsbedingungen null sind, ermittelt.

Es resultiert folgende Matrixgleichung:

$$\begin{bmatrix} (m + m_0)s^2 + (c + c_T)s + (k + k_T) & -c_T s - k_T \\ -c_T s - k_T & m_T s^2 + c_T s + k_T \end{bmatrix} \cdot \begin{bmatrix} X(s) \\ X_T(s) \end{bmatrix} = \begin{bmatrix} 1 \\ 0 \end{bmatrix} F_e(s) \quad (1.47)$$

Daraus werden die Laplace-Transformierten der Lagekoordinaten der Massen $X(s)$ und $X_T(s)$ abhängig von der Transformierten der Anregung $F_e(s)$ berechnet:

$$\begin{bmatrix} X(s) \\ X_T(s) \end{bmatrix} = \begin{bmatrix} (m + m_0)s^2 + (c + c_T)s + (k + k_T) & -c_T s - k_T \\ -c_T s - k_T & m_T s^2 + c_T s + k_T \end{bmatrix}^{-1} \cdot \begin{bmatrix} 1 \\ 0 \end{bmatrix} F_e(s)$$
$$(1.48)$$

Diese Gleichung definiert die Übertragungsfunktionen von der Anregung bis zu den Lagekoordinaten der Massen:

$$\begin{bmatrix} X(s) \\ X_T(s) \end{bmatrix} = \begin{bmatrix} H_{T1}(s) \\ H_{T2}(s) \end{bmatrix} F_e(s) \quad \text{mit} \quad H_{T1}(s) = \frac{X(s)}{F_e(s)}; \quad H_{T2}(s) = \frac{X_T(s)}{F_e(s)} \tag{1.49}$$

Die frequenzabhängigen Amplituden der Lagekoordinaten der Massen werden weiter durch folgende Gleichungen ermittelt:

$$\hat{x} = \hat{F}_e |H_{T1}(s)|\big|_{s=j\omega} = m_0 e \omega^2 |H_{T1}(j\omega)|$$
$$\hat{x}_T = \hat{F}_e |H_{T2}(s)|\big|_{s=j\omega} = m_0 e \omega^2 |H_{T2}(j\omega)| \tag{1.50}$$

Im Skript unwucht_2.m werden die Schwingungen durch Unwucht für ein Feder-Masse-System mit Tilger untersucht. Die Eigenfrequenz ohne Dämpfung des Tilgers wird an die Frequenz der Anregungskraft, die durch die Unwucht entsteht, angepasst:

```
% Skript unwucht_2.m, in dem die Schwingungen durch Unwucht
% eines Feder-Masse-System mit Tilger untersucht werden
clear;
s = tf('s');
% ------- Parameter des Systems
m = 10;    m0 = 1;
k = 10;    c = 5;     cT = 0.001;
e = 0.2;
% ------- Eigene Frequenz ohne Daempfung
omega_0 = sqrt(k/(m+m0));
f_0 = omega_0/(2*pi);
% ------- Frequenz der Anregung
%omega = 0.5*omega_0;
%omega = 5*omega_0;
omega = omega_0;
f = omega/(2*pi);
% ------- Parameter des Tilgers (angepasst an omega)
kT = 5,
mT = kT/(omega)^2,       % Angepasster Tilger
%mT = 0.9*kT/(omega)^2,    % Nicht ganz angepasster Tilger
```

Danach wird die Amplitude der Schwingungen der Hauptmasse des Systems ohne Tilger in ampl_x und die Amplitude der Schwingungen der Hauptmasse des Systems mit Tilger in ampl_xT berechnet. Zusätzlich wird die Amplitude der Schwingungen der Tilgermasse in ampl_xmT ermittelt. Das Verhältnis ampl_x/ampl_xT zeigt den „Gewinn", der durch den Tilger erzielt wird:

```
% ------- Amplitude Hauptmasse bei omega ohne Tilger
H1 = 1/((m+m0)*s^2+c*s+k);
[b1,a1] = tfdata(H1);
b1 = b1{:};        % Koeffizienten der Uebertragungsfunktion
```

```
a1 = a1{:};
zaehler1 = polyval(b1, j*omega);
nenner1  = polyval(a1, j*omega);
ampl_x = m0*e*omega^2*abs(zaehler1/nenner1), % Ampl. ohne Tilger
% ------- Uebertragungsfunktionen mit Tilger
% Matrizen des Systems
Ai = [(m+m0)*s^2+(c+cT)*s+(k+kT), -cT*s-kT; -cT*s-kT, mT*s^2+cT*s+kT];
Bi = [1, 0]';
HT = inv(Ai)*Bi;
% ------- Amplitude Hauptmasse x bei omega mit Tilger
[b1T,a1T] = tfdata(HT(1));
b1T = b1T{:};          % Koeffizienten der Uebertragungsfunktion
a1T = a1T{:};          % von Fe zu x
zaehler1T = polyval(b1T, j*omega);
nenner1T  = polyval(a1T, j*omega);
ampl_xT = m0*e*omega^2*abs(zaehler1T/nenner1T), % Ampl. mit Tilger
% ------- Amplitude der Tilgermasse xT bei omega
[b2T,a2T] = tfdata(HT(2));
b2T = b2T{:};          % Koeffizienten der Uebertragungsfunktion
a2T = a2T{:};          % von Fe zu xT
zaehler2T = polyval(b2T, j*omega);
nenner2T  = polyval(a2T, j*omega);
ampl_xmT = m0*e*omega^2*abs(zaehler2T/nenner2T), % Ampl. des Tilgers
gewinn = ampl_x/ampl_xT,    % Gewinn
```

Um besser zu verstehen, wie die Amplituden von den Parametern des Systems und des Tilgers abhängen, werden Amplitudenfunktionen gemäß den Gleichungen (1.43) und (1.50) ermittelt und dargestellt:

```
% -------- Amplitudenfunktion von x ohne Tilger abhängig von omega
f_t = linspace(f/10, f*10, 10000);
omega_t = 2*pi*f_t;
zaehler1 = polyval(b1, j*omega_t);
nenner1  = polyval(a1, j*omega_t);
ampl_x = m0*e*omega_t.^2.*abs(zaehler1./nenner1);
figure(1);
subplot(211), plot(f_t, ampl_x);
   title('Amplitude x ohne Tilger');
   xlabel('Hz');       grid on;
   hold on;      La = axis;
   plot([f, f], [La(3), La(4)],'r');    hold off;
subplot(212), plot(f_t, ampl_x);
   title('Amplitude x ohne Tilger (Ausschnitt)');
   xlabel('Hz');       grid on;
   hold on;      La = axis;
   plot([f, f], [La(3), La(4)],'r');    hold off;
   axis([f*0.7, f*1.3, La(3:4)]);
% -------- Amplitudenfunktion von x mit Tilger abhängig von omega
zaehler1T = polyval(b1T, j*omega_t);
nenner1T  = polyval(a1T, j*omega_t);
```

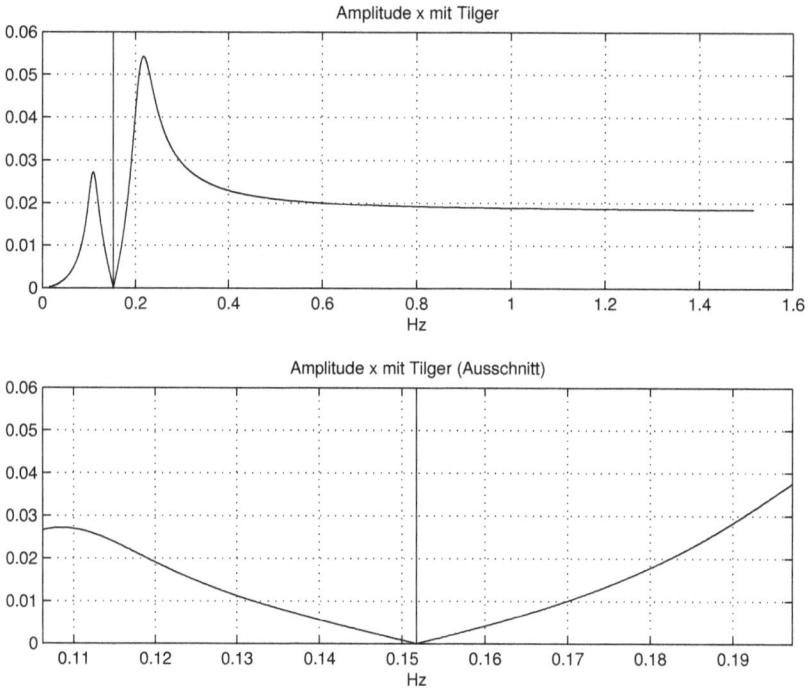

Abb. 1.24: Amplitude der Hauptmasse mit Tilger abhängig von ω (unwucht_2.m)

```
ampl_xT = m0*e*omega_t.^2.*abs(zaehler1T./nenner1T);
figure(2);
subplot(211), plot(f_t, ampl_xT);
   title('Amplitude x mit Tilger');
   xlabel('Hz');        grid on;
   hold on;       La = axis;
   plot([f, f], [La(3), La(4)],'r');      hold off;
subplot(212), plot(f_t, ampl_xT);
   title('Amplitude x mit Tilger (Ausschnitt)');
   xlabel('Hz');        grid on;
   hold on;       La = axis;
   plot([f, f], [La(3), La(4)],'r');      hold off;
   axis([f*0.7, f*1.3, La(3:4)]);
% -------- Amplitudenfunktion von xT des Tilgers abhängig von omega
zaehler2T = polyval(b2T, j*omega_t);
nenner2T  = polyval(a2T, j*omega_t);
ampl_xmT = m0*e*omega_t.^2.*abs(zaehler2T./nenner2T);
figure(3);
subplot(211), plot(f_t, ampl_xmT);
   title('Amplitude xT des Tilgers');
   xlabel('Hz');        grid on;
```

Amplitude xT des Tilgers

Amplitude xT des Tilgers (Ausschnitt)

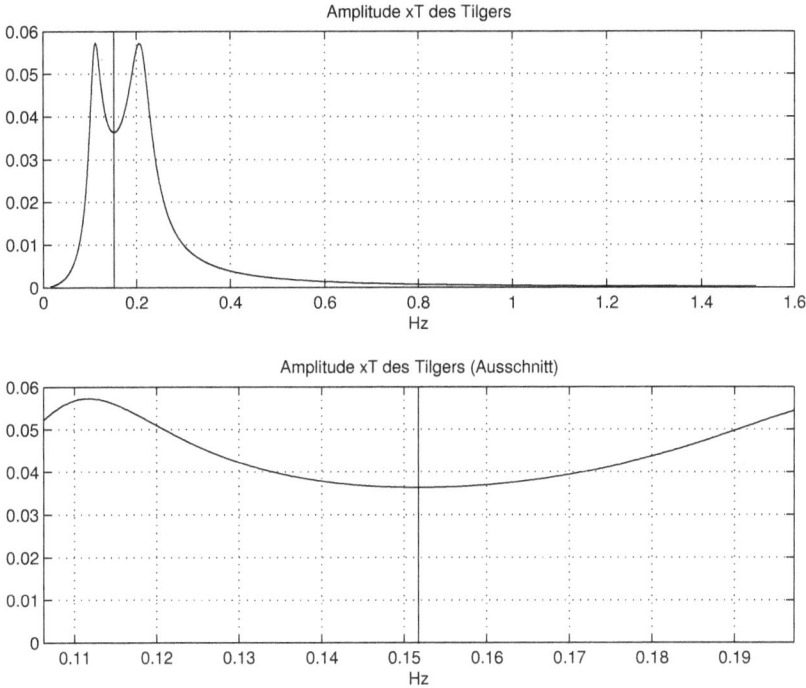

Abb. 1.25: Amplitude der Masse des Tilgers abhängig von ω (unwucht_2.m)

```
hold on;      La = axis;
plot([f, f], [La(3), La(4)],'r');    hold off;
subplot(212), plot(f_t, ampl_xmT);
   title('Amplitude xT des Tilgers (Ausschnitt)');
   xlabel('Hz');      grid on;
   hold on;      La = axis;
   plot([f, f], [La(3), La(4)],'r');    hold off;
   axis([f*0.7, f*1.3, La(3:4)]);
```

Wie die Darstellung aus Abb. 1.22 (die auf Gl. (1.43) basiert) zeigt, führt die Anregung durch die Unwuchtskraft mit einer Frequenz, die gleich der Eigenfrequenz ist, zu einer Verstärkung der Amplitude. Es stellt sich nun die Frage, kann der Tilger die Schwingung der Hauptmasse kompensieren?

Abb. 1.24 zeigt die Amplitudenfunktion für die Hauptmasse, aus der zu sehen ist, dass die Hauptmasse praktisch nicht schwingt. Die Amplitudenfunktion für die Tilungsmasse, die in Abb. 1.25 dargestellt ist, zeigt dagegen, dass die Tilgungsmasse sich mit einer relativ großen Amplitude bewegt. Der Gewinn ist jetzt sehr groß 5501. Die vertikalen Linien in den Darstellungen entsprechen der Anregungsfrequenz.

Wenn die Dämpfung des Tilgers größer wird, von cT=0.001 auf cT=0.01 ändert sich der Gewinn auf 551. Das bedeutet, dass die beste Kompensation mit einem Tilger ohne Dämpfung erreicht wird.

Wenn die Anpassung durch die Eigenfrequenz ohne Dämpfung des Tilgers nicht genau ist, z.B. mit `mT = 0.9*kT/(omega)^2`, dann verschlechtert sich die Kompensation. In den Abbildungen 1.26 und 1.27 sind die Amplitudenfunktionen für diesen Fall dargestellt. Die Anregungsfrequenz fällt nicht in das Minimum der Amplitudenfunktion (Abb. 1.26). Der Gewinn ist nur ca. 9,5 geworden.

Eine sehr schlechte Anpassung der Eigenfrequenz des Tilgers, z.B. mit `mT = 0.3*kT/(omega)^2` kann zu noch schlechteren Ergebnisse führen. Das Skript kann sehr einfach für diese Untersuchung geändert werden.

Als weiteres Experiment kann man die Frequenz der Unwuchtanregung unterhalb oder oberhalb der Eigenfrequenz des Tilgers wählen, z.B. mit `omega=0.5*omega_0;` und die Amplitudenfunktionen interpretieren.

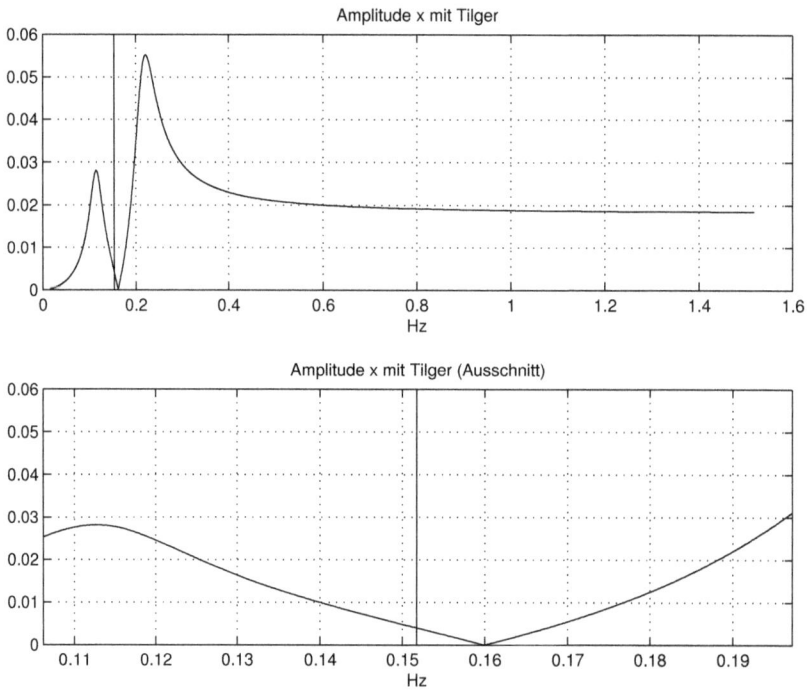

Abb. 1.26: *Amplitude der Hauptmasse mit Tilger abhängig von ω, wenn die Anpassung der Tilgerfrequenz nicht genau ist* (unwucht_2.m)

Die Zeitsignale für die sinusförmige Anregung $F_e(t)$ werden mit Hilfe des Skripts `unwucht_3.m` und des Modells `unwucht_3.m` erzeugt und dargestellt. Das Simulink-Modell ist in Abb. 1.28 gezeigt. Im Skript wird die Übertragungsfunktion von der Anregung $F_e(t)$ bis zur Lage $x(t)$ der Hauptmasse `HT(1)` und die Übertragungsfunktion von der Anregung $F_e(t)$ bis zur Lage $x_T(t)$ der Tilgungsmasse `HT(2)` ermittelt. Die Koeffizienten der Zähler und Nenner dieser Übertragungsfunktionen dienen dann zur Parametrierung der Blöcke *Transfer Fcn* und *Transfer Fcn1*.

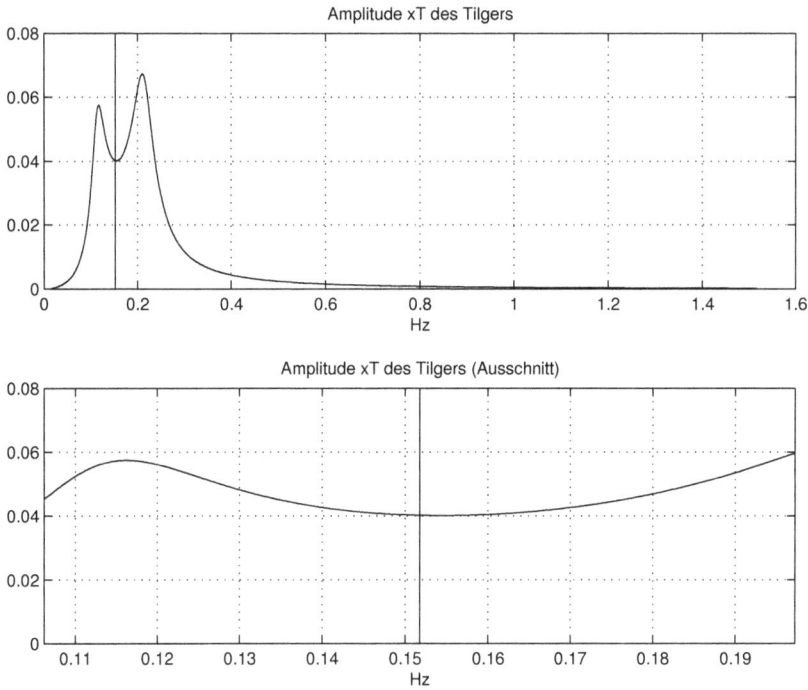

Abb. 1.27: *Amplitude der Masse des Tilgers abhängig von ω, wenn die Anpassung der Tilger-frequenz nicht genau ist* (unwucht_2.m)

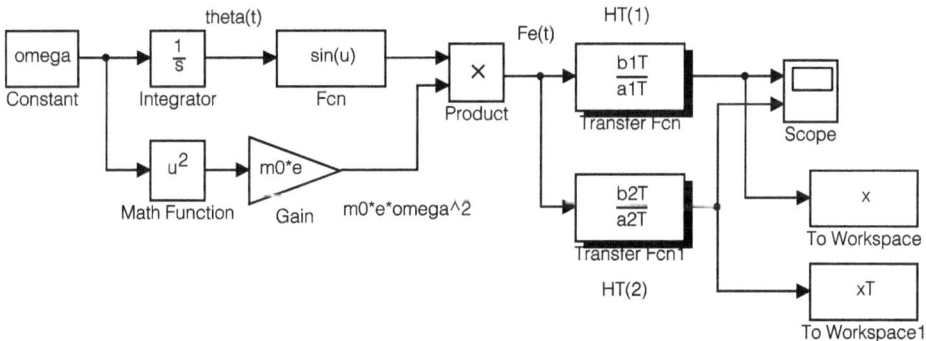

Abb. 1.28: *Simulink-Modell des Feder-Masse-Systems mit Tilger* (unwucht_3.m)

Die Anregung wird ausgehend von der Anregungsfrequenz ω gebildet. Diese qua-driert und mit $m_0\,e$ multipliziert ergibt die Amplitude der Anregung. Aus ω wird durch Integration der Winkel $\theta(t)$ erzeugt und mit Hilfe des Blocks *Fcn* wird die si-nusförmige Schwingung der Amplitude eins gebildet.

Im Skript werden Anweisungen, die schon im vorherigen Skript eingesetzt wurden, verwendet:

```
% Skript unwucht_3.m, in dem die Schwingungen durch Unwucht
% eines Feder-Masse-System mit Tilger untersucht werden
% Arbeitet mit Modell unwucht3.slx
clear;
s = tf('s');
% ------- Parameter des Systems
m = 10;    m0 = 1;
k = 10;    c = 5;      cT = 0.0001;
e = 0.2;
% ------- Eigene Frequenz ohne Daempfung
omega_0 = sqrt(k/(m+m0));
f_0 = omega_0/(2*pi);
% ------- Frequenz der Anregung
%omega = 0.5*omega_0;
%omega = 5*omega_0;
omega = omega_0;
f = omega/(2*pi);
% ------- Parameter des Tilgers (angepasst an omega)
kT = 5,
mT = kT/(omega)^2,        % Angepasster Tilger
%mT = 0.9*kT/(omega)^2,    % Nicht ganz angepasster Tilger
% ------- Matrizen des Systems
Ai = [(m+m0)*s^2+(c+cT)*s+(k+kT), -cT*s-kT; -cT*s-kT, mT*s^2+cT*s+kT];
Bi = [1, 0]';
HT = inv(Ai)*Bi;
[b1T,a1T] = tfdata(HT(1));
b1T = b1T{:};          % Koeffizienten der Uebertragungsfunktion Fe zu x
a1T = a1T{:};
[b2T,a2T] = tfdata(HT(2));
b2T = b2T{:};          % Koeffizienten der Uebertragungsfunktion Fe zu xT
a2T = a2T{:};
% ------- Aufruf der Simulation
Tfinal = 200;
my_options = simset('MaxStep', 2);
sim('unwucht3', [0, Tfinal], my_options);
t = x.time;        x = x.signals.values;      xT = xT.signals.values;
figure(1);     clf;
subplot(211), plot(t, x);
   title('Schwingung der Lage der Hauptmasse');
   xlabel('Zeit in s');     grid on;
subplot(212), plot(t, xT);
   title('Schwingung der Lage der Tilgungsmasse');
   xlabel('Zeit in s');     grid on;
```

Abb. 1.29 zeigt die Schwingung der Hauptmasse und die Schwingung der Tilgungsmasse. Bei der genauen Anpassung und die relativ schwache Dämpfung des Tilgers (cT = 0.0001) kommt die Bewegung der Hauptmasse praktisch zum Erliegen.

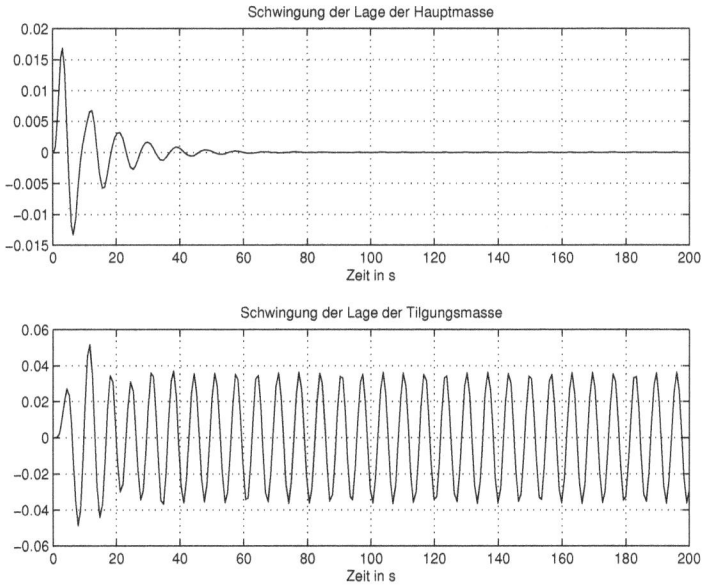

Abb. 1.29: Schwingung der Hauptmasse und der Tilgungsmasse bei angepasster Tilgereigenfrequenz (unwucht_3.m)

Auch mit diesem Skript kann man ähnliche Experimente durchführen, wie sie für das vorherige Skript `unwucht_2.m` vorgeschlagen wurden.

1.3.1 Anlaufen des Systems mit Unwuchtanregung

Das Anlaufen und Auslaufen von Antrieben mit Unwucht sind nur einige technische Beispiele für die Simulationen dieses Abschnittes. Beim Anlaufen oder Auslaufen von Antriebsmotoren spürt man zu einem bestimmten Zeitpunkt ein starkes Rütteln des Aufbaus. Es ist zu vermuten, dass ein Resonanzdurchgang stattfindet. Gewöhnlich findet die maximale Auslenkung nicht bei der Resonanzfrequenz statt, sondern mit einer Verzögerung, die von der Geschwindigkeit des Anlaufs oder Auslaufs abhängt.

Das System mit Unwucht aus dem vorherigen Abschnitt wird jetzt beim Anlauf untersucht. Es wird angenommen, dass der Anlauf mit konstanten Beschleunigung stattfindet:

$$\ddot{\theta}(t) = \alpha = konstant > 0 \qquad (1.51)$$

Dadurch ist:

$$\dot{\theta}(t) = \alpha\, t \qquad und \qquad \theta(t) = \frac{\alpha\, t^2}{2} + \theta(0) \qquad (1.52)$$

In diesem Fall sind in der Differentialgleichung (1.37) beide Terme der Anregung vorhanden:

$$(m + m_0)\ddot{x}(t) + c\dot{x}(t) + kx(t) = -m_0 e\, \dot{\theta}^2(t)\, \sin\theta(t) + m_0 e\, \alpha \cos\theta(t) \qquad (1.53)$$

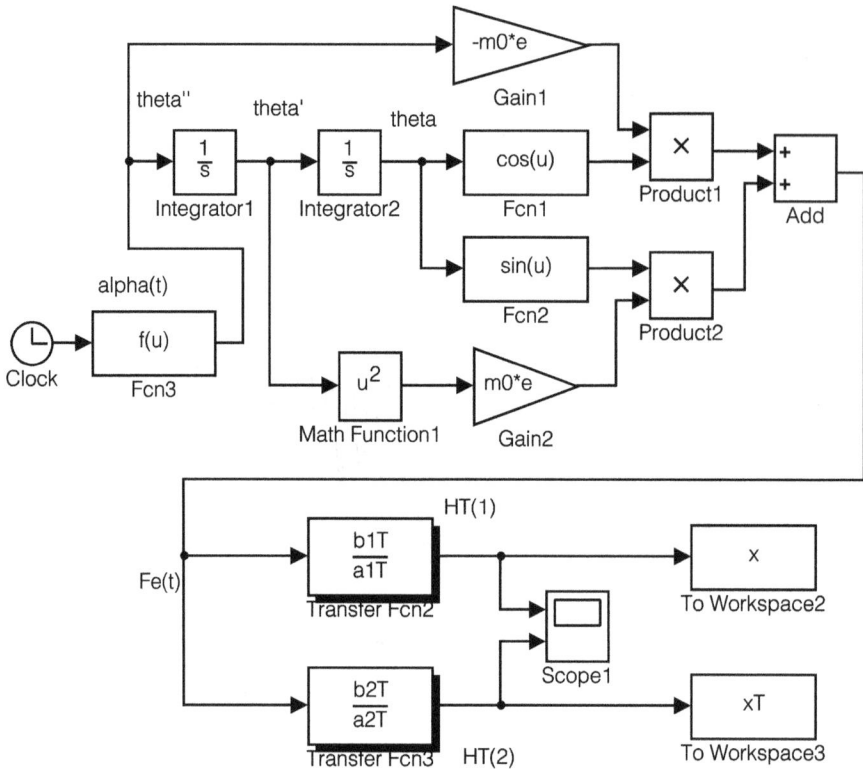

Abb. 1.30: Simulink-Modell der Untersuchung des Anlaufs des Systems mit Unwucht
(unwucht_4.m, unwucht4.mdl)

Die Untersuchung wird mit Hilfe des Skripts `unwucht_4.m` und des Simulink-Modells `unwucht4.mdl`, das in Abb. 1.30 gezeigt ist, durchgeführt. Im oberen Teil des Modells wird die Anregung $F_e(t)$ simuliert. Die Winkelbeschleunigung wird im Block *Fcn3* gebildet. Im Zeitintervall $t \leq T_1$ wird hier eine konstante Beschleunigung erzeugt. Nachdem die gewünschte Drehgeschwindigkeit erreicht wurde wird die Beschleunigung auf null gesetzt. Der Block wird deshalb mit dem Ausdruck

```
(u<=T1)*alpha + 0*(u>T1)
```

parametriert. Die Variable u ist stellvertretend für die Zeit als Eingang dieses Blocks. Die Beschleunigung α wird im Skript wie folgt ermittelt:

```
alpha = 2*pi*(fmax-fmin)/T1;
```

Hier ist `fmin` die Anfangsfrequenz des Anlaufs (gewöhnlich null) und `fmax` ist die maximale Frequenz, bis zu der der Anlauf stattfinden soll. Hier wurde für die maximale Frequenz die Frequenz der Anregung `fr` gewählt.

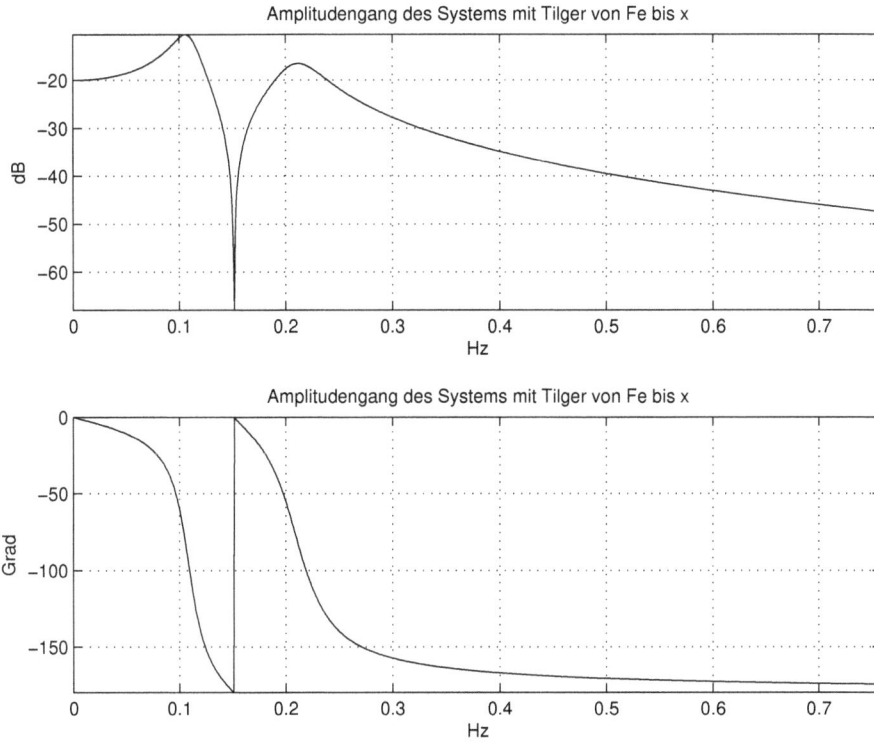

Abb. 1.31: Frequenzgang von der Anregung $F_e(t)$ bis zur Lage der Hauptmasse $x(t)$
(unwucht_4.m, unwucht4.mdl)

Für die Interpretierung der Ergebnisse der Simulation wird im Skript auch der Frequenzgang des Systems mit Tilger berechnet und dargestellt, wie Abb. 1.31 zeigt. Dieser Frequenzgang ist von den Parametern des Tilgers abhängig.

Der dargestellte Frequenzgang entspricht der Annahme, dass die Anregungsfrequenz fr, an die der Tilger angepasst ist, gleich der Eigenfrequenz der Schwingungsmasse ohne Dämpfung ist (fr = f_0).

Jede andere Kombination der Parametrierung ist einfach einzustellen. So kann man z.B. den Tilger an eine vermutete Anregungsfrequenz fr = f_0 anpassen und dann mit einer anderen Frequenz fmax = 1.5*fr das System anregen.

Im Modell wird durch Integration der Beschleunigung $\ddot{\theta}(t)$ im Block *Integrator 1* die Winkelgeschwindigkeit $\dot{\theta}(t)$ erzeugt und die weitere Integration im Block *Integrator 2* ergibt den Drehwinkel $\theta(t)$.

Die zwei Blöcke *Fcn1, Fcn2* erzeugen aus dem Winkel die Cosinus- und Sinusschwingung, die benötigt werden um die Anregungskraft $F_e(t)$ zu bilden. Der Rest des Modells ist gleich dem Modell aus Abb. 1.28 der vorherigen Untersuchung.

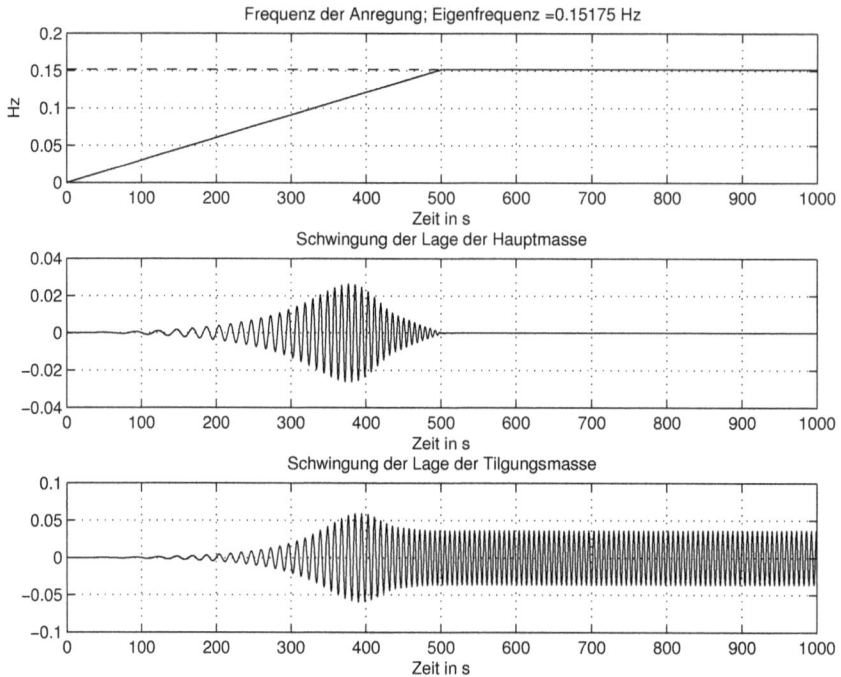

*Abb. 1.32: a) Frequenzänderung der Anregung b) Lage der Hauptmasse c) Lage der Tilgungs-
masse* (unwucht_4.m, unwucht4.mdl)

Die Zeilen des Skripts in denen der Frequenzgang ermittel und dargestellt wird,
sind:

```
. . . . . . .
% ------- Matrizen des Systems
Ai = [(m+m0)*s^2+(c+cT)*s+(k+kT), -cT*s-kT; -cT*s-kT, mT*s^2+cT*s+kT];
Bi = [1, 0]';
HT = inv(Ai)*Bi;
[b1T,a1T] = tfdata(HT(1));
b1T = b1T{:};          % Koeffizienten der Uebertragungsfunktion
a1T = a1T{:};          % von Fe bis x
[b2T,a2T] = tfdata(HT(2));
b2T = b2T{:};          % Koeffizienten der Uebertragungsfunktion
a2T = a2T{:};          % von Fe bis xT
f = linspace(0,f_0*5,1000);
Hx = freqs(b1T, a1T, 2*pi*f);
figure(1);     clf;
subplot(211), plot(f, 20*log10(abs(Hx)));
   title('Amplitudengang des Systems mit Tilger von Fe bis x');
   xlabel('Hz');     ylabel('dB');        grid on;
   axis tight;
subplot(212), plot(f, angle(Hx)*180/pi);
```

```
title('Amplitudengang des Systems mit Tilger von Fe bis x');
   xlabel('Hz');        ylabel('Grad');        grid on;
axis tight;
......
```

Der Aufruf der Simulation wurde mit einem Minimum an Argumenten gestaltet, so dass das Skript leicht zu verstehen ist. Die Ergebnisse der Simulation für den idealen Fall sind in Abb. 1.32 dargestellt. Es wurde angenommen, dass die Anregerfrequenz, zu der das Anlaufen führt, gleich mit der Eigenfrequenz ohne Dämpfung ist (fr = f_0). Der Tilger ist an dieser Frequenz angepasst und besitzt den Frequenzgang aus Abb. 1.31. Für diese Anregung wird im stationären Zustand, also nach dem Anlauf, die Hauptmasse praktisch ruhen und nur die Tilgermasse schwingt.

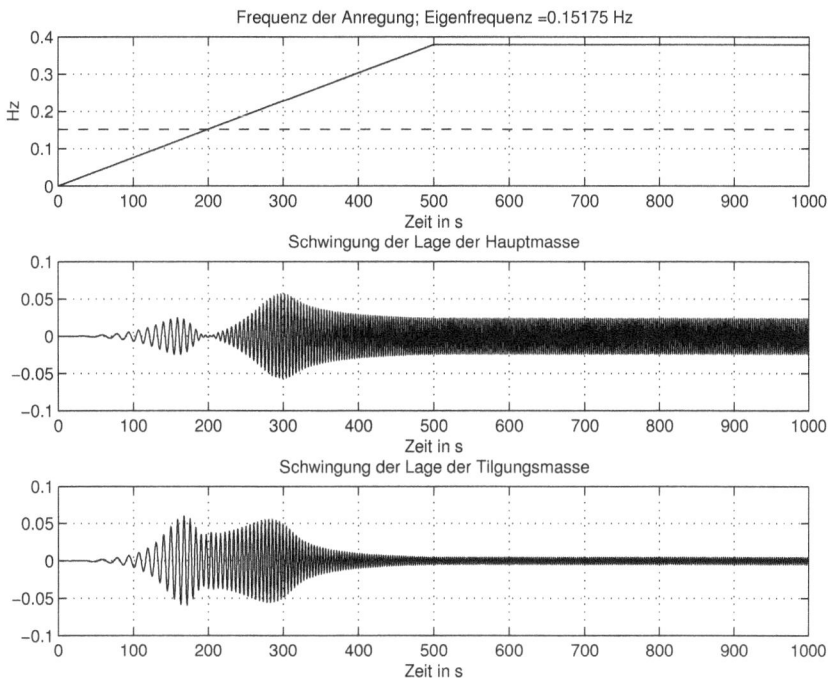

Abb. 1.33: a) Frequenzänderung der Anregung mit $f_r > f_0$ b) Lage der Hauptmasse c) Lage der Tilgungsmasse (unwucht_4.m, unwucht4.mdl)

Ganz oben in Abb. 1.32 ist der Verlauf der Frequenz für den Anlauf und für den stationären Zustand dargestellt. Nach 500 s ist die Drehgeschwindigkeit bzw. Drehfrequenz des stationären Zustandes erreicht und bleibt dann weiter konstant. In der Mitte ist die Schwingung der Lage der Hauptmasse dargestellt. Sie hat große Amplituden bevor sie durch den Tilger kompensiert wird und danach praktisch nicht mehr schwingt.

Aus der Betrachtung des Amplitudengangs gemäß Abb. 1.31 geht hervor, dass man bis zum kompensierten Zustand den erste „Höcker" überwinden muss. Dieser liegt bei einer Frequenz von ca. 0,1 Hz. Eine horizontale Linie bei dieser Frequenz im oberen Teil der Abb. 1.32 ergibt einen Zeitpunkt von ca. 320 s, bei dem die Anregungsfrequenz 0,1 Hz ist. Die höchste Amplitude der Schwingung erscheint gemäß mittlerer Darstellung aus Abb. 1.32 etwas verspätet, bei ca. 380 s. Mit der Zoom-Funktion der Darstellung kann man diese Zeiten genauer schätzen.

Für `fmax = 2.5*fr` geht die Anregungsfrequenz über die Frequenz, bei der der Tilger wirkt und es findet keine Kompensation statt.

Abb. 1.33 zeigt die Ergebnisse für diesen Fall. Im stationären Zustand nach dem Anlauf schwingt die Hauptmasse mit einer Amplitude, die größer als die der Tilgermasse ist. Diese Amplituden erreichen zwei mal Höchstwerte, weil beide „Höcker"des Amplitudengangs gemäß Abb. 1.31 durchquert werden.

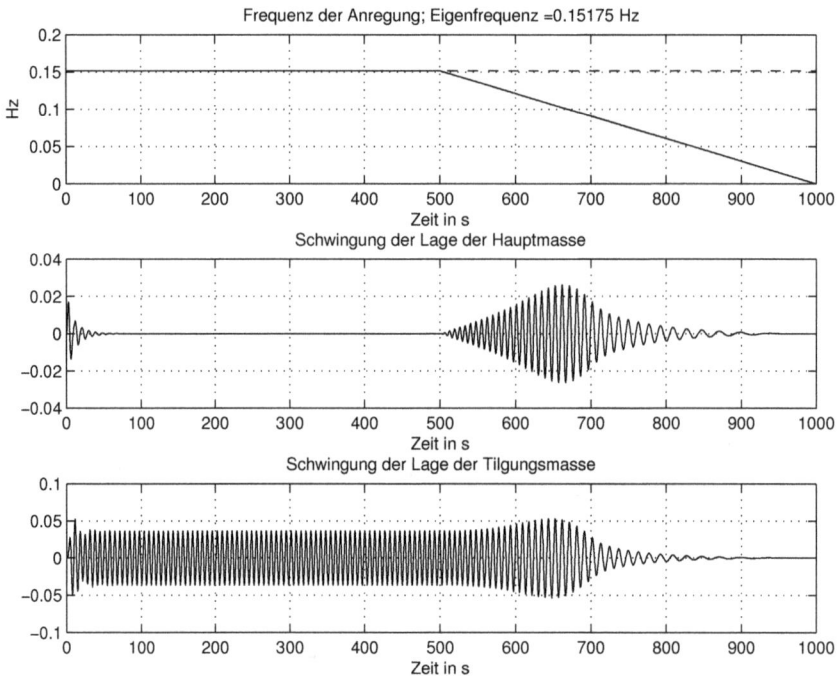

Abb. 1.34: a) Frequenzänderung der Anregung beim Auslauf mit $f_r = f_0$ b) Lage der Hauptmasse c) Lage der Tilgungsmasse (unwucht_5.m, unwucht5.mdl)

Im Skript `unwucht_5.m` und im Modell `unwucht5.mdl` ist der Auslauf von einem stationären Zustand, in dem die Schwingungen der Hauptmasse mit dem Tilger kompensiert wurden, zum Stillstand der Drehbewegung simuliert. Das Simulink-Modell ist das gleiche geblieben. Der Block *Fcn3* wurde nur anders initialisiert:

```
0*(u<=T1) - alpha*(u>T1)
```

So lange $t \leq T_1$ ist, ist man im stationären Zustand mit Drehbeschleunigung null. Danach, bis zum Ende der Simulation, wird mit $\alpha < 0$ die Bewegung gebremst:

```
alpha = 2*pi*(fmax-fmin)/T1;
```

Dabei ist `fmax` = `fr` die Frequenz der Anregung im stationären Zustand. Um dieses zu gewährleisten, wenn $\alpha = 0$ ist, muss man den Block *Integrator1* mit einer Anfangsbedingung der Größe `2*pi*fr` initialisieren.

Bis zum Zeitpunkt 500 s ist man im stationären Zustand mit Kompensation der Schwingungen der Hauptmasse wegen der Unwucht (Abb. 1.34). Beim Auslauf wird in umgekehrter Richtung der erste „Höcker"im Amplitudengang gemäß Abb. 1.31 durchfahren, was dazu führt, dass hier die Amplituden der Schwingungen maximale Werte annehmen.

1.4 Simulation der Selbstsynchronisation von zwei Unwuchtrotoren

In diesem Abschnitt wird die Synchronisation von zwei separat angetriebenen, unwuchtigen Rotoren, die über ein linearen gedämpften translatorischen Schwinger verbunden sind, simuliert. Abb. 1.35 zeigt die Skizze des Systems nach [41]. Aus diesem Artikel wurden auch die Differentialgleichungen übernommen. Um die dort enthaltenen theoretischen Abhandlungen mit der hier entwickelten Simulation leichter zu verbinden, werden die Bezeichnungen der Parameter des System ebenfalls beibehalten.

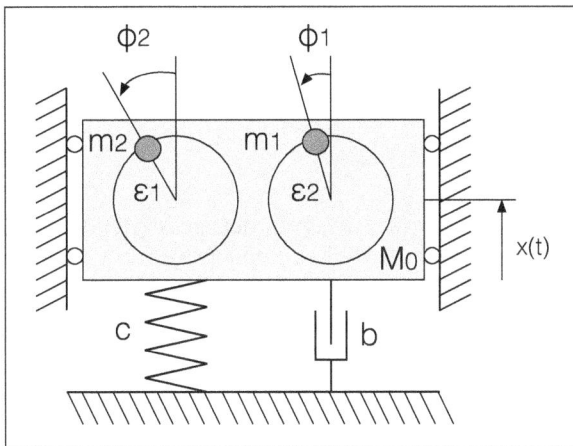

Abb. 1.35: Mechanisches System mit Unwuchtrotoren

Die zwei unwuchtigen Rotoren erregen einen linear gedämpften translatorischen Schwinger zweiter Ordnung (mit einem Freiheitsgrad) an. Die Achsen der Rotoren sind senkrecht zur Schwingungsrichtung angeordnet. Die Unwuchten werden als Punktmassen m_1, m_2 mit Exzentrizitäten $\varepsilon_1, \varepsilon_2$ angenommen. Die Massenträgheitsmomente der Achsen sind J_1, J_2. Der Schwinger besitzt die Gesamtmasse M, die Dämpfungskonstante b und die Federkonstante c.

Die Differentialgleichungen des Systems nach [41] sind:

$$(m_1\varepsilon_1^2 + J_1)\ddot{\varphi}_1(t) - m_1\varepsilon_1\ddot{x}(t)\sin(\varphi_1(t)) = L_{10} - k_1\dot{\varphi}_1(t)$$

$$(m_2\varepsilon_2^2 + J_2)\ddot{\varphi}_2(t) - m_2\varepsilon_2\ddot{x}(t)\sin(\varphi_2(t)) = L_{20} - k_2\dot{\varphi}_2(t)$$

$$M\ddot{x}(t) + b\dot{x}(t) + cx(t) = \sum_{i=1}^{2} m_i\varepsilon_i\left(\dot{\varphi}_i(t)^2\cos(\varphi_i(t)) + \ddot{\varphi}_i(t)\sin(\varphi_i(t))\right)$$

$$M = M_0 + m_1 + m_2$$

(1.54)

Die ersten zwei Gleichungen beschreiben die Bewegung der Rotoren und die dritte die Bewegung des Schwingers. Die rechten Seiten der Rotorgleichungen stellen die Antriebsmomente linearisierter Kennlinien von Asynchronmotoren dar, wobei die Faktoren k_i durch die Motorkennlinien bestimmt sind.

Die gekoppelten, nichtlinearen Differentialgleichungen sind analytisch nicht geschlossen lösbar. In [41] wird die Simulationssprache ACSL [1] eingesetzt um eine Lösung der Gleichungen numerisch zu bestimmen.

In diesen Abschnitt wird gezeigt, wie man diese Differentialgleichungen mit einem Simulink-Modell und MATLAB lösen kann.

Die Gleichungen (1.54) ergeben das Simulink-Modell `unwucht_synchro_1.mdl` aus Abb. 1.36, das aus dem Skript `unwucht_synchro1.m` initialisiert und aufgerufen wird. Wenn man das Modell ohne dem Block *Memory* startet, erhält man eine Fehlermeldung, die anzeigt, dass im Modell eine so genannte algebraische Schleife vorhanden ist, die nicht gelöst werden kann [26].

Eine algebraische Schleife entsteht, wenn eine Verbindung der Blöcke eine Schleife bildet, in der kein dynamischer Block vorhanden ist. Das entspricht einer Gleichung der Form:

$$y(t) = a\, y(t) + b$$

(1.55)

Diese aufgelöst ergibt $y(t) = b/(1 - a)$. Aus den gezeigten Gleichungen (1.54) kann man nicht herausfinden welche Variable zu einer solchen Beziehung führt. Eine einfache Lösung, die hier eingesetzt wurde, ist durch das Einfügen eines Blocks *Memory* gegeben. Dieser Block fügt eine Verspätung mit einem Zeitschritt dt ein, so dass in der Schleife jetzt gilt:

$$y(t) = a\, y(t - dt) + b$$

(1.56)

In der Simulink-Bibliothek *Math Operations* gibt es ein Block *Algebraic Constraint* mit dessen Hilfe die algebraischen Schleifen auch aufgelöst werden können. Im Modell `unwucht_synchro_2.mdl` wurde die algebraische Schleife durch Verwendung des Blocks *Algebraic Constraint* aufgelöst. In diesem Block wird versucht den Ausgang so zu ändern, dass der Eingang null wird. Da der Ausgang zur Bildung einer Differenz benutzt wird, die den Eingang ergibt, wird bei Eingang gleich null der gewünschte Ausgang erzeugt. Man kann die Simulation mit diesem neuen Modell starten und feststellen, dass die Ergebnisse gleich sind.

Um die Thematik der algebraischen Schleife zu verstehen ist in Abb. 1.37a die Gleichung $y = 2\,y + 5$ programmiert. Das Ergebnis, das auf dem Block *Display* dargestellt

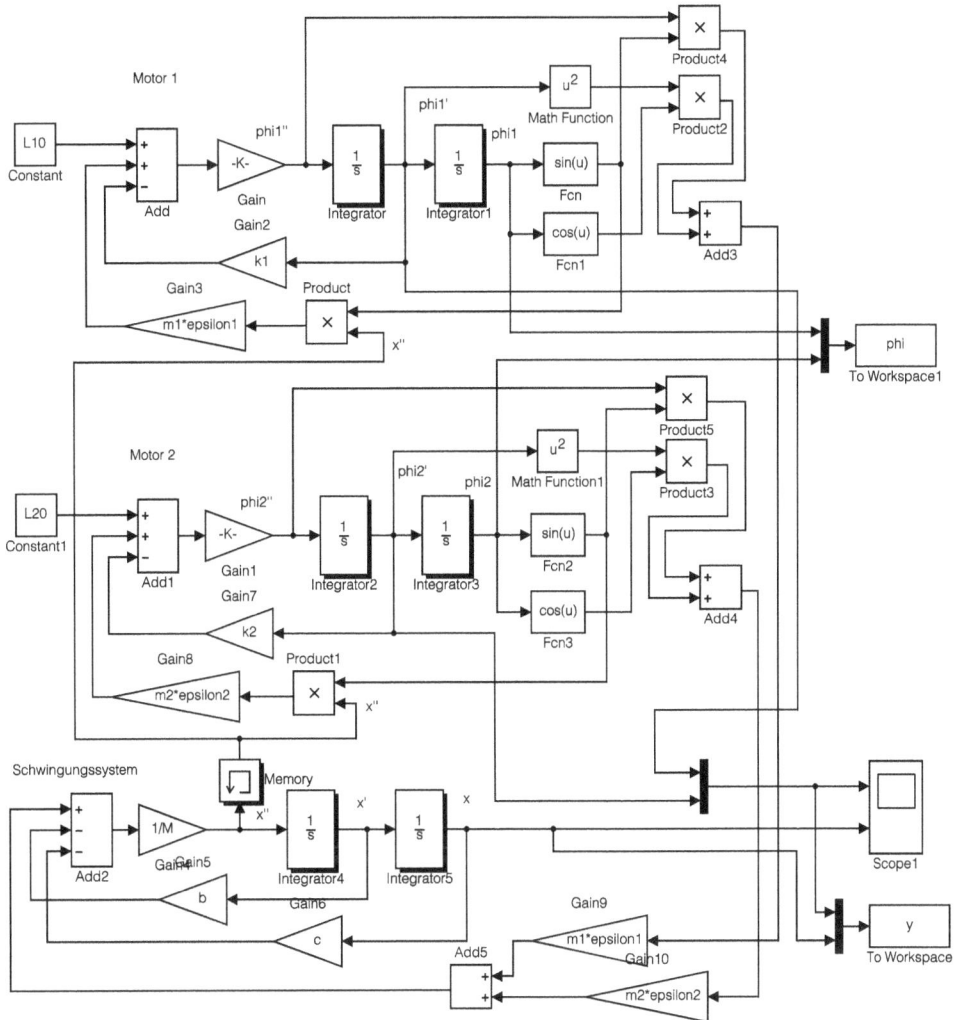

Abb. 1.36: Simulink-Modell der Selbstsynchronisation von zwei Unwuchtrotoren (un-
wucht_synchro1.m, unwucht_synchro_1.mdl)

wird, entspricht dem korrekten Ergebnis, das aus der Auflösung nach $y \cdot (1 - 2) = 5$
zu $y = -5$ führt. Simulink signalisiert die algebraische Schleife, kann sie aber lösen.

In Abb. 1.37b ist der Einsatz des Blocks *Algebraic Constraint* exemplarisch gezeigt.
Auch hier erhält man das korrekte Ergebnis von -5. Der Einsatz des Blocks *Memory*
löst in diesem Fall das Problem nicht. Die Lehre daraus: die einfache Lösung mit einem
Block *Memory* funktioniert nicht immer.

Mit folgenden Zeilen des Skripts wird das System initialisiert und aufgerufen:

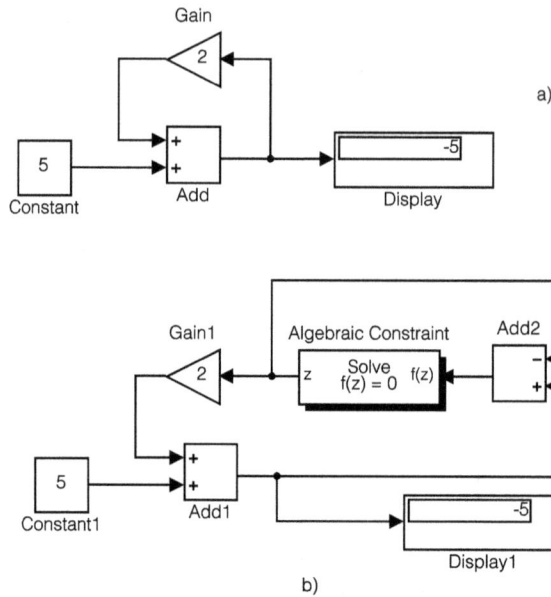

Abb. 1.37: Simulink-Modell einfacher algebraischen Schleifen (algebraisch_schl_1.mdl)

```
% Skript unwucht_synchro1.m, in dem das Modell
% unwucht_synchro_1.mdl initialisiert und aufgerufen wird
clear;
% ------- Parameter des Systems
M = 5;
%M = 1000;
b = 1.25;                c = 20*pi*pi;
f0 = sqrt(c/M)/(2*pi),
% ------- Motore und Unwuchten
J1 = 1e-5;               J2 = J1;
m1 = 0.1;                m2 = 0.1;
epsilon1 = 0.01;         epsilon2 = epsilon1;
k1 = 0.5e-4;             L10 = 25e-4;
k2 = k1;                 L20 = 24.5e-4;
%k2 = 0;                   L20 = 0;   % Motor 2 ausgeschaltet
% ------- Aufruf der Simulation
Tfinal = 100;
dt = 0.001
t = 0:dt:Tfinal;
phi10 = 0;        dphi10 = 20;    % Anfangsbedibgungen
phi20 = 0;        dphi20 = 0;
sim('unwucht_synchro_1', t);
%sim('unwucht_synchro_2', t);
.......
```

Die beiden Motoren werden als annähernd gleich angenommen: sie unterscheiden sich nur in ihren Drehmomenten bei Stillstand L_{10}, L_{20}. Im Skript ist auch die Möglichkeit vorgesehen, einen Motor (z.B. Motor 2) auszuschalten, indem man $L_{20} = 0$ und $k_2 = 0$ wählt.

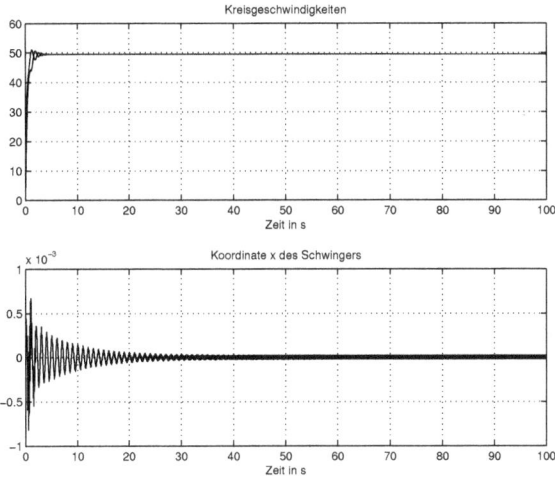

Abb. 1.38: *Kreisgeschwindigkeiten der Motoren und Koordinate* $x(t)$ *des Schwingers* (algebra-isch_schl_1.mdl)

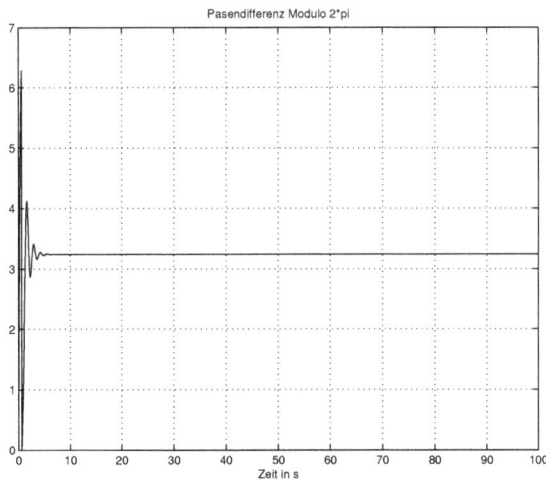

Abb. 1.39: *Phasendifferenz Modulo* 2π (algebraisch_schl_1.mdl)

Als erstes sei der stationäre Zustand für den Fall betrachtet, dass die Motoren über den Schwinger keine Kopplung haben. In der Simulation kann man das einstellen, indem man für den Schwinger eine sehr große Masse wählt (z.B. M = 1000). Im stationären Zustand sind alle Beschleunigungen null, d.h. $\ddot{x}(t) = 0$, $\ddot{\varphi}_1(t) = 0$ und

$\ddot{\varphi}_2(t) = 0$. Wie man aus den ersten beiden Gleichungen (1.54) entnehmen kann, ergeben sich dann die Kreisfrequenzen zu:

$$\dot{\varphi}_1(\infty) = \frac{L_{10}}{k_1} \quad \text{und} \quad \dot{\varphi}_2(\infty) = \frac{L_{20}}{k_2} \tag{1.57}$$

Für die Parameter die in den gezeigten Zeilen initialisiert sind, entsteht eine Synchronisation, die man einfach durch die Phasendifferenz $\varphi_1 - \varphi_2$, die sich zu einer Konstante einpendelt, feststellen kann. Abb. 1.38 zeigt oben die zwei Kreisgeschwindigkeiten $\dot{\varphi}_1(t)$, $\dot{\varphi}_2(t)$ und darunter die Koordinate $x(t)$ des Schwingers.

Die Phasen- oder Winkeldifferenz der Rotoren ist in Abb. 1.39 dargestellt und wie man sieht, ist sie beinahe π. Die Unwuchten bewegen sich so, dass die Fliehkräfte entgegen wirken und die Schwingungen der Masse des Schwingers minimal sind. Über diese kleinen Schwingungen synchronisieren sich die zwei Motoren.

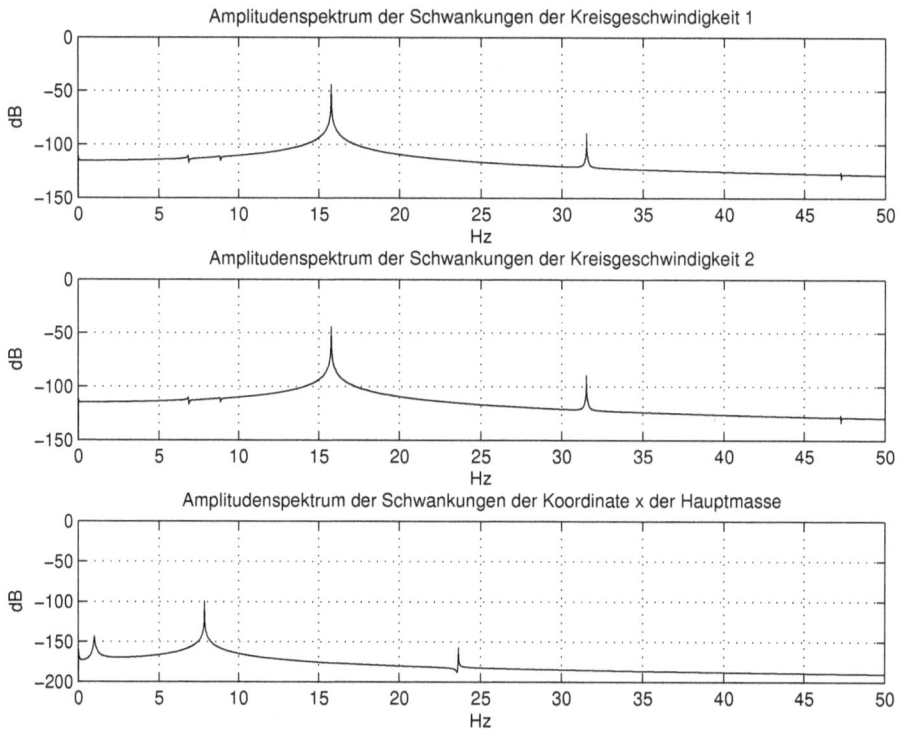

Abb. 1.40: *Amplitudenspektren der Schwingungen der Kreisgeschwindigkeiten und der Koordinate x des Schwingers* (algebraisch_schl_1.mdl)

Wenn man mit der Zoom-Funktion der Darstellungen die Variablen näher betrachtet, sieht man, dass überlagert zu den angesehenen konstanten Kreisgeschwindigkeiten ebenfalls Schwingungen auftreten.

Um diese Schwingungen zu untersuchen werden die Mittelwerte der Kreisgeschwindigkeiten im stationären Zustand aus der zweiten Hälfte der Simulationszeit mit der Funktion **detrend** entfern. Die Amplitudenspektren der resultierten Schwingungen werden mit Hilfe der **fft**-Funktion ermittelt und dargestellt. In Abb. 1.40 sind diese Amplitudenspektren dargestellt.

Der erste Ausschlag im Spektrum der Koordinate $x(t)$ des Schwingers (Abb. 1.40) entspricht der Eigenfrequenz ohne Dämpfung, die gleich $\omega_0 = \sqrt{c/M} = \sqrt{20\pi^2/5}$ rad/s ist. In Hz entspricht dieser Wert einer Frequenz $\omega_0/(2\pi) \cong 1$ Hz. Der zweite Ausschlag ergibt sich aus der synchronen Drehung der zwei Rotoren mit ca. 50 rad/s, wie aus Abb. 1.38 oben hervorgeht. Diese führt zu einer Frequenz von $50/(2\pi) = 7,9577 \cong 8$ Hz. Die dritte Harmonische dieser Frequenz entspricht dem dritten Ausschlag im Spektrum der Koordinate $x(t)$.

In den Spektren der Schwankungen um den Mittelwert der Kreisgeschwindigkeiten der Rotoren gibt es einen Ausschlag bei ca. $2 \times 8 = 16$ Hz und bei $4 \times 8 = 32$ Hz. Die kleinen Schwankungen der Frequenz von 16 Hz können mit der Zoom-Funktion in Abb. 1.38 betrachtet werden und man wird feststellen das sie beinahe um π versetzt sind.

Mit nur einem Motor (k2 = 0, L20 = 0) sind die Schwingungen des Schwingers um den Faktor 10 größer als die Schwingungen im Zustand der Synchronisierung.

1.5 Simulation der Vorgänge in der Vibrationsfördertechnik

Das Förderorgan eines Vibrationsförderers versetzt ein darauf befindliches Fördergut mittels kleiner periodischen Vibrationen in eine gerichtete Bewegung [51]. Als Förderorgan bezeichnet man die Teilkomponente eines Vibrationsförderers, deren räumliche Bewegungsbahn das Fördergut in eine gerichtete Förderbewegung mit einer bestimmten Fördergeschwindigkeit versetzt. Es werden hier nur die Vorgänge in Linearförderern, die ein geradliniges Förderorgan besitzen, untersucht.

In Abb. 1.41 ist die Skizze eines Linearförderers dargestellt. Das Förderorgan wird durch den Anreger in eine Schwingungsbewegung $z(t)$ versetzt, die zur Horizontalen einen Winkel β bildet. Diese Bewegung hat dann eine vertikale Komponente $y(t)$ und eine horizontale Komponente $x(t)$.

Die Anregung kann mit Unwuchtmotoren, elektrodynamisch, mit Piezoelementen usw. stattfinden. Das Vibrationsförderprinzip wird durch die Art der Bewegung des Fördergutes entlang des Förderorgans gekennzeichnet. Man unterscheidet zwischen dem Mikrowurfprinzip und dem Gleitprinzip [17].

Beim Mikrowurfprinzip zwingt die Bewegungsform des Förderorgans das Fördergut in eine Mikrowurfbewegung. Überschreitet der nach unten gerichtete vertikale Beschleunigungsanteil des Förderorgans die Erdbeschleunigung g, bleibt das Fördergut in der „Luft". Anders ausgedrückt, wird das Fördergut nach oben geworfen und bewegt sich wie im freien Fall nach einer Mikrowurfparabel in Förderrichtung. Fast alle Vibrationsförderer, die zur Förderung in der horizontalen Ebene ausgelegt sind, arbeiten nach dem Mikrowurfprinzip.

Das Gleitprinzip ist durch den dauerhaften Kontakt zwischen Fördergut und Förderorgan gekennzeichnet. Der nach unten gerichtete vertikale Beschleunigungsanteil der Bewegung des Förderorgans darf zu keinem Zeitpunkt die Erdbeschleunigung

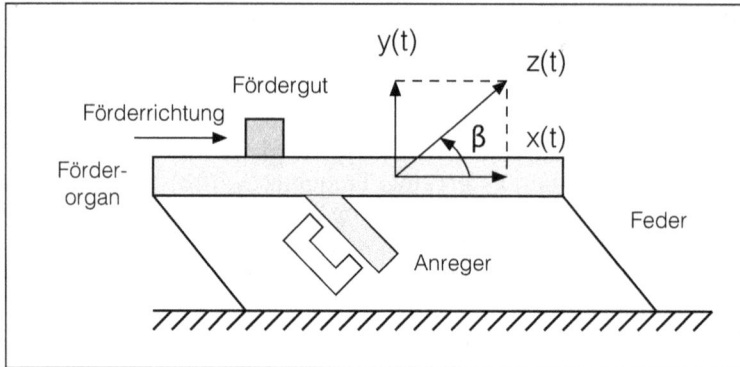

Abb. 1.41: Skizze eines Linearförderers

überschreiten. Eine Relativbewegung des Fördergutes ist möglich, wenn die Normal-kraftkomponente des Gutes beim Hin- und Rückschub unterschiedliche Beträge aufweist.

Die Vibrationsförderer werden hauptsächlich nach dem Mikrowurfprinzip realisiert, weil sie eine größere Fördergeschwindigkeit ermöglichen. Die starke Geräuschentwicklung, die bei dieser Art entsteht, wird in Kauf genommen.

1.5.1   Simulation einer Förderung mit Mikrowürfen

Es wird angenommen, dass der Anreger eine Schwingung in z-Richtung der Form

$$z(t) = \hat{z}\cos(2\pi f_{anr}t) \tag{1.58}$$

durchführt. Hier sind $\hat{z}$ die Amplitude und f_{anr} die Frequenz der Schwingung. Die entsprechende Geschwindigkeit $v_z(t)$ und Beschleunigung $a_z(t)$ des Förderorgans sind:

$$v_z(t) = -2\pi f_{anr}\hat{z}\sin(2\pi f_{anr}t); \qquad a_z(t) = -(2\pi f_{anr})^2\hat{z}\sin(2\pi f_{anr}t) \tag{1.59}$$

Die Komponenten der Bewegungen in x-Richtung und y-Richtung des Förderorgans berechnen sich mit Hilfe des Winkels β:

$$\begin{aligned}
x(t) &= z(t)\cos(\beta); & y(t) &= z(t)\sin(\beta) \\
v_x(t) &= v_z(t)\cos(\beta); & v_y(t) &= v_z(t)\sin(\beta) \\
a_x(t) &= a_z(t)\cos(\beta); & a_y(t) &= a_z(t)\sin(\beta)
\end{aligned} \tag{1.60}$$

Die Bewegung eines kleinen Förderguts wird durch die Koordinaten der Lage in x- und y-Richtung, die durch $x_x(t)$ und $y_y(t)$ bezeichnet sind und ähnlich durch die Geschwindigkeiten $v_{xx}(t)$ bzw. $v_{yy}(t)$ und Beschleunigungen $a_{xx}(t)$ bzw. $a_{yy}(t)$ beschrieben.

Die Simulation wir mit dem Euler-Verfahren im MATLAB-Skript `wurf_12.m` durchgeführt. Dieses Verfahren ist leicht zu implementieren und für solche Simulationen, in denen Abfragen vorkommen, ist es eine gute Lösung, um das System zu verstehen. Bei einem Simulink-Modell führen die Abfragen zum Umschalten von einem

Modell-Teil zu einem anderen. Das Schwierige dabei ist die Übertragung der Endwerte eines Zustands als Anfangswerte für den nächsten Zustand. Dafür besitzen einige Blöcke, wie z.B. die Integratoren, zusätzliche Eingänge, die das erlauben.

Die Komponenten der Bewegung gemäß Gl. (1.58) bis (1.60) werden im Skript in folgenden Zeilen erzeugt:

```
% Skript wurf_12.m, in dem die Förderung mit Mikrowürfen
% untersucht wird
clear;
% ------- Parameter des Systems
g = 9.89;
% ------- Anregungsbewegung
ampl = 0.04;      % Amplitude der Anregungsbewegung
fanr = 4;         % Frequenz der Anregungsbewegung
% ------- Simulation mit Euler-Verfahren
Tfinal = 5;       dt = 0.0001;
t = 0:dt:Tfinal;  nt = length(t);
% Initialisierungen
z = ampl*cos(2*pi*fanr*t);
vz = -ampl*2*pi*fanr*sin(2*pi*fanr*t);
az = -ampl*(2*pi*fanr)^2*cos(2*pi*fanr*t);
beta = pi/4;
x = z*cos(beta);        y = z*sin(beta);
vx = vz*cos(beta);      vy = vz*sin(beta);
ax = az*cos(beta);      ay = az*sin(beta);
...
```

Nach einigen Initialisierungen wird weiter in der **for**-Schleife das Euler-Verfahren implementiert. So lange die Beschleunigung in y-Richtung $a_y(t)$ des Förderorgans im Betrag kleiner als die Erdbeschleunigung g ist und die Koordinate des Förderguts die Bedingung $y_y(t) \leq y(t)$ erfüllt (algebraisch $a_y(t) > g$ und $y_y(t) \leq y(t)$) besteht Haftung. Das Fördergut haftet auf dem Förderorgan und

$$v_{yy}(t) = v_y(t); \qquad v_{xx}(t) = v_x(t)$$
$$y_y(t) = y(t); \qquad x_x(t) = x(t) \tag{1.61}$$

Der letzte Wert der Geschwindigkeit des Förderorgans in dem Haftzustand wird in einer Variable v_temp zwischengespeichert. Sie wird für den Wurfzustand benötigt:

```
........
% Initialisierungen
xx = zeros(1,nt);       yy = xx;
vxx = xx;               vyy = xx;
dxx = xx;
v_temp = vx(1);
for k = 1:nt-1
if  ay(k) > - g & yy(k) <= y(k);   % Haftung
        vyy(k+1) = vy(k);
        vxx(k+1) = vx(k+1);
        yy(k+1)  = y(k+1);
```

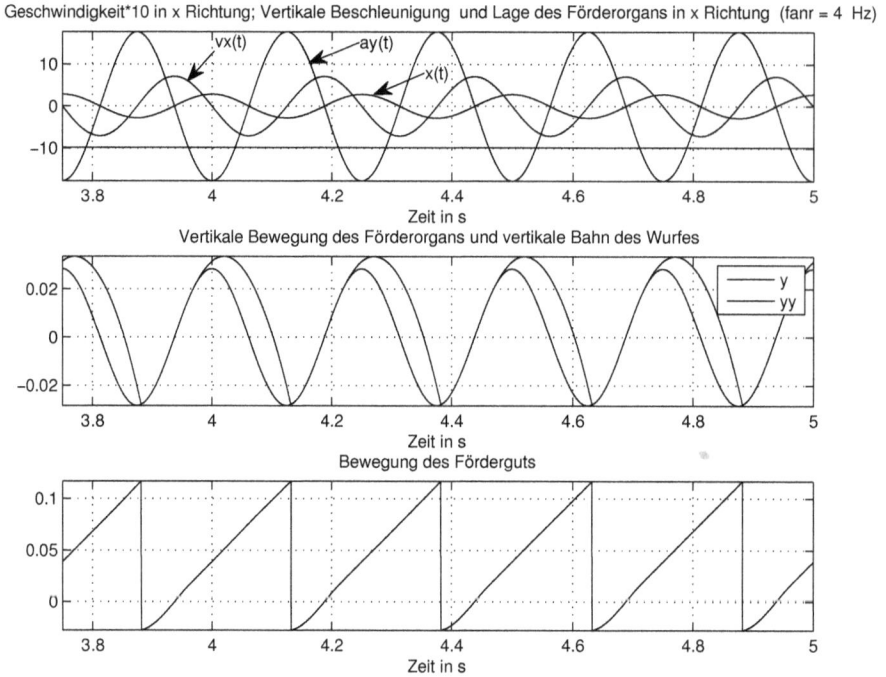

Abb. 1.42: a) Geschwindigkeit mal 10 in x-Richtung; Vertikale Beschleunigung und Lage des Förderorgans in x-Richtung mal 100 b) Vertikale Bewegung des Förderorgans und vertikale Bahn des schiefen Wurfes c) Bewegung des Förderguts (wurf_12.m)

```
        xx(k+1)  = x(k+1);
        v_temp = vx(k+1);
    elseif yy(k) < y(k);
        vyy(k+1) = vy(k);
        vxx(k+1) = vx(k+1);
        yy(k+1)  = y(k+1);
        xx(k+1)  = x(k+1);
        v_temp = vx(k+1);
    else
        vyy(k+1) = vyy(k) + dt*(-g);    % Wurf
        yy(k+1)  = yy(k) + dt*vyy(k+1);
        xx(k+1)  = xx(k) + dt*(v_temp);
    end;
end;
........
```

Der Haftzustand ist auch vorhanden, wenn $y_y(t) < y(t)$. Das wird mit dem elseif Bereich abgedeckt.

Geschwindigkeit*10 in x Richtung; Vertikale Beschleunigung und Lage des Förderorgans in x Richtung (fanr = 4 Hz)

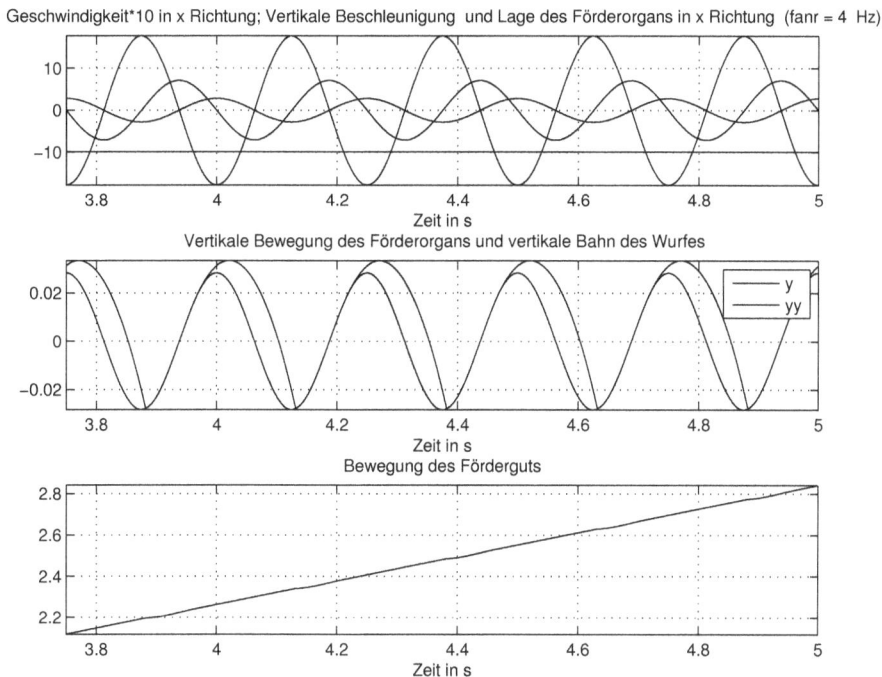

Abb. 1.43: a) Geschwindigkeit mal 10 in x-Richtung; Vertikale Beschleunigung und Lage des Förderorgans in x-Richtung mal 100 b) Vertikale Bewegung des Förderorgans und vertikale Bahn des schiefen Wurfes c) Bewegung eines Förderguts über mehrere Perioden (wurf_13.m)

Der schiefe Wurf wird im `else`-Bereich des **if**-Befehls simuliert. Die Differential-gleichungen für diesen Zustand sind:

$$\ddot{y}_y(t) = -g \quad \text{und} \quad v_{xx}(t) = v_{temp} = Konst. \tag{1.62}$$

Daraus resultieren folgende Rekursionen für das Euler-Verfahren:

$$v_{yy}(t + \Delta t) = v_{yy}(t) + \Delta t(-g) \quad \text{und} \quad y_y(t + \Delta t) = y_y(t) + \Delta t\, v_{yy}(t)$$
$$x_x(t + \Delta t) = x_x(t) + \Delta t\, v_{temp} \tag{1.63}$$

Man erkennt diese Rekursionen in den letzten Zeilen des oben gezeigten Skriptaus-schnitts. Das Skript endet mit den Befehlen zur Darstellung der Ergebnisse, die nicht mehr abgedruckt werden.

In Abb. 1.42 sind die wichtigsten Variablen der Simulation dargestellt. Ganz oben ist die Geschwindigkeit mal 10 in x-Richtung $v_x(t)$ zusammen mit der vertikalen Be-schleunigung $a_y(t)$ des Förderorgans und der Lage des Förderorgans in x-Richtung $x(t)$ mal 100 dargestellt. In der Mitte ist die vertikale Bewegung des Förderorgans und die vertikale Bahn des schiefen Wurfs gezeigt. Der Wurf beginnt, wenn die Beschleu-nigung $a_y(t) < -g$ ist. Ganz oben ist eine horizontale Linie bei der Beschleunigung

Geschwindigkeit*10 in x Richtung; Vertikale Beschleunigung und Lage des Förderorgans in x Richtung (fanr = 4 Hz)

Vertikale Bewegung des Förderorgans und vertikale Bahn des Wurfes

Bewegung des Förderguts

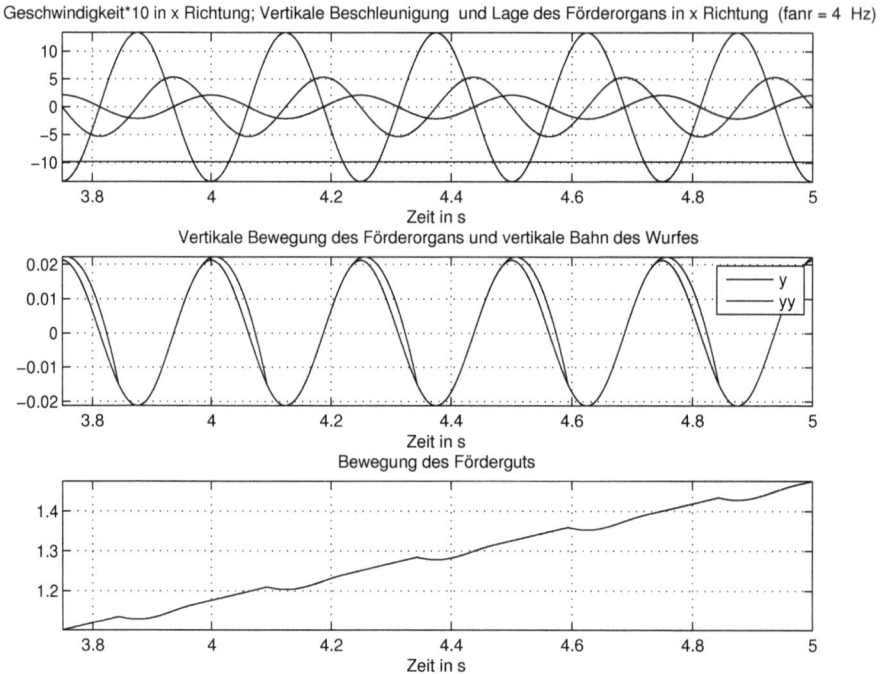

*Abb. 1.44: a) Geschwindigkeit mal 10 in x-Richtung; Vertikale Beschleunigung und Lage des Förderorgans in x-Richtung mal 100 b) Vertikale Bewegung des Förderorgans und vertikale Bahn des schiefen Wurfes c) Bewegung eines Förderguts über mehreren Perioden (*wurf_13.m*)*

$-g$ dargestellt, um leichter den Anfang des Wurfes in der mittleren Darstellung zu identifizieren.

Ganz unten ist die Bewegung $x_x(t)$ des Fördergutes dargestellt. Während der Haftung ist die Bewegung gleich der sinusförmigen Bewegung der Förderorgans. Im Wurfzustand bewegt sich das Fördergut in x-Richtung mit konstanter Geschwindigkeit, die gleich mit der Geschwindigkeit des Förderorgans in x-Richtung beim Verlassen des Haftzustands ist und in der Variablen v_{temp} zwischengespeichert ist.

Um die Bewegung eines Förderguts in mehrere Perioden zu verfolgen, muss man die Sägezähne der Bewegung jeder Periode zusammensetzen. Jeder Sägezahn wird auf den höchsten Wert des vorherigen Sägezahn aufaddiert. Im Skript wurf_13.m wird diese Zusammensetzung durchgeführt. Das Ergebnis für die gleichen Parameter ist in Abb. 1.43 dargestellt. Nur die letzte Darstellung hat sich geändert.

Dem Leser wird empfohlen, mit verschiedenen Amplituden und Frequenzen der Anregung zu experimentieren. Für den Fall der Anregung mit einer Amplitude ampl=0.03 statt 0.04 ist der Wurf schwächer und man erkennt besser die Bewegung der Förderguts im Haftzustand, wie in Abb. 1.44 dargestellt.

Eine starke Beschleunigung in vertikaler Richtung führt dazu, dass der Haftzustand sehr kurz ist und die Förderung ist praktisch linear.

Geschwindigkeit*10 in x Richtung; Vertikale Beschleunigung und Lage des Förderorgans in x Richtung (fanr = 4 Hz)

Vertikale Bewegung des Förderorgans und vertikale Bahn des Wurfes

Bewegung des Förderguts

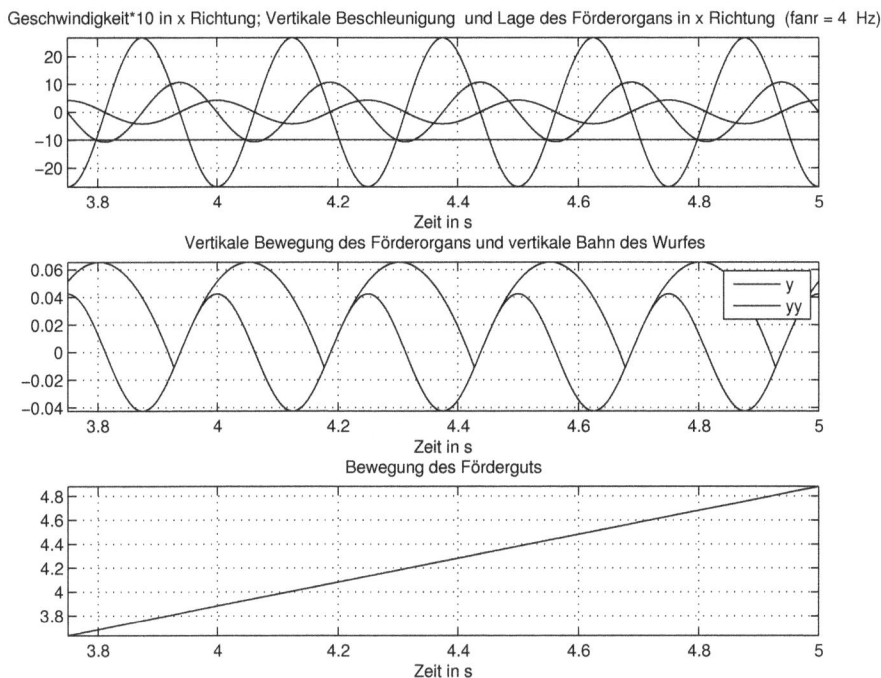

Abb. 1.45: a) Geschwindigkeit mal 10 in x-Richtung; Vertikale Beschleunigung und Lage des Förderorgans in x-Richtung mal 100 b) Vertikale Bewegung des Förderorgans und vertikale Bahn des schiefen Wurfes c) Bewegung eines Förderguts über mehrere Perioden (wurf_13.m)

Abb. 1.45 zeigt die Ergebnisse für eine Amplitude der Anregung von `ampl=0.6`.

1.5.2 Simulation einer Förderung mit Haft- und Gleitreibung

Bevor die eigentliche Förderung mit Haft- und Gleitreibung beschrieben wird, wird ein einfaches Förderexperiment untersucht, das in Abb. 1.46a skizziert ist. Die Federn sind vertikal angeordnet, so dass das Förderorgan nur horizontal schwingen kann. Diese Untersuchung soll zu einem besserem Verständnis der Förderung mit Haft- und Gleitreibung führen.

Die Anregung ist jetzt eine bestimmte Art der Bewegung $s(t)$ des Förderorgans. Jede Periode der Schwingung, die angeregt wird, besteht aus einer Phase bei der das Förderorgan langsam linear in einer Richtung bewegt wird. Das Fördergut haftet und übernimmt diese Bewegung. Es folgt eine Phase mit einer raschen Bewegung des Förderorgans in umgekehrte Richtung. Die Trägheit des Förderguts verhindert dessen Bewegung bis zur nächsten langsamen Bewegung.

Das erinnert an den Versuch, ein Tischtuch eines gedeckten Tisches so wegzuziehen, dass das Gedeck am Tisch in derselben Lage bleibt.

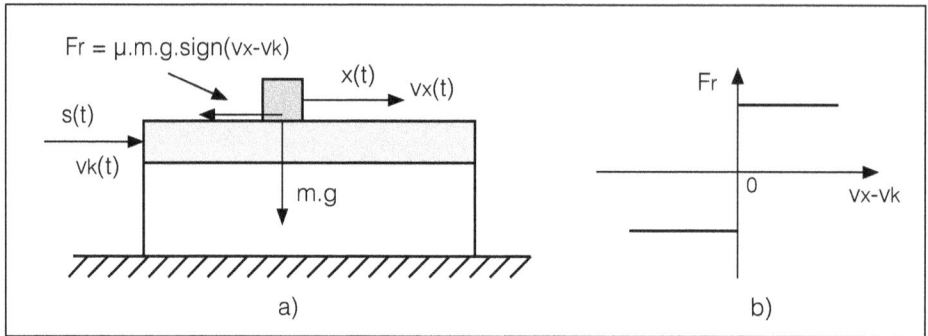

Abb. 1.46: a) Skizze der Förderung b) Abhängigkeit der Reibungskraft von der relativen Ge-schwindigkeit des Fördergutes

Zur Simulation der Bewegung des Fördergutes wird eine Reibungskraft $F_r(t)$ zwischen dem Fördergut und dem Förderorgan nach einem Verlauf, wie in Abb. 1.46b dargestellt, angenommen. Es ist die einfachste Form der Reibungskraft, die in der Literatur als Gleitreibungskraft bekannt [49] ist. Sie wird durch folgende Gleichung definiert:

$$F_r(t) = \mu\, m\, g\, \text{sign}(v_x(t) - v_k(t)) \tag{1.64}$$

Hier ist μ ein Reibungskoeffizient, m ist die Masse eines kleinen Förderguts, $v_x(t)$ ist dessen Geschwindigkeit und $v_k(t)$ ist die Geschwindigkeit des Förderorgans. Das Produkt mg ist die Normalkraft. Durch sign ist die Signumfunktion bezeichnet, die eins ist für Argumente größer als null und minus eins für Argumente kleiner oder gleich null.

Die Anregung $s(t)$ in Form eines Sägezahns, der eine langsame lineare Steigung für die Phase des Haftens erzeugt und einen raschen linearen Abfall für die Phase des Gleitens, erzeugt die zwei Geschwindigkeiten für $v_k(t)$.

Die Differentialgleichung für die Bewegung des Förderguts ist:

$$m\,\ddot{x}(t) + \mu\, m\, g\, \text{sign}(\dot{x}(t) - v_k(t)) = 0 \quad \text{mit} \quad v_k(t) = \frac{ds(t)}{dt} \tag{1.65}$$

Wie man sieht, kürzt sich die Masse m und es bleibt eine einfache nichtlineare Differentialgleichung zweiter Ordnung, die im Modell `foerderband1.mdl` implementiert ist. Die Anregung $s(t)$ in Form von Sägezähnen wird mit dem Block *Repeating Sequence* erzeugt. Die Geschwindigkeit des Förderorgans ergibt sich dann durch den Differenzierblock *Derivative*. Das Modell wird aus dem Skript `foerderband_1.m` aufgerufen:

```
% Skript foerderband_1.m, in dem die Förderung mit
% Haft- und Gleitreibung untersucht wird
% Arbeitet mit Modell foerderband1.mdl
clear;
% ------- Parameter des Systems
```

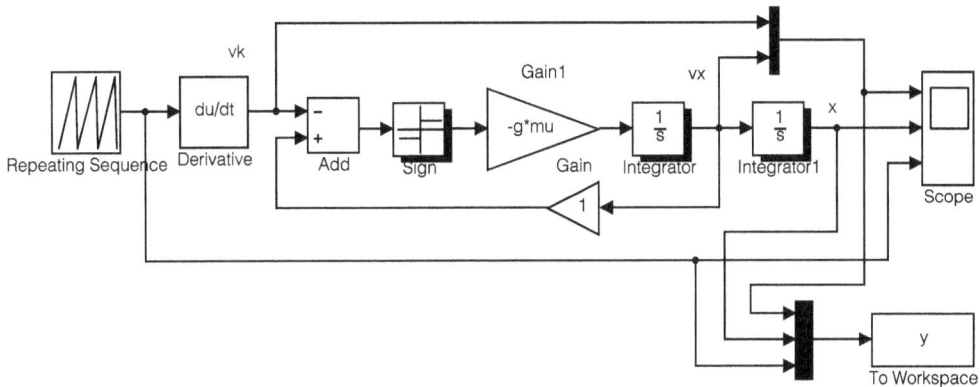

Abb. 1.47: Simulink-Modell der Förderung mit Haft- und Gleitreibung (foerderband_1.m, foer-
derband1.mdl)

```
% Anregung
tanr = [0 2 2.25];      % Zeitstützwerte
s_anr = [0 0.2 0];      % Sägezahn-Stützwerte
g = 9.89;       mu = 0.2;
% ------- Aufruf der Simulation
Tfinal = 10;            dt = 0.001;
t = 0:dt:Tfinal;        nt = length(t);
sim('foerderband1', t);
t = y.time;
vk = y.signals.values(:,1);        vx = y.signals.values(:,2);
x = y.signals.values(:,3);         s = y.signals.values(:,4);
figure(1);      clf;
subplot(311), plot(t, s);
  title(' Bewegung des Förderorgans s(t)');
  xlabel('Zeit in s');     grid on;
subplot(312), plot(t, vk, t, vx);
  title(['Geschwindigkeit des Förderorgans vk(t) und ',...
    ' des Förderguts vx(t)']);
  xlabel('Zeit in s');     grid on;     legend('vk', 'vx')
subplot(313), plot(t, x);
  title(' Bewegung des Förderguts x(t)');
  xlabel('Zeit in s');     grid on;
```

In Abb. 1.48 sind die Ergebnisse der Simulation dargestellt. Ganz oben ist die Anregung als Bewegung des Förderorgans dargestellt. Darunter ist die daraus resultieren-
de Geschwindigkeit als Anregung zusammen mit der Geschwindigkeit des Förderguts
gezeigt.

In der langsamen Vorwärtsbewegung sind die Geschwindigkeiten des Förderorgans $v_k(t)$ und Förderguts $v_x(t)$ gleich und somit haftet das Fördergut auf dem Förderorgan. Die rasche Rückwärtsbewegung mit einer sehr großen Geschwindigkeit ergibt

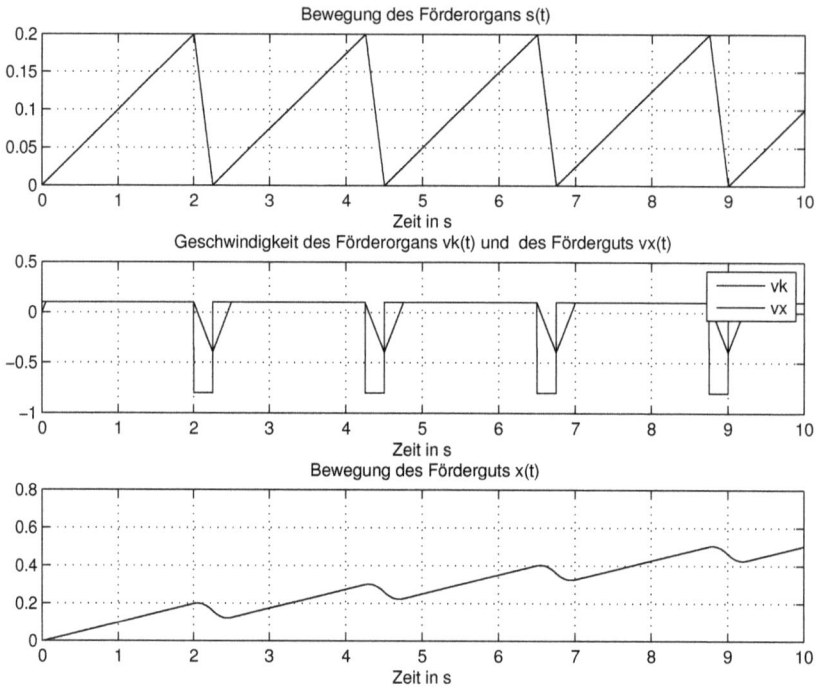

Abb. 1.48: Ergebnisse der Simulation der Förderung mit Haft- und Gleitreibung (foerder-band_1.m, foerderband1.mdl)

auch eine kleine Rückwärtsgeschwindigkeit, die aber das Fördergut nur ein wenig zurück fördert. Es entsteht praktisch eine Gleitphase.

Ganz unten sieht man die Bewegung des Förderguts mit den abwechselnden Phasen: Haft und Gleiten. Die Parameter des Systems sind die Frequenz und die Steilheiten der Anregung zusammen mit dem Reibungskoeffizienten μ.

Es ist keine technische Lösung, weil man eine solche Bewegung des Förderorgans nicht so einfach erzeugen kann. Sie hat hier nur einen didaktischen Zweck, um einfacher die Lösung des nächsten Abschnittes zu verstehen

1.5.3   Die Förderung basierend auf dem Gleitprinzip

Es wird jetzt das Gleitprinzip, das in Abschnitt 1.5 erwähnt wurde, simuliert. Dafür wird nochmals das System, das in Abb. 1.41 dargestellt ist, vorausgesetzt. Die Bezeichnungen und Beziehungen gemäß Gl. (1.58) bis (1.63) aus diesem Abschnitt werden auch hier benutzt.

Bei dieser Förderung darf die Amplitude der Beschleunigung des Förderorgans in vertikaler Richtung $a_y(t)$ nicht die Erdbeschleunigung g überschreiten, so dass die Summe der Beschleunigungen $g + a_y(t) \geq 0$ ist und kein Wurf entsteht. In einem Aufzug, der nach oben beschleunigt, wird man schwerer. Die Normalkraft ist größer als das statische Gewicht. Das Fördergut wird ähnlich schwerer und durch die Reibung haftet es am Förderorgan bei der Bewegung in x-Richtung. Bei einem Aufzug der nach unten beschleunigt wird man leichter, was auch mit dem Fördergut passiert und es entsteht eine Gleitung.

Die Differentialgleichung der Bewegung $x_x(t)$ des Förderguts wird:

$$m\,\ddot{x}_x(t) + \mu\,m\,(g + a_y(t))\mathrm{sign}(\dot{x}_x(t) - \dot{x}(t)) = 0 \quad \text{mit}$$

$$\dot{x}_x = v_{xx}(t) \quad \text{und} \quad \dot{x} = v_x(t)$$

(1.66)

Hier sind $\ddot{x}_x(t), \dot{x}_x(t)$ die Beschleunigung und die Geschwindigkeit des Förderguts in x-Richtung und $a_y(t)$ ist die Beschleunigung des Förderorgans in vertikaler y-Richtung. Die Variable $\dot{x}(t)$ stellt die Geschwindigkeit des Förderorgans in x-Richtung dar. Da die Summe $g + a_y(t) \geq 0$ bleibt, entsteht kein Wurf des Förderguts.

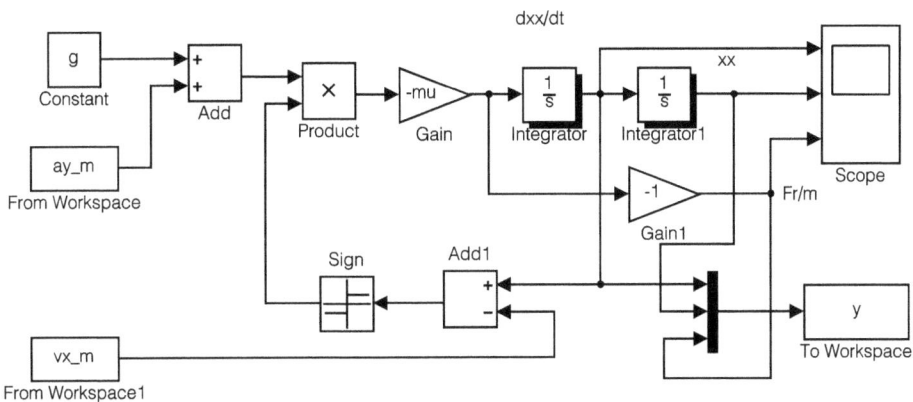

Abb. 1.49: Simulink-Modell für die Untersuchung des Gleitprinzips (foerder_haft_gleit_1.m, foerder_haft_gleit1.mdl)

Die Differentialgleichung (1.66) ist im Modell `foerder_haft_gleit1.mdl` nachgebildet. Die Beschleunigung $a_y(t)$ und die Geschwindigkeit $\dot{x}(t) = v_x(t)$ werden dem Modell über die Blöcke *From Workspace* zugeführt. Sie sind vor dem Aufruf der Simulation im Skript `foerder_haft_gleit_1.m` berechnet:

```
% Skript foerder_haft_gleit_1.m, in dem die Förderung mit
% Haft- und Gleitreibung simuliert wird. Arbeitet mit
% Modell foerder_haft_gleit1.mdl
clear;
% -------- Parameter des Systems
g = 9.89;
% ------- Anregungsbewegung
ampl = 0.02;      % Amplitude der Anregungsbewegung
fanr = 4;         % Frequenz der Anregungsbewegung
mu = 0.1;         % Reibungskoeffizient
% ------- Simulation
Tfinal = 5;
```

```
dt = 0.0001;
t = 0:dt:Tfinal;        nt = length(t);
% Initialisierungen
z = ampl*cos(2*pi*fanr*t);
vz = -ampl*2*pi*fanr*sin(2*pi*fanr*t);
az = -ampl*(2*pi*fanr)^2*cos(2*pi*fanr*t);
beta = pi/4;
x = z*cos(beta);        y = z*sin(beta);
vx = vz*cos(beta);      vy = vz*sin(beta);
ax = az*cos(beta);      ay = az*sin(beta);
% ------- Signale für das Modell
ay_m = [t', ay'];           vx_m = [t', vx'];
.....
```

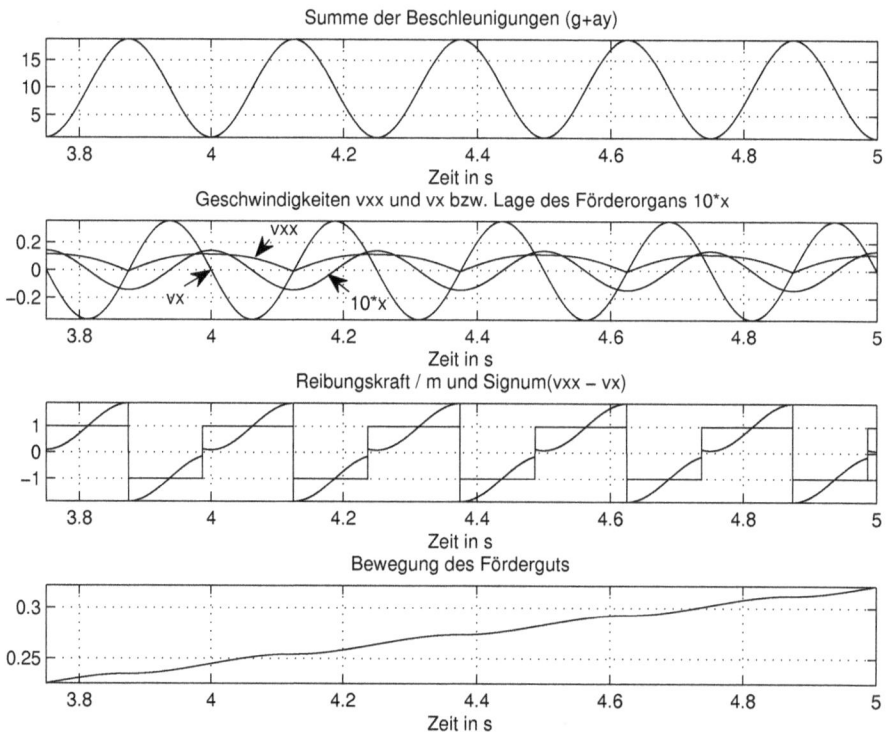

Abb. 1.50: *Ergebnisse der Simulation der Förderung nach dem Gleitprinzip* (foer-der_haft_gleit_1.m, foerder_haft_gleit1.mdl)

Für die Blöcke *From Workspace* werden die Matrizen ay_m und vx_m aus den entsprechenden Signalen ay und vx und der Zeit t gebildet. Im Skript folgt dann der Aufruf der Simulation mit dem Befehl **sim**. Wegen der starken Nichtlinearität, die durch die Funktion Signum im Modell vorhanden ist, wird hier als Solver für das numerische Integrationsverfahren der Huen-Solver [13] oder ode2 mit fester Schrittweite eingesetzt.

Die entsprechende Initialisierung der Simulation wird über die Optionen, die mit dem Befehle **simset** festgelegt werden, realisiert. Im Skript foerder_haft_gleit_2.m, das mit dem Modell foerder_haft_gleit2.mdl arbeitet, wird eine neuere Methode der Parametrierung des Modells gezeigt, die für die weiteren Versionen der MATLAB-Software empfohlen ist.

```
% ------- Aufruf der Simulation
my_options = simset('solver', 'ode2', 'FixedStep', dt);
sim('foerder_haft_gleit1',[0,Tfinal], my_options);
t = y.time;
%summe_beschl = y.signals.values(:,1);   % g-ay
vxx = y.signals.values(:,1);        xx = y.signals.values(:,2);
Fr = y.signals.values(:,3);
figure(1);    clf;
nperioden = 5;
Tnperioden = 5/fanr;      nT = fix(Tnperioden/dt);
nd = nt - nT:nt;          % Darstellungen von 5 Perioden im
                          % stationären Zustand
% nd = 1:nt;              % Darstellung mit Einschwingen
axen(1) = subplot(411), plot(t(nd),(g+ay(nd)));
  title(['Summe der Beschleunigungen (g+ay)']);
  xlabel('Zeit in s');    grid on;    axis tight;
axen(2) = subplot(412), plot(t(nd), vxx(nd), t(nd), vx(nd),...
    t(nd),10*x(nd)));
  title(['Geschwindigkeiten vxx und vx' ,...
    ' bzw. Lage des Förderorgans 10*x']);
  xlabel('Zeit in s');    grid on;    axis tight;
axen(3) = subplot(413), plot(t(nd), Fr(nd),...
    t(nd),sign(vxx(nd)-vx(nd)'));
  title('Reibungskraft / m und Signum(vxx - vx)');
  xlabel('Zeit in s');    grid on;    axis tight;
axen(4) = subplot(414), plot(t(nd), xx(nd));
  title('Bewegung des Förderguts');
  xlabel('Zeit in s');    grid on;    axis tight;
linkaxes([axen(1),axen(2),axen(3),axen(4)],'x');
```

In Abb. 1.50 sind einige Signale dieser Untersuchung dargestellt. Ganz oben ist die Summe der Beschleunigungen $g+a_y(t)$ gezeigt und man sieht, dass die Amplitude der Anregung und deren Frequenz so gewählt wurden, dass diese Summe immer positiv bleibt.

Darunter in der Abbildung sind mehrere Signale überlagert dargestellt. Das größte sinusförmige Signal stellt die Geschwindigkeit in x-Richtung $v_x(t)$ des Förderorgans dar. Zusätzlich ist die Geschwindigkeit des Förderguts in x-Richtung $v_{xx}(t)$ dargestellt, welche hauptsächlich positiv ist und somit das Gut fördert. Bei den Stellen $v_{xx}(t) - v_x(t) = 0$ ändert sich der Wert der Signum-Funktion und dadurch auch das Vorzeichen der Reibungsfunktion $F_r(t)$, die zusammen mit der Signum-Funktion in dem nächsten **subplot** dargestellt ist.

Ganz unten ist die Bewegung des Förderguts dargestellt, die den typischen Verlauf mit Haftung und Gleitung aufweist.

Summe der Beschleunigungen (g+ay)

Geschwindigkeiten vxx und vx bzw. Lage des Förderorgans 10*x

Reibungskraft / m und Signum(vxx – vx)

Bewegung des Förderguts

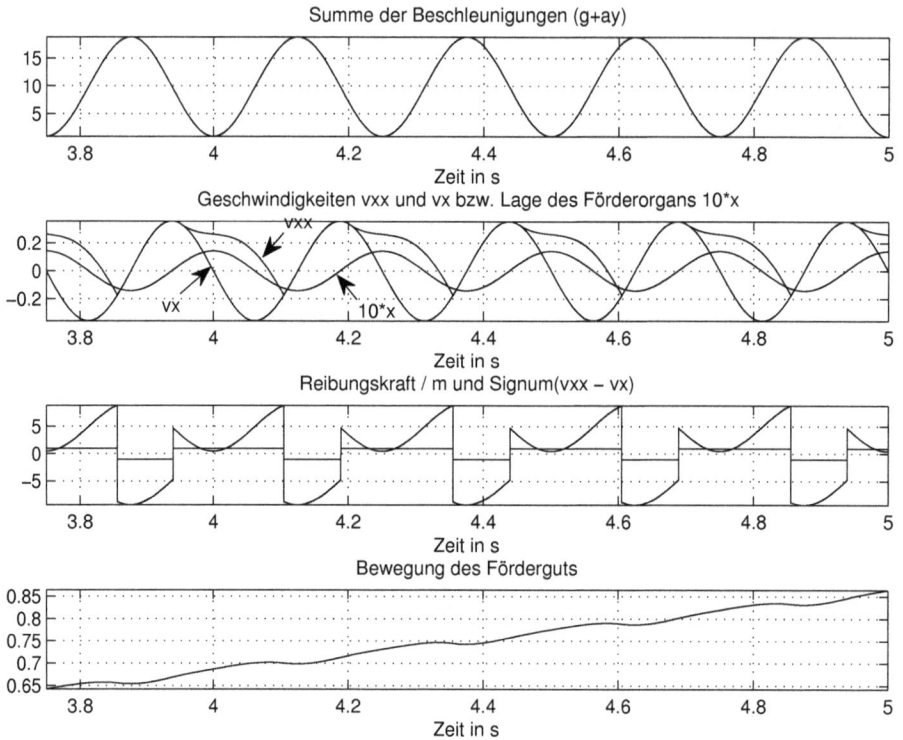

Abb. 1.51: Ergebnisse der Simulation der Förderung nach dem Gleitprinzip für $\mu = 0,5$ (foer-der_haft_gleit_1.m, foerder_haft_gleit1.mdl)

Eine besondere Rolle in dieser Simulation spielt hier der Reibungskoeffizient μ. Ein größerer Reibungskoeffizient (z.B. $\mu = 0,5$ statt 0,1) steigert die Fördergeschwindigkeit. In Abb. 1.51 sind die Signale für $\mu = 0,5$ dargestellt. Die Geschwindigkeit $v_{xx}(t)$ des Förderguts ist gleich der Geschwindigkeit $v_x(t)$ des Förderorgans für eine relativ lange Zeit in jeder Periode und stellt die Haftphase dar. Danach erhält man eine Geschwindigkeit $v_{xx}(t) > v_x(t)$, die in eine Gleitphase führt, in der die Summe der Beschleunigungen $g + a_y(t)$ relativ klein oder null ist.

Bei der Darstellung der vier **subplot** wurde hier eine Möglichkeit benutzt, diese vier Unterdarstellungen über die Funktion **linkaxes** zu verknüpfen. In dieser Form wirkt sich ein Zoom in einer Unterdarstellung auf alle vier aus, wie es auch mit den Darstellungen auf einem *Scope*-Block mit mehreren Achsen geschieht. Wenn dieser Befehl statt

```
linkaxes([axen(1),axen(2),axen(3),axen(4)],'x');
```

in folgender Form benutzt wird

```
linkaxes([axen(1),axen(2),axen(3),axen(4)],'xy');
```

dann werden auch die Funktionsachsen verbunden. Hier ist das nicht angebracht, weil man nur die Zoom-Funktion über alle *Subplots* entlang der Zeitachse erweitern möchte.

1.6 Simulation von Schwingungstilgern

Im Abschnitt 1.3 wurde das Tilgen eines Unwuchtsystems, das über eine Kraft mit konstanter, bekannter Frequenz angeregt wird, präsentiert. Hier wird das Prinzip der Tilgung der Schwingungen eines Systems mit schwacher Dämpfung beschrieben, das eine große Verstärkung der Schwingungen in der Umgebung der Resonanz aufweist.

Zu Beginn wird das einfache Feder-Masse-System ohne Tilger aus Abb. 1.52a untersucht, um die Notwendigkeit einer Tilgung hervorzuheben. Der Zweimassenschwinger aus Abb. 1.52b dient danach zur Untersuchung und Dimensionierung des Tilgers bestehend aus der Masse m_2, aus der Dämpfung mit Faktor c_2 und der Feder der Steifigkeit k_2.

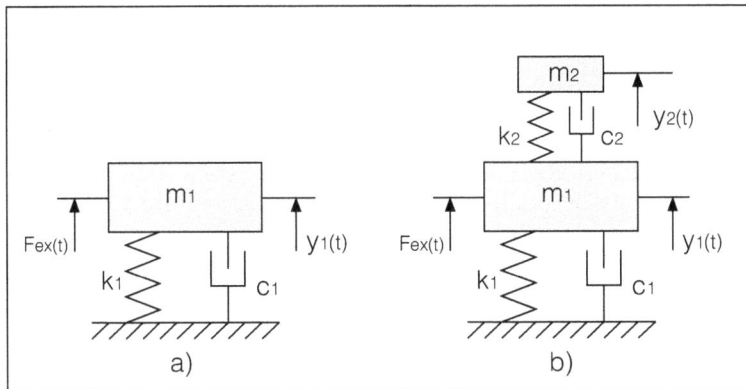

Abb. 1.52: a) Einfaches Feder-Masse-System b) Zweimassenschwinger mit dem zweiten Feder-Masse-System als Tilger

1.6.1 Feder-Masse-System ohne Tilger

Für das System aus Abb. 1.52a kann man folgende Differentialgleichung für die Bewegung relativ zur statischen Gleichgewichtslage schreiben:

$$m_1\ddot{y}_1(t) + c_1\dot{y}_1(t) + k_1y_1(t) = F_{ex}(t) \tag{1.67}$$

Hier ist $F_{ex}(t)$ die Anregungskraft und m_1, c_1, k_1 sind die Masse, der Dämpfungsfaktor und die Steifigkeit der Feder. Es ist eine lineare Differentialgleichung zweiter Ordnung und sie beschreibt ein mechanisches System mit einem Freiheitsgrad.

Die Laplace-Transformation dieser Differentialgleichung mit den Anfangsbedingungen gleich null wird:

$$Y_1(s)\big(m_1s^2 + c_1s + 1\big) = F_{ex}(s) \tag{1.68}$$

Daraus ergibt sich die Übertragungsfunktion von der Anregungskraft bis zur Koordinate der Lage der Masse:

$$H(s) = \frac{Y_1(s)}{F_{ex}(s)} = \frac{1}{m_1 s^2 + c_1 s + 1} \tag{1.69}$$

Das Verhalten des Systems im stationären Zustand für eine sinusförmige Anregung der Amplitude $\hat{F}_{ex}$ ist durch den komplexen Frequenzgang $H(j\omega)$ beschrieben, den man durch Ersetzen von s mit $j\omega$ in $H(s)$ erhält:

$$H(j\omega) = |H(j\omega)|e^{j\varphi(\omega)} = A(\omega)e^{j\varphi(\omega)} \tag{1.70}$$

Der Betrag dieser komplexen Funktion stellt den Amplitudengang $A(\omega)$ dar und beschreibt die Abhängigkeit von ω des Verhältnisses der Amplitude des Ausgangs $\hat{y}_1$ zur Amplitude der Anregung $\hat{F}_{ex}$:

$$A(\omega) = \frac{\hat{y}_1}{\hat{F}_{ex}} = |H(j\omega)| = \left| \frac{1}{m_1 (j\omega)^2 + c_1 (j\omega) + k1} \right| = \frac{1}{\sqrt{(k_1 - m_1 \omega^2)^2 + (c_1 \omega)^2}} \tag{1.71}$$

Der Winkel derselben komplexen Funktion $H(j\omega)$ stellt die Phasenverschiebung der sinusförmigen Antwort relativ zur sinusförmigen Anregung dar und definiert den Phasengang $\varphi(\omega)$:

$$\varphi(\omega) = \varphi_{y_1}(\omega) - \varphi_{F_{ex}}(\omega) = \text{Winkel} \left\{ \frac{1}{m_1 (j\omega)^2 + c_1 (j\omega) + k1} \right\} \tag{1.72}$$

Eine Anregung der Form

$$F_{ex}(t) = \hat{F}_{ex} \cos(\omega t + \varphi_{F_{ex}}(\omega)) \tag{1.73}$$

ergibt im stationären Zustand folgende Antwort $y_1(t)$:

$$\begin{aligned} y_1(t) &= \hat{y}_1 \cos(\omega t + \varphi_{F_{ex}}(\omega) + \varphi(\omega)) = \\ &\hat{F}_{ex} A(\omega) \cos(\omega t + \varphi_{F_{ex}}(\omega) + \varphi(\omega)) \end{aligned} \tag{1.74}$$

Gemäß Gl. (1.71) gibt es eine Frequenz ω_{01} für $c_1 = 0$, bei der der Amplitudengang unendlich groß wird $A(\omega_{01}) = \infty$:

$$\omega_{01} = \sqrt{\frac{k_1}{m_1}} \tag{1.75}$$

Diese Frequenz stellt die Eigenfrequenz des Feder-Masse-Systems ohne Dämpfung dar. Für kleine Dämpfungsfaktoren c_1 erhält man Maxima im Amplitudengang, die nahe an dieser Frequenz liegen.

Die komplexe Funktion $H(j\omega)$ wird gewöhnlich in einer normierten Form geschrieben:

$$H(j\omega) = \frac{1}{m_1(j\omega)^2 + c_1(j\omega) + 1} = \frac{1/k_1}{\frac{m_1}{k_1}(j\omega)^2 + \frac{c_1}{k_1}(j\omega) + 1} =$$

$$\frac{1/k_1}{(j\omega/\omega_{01})^2 + 2\zeta(j\omega/\omega_{01}) + 1} \tag{1.76}$$

Wenn man weiter die Funktion $k_1\,H(j\omega)$ betrachtet, dann enthält sie nur zwei Parameter: die Eigenfrequenz ohne Dämpfung ω_{01} und ζ, Letzterer durch

$$\zeta = \frac{1}{2} \cdot \frac{c_1}{\omega_{01}m_1} \tag{1.77}$$

definiert. Dieser Parameter wird als Dämpfungsrate bezeichnet, ungenau oft auch Dämpfung.

Im Skript `feder_masse_1.m` ist die nicht normierte Übertragungsfunktion $H(j\omega)$ für ein System mit verschiedenen Dämpfungsfaktoren c_1 berechnet und als Funktion von ω/ω_{01} dargestellt. Die normierte Übertragungsfunktion $k_1\,H(j\omega)$ ist im Skript `feder_masse_11.m` für verschiedene Werte von ζ ermittelt und ebenfalls als Funktion von ω/ω_{01} dargestellt. Diese Form ist allgemein gültig und hat praktisch als Parameter nur die Dämpfungsrate ζ.

Das kurze Skript, das zur Abb. 1.53 geführt hat, ist:

```
% Skript feder_masse_12.m, in dem ein einfaches Feder-Masse-System
% untersucht wird
clear;
% ------- Parameter des Systems
w01 = 0.12;                    f01 = w01/(2*pi);    % Eigenfrequenz
zeta = [0.05,0.1:0.1:1];       nz = length(zeta);
% ------- Übertragungsfunktion
fmin = f01/10;                 fmax = f01*10;
e1 = round(log10(fmin));       e2 = round(log10(fmax));
f = logspace(e1,e2,5000);      w = 2*pi*f;


figure(1);        clf;
for p = 1:nz
  b = 1;          % Koeffizienten der Übertragungsfunktion k1.H(jw)
  a = [1/(w01^2), 2*zeta(p)/w01, 1];
  Hf = freqs(b,a,w);
  subplot(211), semilogx(f/f01, 20*log10(abs(Hf)));
    title(['|k1 * H(jw)| für zeta = ',...
        num2str(zeta)]);
    xlabel('f / f01');        grid on;    ylabel('dB');
    La = axis;           axis([0.2, 3,-20,La(4)]);
    set(gca,'XTick',[0.2:0.1:1,2:1:3]);
    hold on;
  subplot(212), semilogx(f/f01, angle(Hf)*180/pi);
```

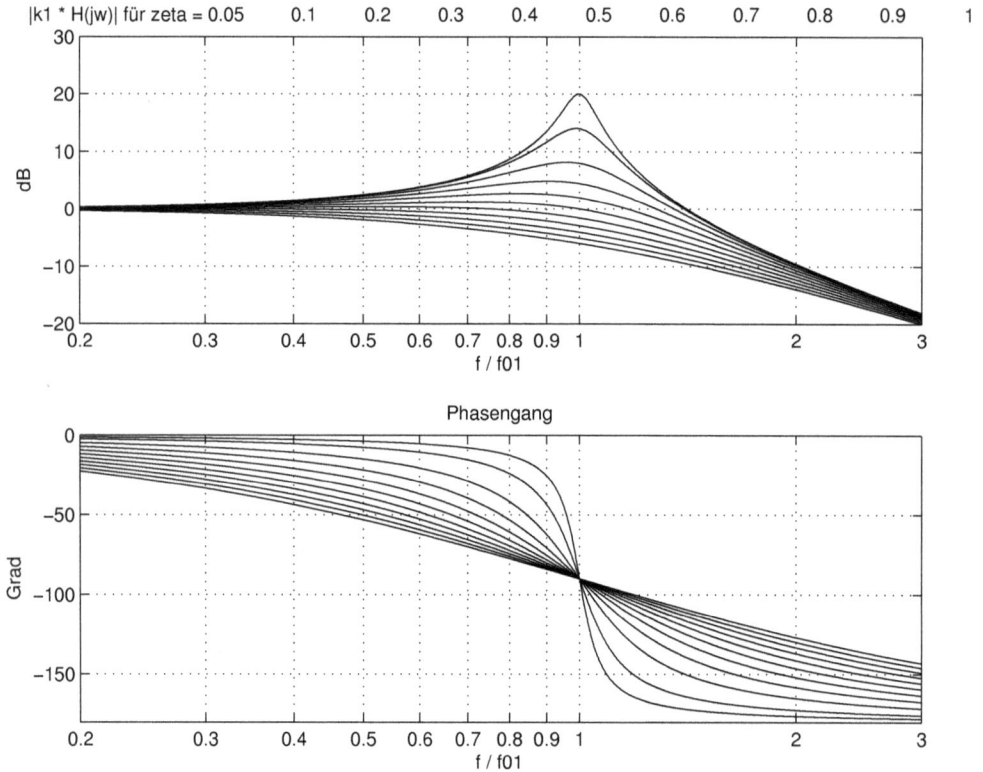

Abb. 1.53: Frequenzgang $k_1\,H(j\omega)$ (feder_masse_12.m)

```
    title('Phasengang');
    xlabel('f / f01');        grid on;    ylabel('Grad');
    La = axis;            axis([0.2,3,La(3:4)]);
    set(gca,'XTick',[0.2:0.1:1,2:1:3]);
    hold on;
end;
hold off
```

Für den ersten Wert $\zeta = 0.05$ erhält man eine Verstärkung der Schwingungen von 20 dB beim Maximalwert des Amplitudengangs $|k_1\,H(j\omega)|$. Bei Frequenzen, die viel kleiner als die Eigenfrequenz sind, ist die Verstärkung 0 dB oder Faktor eins. Die Verstärkung von 20 dB bedeutet einen Faktor von 10. Bei kleinen Dämpfungsraten ζ soll mit Hilfe eines Tilgers diese Verstärkung gemindert werden.

Die Darstellung des Frequenzgangs aus dem Skript feder_masse_11.m mit nicht normierter Funktion $H(j\omega)$ für Werte der Dämpfungsfaktoren c_1, die zu gleichen Dämpfungsraten ζ führen, ist in Abb. 1.54 gezeigt. Daraus sind die Verstärkungen für Frequenzen ausserhalb des Bereichs der Eigenfrequenz zu sehen.

Amplitudengang für c1 = 70.7107 bis 1414.2136

Phasengang

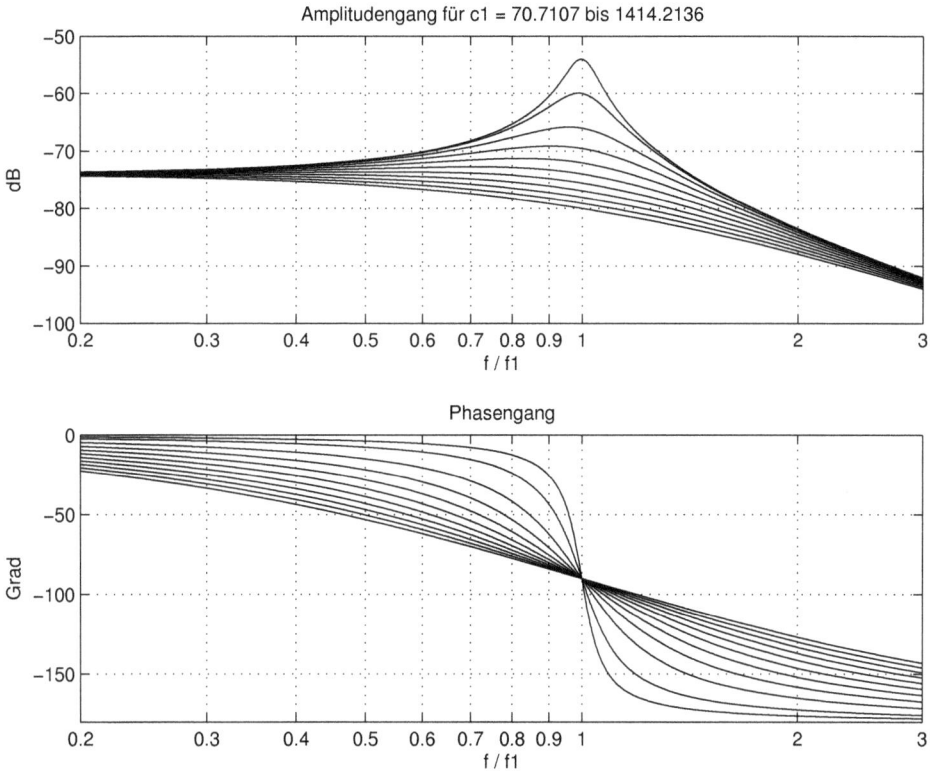

Abb. 1.54: Frequenzgang für nicht normierte Funktion $H(j\omega)$ (feder_masse_11.m)

Für Frequenzen $\omega \ll \omega_{01}$ oder $f \ll f_{01}$ ist die Verstärkung ca. -75 dB oder Faktor $10^{-75/20} = 1,7783 \times 10^{-4}$. Oberhalb der Eigenfrequenz fällt der Amplitudengang mit -40 dB/Dekade was ein Faktor $1/100$ für jede Dekade bedeutet.

Mit folgenden Zeilen aus dem Skript `feder_masse_11.m` kann man die Amplituden der Antwort (der Koordinate $y_1(t)$ der Masse m_1) bestimmen, wenn eine Amplitude der Anregung $F_{ex}(t)$ angenommen wird:

```
......
b = 1;                    % Koeffizienten der Übertragungsfunktion
a = [m1, c1(1), k1];      % für den kleinsten c1
ws = 0.1*w01;
% ws = 10*w01;
% ws = w01;
Hws = polyval(b,j*ws)/polyval(a,j*ws);
Fex_ampl = 0.1,                % Amplitude der Anregung
xs_ampl = Fex_ampl*abs(Hws),
```

So z.B. erhält man bei einer Frequenz $\omega = 0,1\,\omega_{01}$ folgende Werte:

```
Fex_ampl =   0.1000
xs_ampl = 2.0201e-05
```

Ähnlich ergeben sich für $\omega = 10\,\omega_{01}$ folgende Werte:

```
Fex_ampl =   0.1000
xs_ampl =  2.0201e-07
```

Bei der Eigenfrequenz ohne Dämpfung $\omega = \omega_{01}$ ist die Amplitude der Antwort viel größer

```
Fex_ampl =   0.1000
xs_ampl =  2.0000e-04
```

und entspricht der Verstärkung von ca. 20 dB relativ zum Amplitudengang mit -75 dB bei kleinen Frequenzen.

1.6.2   Untersuchung einer passiven Tilgung

Das System mit Tilger, das als passive Tilgung gilt, ist in Abb. 1.52b dargestellt. Wenn man aber mit einer gesteuerten Kraft gegen die angeregten Schwingungen reagiert, dann spricht man von aktiver Tilgung.

Die Differentialgleichungen, die die Bewegungen der zwei Massen relativ zur statischen Gleichgewichtslage beschreiben, sind:

$$
\begin{aligned}
m_1\ddot{y}_1(t) + c_1\dot{y}_1(t) + k_1 y_1(t) + c_2\big(\dot{y}_1(t) - \dot{y}_2(t)\big) + k_2\big(y_1(t) - y_2(t)\big) &= F_{ex}(t) \\
m_2\ddot{y}_2(t) + c_2(\dot{y}_2(t) - \dot{y}_1(t)) + k_2(y_2(t) - y_1(t)) &= 0
\end{aligned}
\tag{1.78}
$$

Der Effekt des Tilgers wird anfänglich über den Frequenzgang untersucht. Dafür werden die zwei Übertragungsfunktionen von der Anregung $F_{ex}(t)$ zu der Koordinate $y_1(t)$ der Lage der Hauptmasse m_1 und zu der Koordinate $y_2(t)$ der Lage der Masse des Tilgers m_2 ermitelt. Aus der Laplace-Transformation der Differentialgleichungen

$$
\begin{aligned}
Y_1(s)\big(m_1\,s^2 + (c_1 + c_2)\,s + (k_1 + k_2)\big) + Y_2(s)\big(-c_2\,s - k_2\big) &= F_{ex}(s) \\
Y_2(s)\big(m_2\,s^2 + c_2\,s + k_2\big) + Y_1(s)\big(-c_2\,s - k_2\big) &= 0
\end{aligned}
\tag{1.79}
$$

wird ein Gleichungssystem für die Transformierten $Y_1(s)$ und $Y_2(s)$ abhängig von der Transformierten der Anregung $F_{ex}(s)$ gebildet:

$$
\begin{bmatrix} m_1 s^2 + (c_1 + c_2)s + (k_1 + k_2) & -(c_2 s + k_2) \\[2mm] -(c_2 s + k_2) & m_2 s^2 + c_2 s + k_2 \end{bmatrix} \begin{bmatrix} Y_1(s) \\[2mm] Y_2(s) \end{bmatrix} = \begin{bmatrix} 1 \\[2mm] 0 \end{bmatrix} F_{ex}(s) \tag{1.80}
$$

Daraus erhält man über die Inverse der Systemmatrix, die gewünschten Übertragungsfunktionen $H_1(s)$, $H_2(s)$:

$$\begin{bmatrix} Y_1(s) \\ Y_2(s) \end{bmatrix} = \begin{bmatrix} m_1 s^2 + (c_1 + c_2)s + (k_1 + k_2) & -(c_2 s + k_2) \\ -(c_2 s + k_2) & m_2 s^2 + c_2 s + k_2 \end{bmatrix}^{-1} \begin{bmatrix} 1 \\ 0 \end{bmatrix} F_{ex}(s) =$$

$$\begin{bmatrix} H_1(s) \\ H_2(s) \end{bmatrix} F_{ex}(s)$$

(1.81)

Diese Vorgehensweise kann man in MATLAB mit symbolischer Rechnung mit Hilfe der *Symbolic Math Toolbox* durchführen. Dazu wird die komplexe Variable der Laplace-Transformation „s" als symbolische Variable deklariert und weiter ganz normal die MATLAB-Syntax benutzt.

Eine andere Möglichkeit basiert auf der *Control System Toolbox* in der dieselbe Variable '„s" als *Transfer Function* definiert wird. Dieser Weg wird exemplarisch im Skript `feder_masse_1.m` dargestellt. Am Anfang wird der Frequenzgang ohne Tilger ermittelt und dargestellt, für ein System mit gegebenen Parametern:

```
% Skript feder_masse_1.m, in dem ein einfaches Feder-Masse-System
% mit Tilger untersucht wird

clear;
s = tf('s');
% ------- Parameter des Systems
m1 = 100;      k1 = 5000;      c1 = 20;
% ------- Übertragungsfunktion
H = 1/(m1*s^2 + c1*s + k1);
b = 1;                          a = [m1, c1, k1];
w01 = sqrt(k1/m1);              f01 = w01/(2*pi), % Eigenfrequenz
fmin = f01/10;                  fmax = f01*10;
e1 = round(log10(fmin));        e2 = round(log10(fmax));
f = logspace(e1,e2,5000);       w = 2*pi*f;
Hf = freqs(b,a,w);              % Frequenzgang ohne Tilger

figure(1);      clf;
subplot(211),   semilogx(f, 20*log10(abs(Hf)));
  title('Amplitudengang für die Hauptmasse ohne Tilger');
  xlabel('Hz');   grid on;   ylabel('dB');
subplot(212),   semilogx(f, angle(Hf)*180/pi);
  title('Phasengang für die Hauptmasse ohne Tilger');
  xlabel('Hz');   grid on;   ylabel('Grad');
......
```

Danach werden die optimalen Parameter des Tilgers nach Den Hartog [16] berechnet:

$$k_2 = \mu \frac{k_1}{(1+\mu)^2} \qquad \text{mit} \qquad \mu = \frac{m_2}{m_1}$$

$$c_2 = 2\omega_{02} m_2 \sqrt{\frac{3\mu}{8(1+\mu)^3}} \qquad \text{mit} \qquad \omega_{02} = \sqrt{\frac{k_2}{m_2}} \tag{1.82}$$

Mit Hilfe der Variablen „s", die am Anfang als **tf**-Funktion deklariert wurde, werden weiter die Matrizen des Gleichungssystems (1.81) gebildet und die Übertragungsfunktionen Ht1 für $H_1(s)$ und Ht2 für $H_2(s)$ berechnet. Sie sind die Elemente der Matrix Ht. Da die Berechnung über die Inverse gleiche Null- und Polstellen nicht kürzt, wird mit der Funktion **minreal** (*Minimal Realization*) diese eventuell notwendige Kürzung vollzogen:

```
% -------- Klassische Tilgung nach Den Hartog
m2 = 5;                          mu = m2/m1;
k2 = mu*k1/((1+mu)^2);
c2 = 2*m2*sqrt(k2/m2)*sqrt(3*mu/(8*(1+mu)));  % optimale Dämpfung
%c2 = 1;                             % nicht optimale Dämpfung
Ai = [m1*s^2+(c1+c2)*s+(k1+k2), -(c2*s+k2);    % Laplace-
     -(c2*s+k2), m2*s^2+c2*s+k2];              % Transformationsmatrix
Bi = [1;0];
Ht = inv(Ai)*Bi;     Ht = minreal(Ht);  % Übertragungsfunktionen
Ht1 = Ht(1);         Ht2 = Ht(2);    % von der Anregung bis Xs und X1
[bt1, at1] = tfdata(Ht1);       [bt2, at2] = tfdata(Ht2);
bt1 = bt1{:};        at1 = at1{:};   % Koeffizienten der
bt2 = bt2{:};        at2 = at2{:};   % Übertragungsfunktionen
Hf1 = freqs(bt1,at1,w);      Hf2 = freqs(bt2,at2,w); % Frequenzgänge
figure(2);      clf;
semilogx(f, 20*log10(abs(Hf)), f, 20*log10(abs(Hf1)),...
     f, 20*log10(abs(Hf2)));
title(['Amplitudengang für X1/Fex ohne und mit Tilger ',...
     ' (nach Den Hartog) bzw. Amplitudengang für X2/Fex']);
xlabel('Hz');        grid on;            ylabel('dB');
......
```

Mit der Funktion **tfdata** werden aus den Objekten Ht1, Ht2 die Koeffizienten der Polynome der Zähler und Nenner extrahiert. Diese sind anfänglich *Cell*-Variablen, die man in numerischen Daten umwandeln muss. Die *Cell*-Daten sind mit geschweifter Klammer indiziert.

Die entsprechenden Frequenzgänge werden mit Hilfe der Funktionen **freqs** berechnet und daraus die Amplitudengänge zusammen mit dem Amplitudengang des Systems ohne Tilger dargestellt.

In Abb. 1.55 sind die Amplitudengänge dargestellt. Ohne Tilger ist die Verstärkung in der Umgebung der Eigenfrequenz ohne Dämpfung $\omega_{01} = \sqrt{k_1/m_1}$ sehr groß. Mit den optimalen Parametern des Tilgers wird der Amplitudengang für die Hauptmasse m_1 stark gedämpft (ca. -20 dB). Die zwei gleichen Maxima dieses Amplitudenganges

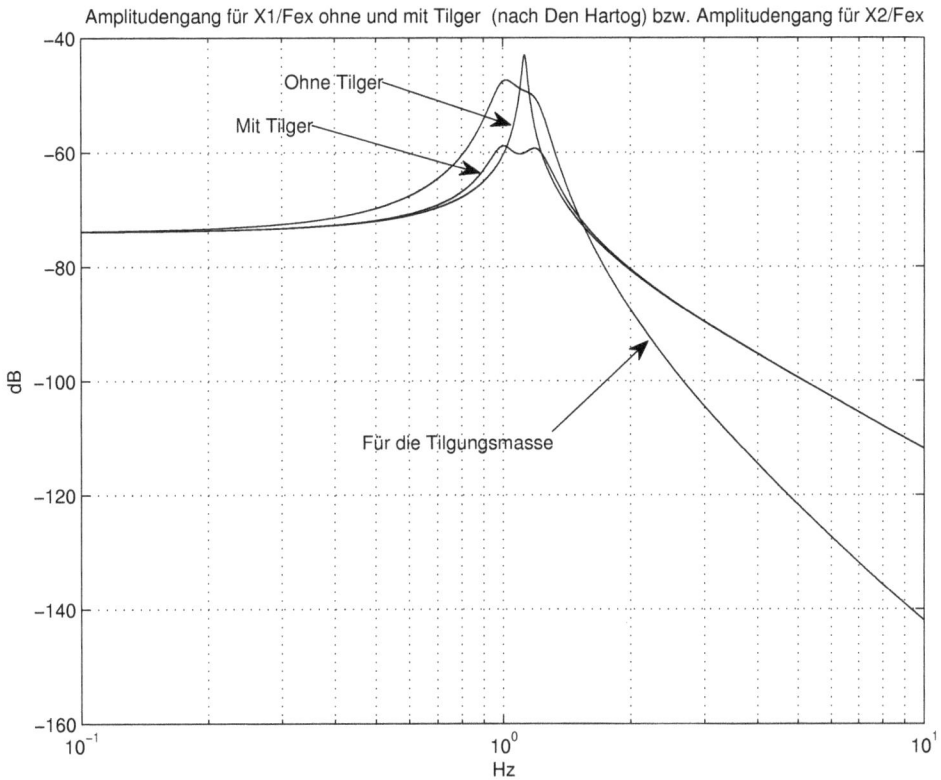

Abb. 1.55: Amplitudengang ohne und mit Tilger bzw. Amplitudengang für die Bewegung des Tilgers (feder_masse_1.m)

zeigen, dass die Parameter des Tilgers optimal eingestellt sind. Die Tilgermasse bewegt sich relativ stark, beinahe so stark wie die Hauptmasse ohne Tilger.

In der homogenen Lösung des Systems mit Tilger im Vergleich zur homogenen Lösung ohne Tilger ist der Effekt des Tilgers noch besser zu erkennen und zu bewerten. Dafür muss man das System mit einem Zustandsmodell beschreiben, um Anfangsbedingungen für die homogene Lösung wählen zu können. Für das System ohne Tilger ist das Zustandsmodell sehr einfach, weil es nur zwei Zustandsvariablen enthält. Dafür kann man auch die Funktion **tf2ss** benutzen, um aus der Übertragungsfunktion (*Transfer Function*) ein Zustandsmodell zu erzeugen.

Für das System vierter Ordnung mit Tilger enthält das Zustandsmodell 4 Zustandsvariablen. Wenn man die Funktion **tf2ss** hier benutzt, kann man nicht einfach die erhaltenen Zustandsvariablen den Variablen des Systems zuordnen. Diese Schwierigkeit ergibt sich aus der Tatsache, dass jede Kombination von Zustandsvariablen auch Zustandsvariablen darstellen und man weiß nicht wie die Zustandsvariablen von der MATLAB-Funktion **tf2ss** gewählt werden.

Um das näher zu erläutern, wird das Zustandsmodell für das Feder-Masse-System ohne Tilger, das mit einem eigenen gewählten Zustandsvektor ermittelt wird, mit dem Zustandsmodell, das über die Funktion **tf2ss** berechnet wird, verglichen. Aus der Differentialgleichung (1.67) mit einem Zustandsvektor der Form

$$\mathbf{x}(t) = [y_1(t), \dot{y}_1(t)] \tag{1.83}$$

erhält man folgende Zustandsgleichung des Zustandsmodells:

$$\begin{bmatrix} \dot{y}_1(t) \\ \ddot{y}_1(t) \end{bmatrix} = \begin{bmatrix} 0 & 1 \\ -\dfrac{k_1}{m_1} & -\dfrac{c_1}{m_1} \end{bmatrix} \begin{bmatrix} y_1(t) \\ \dot{y}_1(t) \end{bmatrix} + \begin{bmatrix} 0 \\ \dfrac{1}{m_1} \end{bmatrix} F_{ex}(t) \tag{1.84}$$

In kompakter Form wir diese Gleichung wie folgt geschrieben:

$$\dot{\mathbf{x}}(t) = \mathbf{A}_0\,\mathbf{x}(t) + \mathbf{B}_0\,F_{ex}(t) \tag{1.85}$$

Die anderen zwei Matrizen der Ausgangsgleichung dieses Zustandsmodells sind sehr einfach:

$$\mathbf{C}_0 = [1,0] \quad \text{und} \quad \mathbf{D}_0 = 0 \tag{1.86}$$

Mit den Parametern aus dem Skript (feder_masse_1.m) erhält man folgende Matrizen:

```
A0 =
     0                1.0000e+00
    -5.0000e+01      -2.0000e-01
B0 =
     0
     1.0000e-02
C0 =
     1        0
D0 =   0
```

Für die Koeffizienten der Übertragungsfunktion des Systems ohne Tilger, die in den Vektoren b und a enthalten sind, erhält man über die Funktion **tf2ss** folgende Matrizen des Zustandsmodells:

```
>> [A0t, B0t, C0t, D0t] = tf2ss(b,a),
A0t =
    -2.0000e-01      -5.0000e+01
     1.0000e+00                0
B0t =
         1
         0
C0t =        0      1.0000e-02
D0t =        0
```

Wie man sieht, sind es andere Matrizen, die aus einer anderen Wahl der Zustandsvariablen hervorgehen. Das bedeutet, dass der Zustandsvektor, der in der Funktion
tf2ss gewählt wurde, gerade umgekehrt ist; zuerst enthält er die Geschwindigkeit
und dann die Koordinate der Lage der Masse m_1. Die Ausgangsvariablen beider Modelle sind sicher gleich.

Das Zustandsmodell für das System mit Tilger wird ebenfalls mit einem eigenen
gewählten Zustandsvektor bestimmt. Es wird hier als Zustandsvektor ein Vektor mit
folgenden Variablen des Systems definiert:

$$\mathbf{x} = [y_1(t), \dot{y}_1(t), y_2(t), \dot{y}_2(t)]^T \tag{1.87}$$

Mit dieser Wahl erhält man folgende Zustandsgleichung:

$$\begin{bmatrix} \dot{y}_1(t) \\ \ddot{y}_1(t) \\ \dot{y}_2(t) \\ \ddot{y}_2(t) \end{bmatrix} = \begin{bmatrix} 0 & 1 & 0 & 0 \\ -\dfrac{(k_1+k_2)}{m_1} & -\dfrac{(c_1+c_2)}{m_1} & \dfrac{k_2}{m_1} & \dfrac{c_2}{m_1} \\ 0 & 0 & 0 & 1 \\ \dfrac{k_2}{m_2} & \dfrac{c_2}{m_2} & -\dfrac{k_2}{m_2} & -\dfrac{c_2}{m_2} \end{bmatrix} \begin{bmatrix} y_1(t) \\ \dot{y}_1(t) \\ y_2(t) \\ \dot{y}_2(t) \end{bmatrix} + \begin{bmatrix} 0 \\ \dfrac{1}{m_1} \\ 0 \\ 0 \end{bmatrix} F_{ex}(t) \tag{1.88}$$

In kompakter Form wir diese Gleichung wie folgt geschrieben:

$$\dot{\mathbf{x}}(t) = \mathbf{A}\,\mathbf{x}(t) + \mathbf{B}\,F_{ex}(t) \tag{1.89}$$

Die entsprechenden Ausgangsgleichungen, die die Ausgangsvariablen $y_1(t)$ und $y_2(t)$
abhängig von den Zustandsvariablen ergeben, sind:

$$y_1(t) = [1,0,0,0] \begin{bmatrix} y_1(t) \\ \dot{y}_1(t) \\ y_2(t) \\ \dot{y}_2(t) \end{bmatrix} + 0 F_{ex}(t) \quad \text{oder} \quad y_1(t) = \mathbf{C_1}\mathbf{x}(t) + \mathbf{D_1} F_{ex}(t) \tag{1.90}$$

$$y_2(t) = [0,0,1,0] \begin{bmatrix} y_1(t) \\ \dot{y}_1(t) \\ y_2(t) \\ \dot{y}_2(t) \end{bmatrix} + 0 F_{ex}(t) \quad \text{oder} \quad y_2(t) = \mathbf{C_2}\mathbf{x}(t) + \mathbf{D_2} F_{ex}(t) \tag{1.91}$$

Die Matrizen $\mathbf{A}, \mathbf{B}, \mathbf{C_1}, \mathbf{D_1}$ definieren das Zustandsmodell für die Koordinate $y_1(t)$
der Lage der Hauptmasse m_1 und ähnlich definieren die Matrizen $\mathbf{A}, \mathbf{B}, \mathbf{C_2}, \mathbf{D_2}$ das
Zustandsmodell für die Koordinate $y_2(t)$ der Lage der Tilgungsmasse m_2.

In dieser Form kann man die Anfangsbedingungen für die homogene Lösung beliebig wählen. So z.B. kann der Vektor

$$[y_1(0), v_1(0), 0, 0]^T$$

eine Anfangsbedingung für die Koordinate der Hauptmasse und deren Geschwindigkeit darstellen. Oder mit

$$[0, 0, y_2(0), v_2(0)]^T$$

werden Anfangsbedingungen für die Koordinate der Tilgermasse und deren Geschwindigkeit gewählt.

Mit folgenden Zeilen aus dem Skript `feder_masse_1.m` werden die Zustandsmodelle und die homogenen Lösungen für gewählten Anfangsbedingungen ermittelt und dargestellt:

```
......
% -------- Zustandsmodell für y1 und y2
A = [0 1 0 0;-(k1+k2)/m1,-(c1+c2)/m1, k2/m1,c2/m1;
     0 0 0 1;k2/m2,c2/m2,-k2/m2,-c2/m2];
B = [0 1/m1 0 0]';
C1 = [1 0 0 0];    D1 = 0;
C2 = [0 0 1 0];    D2 = 0;
% -------- Homogene Lösung ohne und mit Tilger
Tfinal = 50;              dt = 0.01;
t = 0:dt:Tfinal-dt;       nt = length(t);
% Ohne Tilger
x10 = 0.1;     v10 = 0;          % Anfangsbedingungen
A0 = [0,1;-k1/m1,-c1/m1];        % Zustandsmodell ohne Tilger
B0 = [0,1/m1]';    C0 = [1,0];   D0 = 0;
my_sys_o = ss(A0,B0,C0,D0);
figure(3);         clf;
[y1,t,x1] = lsim(my_sys_o,[zeros(nt,1)],t',[x10,v10]);
subplot(311),    plot(t, y1);
title('Homogene Lösung für die Koordinate y1 ohne Tilger')
xlabel('Zeit in s');      grid on;
% Mit Tilger
my_sys_m1 = ss(A,B,C1,D1);
[yt1,t,xt1] = lsim(my_sys_m1,[zeros(nt,1)],t',[x10,v10,0,0]);
subplot(312),    plot(t, yt1);
title('Homogene Lösung für die Koordinate y1 mit Tilger')
xlabel('Zeit in s');      grid on;
my_sys_m2 = ss(A,B,C2,D2);
[yt2,t,xt2] = lsim(my_sys_m2,[zeros(nt,1)],t',[x10,v10,0,0]);
subplot(313),    plot(t, yt2);
title('Homogene Lösung für die Koordinate y2 der Tilgermasse')
xlabel('Zeit in s');      grid on;
......
```

In Abb. 1.56 sind die Ergebnisse mit Anfangsbedingungen für die Koordinate der Hauptmasse und deren Geschwindigkeit dargestellt. Ganz oben ist die Koordinate

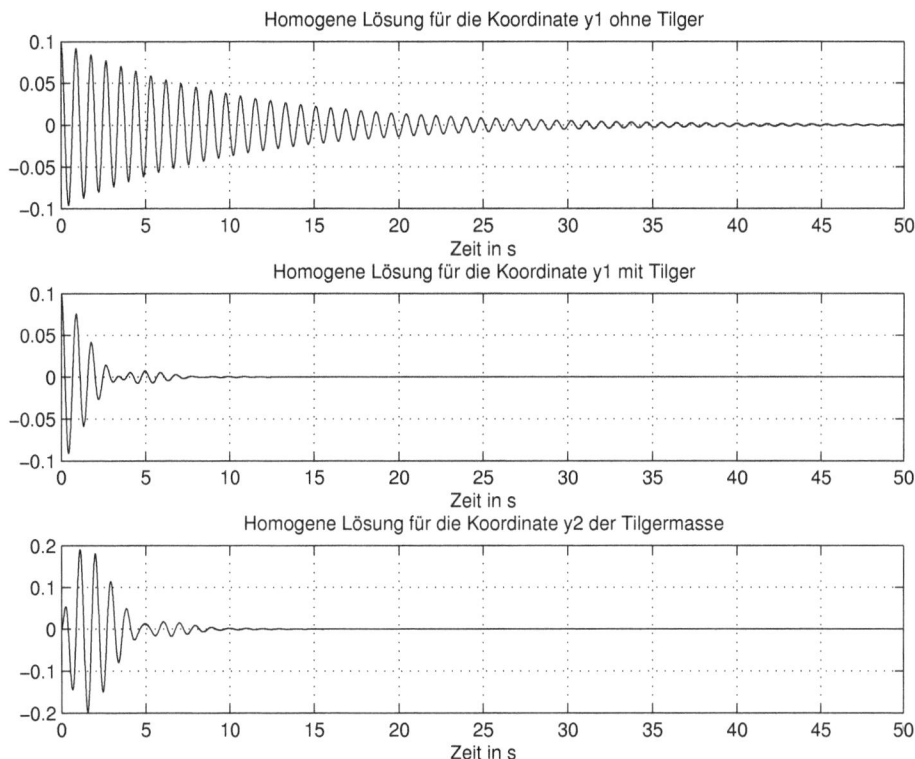

Abb. 1.56: Homogene Lösung für die Koordinate der Hauptmasse ohne Tilger, mit Tilger und für die Koordinate der Tilgermasse (feder_masse_1.m)

der Lage der Hauptmasse ohne Tilger für eine Anfangslage x10=0.1 und Anfangsgeschwindigkeit v10=0 gezeigt. Für dieselben Anfangsbedingungen ist in der Mitte die Koordinate der Lage der Hauptmasse mit Tilger dargestellt. Ganz unten ist die Koordinate der Lage der Tilgungsmasse gezeigt, die eine starke Bewegung dieser Masse im Vergleich zur Bewegung der Hauptmasse signalisiert.

Im letzten Teil des Skriptes feder_masse_1.m wird die Antwort des Systems auf eine unabhängige, normalverteilte Zufallssequenz untersucht. Bei einer Schrittweite der Simulation von dt = 0.05 s ist die Abtastperiode gleich $f_s = 1/dt = 20$ Hz und die entsprechende Bandbreite dieser Zufallssequenz ist dann $fs/2 = 10$ Hz, ein Wert der viel größer als die Eigenfrequenz ohne Dämpfung ist. Somit ist diese Sequenz für das System „weißes Rauschen". Die Sequenz wird mit der Funktion **randn** erzeugt und die Antworten werden mit der Funktion **lsim** ermittelt:

```
......
% -------- Antwort auf Zufallsanregung
Tfinal = 1000;              dt = 0.05;
t = 0:dt:Tfinal-dt;         nt = length(t);
nst = 1;
```

```
randn('seed', 13975);
u = sqrt(nst)*randn(nt,1);                      % Anregung
[ys,t,xs] =      lsim(my_sys_o,u,t',zeros(2,1));     % Ohne Tilger
[ys1,t,xts1] = lsim(my_sys_m1,u,t',zeros(4,1));    % Mit Tilger für y1
[ys2,t,xts2] = lsim(my_sys_m2,u,t',zeros(4,1));    % Mit Tilger für y2
figure(4);      clf;
nd = nt-1000+1:nt;
subplot(411), plot(t(nd), u(nd));
   title('Anregungskraft Fex');      xlabel('Zeit in s');      grid on;
subplot(412), plot(t(nd), ys(nd));
   title('Koordinate y1 der Hauptmasse ohne Tilger');
   xlabel('Zeit in s');      grid on;
subplot(413), plot(t(nd), ys1(nd));
   title('Koordinate y1 der Hauptmasse mit Tilger');
   xlabel('Zeit in s');      grid on;
subplot(414), plot(t(nd), ys2(nd));
   title('Koordinate y2 der Tilgermasse');
   xlabel('Zeit in s');      grid on;
   .....
```

In Abb. 1.57 sind die Ergebnisse dargestellt. Ganz oben ist die Anregungssequenz als Kraft $F_{ex}(t)$ dargestellt. Darunter sind die Antwort ohne Tilger und mit Tilger für die Koordinate $y_1(t)$ der Hauptmasse m_1 dargestellt. Ganz unten ist die Koordinate $y_2(t)$ der Lage der Tilgermasse m_2 gezeigt.

Aus den Antworten auf die zufällige Sequenz werden dann weiter im Skript die spektralen Leistungsdichten mit Hilfe der Funktion **pwelch** ermittelt und dargestellt. Da die Anregung eine Zufallssequenz mit konstanter spektraler Leistungsdichte gleich $\sigma^2 \, dt$ über deren Bandbreite ist, sind die spektralen Leistungsdichten proportional zu den Beträgen (Amplitudengängen) der Frequenzgänge im Quadrat. Die Amplitudengänge sind in Abb. 1.55 dargestellt.

Abb. 1.58 zeigt die ermittelten spektralen Leistungsdichten und man sieht die Verbindung zu den Amplitudengängen aus Abb. 1.55.

```
.....
% -------- Spektrale Leistungsdichte
nfft = 256;
[Pss,f]    =  pwelch(ys,hamming(nfft),50,nfft,1/dt);
[Pssxt1,f] = pwelch(ys1,hamming(nfft),50,nfft,1/dt);
[Pssxt2,f] = pwelch(ys2,hamming(nfft),50,nfft,1/dt);
figure(5);      clf;
plot(f, 10*log10([Pss, Pssxt1, Pssxt2]));
   title(' Spektrale Leistungsdichte in dB/Hz');
   xlabel('Hz');      ylabel('10*log10(Pss)');  grid on;
% -------- Überprüfung der spektralen Leistungsdichte
% über den Satz von Parseval
Pzt = std(ys)^2,          % Leistung ohne Tilger aus Zeitbereich
   Pzf = sum(Pss/(dt*nfft)), % aus der spektralen Leistungsdichte
PztT = std(ys1)^2,        % Leistung mit Tilger aus Zeitbereich
   PzfT = sum(Pssxt1/(dt*nfft)), % aus der spektralen Leistungsdichte
```

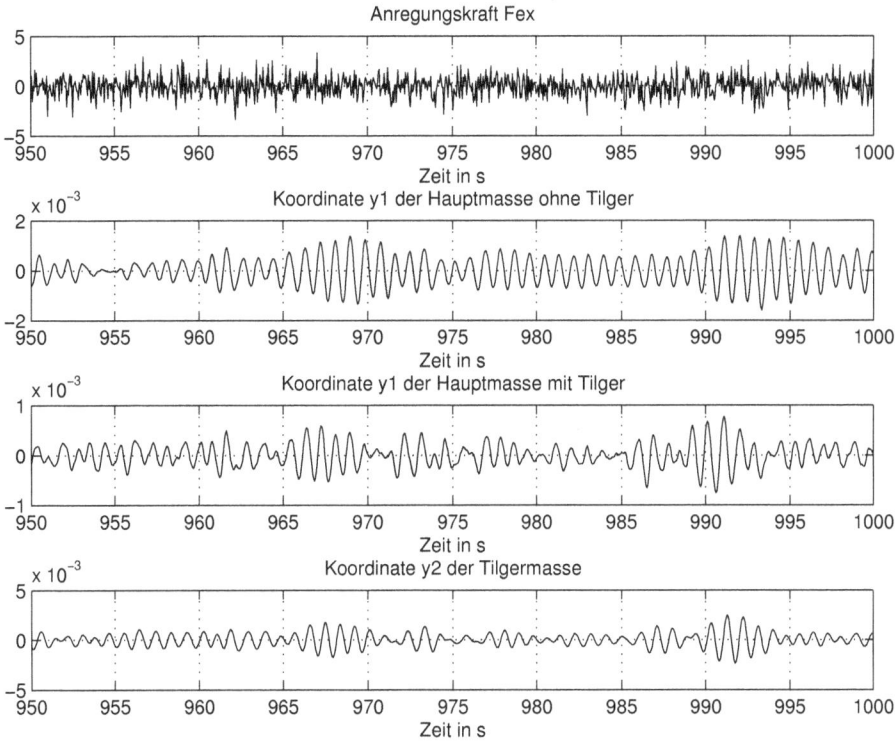

Abb. 1.57: Die Antworten auf zufälliger unabhängiger Anregung (feder_masse_1.m)

```
PztmT = std(ys2)^2,      % Leistung mit Tilger aus Zeit- und
  PzfmT = sum(Pssxt2/(dt*nfft)),  % Frequenzbereich für Tilgermasse
```

Schließlich werden im Skript die berechneten spektralen Leistungsdichten mit dem Satz von Parseval [56] überprüft. Es wird die Leistung jeder Antwort einmal aus den Werten im Zeitbereich und aus den Werten der spektralen Leistungsdichte berechnet. Gemäß dieses Satzes müssen diese gleich sein:

```
Pzt  =     2.3580e-07    % Koordinate y1 ohne Tilger (Zeitbereich)
Pzf  =     2.2551e-07    % (Frequenzbereich)


PztT =     5.0253e-08    % Koordinate y1 mit Tilger (Zeitbereich)
PzfT =     4.9756e-08    % (Frequenzbereich)


PztmT =    4.1940e-07    % Koordinate y2 der Tilgermasse (Zeitbereich)
PzfmT =    4.1089e-07    % (Frequenzbereich)
```

Die Leistung aus der spektralen Leistungsdichte wird durch die Summe der Werte der spektralen Leistungsdichte multipliziert mit der Frequenzauflösung der FFT, die im Welch-Verfahren [27] benutzt wird, berechnet. Die Frequenzauflösung ist $f_s/N_{FFT} =$

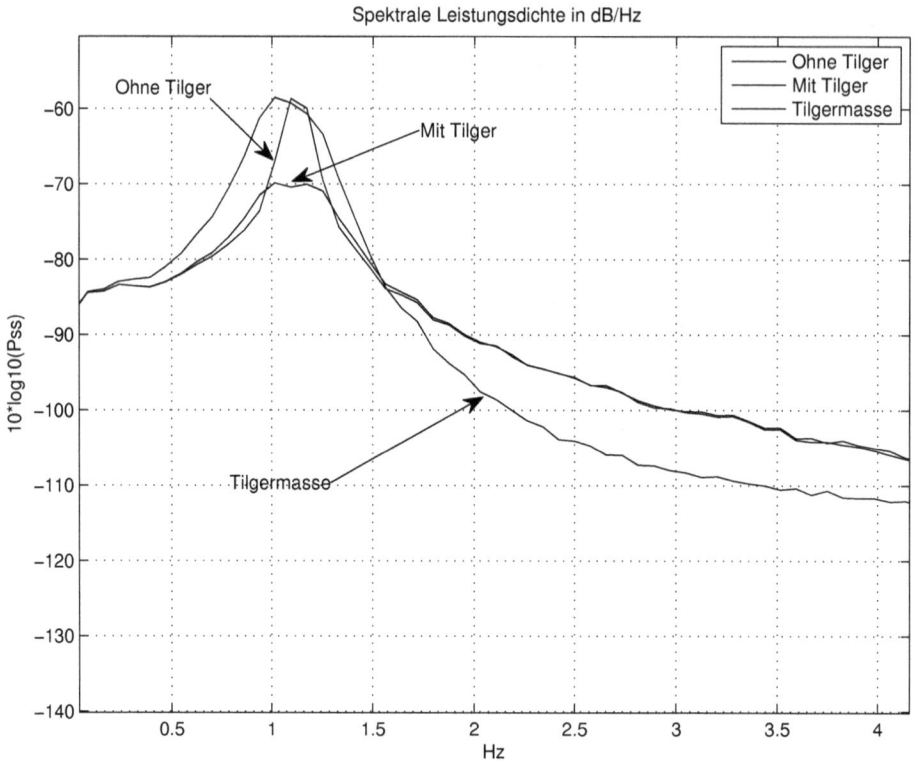

Abb. 1.58: Spektrale Leistungsdichten (feder_masse_1.m)

$(1/dt)/N_{FFT})$, wobei N_{FFT} die Anzahl der Stützpunkte (*Bins*) der FFT ist und dt die Zeitschrittweite der Simulation ist.

Mit den Formeln von Den Harog können die optimalen Tilgerparameter, die Eigenfrequenz und die Dämpfung des Tilgers bestimmt werden. Neben diesen Parametern ist das Verhalten des Tilgers und seine Wirkung auf die Struktur wichtig. Zum einen ist die Größe der Amplitude der Struktur zu bestimmen und zum anderen muss man auch die Amplitude der Tilgermasse ermitteln, um sicher zu stellen, dass der Tilger genügend Freiraum zum Schwingen hat und die Tilgerfeder nicht überbeansprucht wird.

Da ein Tilger genau auf die Eigenfrequenz einer Struktur abgestimmt sein muss, kann er nur eine Eigenform oder Eigenschwingung tilgen. Sind mehrere Eigenformen maßgebend, sind entsprechend mehrere Tilger notwendig. Besonders geeignet für eine Beruhigung durch einen Tilger sind z.B. Fussgängerbrücken, Strassenbrücken, Pylone und Kamine im Bauwesen [22]. Ähnliche Beispiele gibt es auch im Maschinenbauwesen. Tilger sind nur effektiv für Strukturen mit kleiner Dämpfung wie z.B. mit $\zeta < 0.02$.

Der Tilger muss so konstruiert werden, dass eine Abstimmung der Frequenz möglich ist. Gewöhnlich werden kleinere Zusatzmassen hinzugefügt oder weggenommen. Die Abstimmung der Dämpfung ist nicht so kritisch. Der Leser kann sich davon mit Experimenten, durch einfache Änderungen der gezeigten Skripte, überzeugen.

Die genaue Abstimmung eines Tilgers kann nur experimentell erfolgen. Die Abstimmung des Tilgers ist am einfachsten bevor er an der Struktur befestigt wird. Die Feinabstimmung muss nach der Montage durch Versuche erfolgen. Eine Schwierigkeit dabei kann eine nicht reproduzierbare Anregung darstellen.

Eine Möglichkeit für eine reproduzierbare Anregung ist ein Stoß, z.B. in Bauwesen durch einen Sandsack, der auf die Struktur fällt. So eine stossartige Anregung besitzt ein breites, konstantes Fourier-Spektrum, ähnlich dem Spektrum der unabhängigen Anregung aus der vorherigen Simulation. Das Spektrum der Antwort entspricht dann der Übertragungsfunktion. Die zwei gleichen Höcker des ermittelten Amplitudengangs signalisieren dann die optimale Abstimmung.

1.6.3 Identifikation der Übertragungsfunktion mit einem Gauß-Puls als Anregung

In diesem Abschnitt wird gezeigt, wie man mit einem Stoß in Form eines Gauß-Pulses als Anregung die Übertragungsfunktion eines Systems mit Tilger identifizieren kann. Aus der Fourier-Transformation der Antwort $\mathcal{F}\{y_1(t)\}$ und der Fourier-Transformation $\mathcal{F}\{F_{ex}(t)\}$ der Anregung kann man dann den komplexen Frequenzgang (Übertragungsfunktion im Frequenzbereich) ermitteln:

$$H_{uy}(j\omega) = \frac{\mathcal{F}\{y_1(t)\}}{\mathcal{F}\{F_{ex}(t)\}} \tag{1.92}$$

Die Fourier-Transformationen der Signale werden aus den zeitdiskreten Signalen $y_1(k\Delta t)$ und $F_{ex}(k\Delta t)$ mit Hilfe der DFT[2] oder der FFT[3] angenähert. Mit Δt ist hier die Zeitschrittweite der Signale bezeichnet, die als Kehrwert die Abtastfrequenz dieser Signale definiert. Die DFT der zeitdiskreten Signale unterscheidet sich von der Fourier-Transformation kontinuierlicher Signale lediglich durch den Leck-Effekt, welcher hier vernachlässigt wird, und durch ihre Periodizität mit der Periode $f_s = 1/\Delta t$, welche aber bei Betrachtung der Frequenzen kleiner als die halbe Abtastfrequenz keine Rolle spielt.

Die Annäherung des Integrals der Fourier-Transformation mit einer Summe über die zeitdiskreten Werte des Signals führt z.B. für $y_1(\Delta t)$ zu:

$$\mathcal{F}\{y_1(t)\} = Y_1(j\omega) = \int_{-\infty}^{\infty} y_1(t)e^{-j\omega t}dt \cong \Delta t \sum_{k=0}^{N-1} y_1(k\Delta t)e^{-j\omega k\Delta t} \tag{1.93}$$

Es wurde angenommen, dass das Signal signifikante Werte für $t \geq 0$ in einem Intervall bestehend aus N Abtastwerten besitzt. Wenn man die Annäherung der kontinuierliche Funktion $Y_1(j\omega)$ ebenfalls durch N diskrete Werte für ω in Bereich einer Periode der

---

[2]*Discrete Fourier Transformation*
[3]*Fast Fourier Transformation*

DFT darstellt, erhält man die DFT des Signals:

$$Y_1(j\omega)\Big|_{\omega=n\Delta\omega} \cong \Delta t \sum_{k=0}^{N-1} y_1(k\Delta t)e^{-j\Delta\omega nk\Delta t} = \Delta t \sum_{k=0}^{N-1} y_1(k\Delta t)e^{-j\frac{2\pi}{N}nk} =$$

$$\Delta t\, DFT\{y_1(k\Delta t)\} \quad \text{mit} \quad k,n = 0,1,\ldots,N-1 \tag{1.94}$$

Die Auflösung der Annäherung im Frequenzbereich $\Delta\omega$ wurde, in Anbetracht der Periodizität der DFT mit Periode $\omega_s = 2\pi f_s$, wie folgt gewählt:

$$\Delta\omega = \frac{\omega_s}{N} = \frac{2\pi f_s}{N} = \frac{2\pi}{N\Delta t} \quad \text{mit} \quad f_s = \frac{1}{\Delta t} \tag{1.95}$$

Ähnlich wird auch die Fourier-Transformierte der Anregung durch eine Annäherung über die DFT dargestellt:

$$F_{ex}(j\omega)\Big|_{\omega=n\Delta\omega} = \Delta t \sum_{k=0}^{N-1} F_{ex}(k\Delta t)e^{-j\frac{2\pi}{N}nk} = \Delta t\, DFT\{F_{ex}(k\Delta t)\} \tag{1.96}$$

Das Verhältnis dieser zwei Annäherungen ergibt dann eine Annäherung der Übertragungsfunktion im Frequenzbereich für dieselben diskreten Werte für ω:

$$H_{uy}(j\omega)\Big|_{\omega=n\Delta\omega} \cong \frac{DFT\{y_1(k\Delta t)\}}{DFT\{F_{ex}(k\Delta t)\}} \quad \text{mit} \quad k,n = 0,1,\ldots,N-1 \tag{1.97}$$

Die Annäherung ist gut und brauchbar, wenn der signifikante Frequenzbereich der Funktion $H_{uy}(j\omega)$ weit weg von $\omega_s/2$ ist, was eigentlich das Einhalten des Abtasttheorems bedeutet. Der signifikante Frequenzbereich hier ist in der Umgebung der Eigenfrequenz ohne Dämpfung, die für dieselben Parameter des Systems wie in den vorherigen Simulationen bei ca. 1 Hz liegt. Mit einer Schrittweite $\Delta t = dt = 0,05$ s ist die Abtastfrequenz gleich $f_s = 1/dt = 20$ Hz. Dadurch ist die Bedingung $f_s/2 = 10 \gg 1$ Hz erfüllt. Mit der Anzahl der Abtastwerte N wird die Auflösung der DFT im Frequenzbereich festgelegt.

Im Skript feder_masse_13.m ist die Identifikation des Systems mit Tilger programmiert. Anfänglich werden, wie in den vorherigen Skripten, die Übertragungsfunktionen und Zustandsmodelle ermittelt:

```
% Skript feder_masse_13.m, in dem ein einfaches Feder-Masse-System
% mit Tilger untersucht wird
clear;
s = tf('s');
% ------- Parameter des Systems
m1 = 100;      k1 = 5000;        c1 = 20;
% ------- Klassische Tilgung nach Den Hartog
m2 = 5;                          mu = m2/m1;
k2 = mu*k1/((1+mu)^2);
c2 = 2*m2*sqrt(k2/m2)*sqrt(3*mu/(8*(1+mu)));   % optimale Dämpfung
%c2 = 1;                                       % nicht optimale Dämpfung
```

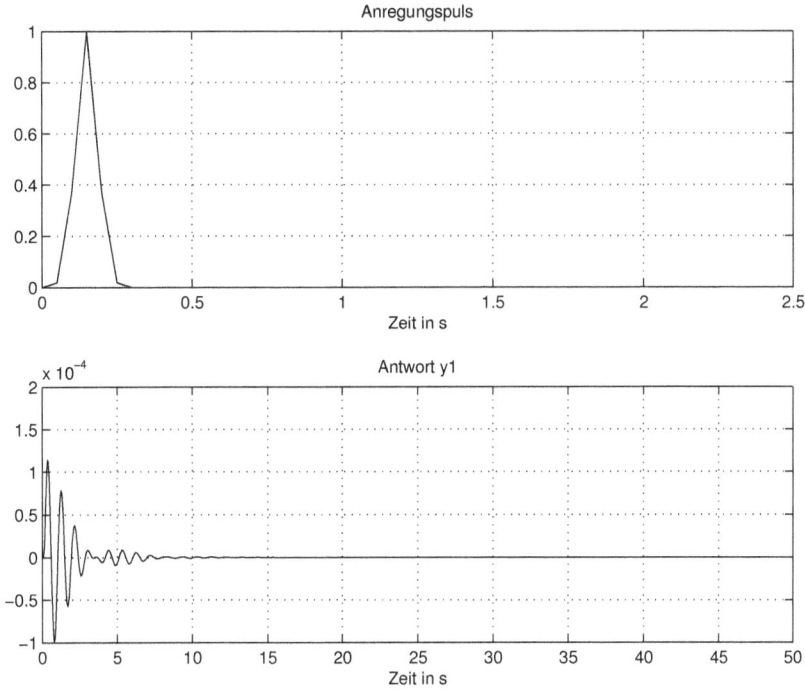

Abb. 1.59: Anregungspuls und Antwort für die Koordinate der Lage der Masse m_1
(feder_masse_13.m)

```
Ai = [m1*s^2+(c1+c2)*s+(k1+k2), -(c2*s+k2);    % Laplace-
     -(c2*s+k2), m2*s^2+c2*s+k2];              % Transformationsmatrix
Bi = [1;0];
Ht = inv(Ai)*Bi;        Ht = minreal(Ht);    % Übertragungsfunktionen
Ht1 = Ht(1);            Ht2 = Ht(2);       % von der Anregung bis Y1 und Y2
[bt1, at1] = tfdata(Ht1);        [bt2, at2] = tfdata(Ht2);
bt1 = bt1{:};          at1 = at1{:};      % Koeffizienten der
bt2 = bt2{:};          at2 = at2{:};      % Übertragungsfunktionen
% -------- Zustandsmodell für y1 und y2
A = [0 1 0 0;-(k1+k2)/m1,-(c1+c2)/m1, k2/m1,c2/m1;
     0 0 0 1;k2/m2,c2/m2,-k2/m2,-c2/m2];
B = [0 1/m1 0 0]';
C1 = [1 0 0 0];   D1 = 0;
C2 = [0 0 1 0];   D2 = 0;
......
```

Danach wird die Antwort auf die Anregung berechnet. Man kann einen trapezförmigen, rechteckigen oder einen Gauß-Puls wählen:

```
% -------- Antwort auf Stoss
Tfinal = 50;                    dt = 0.05;
```

```
t = 0:dt:Tfinal-dt;            nt = length(t);
%ua = [0:3,3:-1:0];              % Stoss (Trapezförmig)
%ua = ones(1,5);                 % Stoss Rechteckpuls
ua = exp(-((0:6)-3).^2);        % Stoss Gausspuls
u = [ua, zeros(1,nt-length(ua))];  % Anregung
x10 = 0;        v10 = 0;          % Anfangsbedingungen
my_sys_m1 = ss(A,B,C1,D1);
[yt1,t,xt1] = lsim(my_sys_m1,u',t',[x10,v10,0,0]);  % Antwort
figure(1);      clf;
nud = 1:fix(nt/20);
subplot(211),  plot(t(nud),u(nud));
   title('Anregungspuls');      xlabel('Zeit in s');      grid on;
subplot(212),  plot(t,yt1)
   title('Antwort y1');      xlabel('Zeit in s');      grid on;
. . . . .
```

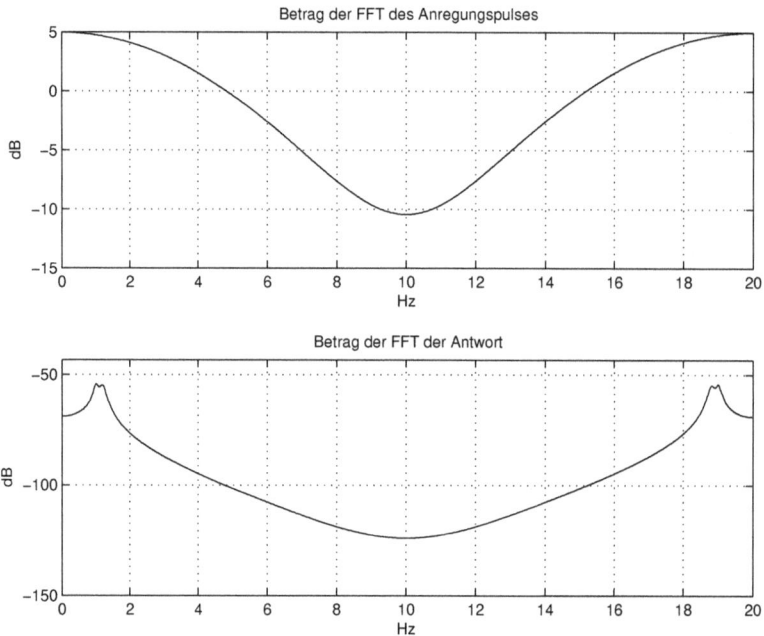

Abb. 1.60: Beträge der DFT des Anregungspulses und der Antwort (feder_masse_13.m)

In Abb. 1.59 sind der Gaußpuls als Anregung und die entsprechende Antwort dargestellt. Beide Signale werden mit der Dauer von 50 s in die weitere Bearbeitung einbezogen. Dadurch ergibt sich ein Wert $N = 50/0,05 = 1000$ und eine Auflösung der DFT
im Frequenzbereich von $20/1000 = 0,02$ Hz.

Aus dem Anregungspuls u und der Antwort yt1 werden weiter die DFT-Trans-
formationen mit der Funktion **fft** ermittelt und das elementweise Verhältnis ergibt
die Annäherung der Übertragungsfunktion im Frequenzbereich:

```
% ------- Identifikation mit FFT-Spektren
nfft = length(u);
U = fft(u);          Y1 = fft(yt1);
Huy = Y1./(U.');              % Identifizierter Frequenzgang
nd = fix(nfft/4);
figure(2);        clf;
subplot(211), plot((0:nfft-1)/(dt*nfft), 20*log10(abs(U)));
  title(' Betrag der FFT des Anregungspulses');
  xlabel('Hz');      ylabel('dB');          grid on;
%La = axis;          axis([La(1:2), -150, 1.2*max(20*log10(abs(U)))]);
subplot(212), plot((0:nfft-1)/(dt*nfft), 20*log10(abs(Y1)));
  title(' Betrag der FFT der Antwort');
  xlabel('Hz');      ylabel('dB');          grid on;
La = axis;         axis([La(1:2), -150, 0.8*max(20*log10(abs(Y1)))]);
.....
```

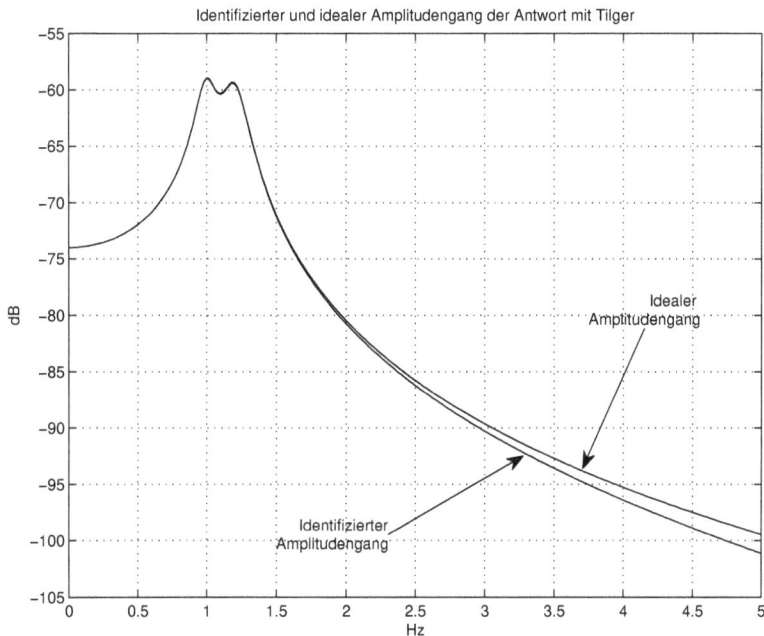

Abb. 1.61: Beträge des identifizierten und idealen Amplitudengangs (feder_masse_13.m)

In Abb. 1.60 ist oben der Betrag der DFT des Gauß-Pulses als Anregung und darunter der Betrag der DFT der Antwort dargestellt. Wie man sieht, ist der signifikante Bereich der zu identifizierenden Funktion (z.B. bis 5 Hz) kleiner als $f_s/2 = 10$ Hz. Um besser das Ergebnis zu beurteilen, wird am Ende des Skriptes der Bereich von 0 bis 5 Hz vergrößert dargestellt und überlagert wird auch der ideale Amplitudengang hinzugefügt, der aus der analytischen Übertragungsfunktion für denselben Frequenzbereich berechnet wird. Abb. 1.61 zeigt diese zwei Amplitudengänge. In der Umgebung der Eigenfrequenz ist die Übereinstimmung sehr gut.

```
% ------- Identifizierter und idealer Amplitudengang
f = (0:nd)/(dt*nfft);        w = j*2*pi*f;
Hid = polyval(bt1,w)./polyval(at1,w);
figure(3);        clf;
plot((0:nd)/(dt*nfft), 20*log10(abs(Huy(1:nd+1))));
  hold on;
plot((0:nd)/(dt*nfft), 20*log10(abs(Hid(1:nd+1))),'r');
  hold off
  title(['Identifizierter und idealer Amplitudengang der Antwort',...
  ' mit Tilger']);
xlabel('Hz');        ylabel('dB');        grid on;
```

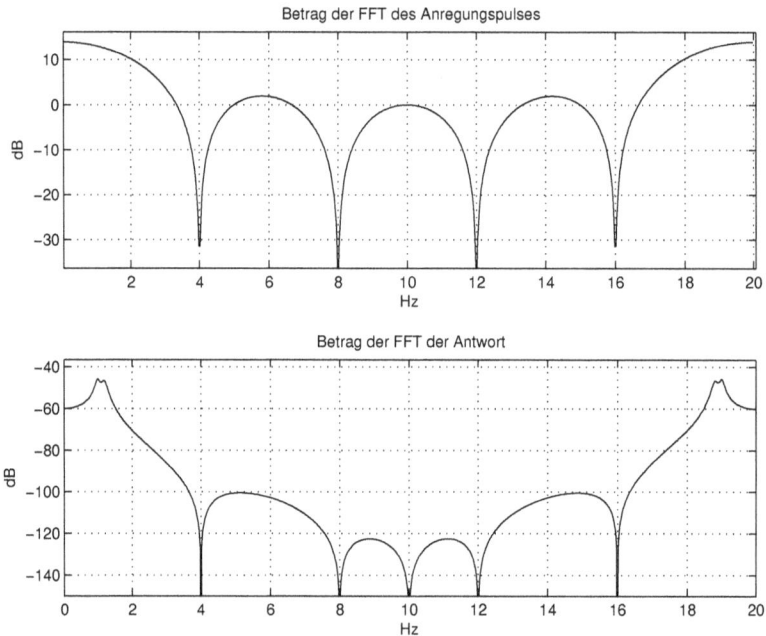

Abb. 1.62: Beträge der DFT des rechteckigen Anregungspulses und der Antwort
(feder_masse_13.m)

Dem Leser wird empfohlen mit den Parametern dieser Untersuchung zu experimentieren. So z.B. soll die Identifikation mit den anderen Pulsformen, die im Skript vorgesehen sind, durchgeführt werden. Ein rechteckiger Puls der Dauer τ ergibt einen Betrag der DFT mit Nullstellen an Vielfachen der Frequenz $1/\tau$. Die Dauer muss somit relativ kurz sein, so dass keine solche Nullstellen im signifikanten Bereich für die Identifikation auftritt. In Abb. 1.62 sind die Beträge der DFT eines rechteckigen Pulses der Dauer $\tau = 5dt = 0,25$ s und der Betrag der DFT der Antwort dargestellt. Die erste Nullstelle des Betrags der DFT des Pulses ist bei $1/\tau = 1/0,25 = 4$Hz.

Die Übereinstimmung des identifizierten und idealen Amplitudengangs ist auch in diesem Fall sehr gut. Der ideale Amplitudengang wird sehr einfach mit Hilfe der Koeffizienten der analytischen Übertragungsfunktion ermittelt:

```
f = (0:nd)/(dt*nfft);        w = j*2*pi*f;
Hid = polyval(bt1,w)./polyval(at1,w);
```

Es wird zuerst ein Frequenzbereich, der dem Bereich der DFT entspricht, berechnet und danach die Übertragungsfunktion für diesen Bereich mit den Funktionen **polyval** ermittelt.

Für die Anregung von Systemen, die dadurch nicht zerstört werden, verwendet man oftmals „Impulshammer"[47]. Diese erzeugen eine Anregung, die dem Gauß-Puls ähnlich ist. Sicher kann man im Bauwesen nur begrenzt eine Struktur mit einem Hammer anregen. Im Maschinenbau ist die Erzeugung der Anregung mit so einem Hammer vorstellbar. Der Hammer besitzt auch einen Piezosensor, so dass man auch die Form der Kraft des Stoßes erhält[4].

1.6.4 Untersuchung einer Tilgung mit elektrischem Dämpfer

In Abb. 1.63 ist die Skizze des Systems, das in diesem Abschnitt untersucht wird, dargestellt. In [47] ist dieses System und einige andere beschrieben, die für aktive Tilgungen mit Regelung geeignet sind. Hier wird nur die passive Möglichkeit zur Tilgung durch Simulation untersucht.

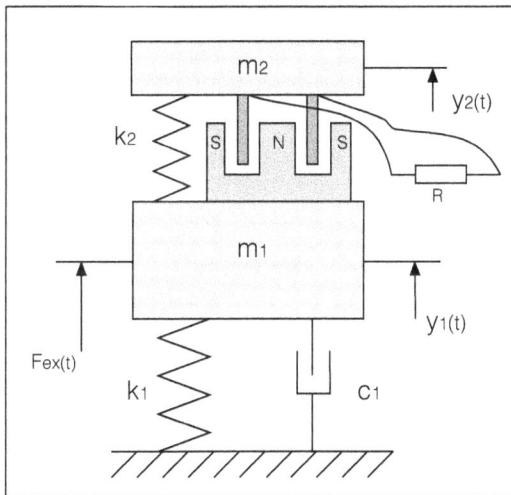

Abb. 1.63: *Tilgung mit elektrischem Dämpfer*

Die Schwingungen der Massen führt dazu, dass in der Spule des elektrodynamischen Aktuators eine Spannung induziert wird. Der Strom, der sich im geschlossen

---

[4]http://www.bruelkjaer.de/Products/transducers/vibration/impact-hammers.aspx

Kreis einstellt, ergibt Kräfte die auf die Massen wirken. Gemäß Induktionsgesetz wirkt der Strom über diese Kräfte gegen die Ursache (die Schwingung), die zu den Strom geführt hat und das ergibt eine Dämpfungswirkung.

Die Differentialgleichungen, die das System relativ zur statischen Gleichgewichtslage beschreiben, sind:

$$m_1 \ddot{y}_1(t) + c_1 \dot{y}_1(t) + k_1 y_1(t) + k_2(y_1(t) - y_2(t)) + F_{em}(t) = F_{ex}(t)$$
$$m_2 \ddot{y}_1(t) + k_2(y_2(t) - y_1(t)) - F_{em}(t) = 0$$
$$F_{em}(t) = k_f\, i(t) \quad \text{und} \quad e_{em}(t) = k_v(\dot{y}_1(t) - \dot{y}_2(t)) \tag{1.98}$$
$$e_{em}(t) = L\frac{di(t)}{dt} + R\, i(t)$$

Dabei sind $F_{em}(t)$ die elektromagnetische Kraft des Aktuators, $e_{em}(t)$ die induzierte Spannung und $i(t)$ der Strom des geschlossenen Kreises. Mit L ist die Induktivität der Spule und mit R ist der Widerstand des Kreises bezeichnet.

Der Effekt des Tilgers wird auch hier über die Frequenzgänge untersucht. Dafür werden die Laplace-Transformationen aus den Differentialgleichungen berechnet und ein Gleichungssystem in den Transformierten $Y_1(s), Y_2(s)$ und $I(s)$ abhängig von $F_{ex}(s)$ gebildet. Die Laplace-Transformationen der Differentialgleichungen mit Anfangsbedingungen gleich null sind:

$$Y_1(s)\big(m_1 s^2 + c_1 s + (k_1 + k_2)\big) + Y_2(s)(-k_2) + I(s)k_f = F_{ex}(s)$$
$$Y_1(s)(-k_2) + Y_2(s)\big(m_2 s^2 + k_2\big) + I(s)(-k_f) = 0 \tag{1.99}$$
$$Y_1(s)(-k_v) + Y_2(s)k_v + I(s)(Ls + R) = 0$$

Das Gleichungssystem wird im Skript `vibration_control_1.m`, mit dem die Untersuchung durchgeführt wird, gelöst. Anfänglich werden die Übertragungsfunktionen von der Anregung $F_{ex}(t)$ bis zu den drei Variablen $y_1(t)$ als Koordinate der Lage der Hauptmasse, $y_2(t)$ als Koordinate der Lage der Tilgermasse und $i(t)$ als Strom berechnet:

```
% Skript vibration_control_1.m, in dem eine Tilgung
% mit elektromagnetischem Dämpfer untersucht wird
clear;
s = tf('s');
% ------- Parameter des Systems
m1 = 100;      k1 = 5000;       c1 = 20;
m2 = 5;        mu = m2/m1;
k2 = mu*k1/((1+mu)^2),     % Nach Den Hartog
kf = 10;          kv = kf;
w01 = sqrt(k1/m1),      w02 = sqrt(k2/m2),
f01 = w01/(2*pi);
L = 0.5;     R = 15;
% ------- Übertragungsfunktionen mit RL-Netzwerk
Ai = [m1*s^2+c1*s+(k1+k2),-k2,kf;
    -k2, m2*s^2+k2,-kf;
    -kv*s, kv*s, L*s+R];
```

```
Bi = [1;0;0];
H = inv(Ai)*Bi;    H1 = minreal(H);
H11 = H1(1);        H12 = H1(2);        H13 = H1(3);
% ------- Koeffizienten der Übertragungsfunktionen
[b11, a11] = tfdata(H11);          [b12, a12] = tfdata(H12);
[b13, a13] = tfdata(H13);
b11 = b11{:};       a11 = a11{:};   % Y1/Fex
b12 = b12{:};       a12 = a12{:};   % Y2/Fex
b13 = b13{:};       a13 = a13{:};   % I/Fex
% ------- Pole der Übertragungsfunktion Y1/Fex
roots(a11),
.....
```

Die Ermittlung der Übertragungsfunktionen wurde in den vorherigen Untersuchungen auch benutzt und wird nicht mehr kommentiert. Für einen Vergleich werden danach die Übertragungsfunktionen für das normale Tilgersystem mit mechanischen Viskosedämpfer berechnet:

```
% -------- Klassische Tilgung zum Vergleich
% Parameter nach Den Hartog
k2 = mu*k1/((1+mu)^2);
c2 = 2*m2*sqrt(k2/m2)*sqrt(3*mu/(8*(1+mu))),
Ai = [m1*s^2+(c1+c2)*s+(k1+k2), -(c2*s+k2);
    -(c2*s+k2), m2*s^2+c2*s+k2];
Bi = [1;0];
H2 = inv(Ai)*Bi;    H2 = minreal(H2);
H21 = H2(1);        H22 = H2(2);
```

Weiter sind die Amplitudengänge des System mit elektrischem Dämpfer und klassischen, mechanischen Dämpfer dargestellt:

```
% ------- Amplitudengänge
fmin = f01/10;                  fmax = f01*10;
e1 = round(log10(fmin));     e2 = round(log10(fmax));
f = logspace(e1,e2,5000);    w = 2*pi*f;
figure(1),     clf;    %##############
subplot(211),
[M11, phi11, w11] = bode(H11,w);
[M21, phi21, w21] = bode(H21,w); % Normaler Tilger
semilogx(w11/(2*pi), 20*log10(squeeze(M11)));
hold on;
semilogx(w11/(2*pi), 20*log10(squeeze(M21)),'r');
hold off;
title(['Frequenzgang Y1/Fex mit R =', num2str(R),...
    ' Ohm und Y1/Fex mit normaler Tilgung']);
grid on;     xlabel('Hz');
legend('Y1/Fex mit R', 'Y1/Fex');
subplot(212),
[M12, phi12, w12] = bode(H12,w);
[M22, phi22, w22] = bode(H22,w);
```

```
semilogx(w12/(2*pi), 20*log10(squeeze(M12)));
hold on;
semilogx(w12/(2*pi), 20*log10(squeeze(M22)),'r');
hold off
title(['Frequenzgang Y2/Fex mit R =', num2str(R),...
    ' Ohm und Y2/Fex mit normaler Tilgung']);
grid on;    xlabel('Hz');
legend('Y2/Fex mit R', 'Y2/Fex');
```

In Abb. 1.64 sind oben die Amplitudengänge für die Übertragungsfunktion $Y_1(s)/F_{ex}(s)$ mit einem durch Versuche gewählten optimalen Widerstand $R = 10\Omega$ (mit L = 0) dargestellt. Darunter sind ähnlich die Amplitudengänge für die Übertragungsfunktion $Y_2(s)/F_{ex}(s)$ gezeigt. Der Leser sollte die Untersuchung für verschiedene Werte des Widerstands wiederholen und den optimalen Wert bestätigen.

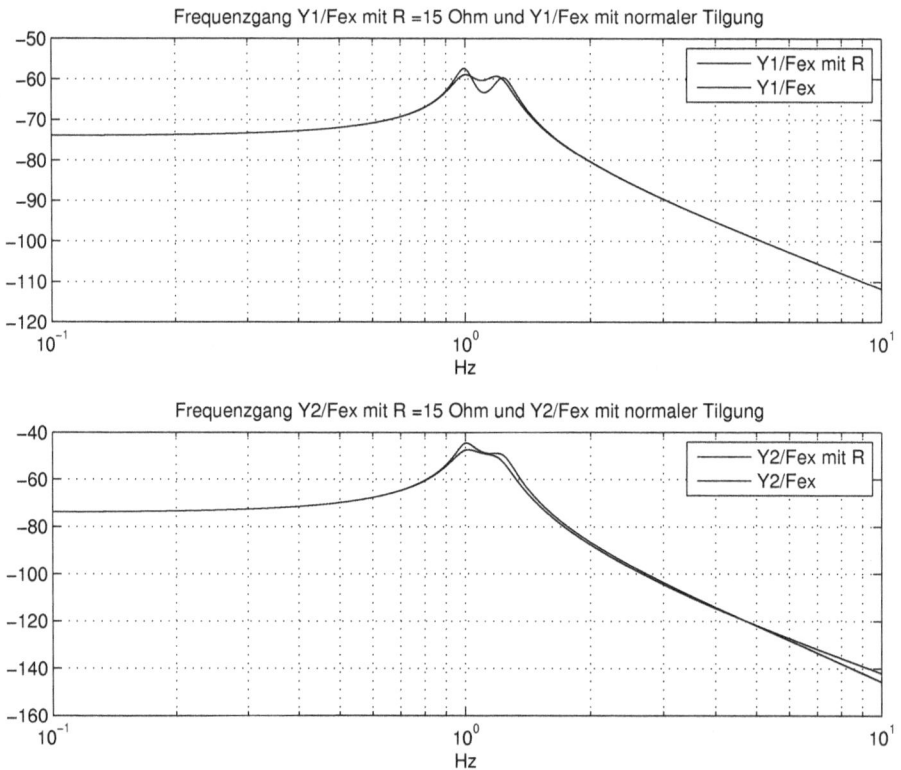

Abb. 1.64: Amplitudengänge für den elektrischen Tilger und den mechanischen Tilger (vibration_control_1.m)

```
% -------- Schätzung der elektrischen Leistung
% wenn die Anregung mit einer Frequenz w01 stattfindet
% Frequenzgänge für w = j*w01
```

```
H11_w01 = polyval(b11, j*w01)/polyval(a11, j*w01);
H12_w01 = polyval(b12, j*w01)/polyval(a12, j*w01);
H13_w01 = polyval(b13, j*w01)/polyval(a13, j*w01);
Fex_ampl = 1,
em_ampl = abs(kv*H13_w01)*Fex_ampl,
i_ampl = em_ampl/R,
P = em_ampl*i_ampl/2,
% -------- Amplituden der Bewegung
y1_ampl = abs(H11_w01)*Fex_ampl,
y2_ampl = abs(H12_w01)*Fex_ampl,
% -------- Amplitude der Fem
Femf_ampl = kf*abs(H13_w01)*Fex_ampl,
% ----Zustandsmodell
Az = [0 1 0 0 0;
    -(k1+k2)/m1,-c1/m1,k2/m1,0,kf/m1;
       0 0 0 1 0;
       k2/m2,0,-k2/m2,0,-kf/m2;
       0,-kv/L,0,kv/L,-R/L];
Bz = [0 1/m1 0 0 0]';
Cz = [1 0 0 0 0];                Dz = 0;
eigenwerte = eig(Az),
```

Zum Schluss werden im Skript die Amplituden der Schwingungen der Massen bei der Eigenfrequenz für eine vorgegebene Amplitude der Anregungskraft Fex_ampl = 1 ermittelt. Es werden auch die Amplitude des Stroms und die im Widerstand umgesetzte Leistung berechnet.

Ganz am Ende des Skriptes ist das Zustandsmodell dieses Tilgungssystem mit elektrischem Dämpfer gegeben. Der dafür vorgesehener Zustandsvektor ist:

$$\mathbf{x}(t) = [y_1(t), \dot{y}_1(t), y_2(t), \dot{y}_2(t), i(t)]$$

Der Leser soll aus den Differentialgleichungen (1.98) das Zustandsmodell ableiten und mit dem im Skript angegebenen vergleichen. Die Eigenwerte des Zustandsmodell sind auch die Pole der Übertragungsfunktionen H11, H12.

Im Skript werden die Frequenzgänge mit der Funktion **bode** ermittelt und dargestellt. Diese Funktion ist für MIMO-Systeme[5] gedacht und liefert die Beträge und die Phasen als dreidimensionale Variablen. Da hier ein einfaches SISO-System[6] vorliegt, muss man die unnötigen Indizes oder Dimensionen mit der Funktion **squeeze** entfernen. Die **plot**-Befehle akzeptieren nur eindimensionale Variablen.

Der Leser soll z.B. einige der Beträge aus der Variablen M11 untersuchen, wie in:

```
>> M11(:,:,1:3)
ans(:,:,1) =      2.0167e-04
ans(:,:,2) =      2.0168e-04
ans(:,:,3) =      2.0168e-04
```

Nach dem Einsatz der Funktion **squeeze** erhält man eine eindimensionale Variable:

---

[5]Multi Input Multi Output
[6]Single Input Single Output

```
>> squeeze(M11(:,:,1:3))
ans =
   1.0e-03 *
       0.2017
       0.2017
       0.2017
```

Um besser zu verstehen, wieso die Variablen des Befehls **bode** dreidimensional sind, wird ein System mit zwei Eingängen und drei Ausgängen angenommen. Dann sind die Beträge der Frequenzgänge, angenommen in der Variable M geliefert, wie folgt organisiert. In M(1,1,:) sind die Beträge des Frequenzgangs vom Eingang eins und Ausgang eins enthalten. Die Beträge des Frequenzgangs vom Eingang eins und Ausgang zwei sind in M(1,2,:) gespeichert. Man erkennt jetzt schon die Notwendigkeit dieser drei Dimensionen. In M(2,3,:) sind z.B. die Beträge des Frequenzgang vom Eingang zwei zu Ausgang drei enthalten. Ähnliches gilt auch für die dreidimensionale Phasengänge.

1.7   Untersuchung von Systemen mit Reibung

In den vorherigen Simulationen wurde häufig die viskose Reibung benutzt. In einem einfachen Feder-Masse-System, das durch folgende Differentialgleichung beschrieben ist

$$m\ddot{y}(t) + c\dot{y}(t) + ky(t) = F_{ex}(t), \tag{1.100}$$

stellt der zweite Term die viskose Reibungskraft dar [22]. Sie ist proportional zur Geschwindigkeit über den Koeffizienten c. Der große Vorteil in Untersuchungen besteht darin, dass die Differentialgleichungen mit solchen Reibungskräften linear bleiben und man die Theorie der linearen Systeme benutzen kann [56].

Die Gleitreibung oder Coulombreibung [49], auch kinetische Reibung genannt, die ebenfalls in den vorherigen Simulationen eingesetzt wurde, führt in der Theorie und in den Simulationen durch ihren nichtlinearen Charakter zu Schwierigkeiten. Diese Reibung ist in vielen Anwendungen vorhanden und man versucht sinnvolle Modelle zu finden, die der Realität nahe sind und die man in Simulationen einbringen kann.

Gleitreibung findet man in fast allen angetriebenen Bewegungssystemen und sie kann als Ursache für signifikante Regelungsfehler auftreten. Hinzu kommen noch unerwünschte Stick-Slip-Bewegungen[7] und Grenzzyklen. Sie ist somit in regelungstechnischen Systemen ein unerwünschtes Phänomen, dessen Auswirkung zu kompensieren ist.

Für Kupplungen, Bremsen und Reifen ist Reibung erwünscht. Piezogetriebene, auf Reibung basierende miniaturisierte Antriebe, sind gegenwärtig sehr verbreitet. So werden z.B. Ultraschallmotoren mit Piezoaktuoren in den Objektiven moderner Fotokameras für die Autofokusierung häufig eingesetzt.

In der Antriebsphase haftet das Stellglied und wird bewegt. In der Rückstellung gleitet es und wird im nächsten Zyklus wieder bewegt. Auch wenn nur kleine

---

[7]Haft- und Gleitbewegungen

Bewegungen stattfinden, führt eine Anregung des Piezoaktuatores mit einer Frequenz von 40 kHz zu einem brauchbaren Antrieb für viele Anwendungen.

Die Musikinstrumente mit Saiten und Bogen erzeugen Schwingungen, die auf denselben Phänomen der Haft- und Gleitreibung basieren. Der Bogen führt zuerst zu einer Bewegung der Saite durch Haftung. Wenn die Saite als Feder eine Federkraft erzeugt, die größer als die Haftkraft ist, gleitet die Saite zurück bis die Haftkraft wieder größer als die Federkraft ist [39], [53].

1.7.1   Reibungskraftmodelle

Die konstante Coulombsche Reibungkraft wird mit einer statischen Kennlinie mit Vorzeichenwechsel bei der Geschwindigkeit gleich null, wie in Abb. 1.65a dargestellt, beschrieben. Als Funktion wird sie durch

$$F_r = \text{sign}(v)F_G \tag{1.101}$$

dargestellt [22].

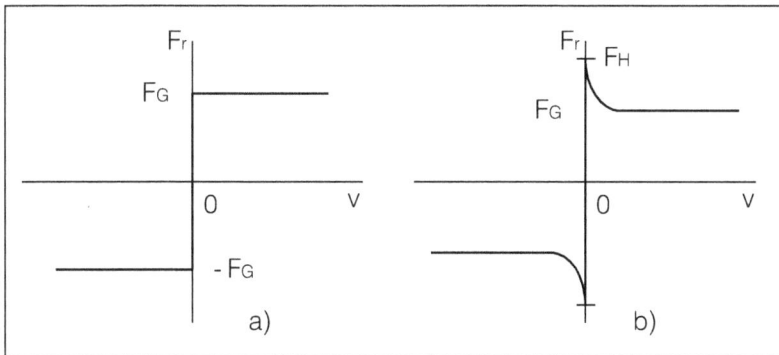

Abb. 1.65: a) Einfaches Modell der Gleitreibung b) Das Stribeck-Modell der Gleitreibung

Die Unstetigkeit der Gleitreibung bei der Geschwindigkeit null ist die Schwäche dieser Darstellungsform. In Simulationen mit numerischer Integration, in denen eine variable Schrittweite benutzt wird, wie z.B. im Runge-Kutta-Verfahren [24], bleibt man an dieser Nichtlinearität hängen. Man kann in Simulink die Option *Enable zero-crossing detection* für den Block *sign*, mit dem die Signum-Funktion nachgebildet ist, deaktivieren und in einigen Fällen sind die Verfahren mit variabler Schrittweite auch einsetzbar. Vielmals muss man aber auf Verfahren mit fester Schrittweite zurückgreifen und mit sehr kleiner Schrittweite arbeiten [13].

Im Skript `coulomb_1.m`, das zusammen mit dem Modell `coulomb1.mdl` arbeitet, wird ein einfaches System untersucht, das aus einer Masse m besteht, die durch eine externe sinusförmigen Kraft $F_{ex}(t)$ angeregt wird, der eine viskose Reibungskraft mit Koeffizient c und eine Coulombsche Reibungskraft $F_G\text{sign}(\dot{y}(t))$ entgegenwirkt. Die Differentialgleichung der Bewegung dieser Masse ist:

$$m\ddot{y}(t) + c\dot{y}(t) + F_G\text{sign}(\dot{y}(t)) = F_{ex}(t) \tag{1.102}$$

Das Simulink-Modell ist in Abb. 1.66 dargestellt. Im Skript werden zuerst die Parameter des Systems initialisiert und dann das Simulink-Modell aufgerufen. Man kann das Modell mit dem Solver `ode2` mit fester Schrittweite oder mit dem klassischen Solver `ode45` mit variabler Schrittweite aufrufen:

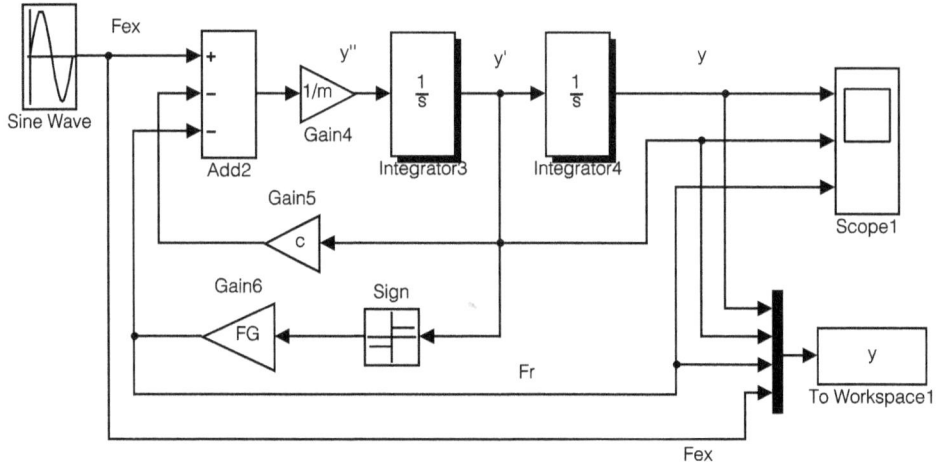

Abb. 1.66: Simulink-Modell des Systems mit Coulombsche Reibung
(coulomb_1.m, coulomb1.mdl)

```
% Skript coulomb_1.m, in dem die einfache
% Coulomsche Reibung untersucht wird. Arbeitet
% mit Modell coulomb1.mdl
clear;
% ------- Parameter des Systems
m = 400;              c = 2200;   % Masse und viskose Koeffizient
FG = 500;             % Gleitreibung
Fex_ampl = 800;       % Amplitude der Anregugskraft
fu = 0.02;            % Frequenz der Anregungskraft
v0 = 0;    y0 = 0;  % Anfangsbedingungen
% ------- Aufruf der Simulation
Tfinal = 500;
dt = 0.001;        ts = [0,Tfinal];
my_options = simset('solver','ode2','FixedStep',dt);
%my_options = simset('solver','ode45','MaxStep',dt);
sim('coulomb1',ts,my_options);
y1 = y.signals.values(:,1);
y2 = y.signals.values(:,2);
y3 = y.signals.values(:,3);
u =  y.signals.values(:,4);
t = y.time;
.......
```

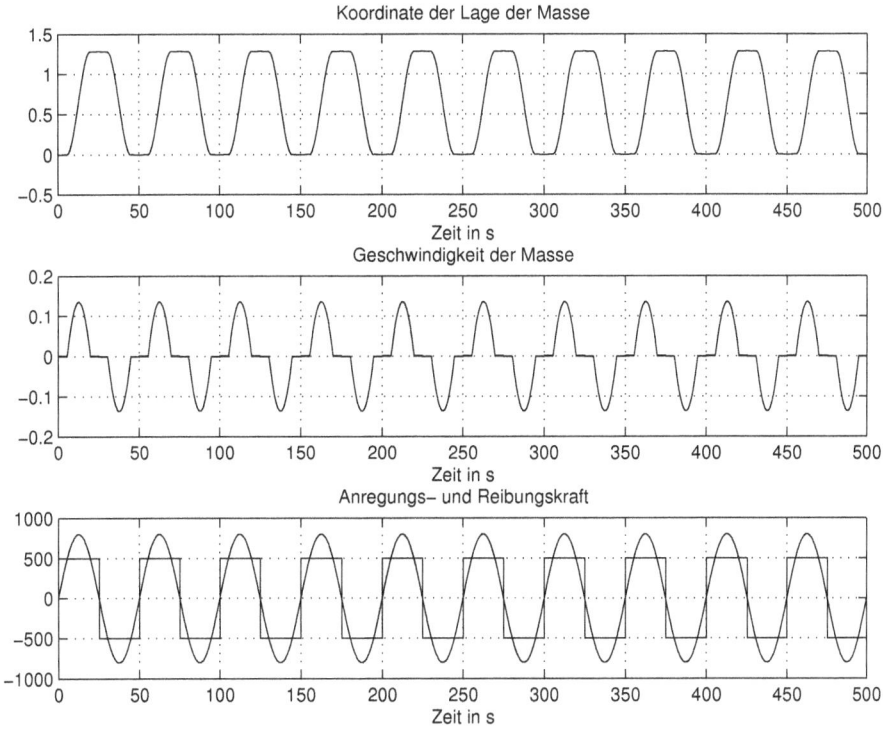

Abb. 1.67: a) Koordinate der Lage der Masse b) Geschwindigkeit der Masse c) Sinusförmige Anregungs- und Reibungskraft für fixe Schrittweite
(coulomb_1.m, coulomb1.mdl)

Bei fester Schrittweite werden die Nulldurchgänge der Lösung nicht geprüft. Für die Simulation mit variabler Schrittweite wurde die Option *Enable zero-crossing detection* im Block *Sign* deaktiviert. Der Leser kann diese Option aktivieren und erhält dann die Fehlermeldung, dass über 1000 Versuche die *zero-crossing detection* überschritten wurden und die Simulation unterbrochen wurde.

Abb. 1.67 zeigt die Ergebnisse der Simulation mit fester Schrittweite und Solver ode2. Solange die Reibungskraft F_G größer als die Anregungskraft $F_{ex}(t)$ ist, bleibt die Geschwindigkeit null. Alle andere Solver mit fester Schrittweite ode2, ode3, ode4, ode5 und ode8 ergeben dieselben Ergebnisse.

In Abb. 1.68 sind die gleichen Variablen der Simulation für den ode45 Solver mit variabler Schrittweite dargestellt. Die Ergebnisse sind für die Lage und Geschwindigkeit der Masse gleich wie bei der Simulation mit fester Schrittweite (Abb. 1.67), aber die Reibungskraft schwankt zwischen F_G und $-F_G$, wenn die Geschwindigkeit null ist.

Die Kennlinie gemäß Abb. 1.65a definiert die Reibungskraft bei der Geschwindigkeit null nicht eindeutig. Wenn die Geschwindigkeit null ist, $v(t) = \dot{y}(t) = 0$, und der Betrag der externen Kraft kleiner als die Gleitreibung ist, $|F_{ex}(t)| \leq F_G$,

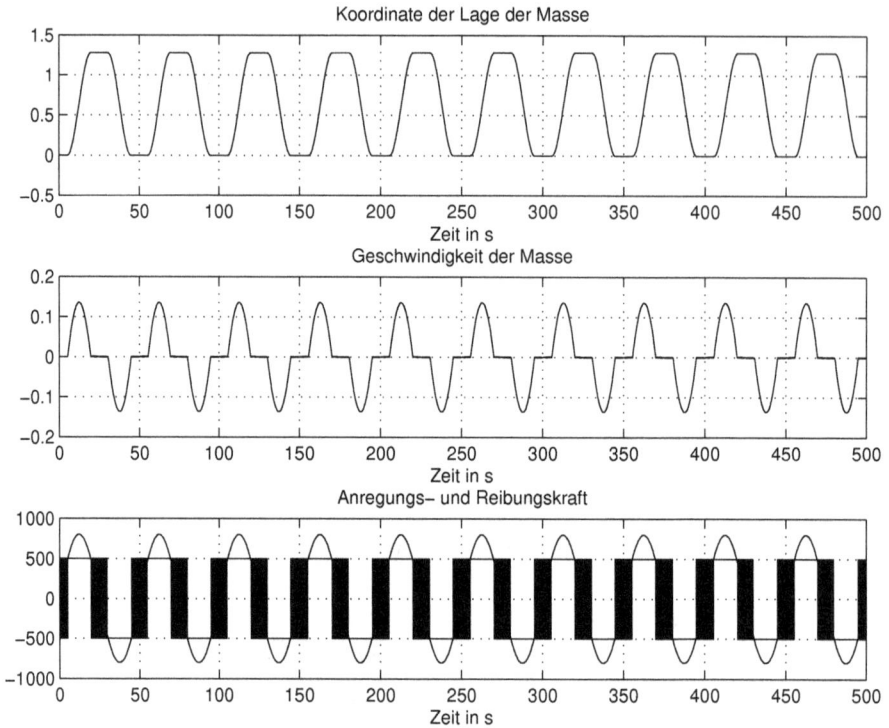

Abb. 1.68: a) Koordinate der Lage der Masse b) Geschwindigkeit der Masse c) Sinusförmige Anregungs- und Reibungskraft für variable Schrittweite (coulomb_1.m, coulomb1.mdl)

dann kann angenommen werden, dass die Reibungskraft gleich der externen Kraft ist, $F_r(t) = F_{ex}(t)$. Diese Annahme führt dazu, dass der Zustand $v(t) = 0$ beibehalten wird und den Haftzustand darstellt.

Wenn bei $v(t) = 0$ der Betrag der externen Kraft größer als die Gleitreibung ist, $|F_{ex}(t)| > F_G$, dann wird die Reibungskraft gleich der Gleitreibung mal Signum der externen Kraft angenommen, $F_r(t) = F_G \text{sign}(F_{ext}(t))$. Mit dieser Annahme wird der Zeitmoment definiert, bei dem der Haftzustand verlassen wird und der Gleitzustand beginnt. Zusammenfassend erhält man:

$$F_r(t) = \begin{cases} F_G \, \text{sign}(v(t)) & \text{für} \quad v \neq 0 \quad \text{(laut Kennlinie)} \\ F_{ex}(t) & \text{für} \quad v = 0 \quad \text{und} \quad |F_{ex}(t)| \leq F_G \\ F_G \, \text{sign}(F_{ex}(t)) & \text{für} \quad v = 0 \quad \text{und} \quad |F_{ex}(t)| > F_G \end{cases} \tag{1.103}$$

Im Skript `coulomb_2.m` und Modell `coulomb_2.mdl` (Abb. 1.69) wird die Simulation mit diesen Abfragen durchgeführt. Der Zustand der Geschwindigkeit null wird mit der Abfrage ersetzt, dass die Geschwindigkeit sehr klein ist, z.B. $v \leq 0,0001$ im Vergleich zu der maximalen Geschwindigkeiten von ca. 0,1.

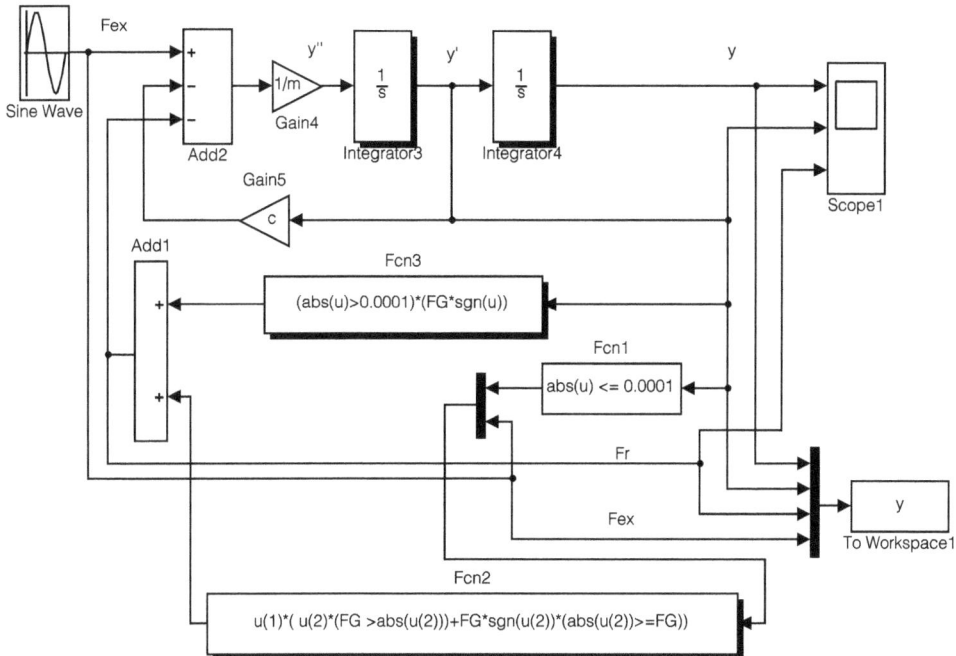

Abb. 1.69: Simulink-Modell mit Abfragen des Zustandes der Geschwindigkeit null
(coulomb_2.m, coulomb2.mdl)

Mit dem Block *Fcn3* wird der erste Fall aus Gleichung (1.103) nachgebildet. Die anderen zwei Fälle werden mit dem Block *Fcn2* abgedeckt, wobei u(1) mit einem Wert eins den Zustand $v(t) \leq 0,0001$ signalisiert. Die Variable u(2) ist die externe Kraft $F_{ex}(t)$ als zweiter Eingang des Mux-Blocks. Die Darstellung der Ergebnisse ist jetzt „sauber", ohne Schwankungen, auch beim Einsatz des Solvers ode45 mit variabler Schrittweite.

Die Funktion aus dem Block *Fnc3* ist sehr einfach:

```
(abs(u)>0.0001)*(FG*sgn(u))
```

Hier ist u die Geschwindigkeit. Im Block *Fnc2* ist folgende Funktion implementiert:

```
u(1)*( u(2)*(FG >abs(u(2)))+FG*sgn(u(2))*(abs(u(2))>=FG))
```

Der erste Eingang des Mux-Blocks u(1) stellt die Geschwindigkeit $v(t) = \dot{y}(t)$ dar und der zweite Eingang ist die externe Kraft $F_{ex}(t)$. Es wird somit die zweite und dritte Bedingung aus (1.103) geprüft.

Eine Erweiterung der Kennlinie aus Abb. 1.65a gemäß Abb. 1.65b stellt die sogenannte Stribeck-Kennlinie [54] dar. Mit F_H wird die Haftkraft oder Losbrechkraft bezeichnet, wobei allgemein $F_H \geq F_G$ ist. Als zusätzlicher Parameter dieser Kennlinie steuert der Wert v_{str} die Steilheit der Exponentialfunktion, die den Verlauf von F_H bis F_G definiert:

$$F_r(t) = F_{str}(t) = \left(F_G + (F_H - F_G)e^{-|v|/v_{str}}\right)\text{sign}(v(t)) \tag{1.104}$$

Die direkte Einbindung dieser Kennlinie in das Simulink-Modell führt mit beiden Solver (mit fester und variabler Schrittweite) zu den Schwankungen in der Reibungskraft, die man schon aus Abb. 1.68 kennt.

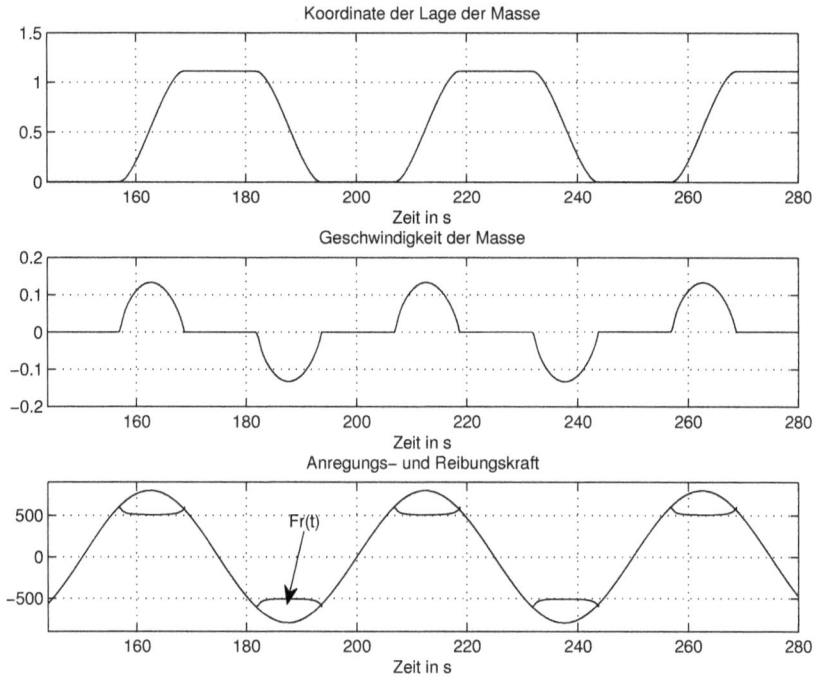

Abb. 1.70: a) Koordinate der Lage der Masse b) Geschwindigkeit der Masse c) Sinusförmige Anregungs- und Reibungskraft mit Stribeck-Kennlinie (coulomb_3.m, coulomb3.mdl)

Wenn man ähnliche Abfragen wie in Gl. (1.103) im Modell implementiert, dann sind die Ergebnisse wieder ohne die Schwankungen der Reibungskraft:

$$F_r(t) = \begin{cases} \left(F_G + (F_H - F_G)e^{-|v|/v_{str}}\right)\text{sign}(v(t)) & \text{für } v \neq 0 \quad \text{(laut Kennlinie)} \\ F_{ex}(t) & \text{für } v = 0 \text{ und } |F_{ex}(t)| \leq F_H \\ F_H\,\text{sign}(F_{ex}(t)) & \text{für } v = 0 \text{ und } |F_{ex}(t)| > F_H \end{cases} \tag{1.105}$$

Im Modell `coulomb3.mdl`, das aus dem Skript `coulomb_3.m` aufgerufen wird, ist die Simulation mit diesen Abfragen implementiert. Die Funktion aus dem Block

Fnc2 realisiert die Stribeck-Kennlinie, wenn die Geschwindigkeit im Betrag größer als ein kleiner Wert ist:

```
(abs(u)>0.0001)*(FG + (FH-FG)*exp(-abs(u/vstr)))*sgn(u)
```

Im Block *Fnc3* werden die zweite und dritte Bedingung aus Gl. (1.105) abgefragt und die entsprechenden Werte der Reibungskraft werden erzeugt:

```
u(1)*(u(2)*(FH>abs(u(2)))+FH*sgn(u(2))*(FH <abs(u(2))))
```

Hier ist `u(1)` eine logische Variable, die den Wert eins annimmt, wenn die Geschwindigkeit im Betrag einen sehr kleinen Wert erreicht. Die Variable `u(2)` stellt die externe Kraft $F_{ex}(t)$ dar.

Beide Arten von Solver (mit fester und variabler Schrittweite) ergeben dieselben Ergebnisse (Abb. 1.70). Mit der Zoom-Funktion kann man die Anregungs- und die Reibungskraft für verschiedene Werte von F_G und $F_H \geq F_G$ näher betrachten und interpretieren. Im Skript `coulomb_4.m` und Modell `coulomb4.mdl` ist die Simulation ohne Abfragen gemäß (1.105) durchgeführt und man erhält die jetzt schon bekannten Schwankungen der Reibungshaftkraft zwischen F_H und $-F_H$.

1.7.2   Dynamische Reibungsmodelle. Das Dahl-Modell

Die praktische Erfahrung hat gezeigt, dass der Übergang von dem Haft- zu dem Gleitzustand und umgekehrt nie abrupt stattfindet. Diese Eigenschaft der kinetischen Reibung kann mit statischen Modellierungsansätzen nicht überwunden werden. Es mussten neue dynamische Reibungsmodelle entwickelt werden, die in der Lage sind, eine Diskontinuität um die Nullgeschwindigkeit zu umgehen und das Übergangsverhalten zwischen Haft- und Gleitreibung neu formen.

Im Weiterem wird das dynamische Dahl-Modell [12], [54] beschrieben und simuliert, ein Modell das bereits in den sechziger Jahren veröffentlicht wurde und weitgehend zur Simulation von Systemen mit Kugellagern verwendet wurde. Es besteht aus einer nichtlinearen Differentialgleichung erster Ordnung, die es ermöglicht, einen stetigen Übergang zum stationären Reibungswert oder beim Verlassen dieses Wertes zu modellieren

In der einfachsten Form ist das Dahl-Modell mit folgender Differentialgleichung beschrieben:

$$\frac{dF_r(t)}{dt} = -\frac{1}{e}|v(t)|\,F_r(t) + \frac{f}{e}v(t) \tag{1.106}$$

Im stationären Zustand mit $dF_r(t)/dt = 0$ ist die Reibungskraft durch

$$F_r(t) = f\frac{v(t)}{|v(t)|} = f\mathrm{sign}(v(t)) \tag{1.107}$$

gegeben. Man kann den Parameter f des Modells mit der Gleitreibung F_G ersetzen, um auf die klassische Form der kinetischen Reibung zu gelangen. Der zweite Parameter dieser Gleichung, e, steuert die Steilheit der Übergänge von dem Haft- zum Gleitzustand und umgekehrt. Ein typischer Wert kann z.B. $1,2 \cdot 10^{-4}$ sein [12].

Wie man sehen wird, hat die Simulation dieses Modells keine Schwierigkeiten, sowohl für Solver mit variabler Schrittweite als auch für Solver mit fester Schrittweite.

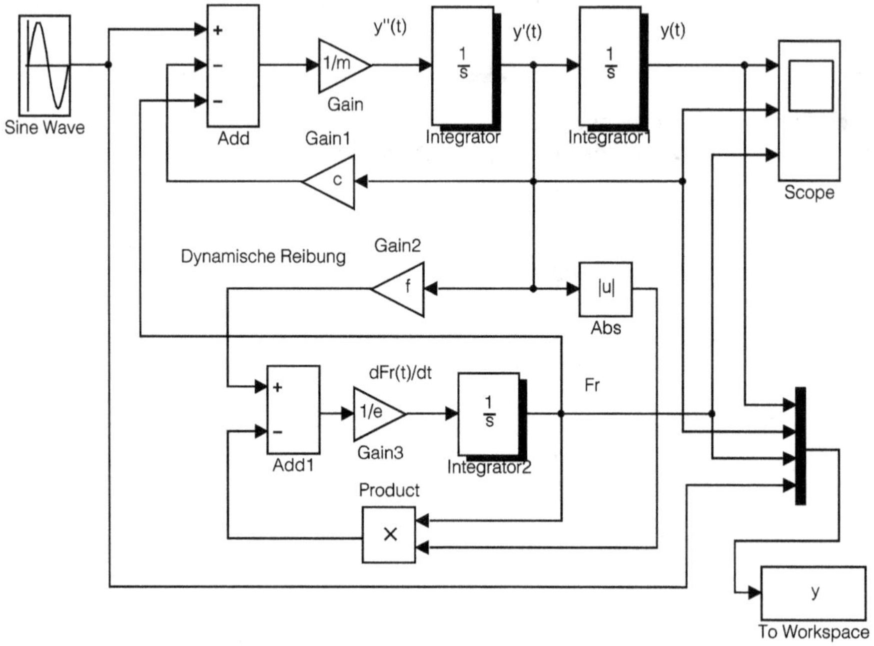

Abb. 1.71: Simulink-Modell des Systems mit Dahl-Reibungskraft
(coulomb_5.m, coulomb5.mdl)

Im Skript `coulomb_5.m` und Modell `coulomb5.mdl` wird das gleiche System, das in den vorherigen Abschnitten betrachtet wurde, mit diesem Modell untersucht. Die Differentialgleichungen des Systems enthalten jetzt auch die dynamische Reibungskraft:

$$m\ddot{y}(t) + c\dot{y}(t) + F_r(t) = F_{ex}(t)$$
$$\frac{dF_r(t)}{dt} = -\frac{1}{e}|\dot{y}(t)| \, F_r(t) + \frac{f}{e}\dot{y}(t) \tag{1.108}$$

Das entsprechende Simulink-Modell ist in Abb. 1.71 dargestellt. Im Skript wird für f die Gleitreibungskraft F_G gewählt und für e ein Wert von 10^{-4} initialisiert. Für diesen Parameter sollte man mit verschiedenen Werten experimentieren.

Die Ergebnisse der Simulation sind in Abb. 1.72 dargestellt. Mit der Zoom-Funktion kann man sich überzeugen, dass die Signale „sauber"sind. Man sollte auch die beiden Solver einsetzen, die schon im Skript vorgesehen sind und eventuell auch andere Simulink-Solver benutzen.

Ohne die lästigen Abfragen erhält man die gleichen Ergebnisse und das Modell der Reibungskraft ist einfach in einem Block unterzubringen, der als Eingang die Geschwindigkeit hat und als Ausgang die Reibungskraft liefert. So ein Modell bringt große Vorteile in Regelungssystemen, z.B. in der Regelung von Positionierungen mit Reibungskräften. Die Parameter e, f werden identifiziert und die zusätzliche

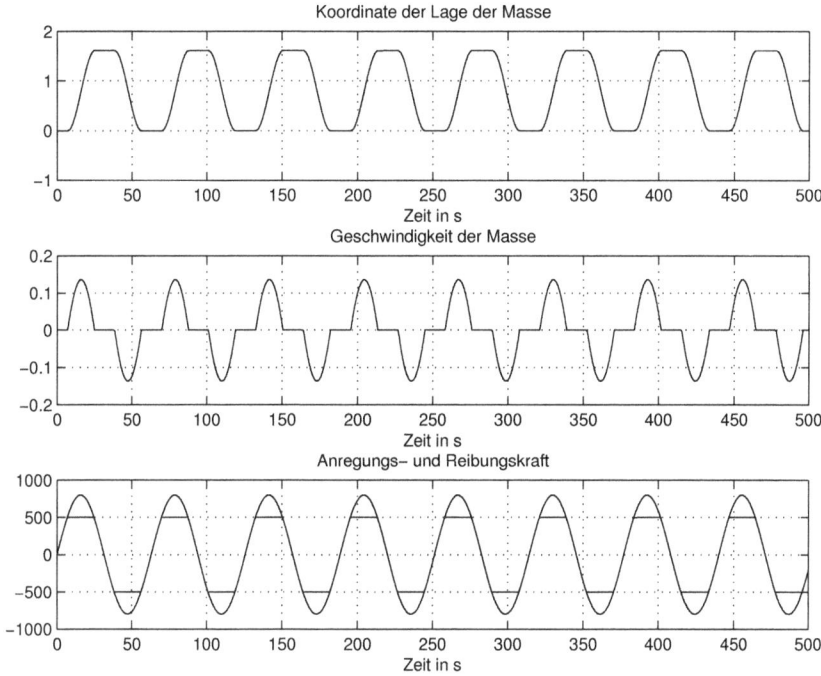

Abb. 1.72: *Ergebnisse der Simulation mit Dahl-Reibungskraft* (coulomb_5.m, coulomb5.mdl)

Zustandsvariable in Form der Reibungskraft $F_r(t)$ wird mit Beobachter (*Observer*) für die Regelung ermittelt.

1.7.3 Das dynamische LuGre-Modell

Ein weiteres dynamisches Modell ist das LuGre Modell, dessen Begründung ausführlich in der Literatur beschrieben ist [31], [3].

Der qualitative Mechanismus der Reibung ist allgemein gut verstanden [54]: Die Oberfläche ist mikroskopisch rauh und zwei Flächen bilden Kontakte über eine Menge solcher Rauheiten. Diese wiederum können als elastische Borsten angesehene werden, die sich wie Federn verhalten (Abb. 1.73). Vereinfacht dargestellt wurden nur die oberen Borsten als Feder angenommen.

Die mittlere Verformung der Borsten wird mit z bezeichnet und ist durch

$$\frac{dz}{dt} = v - \frac{|v|}{g(v)}z \quad \text{oder} \quad \frac{dz}{dt} = v\left[1 - \text{sign}(v)\frac{z}{g(v)}\right] \tag{1.109}$$

modelliert, wobei v die relative Geschwindigkeit zwischen den Flächen ist. Der erste Term ergibt eine Verformung, die dem Integral der Geschwindigkeit proportional ist. Im stationären Zustand für $z = z_{ss}$ konstant ($dz/dt = 0$), führt der zweite Term zu

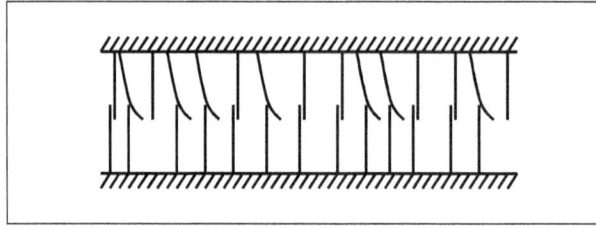

Abb. 1.73: Die Reibungskontakte zwischen zwei Flächen in Form von Borsten

einer Verformung:

$$\text{Aus} \quad 1 - \text{sign}(v)\frac{z_{ss}}{g(v)} = 0 \quad \text{erhält man} \quad z_{ss} = \frac{|v|}{v}g(v) = g(v)\text{sign}(v) \qquad (1.110)$$

Die Funktion $g(v)$ ist positiv und ist von vielen Faktoren abhängig, wie Material- und Schmiereigenschaften, Temperatur etc. Sie muss nicht symmetrisch sein. Für Auflagereibung wird $g(v)$ vom höchsten Wert $g(0)$ abfallen, wenn die Geschwindigkeit v steigt, ähnlich der Kennlinie des Stribeck-Effekts:

$$g(v) = \frac{1}{\sigma_0}\Big[F_G + (F_H - F_G)e^{-(v/v_s)^2}\Big] \qquad (1.111)$$

Hier ist σ_0 die Steifigkeit der Borsten und v_s spielt dieselbe Rolle wie die Stribeck-Geschwindigkeit aus der Kennlinie gemäß Gl. 1.104. Statt Betrag wird hier das Argument der Exponentialfunktion ins Quadrat genommen.

Die Reibungskraft setzt sich aus folgenden Termen zusammen:

$$F_r = \sigma_0 z + \sigma_1 \frac{dz}{dt} + \sigma_2 v \qquad (1.112)$$

Die ersten beiden Terme stellen die Reibungskraft wegen der Borsten dar. Dazu ist noch ein viskoser Dämpfungsterm addiert. Das Modell ist somit durch die Parameter $\sigma_0, \sigma_1, \sigma_2$ und der Funktion $g(v)$ charakterisiert. Die Funktion $\sigma_0 g(v) + \sigma_2 v$ kann durch Messungen der Reibungskraft im stationären Zustand mit konstanter Geschwindigkeit v ermittelt werden.

Im stationären Zustand (mit $dz/dt = 0$ und $v=$ konstant) erhält man eine Reibungskraft, die gleich der Reibungskraft des Modells aus dem vorherigen Kapitel ist:

$$F_{rss} = \sigma_0 g(v)\text{sgn}(v) + \sigma_2 v = \big(F_G + (F_H - F_G)e^{-(v/v_s)^2}\big)\text{sgn}(v) + \sigma_2 v \qquad (1.113)$$

Wenn die Geschwindigkeit nicht konstant ist, ergibt die Dynamik des Modells ein anderes Verhalten. In [3] ist ein Satz von Parametern angegeben (Tabelle 1.1), die als Richtwerte in den Simulationen benutzt werden und hier als Beispiel dienen sollen.

Die Linearisierung des Modells in der Haftumgebung [46] ergibt einen weiteren Einblick in die Eigenschaften des Modells. Es wird eine Masse auf einer horizontalen

Tabelle 1.1: Beispiel für die Parameter des Modells

Parameter	Wert	Einheiten
σ_0	100000	[N/m]
σ_1	$\sqrt{100000}$	[Ns/m]
σ_2	0,4	[Ns/m]
F_c	1	[N]
F_s	1,5	[N]
v_s	0,001	[m/s]

Fläche angenommen. Wenn die Koordinate der Lage der Masse x und die Geschwindigkeit $dx/dt = v$ sind, dann ist die Differentialgleichung der Bewegung:

$$m\frac{d^2x}{dt^2} = -F_r = -\sigma_0\, z - \sigma_1\frac{dz}{dt} - \sigma_2\frac{dx}{dt} \tag{1.114}$$

Hier ist z durch Gl. (1.109) gegeben. Wenn die Gl. (1.109) bei $z = 0$ linearisiert wird, erhält man

$$\frac{d\delta z}{dt} = \delta v \tag{1.115}$$

oder

$$\frac{dz}{dt} = \frac{dx}{dt} \tag{1.116}$$

Die Ableitung dz/dt in Gl. (1.114) eingesetzt, führt zu folgender Differentialgleichung der Bewegung:

$$m\frac{d^2x}{dt^2} + (\sigma_1 + \sigma_2)\frac{dx}{dt} + \sigma_0 x = 0 \tag{1.117}$$

Sie zeigt, dass das System sich wie ein gedämpftes System verhält. Die Steifigkeit σ_0 der Borsten ist gewöhnlich sehr groß (siehe auch Tabelle 1.1) und deshalb ist es wichtig, dass $\sigma_1 \neq 0$ auch relativ groß ist, um eine genügend gedämpfte Bewegung zu erhalten. Der Dämpfungskoeffizient σ_2, der die viskose Dämpfung darstellt, ist zu klein, um eine gute Dämpfung zu gewährleisten.

Das LuGre-Modell stellt eine Erweiterung des Dahl-Modells dar und beide haben den großen Vorteil, dass ein Block definiert werden kann, der als Eingang die Geschwindigkeit und als Ausgang die Reibungskraft hat. Man muss keine Abfragen benutzen. Für regelungstechnische Anwendungen werden die Parameter durch Identifikation ermittelt [11].

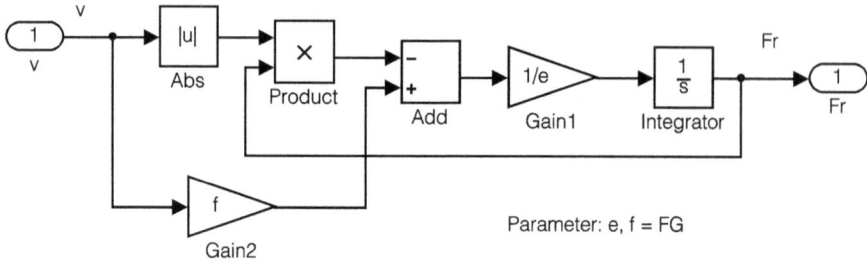

Abb. 1.74: Das Dahl-Modell (dinamische_modelle.mdl)

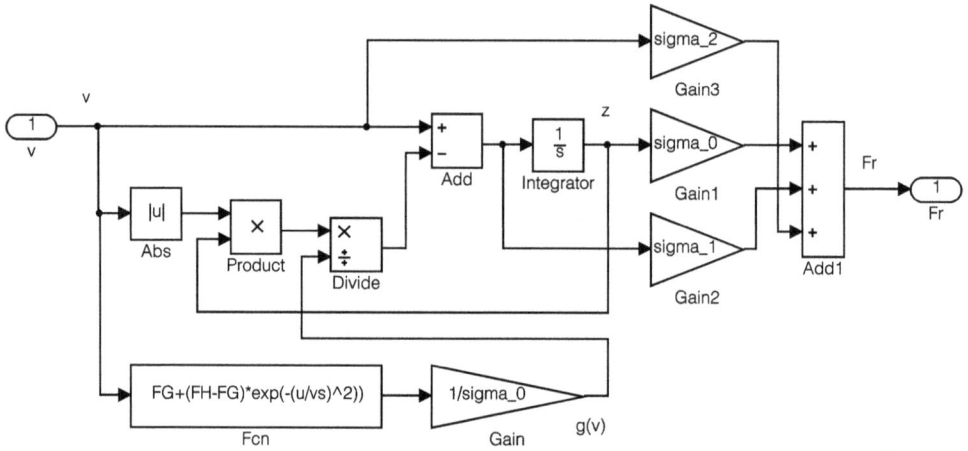

Abb. 1.75: Das LuGre-Modell (dinamische_modelle.mdl)

Im Modell `dynamische_modelle.mdl` sind zwei Subsysteme für das Dahl- und für das LuGre-Modell gebildet, die man in den weiteren Untersuchungen benutzen kann. Die notwendigen Parameter sind in den Namen der Blöcke enthalten. In Abb. 1.74 und 1.75 sind die Modelle dargestellt.

1.7.4 Untersuchungen des Slip-Stick-Phänomens

Für die Untersuchung des Slip-Stick-Phänomens werden oft die zwei Systeme aus Abb. 1.76 benutzt. Beim ersten System bewegt sich das Band mit einer konstanten Geschwindigkeit v_b. Wenn die Haftreibung größer als die Federkraft ist, wird die Masse nach rechts bewegt. Die Federkraft wird größer und überwindet irgendwann die Haftkraft, was dazu führt, dass die Masse nach links gleitet. Die Federkraft wird kleiner und die Haftung kann wieder stattfinden. Diese Zustände wiederholen sich und es entsteht eine Schwingung. Die Haftphasen erkennt man aus der relativen Geschwindigkeit, die in diesem Zustand null ist, $\dot{y}(t) - v_b = 0$.

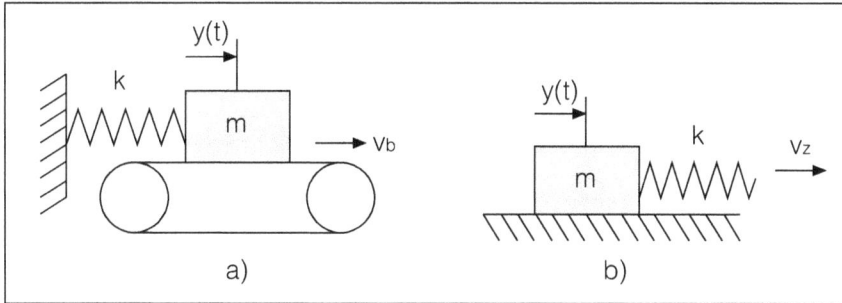

Abb. 1.76: Systeme mit Slip-Stick-Verhalten

Beim zweiten System geschieht etwas Ähnliches. Die Feder wird durch die Bewegung des einen Endes mit konstanter Geschwindigkeit v_z gespannt. Wenn die Haftkraft überwunden ist, gleitet die Masse m, was dazu führt, dass die Feder sich entspannt. Es folgt dann wieder eine Haftphase bis die Federkraft größer als die Haftkraft ist. Diese Phasen wiederholen sich und es entsteht eine treppenförmige Bewegung der Masse in Richtung der Geschwindigkeit v_z.

Zuerst wird das System aus Abb. 1.76a simuliert. Die Differentialgleichung, die die Bewegung der Masse beschreibt, ist:

$$m\ddot{y}(t) + c\dot{y}(t) + ky(t) + F_r(t) = 0; \tag{1.118}$$

Es wurde auch eine viskose Dämpfung angenommen. Die Reibungskraft als Funktion der relativen Geschwindigkeit $v_r(t) = \dot{y}(t) - v_b$ wird mit verschiedenen Modellen gebildet. Als erstes wird im Modell `slip_stick3.mdl`, das aus dem Skript `slip_stick_3.m` initialisiert und aufgerufen wird, die Reibungskraft einfach gemäß der Stribeck-Kennlinie erzeugt:

$$F_r(t) = \text{sign}(vr(t))\left(F_G + (F_H - F_G)e^{-(v_r(t)/vs)^2}\right)$$
$$\text{mit} \quad v_r(t) = \dot{y}(t) - v_b \tag{1.119}$$

In Abb. 1.77 ist das Simulink-Modell dargestellt. Im Skript sind folgende Parameter des Systems initialisiert und die Simulation kann man mit zwei Arten von Solvern aufrufen:

```
% Skript slip_stick_3.m, in dem ein System mit
% Slip-Stick-Verhalten untersucht wird. Es wird die
% Stribeck-Kennlinie für die Reibungskraft benutzt.
% Arbeitet mit Modell slip_stick3.mdl
clear;
% -------- Parameter des Systems
m = 10;        k = 10;    % Masse und Federkonstante
c = 0;                    % Viskose Dämpfungskoeffizient
% c = 0.1;
vb = 0.1;                 % Bandgeschwindigkeit
```

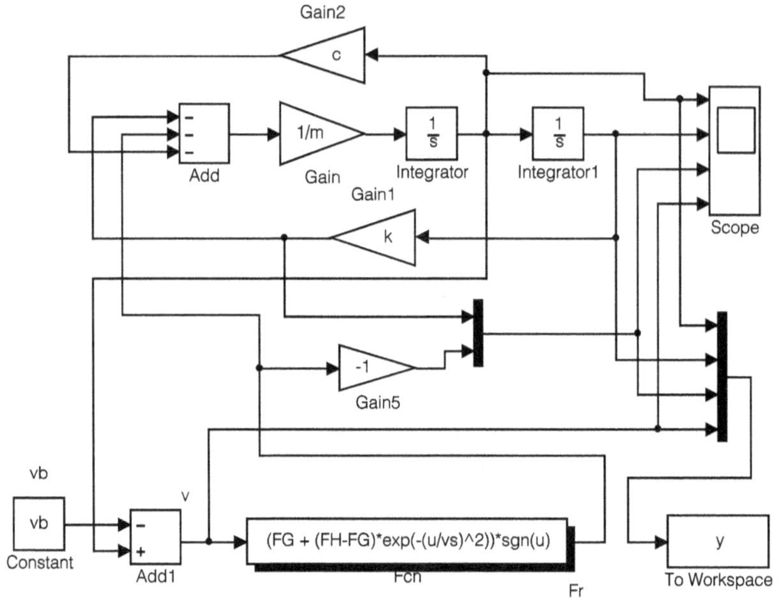

Abb. 1.77: Simulink-Modell für das erste System mit Stribeck-Reibungskraft (slip_stick_3.m, slip_stick3.mdl)

```
FG = 10;                    % Gleitreibung
FH = 12;                    % Haftreibung
vs = 0.01;                  % Stribeck-Geschwindigkeit
% -------- Aufruf der Simulation
Tfinal = 100;
dt = 0.001;         ts = [0,Tfinal];
%my_options = simset('solver','ode4','FixedStep',dt);
my_options = simset('solver','ode45','MaxStep',dt);

sim('slip_stick3',ts,my_options);
vy  = y.signals.values(:,1);   % Geschwindigkeit der Masse
yl = y.signals.values(:,2);   % Lage der Masse
Fk = y.signals.values(:,3);   % Federkraft
Fr = y.signals.values(:,4);   % - Reibungskraft
vrel = y.signals.values(:,5);  % Relative Geschwindigkeit
t = y.time;                    % Simulationszeit
.......
```

Abb. 1.78 zeigt die Ergebnisse der Simulation mit dem ode45 Solver. Die Reibungskraft bei relativer Geschwindigkeit gleich null schwankt zwischen $-F_H$ und F_H. Mit der Zoom-Funktion der Darstellung kann man den Bereich dieser Geschwindigkeit vergrößern und sehen, dass sehr kleine Schwankungen bei jedem Simulationsschritt vorkommen und zu den Schwankungen der Reibungskraft führen.

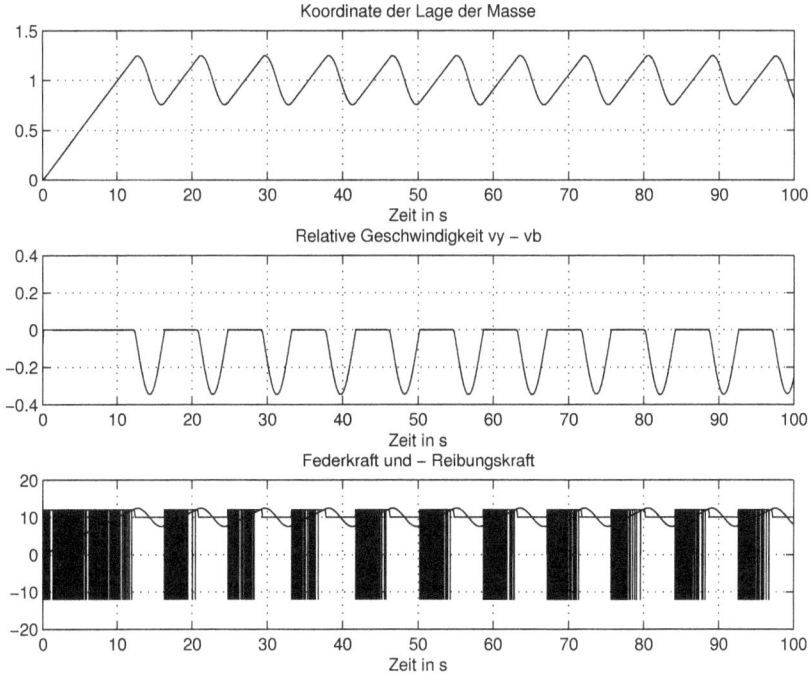

Abb. 1.78: Ergebnisse für eine Reibungskraft nach Stribeck-Kennlinie (slip_stick_3.m, slip_stick3.mdl)

Das ist verständlich, wenn man die Kennlinie der Stribeck-Reibungskraft gemäß Abb. 1.65b bei der Geschwindigkeit null interpretiert. Ohne Abfragen, wie in Gl. (1.105), ist die Reibungskraft bei dieser Geschwindigkeit nicht definiert.

In der Simulation mit dem Modell `slip_stick31.mdl` und dem Skript `slip_stick_31.m` wird das gleiche System (gemäß Abb. 1.76a) mit Abfragen untersucht. Zusätzlich wird der Integrator, der als Ausgang die Geschwindigkeit der Masse $\dot{y}(t)$ hat, im Haftzustand auf die Geschwindigkeit des Bandes v_b zurückgesetzt. Das entspricht einer relativen Geschwindigkeit null. Das Modell `slip_stick31.mdl` ist in Abb. 1.79 dargestellt.

Im Block-*Integrator* wird als Anfangszustand die Geschwindigkeit des Bandes v_b eingetragen und zusätzlich wird der Zustandsausgang (*Show state port*) und die Zurücksetzung *External reset* mit *level* aktiviert. Der *State Port* erscheint als Ausgang an der oberen Kante des Symbols des Integrators und der Eingang für die Zurücksetzung erscheint unterhalb des normalen Eingangs mit einem Impuls gekennzeichnet.

Am *State Port*-Ausgang erhält man die Variable des Ausgangs mit einem Schritt voraus, so dass die Schleife die man für die Zurücksetzung des Integrators bildet, nicht zu einer algebraischen Schleife [26] führt. Die relative Geschwindigkeit wird im Block *Add3* mit der Geschwindigkeit der Masse aus dem *State-Port*-Ausgang gebildet. Die Abfrage für die Zurücksetzung dieses Integrators ist im Block *Fcn1* realisiert:

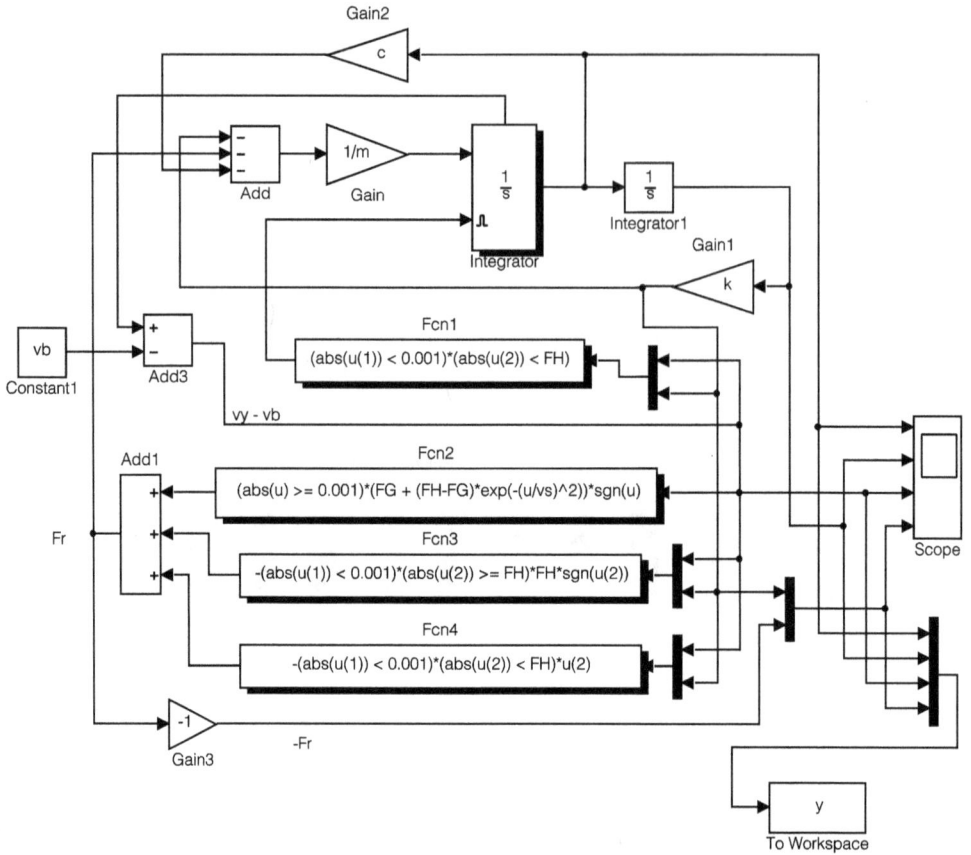

Abb. 1.79: Simulink-Modell für das erste System mit Stribeck-Reibungskraft und Zustandsabfragen (slip_stick_31.m, slip_stick31.mdl)

```
(abs(u(1))<0.001)*(abs(u(2))<FH)
```

Hier stellt u(1) die relative Geschwindigkeit $\dot{y}(t) - v_b$ dar und u(2) ist die Federkraft $ky(t)$. Der kleine Wert in der Abfrage wird statt der relativen Geschwindigkeit null benutzt, weil das Detektieren der Nullwerte in numerischen Integrationsverfahren für nichtlineare Systeme schwierig ist.

Wenn die zwei Bedingungen erfüllt sind (logisch eins am Ausgang), befindet man sich im Haftzustand und der Integrator wird zurückgesetzt. Sein Status und sein normaler Ausgang ist auf v_b gesetzt und wird mit dem *Integrator1* weiter integriert. Das führt dazu, dass die Federkraft größer wird. Wenn diese Kraft im Betrag die Haftkraft F_H überschreitet, wird der Haftzustand verlassen. Die oben gezeigten Bedingungen sind nicht mehr erfüllt, und der Integrator wird freigegeben und integriert die Beschleunigung des normalen Eingangs.

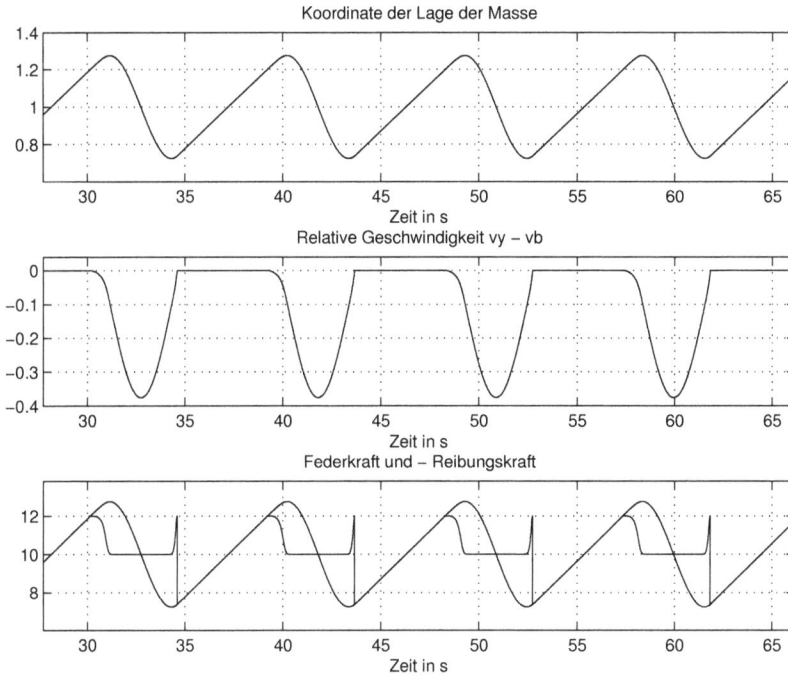

Abb. 1.80: Ergebnisse der Simulation mit gesteuertem Integrator und Abfragen im Haftzustand (slip_stick_31.m, slip_stick31.mdl)

Die Reibungskraft im Haftzustand ist mit den Abfragen in den Blöcken *Fcn3* und *Fcn4* definiert:

```
-(abs(u(1)) < 0.001)*(abs(u(2)) >= FH)*FH*sgn(u(2))
-(abs(u(1)) < 0.001)*(abs(u(2)) < FH)*u(2)
```

Hier ist u(1) die relative Geschwindigkeit $\dot{y}(t) - v_b$ und u(2) ist die Federkraft $ky(t)$, die man mit einem negativen Vorzeichen als externe Kraft ansehen kann. Die erste Bedingung definiert die Reibungskraft beim Verlassen des Haftzustands und entspricht der dritten Gleichung aus (1.105). Die zweite Bedingung entspricht der zweiten Gleichung aus (1.105) und definiert die Reibungskraft im Haftzustand.

Die Abfrage mit dem Block *Fcn2*

```
(abs(u) >= 0.001)*(FG + (FH-FG)*exp(-(u/vs)^2))*sgn(u)
```

definiert die Reibungskraft für den Gleitzustand nach der Stribeck-Kennlinie, wenn die relative Geschwindigkeit größer als 0,001 wird.

Ein Ausschnitt der Ergebnisse dieser Simulation ist in Abb. 1.80 dargestellt. Die relative Geschwindigkeit null im Haftzustand ist jetzt „sauber" wegen des Zurücksetzen des Integrators. In diesem Zustand ist die Reibungskraft mit negativen Vorzeichen gleich der Federkraft, die linear steigend ist. Beim Verlassen des Haftzustands ist die Reibungskraft $-F_r(t) = F_H = 12$ und geht dann zur Gleitreibungskraft

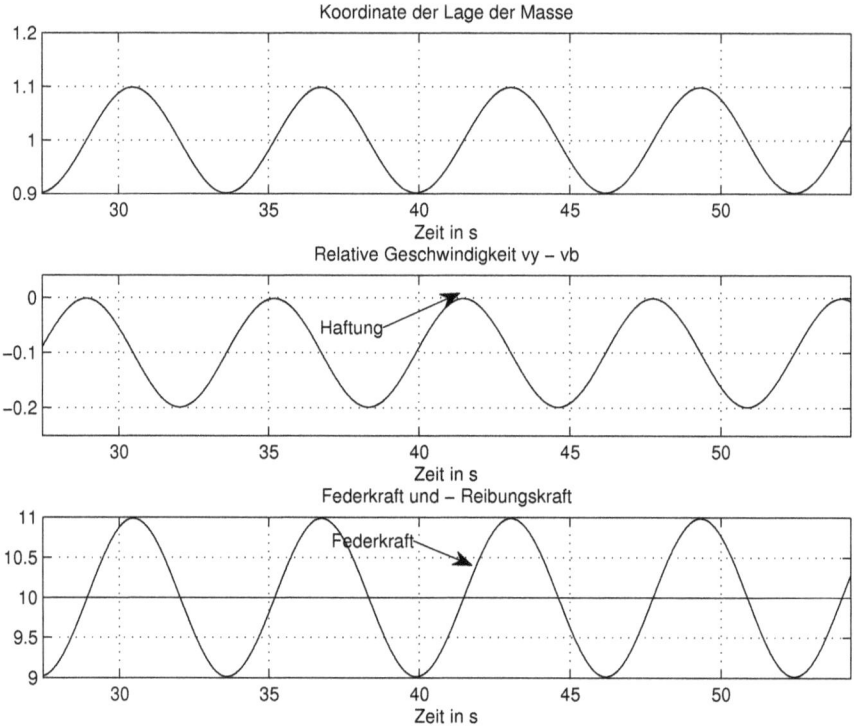

Abb. 1.81: Ergebnisse der Simulation mit Dahl-Reibungskraftmodell
(slip_stick_s_1.m, slip_stick_s1.mdl)

$-F_r(t) = F_G = 10$ über. Die relative Geschwindigkeit ist verschieden von null und negativ. Wenn die Bedingung `(abs(u(1))<0.001)*(abs(u(2))<FH)` erneut erfüllt ist $((|\dot{y}(t) - v_b| < 0,001)(|ky(t)| < F_H))$, beginnt ein neuer Zyklus mit dem Haftzustand.

Die gezeigten Ergebnisse werden sowohl mit dem Solver `ode45` mit variabler Schrittweite, als auch mit dem Solver `ode4` mit fester Schrittweite erhalten. Beim Vergleich der Lage der Masse und der relativen Geschwindigkeit mit denselben Variablen aus Abb. 1.78 stellt man kleine Abweichungen fest, die im Bereich einiger Prozent liegen.

In regelungstechnischen Anwendungen, wie z.B. in modellbasierten Regelungssystemen, sind diese Modelle nicht geeignet. Man benötigt Modelle wie das Dahl- und das LuGre-Modell, die als Eingangsvariablen die Geschwindigkeiten und als Ausgangsvariablen die Reibungskräfte besitzt und mit Parametern, die aus Messungen und Identifikationen zu ermitteln sind [4].

Mit dem Simulink-Modell `slip_stick_s1.mdl` und Skript `slip_stick_s_1.m` wird das Dahl-Reibungskraftmodell für das System aus Abb. 1.65a untersucht. Wie zu erwarten war, gibt es hier einen sehr kurzen Haftzustand mit relativer Geschwindigkeit gleich null, wie in dem Ausschnitt aus Abb. 1.81 zu sehen ist.

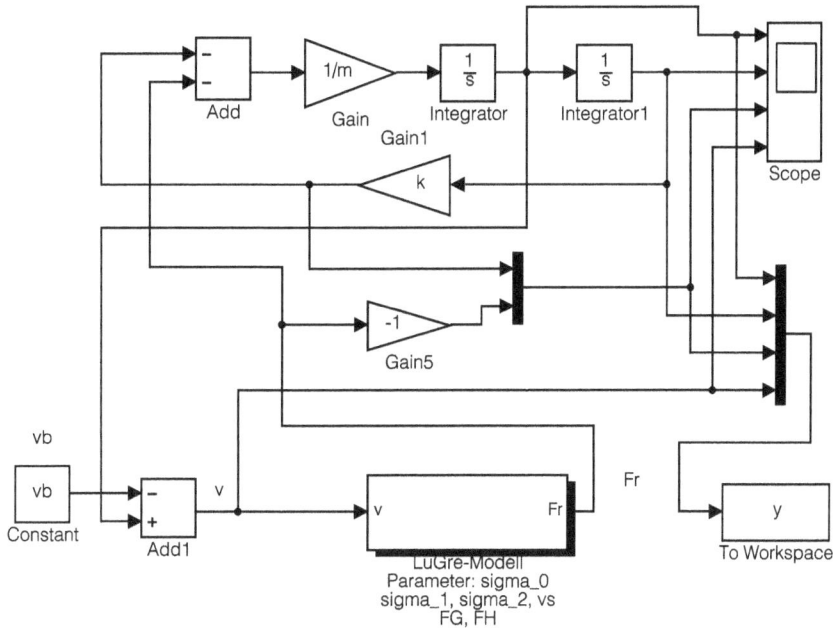

Abb. 1.82: Simulink-Modell mit LuGre-Reibungskraftmodell
(slip_stick_s_1.m, slip_stick_s1.mdl)

Das dynamische LuGre-Modell beinhaltet auch die Stribeck-Kennlinie mit Haft-
und Gleitreibungskraft und die Simulation des Systems aus Abb. 1.65a mit diesem
Modell führt zu Ergebnissen, die den Ergebnissen aus Abb. 1.78 und Abb. 1.80 ähnlich
sind. Die Voraussetzung ist, die Simulation mit gleichen Parametern durchzuführen,
wie z.B. gleiche Reibungskräfte F_G und F_H.

In Abb. 1.82 ist das Simulink-Modell slip_stick_s12.mdl, das aus dem Skript
slip_stick_s_12.m aufgerufen wird, dargestellt. Die Reibungskraft wird mit dem
Subsystem, das im vorherigen Abschnitt erzeugt wurde, gebildet.

Ein Ausschnitt der Ergebnisse der Simulation ist in Abb. 1.83 dargestellt. Sie sind
den Ergebnissen aus Abb. 1.80 sehr ähnlich. Die Zeilen des Skripts, in denen die Parameter der Simulation initialisiert werden, sind:

```
% Skript slip_stick_s_12.m, in dem ein System mit
% Slip-Stick-Verhalten untersucht wird. Es wird
% das LuGre-Modell für die Reibungskraft benutzt.
% Arbeitet mit Modell slip_stick_s12.mdl
clear;
% -------- Parameter des Systems
m = 10;        k = 10;      % Masse und Federkonstante
c = 0;                      % Viskose Dämpfungskoeffizient
% c = 0.1;
```

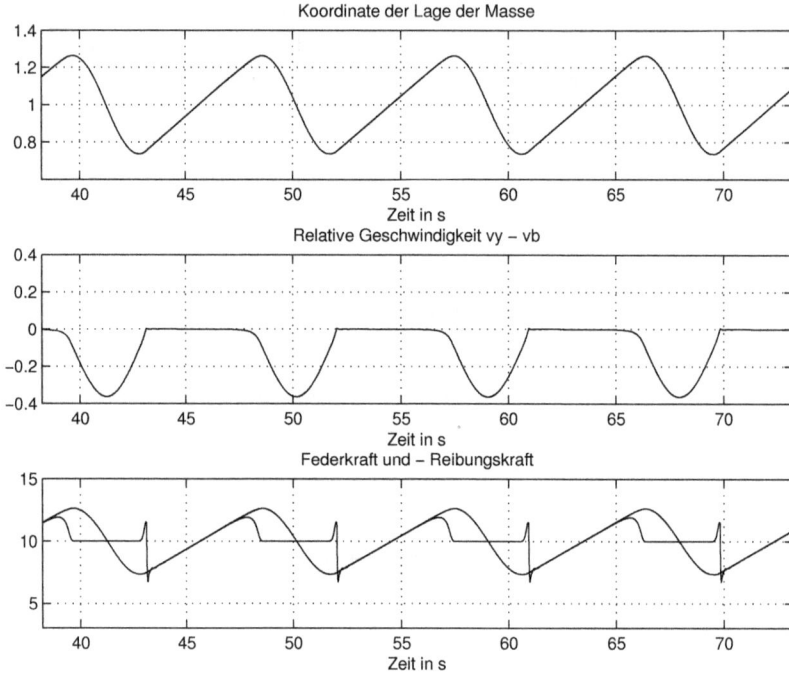

Abb. 1.83: Ergebnisse der Simulation mit LuGre-Reibungskraftmodell
(slip_stick_s_12.m, slip_stick_s12.mdl)

```
vb = 0.1;                   % Bandgeschwindigkeit
FG = 10;                    % LuGre-Modell Parameter
FH = 12;
sigma_0 = 1e4;
sigma_1 = sqrt(1e5);
sigma_2 = c;
vs = 0.05;                  % Stribeck-Geschwindigkeit
% -------- Aufruf der Simulation
Tfinal = 100;
dt = 0.001;       ts = [0,Tfinal];
......
```

Für das zweite System aus Abb. 1.76b werden ähnliche Simulationen durchgeführt. Die Differentialgleichung, die die Bewegung der Masse beschreibt, ist:

$$m\ddot{y}(t) + c\dot{y}(t) + k(y(t) - z(t)) + F_r(t) = 0 \tag{1.120}$$

Im Modell und Skript slip_stick1.mdl bzw. slip_stick_1.m ist die Untersuchung mit einem einfachen Reibungsmodell gemäß Stribeck-Kennlinie

$$F_r(t) = (F_G + (F_H - F_G)e^{-|\dot{y}(t)/v_{str}|})\text{sign}(\dot{y}(t)) \tag{1.121}$$

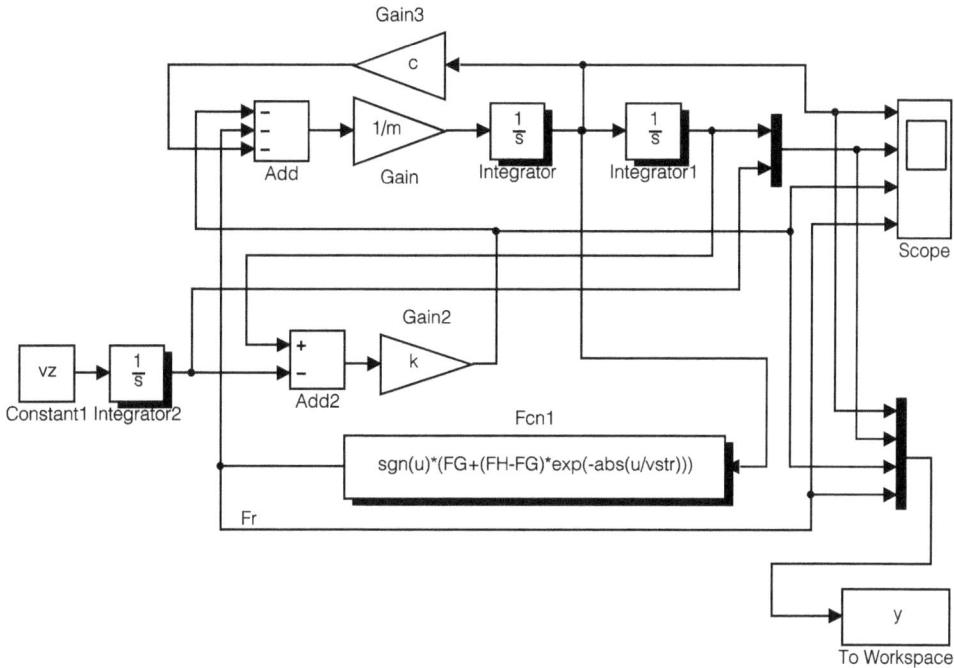

Abb. 1.84: Simulink-Modell des Systems aus Abb. 1.76b (slip_stick_1.m, slip_stick1.mdl)

durchgeführt. Abb. 1.84 zeigt das Simulink-Modell für dieses System.

Aus der konstanten Ziehgeschwindigkeit v_z (aus dem Block *Constant1*) wird mit dem Integrator *Integrator2* die Ziehlage $z(t)$ erzeugt. Im Block *Fcn1* ist die Stribeck-Kennlinie als Funktion der Geschwindigkeit der Masse nachgebildet.

In Abb. 1.85 sind die Ergebnisse dieser Simulation dargestellt. Im ersten `Subplot` ist die Ziehlage und darunter die treppenförmige Koordinate $y(t)$ der Lage der Masse gezeigt. Im nächsten `Subplot` ist die Geschwindigkeit der Masse dargestellt. Man erkennt den Haftzustand mit der Geschwindigkeit null. Kleine Schwankungen können mit der Zoom-Funktion untersucht werden. Wenn der Betrag der Federkraft die Haftreibungskraft überschreitet, wird der Haftzustand beendet und es beginnt der Gleitzustand. Die Geschwindigkeit $\dot{y}(t)$ ist verschieden von null und die Reibungskraft ist die Gleitreibungskraft F_G. Die Federkraft wird kleiner und irgendwann ist die Haftkraft F_H größer und es beginnt erneut ein Haftzustand.

Die gezeigten Ergebnisse wurden mit dem Solver `ode4` mit fester Schrittweite erhalten. Der Leser sollte auch den Solver `ode45` mit variabler Schrittweite testen.

Im Simulink-Modell `slip_stick2.mdl`, das aus dem Skript `slip_stick_2.m` initialisiert und aufgerufen wird, ist das gleiche System simuliert. Es wird aber die Reibungskraft im Haftzustand über Abfragen definiert. Das Modell ist in Abb. 1.86 dargestellt. Die Abfragen entsprechen der Gl. (1.105) und werden weiter nicht kommentiert. Als externe Kraft fungiert hier die Federkraft mit negativem Vorzeichen.

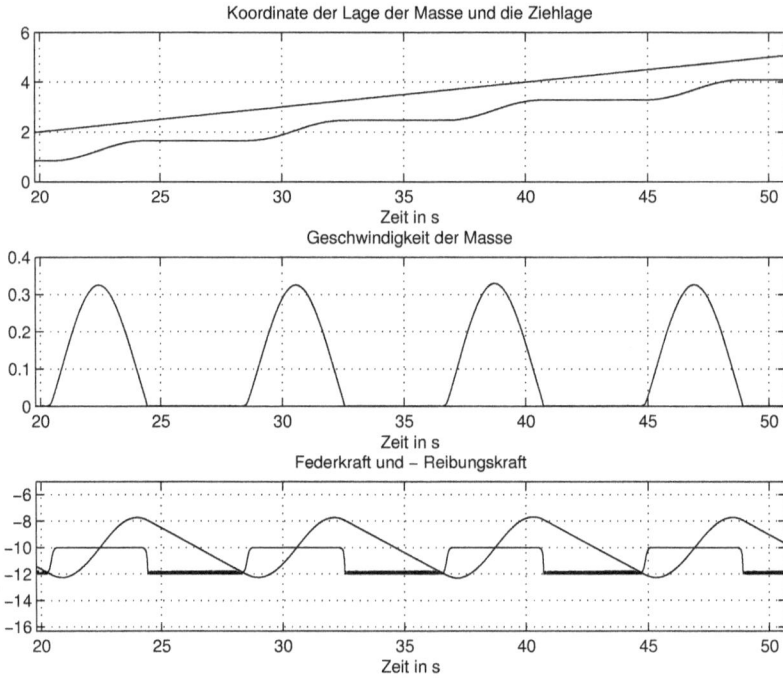

Abb. 1.85: Ergebnisse der Simulation mit Stribeck-Kennlinie für die Reibungskraft
(slip_stick_1.m, slip_stick1.mdl)

Die Ergebnisse dieser Simulation sind im Ausschnitt aus Abb. 1.87 dargestellt. Es gibt bei der Geschwindigkeit null (eigentlich bei dem kleinen Wert 0,0001) keine Schwankungen im Haftzustand. Die Reibungskraft ist durch die Abfragen im Haftzustand eindeutig definiert.

Der Übergang der Reibungskraft vom Haftwert F_H zum Gleitwert F_G wird über den Parameter v_{str} gesteuert. Der Leser soll mit den Parametern des System experimentieren, inklusive mit v_{str}.

Es wird weiter die Simulation desselben Systems aus Abb. 1.76b mit dem LuGre-Modell für die Reibungskraft dargestellt. Im Skript `slip_stick_21.m` wird das Modell `slip_stick21.mdl`, das in Abb. 1.88 gezeigt ist, initialisiert und aufgerufen.

Im Modell fehlt die viskose Dämpfung weil im LuGre-Modell diese über den Faktor $\sigma_2 = c$ gebildet wird. Mit den folgenden Zeilen aus dem Skript wird das Modell initialisiert:

```
% Skript slip_stick_21.m, in dem ein System mit
% Slip-Stick-Verhalten untersucht wird. Es wird
% das LuGre-Modell für die Reibungskraft benutzt.
% Arbeitet mit Modell slip_stick21.mdl
clear;
% -------- Parameter des Systems
```

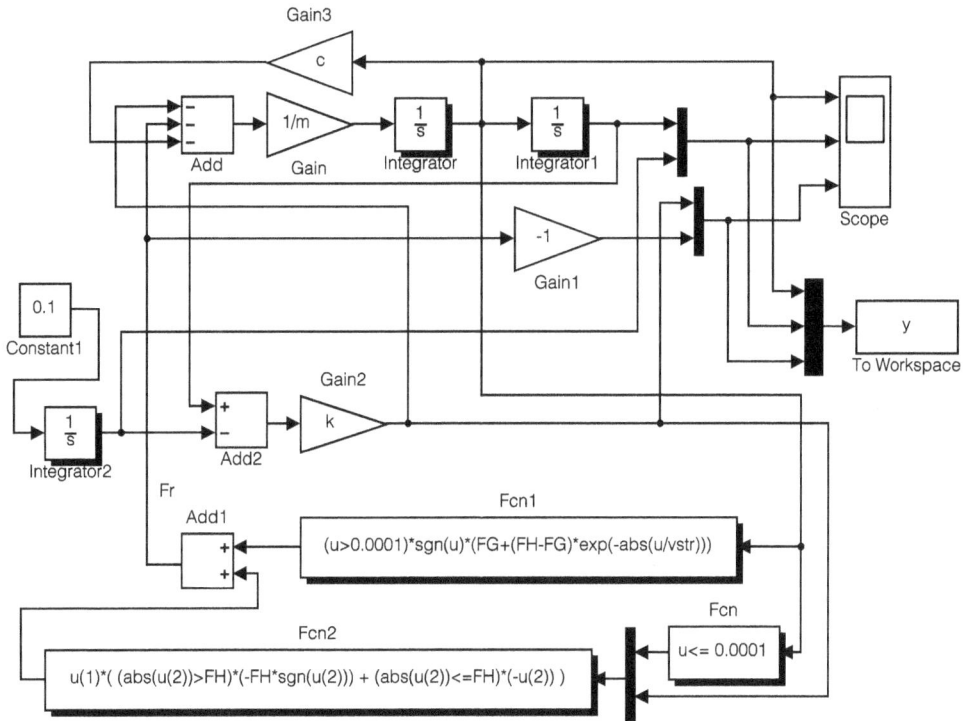

Abb. 1.86: Simulink-Modell des Systems aus Abb. 1.76b mit Definition der Reibungskraft im Haftzustand (slip_stick_2.m, slip_stick2.mdl)

```
m = 10;         k = 10;    % Masse und Federkonstante
c = 0;                     % Viskose Dämpfungskoeffizient
% c = 0.1;
vz = 0.1;                  % Bandgeschwindigkeit
FG = 10;                   % LuGre-Modell Parameter
FH = 12;
sigma_0 = 1e4;
sigma_1 = sqrt(1e5);
sigma_2 = c;
vs = 0.05;                 % Stribeck-Geschwindigkeit
% -------- Aufruf der Simulation
Tfinal = 100;
dt = 0.001;        ts = [0,Tfinal];
my_options = simset('solver','ode4','FixedStep',dt);
%my_options = simset('solver','ode45','MaxStep',dt);
.....
```

Die Senke *To Workspace* wird mit der Option *Structure with Time* parametriert, so dass die Ergebnisse in einer Struktur geliefert werden. Folgende Zeilen zeigen, wie man die

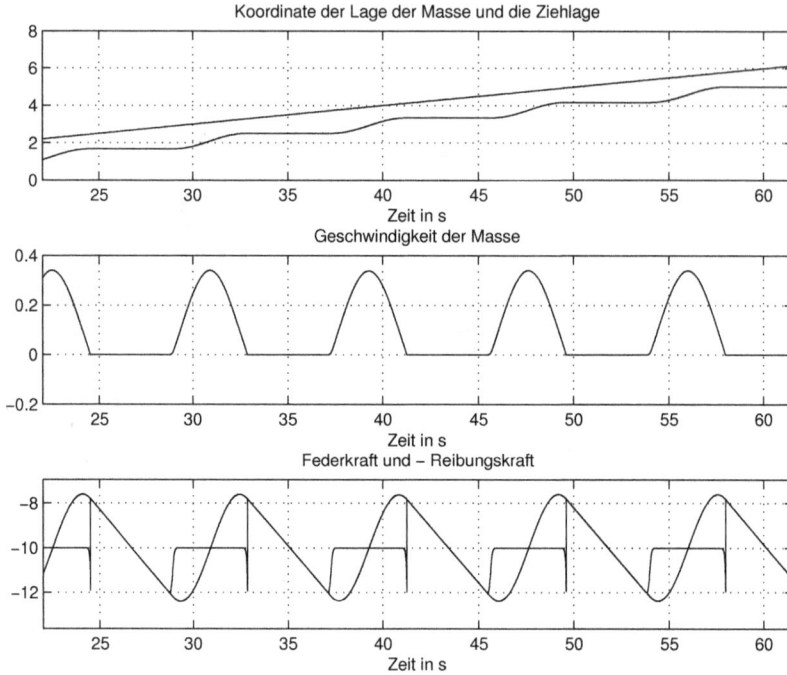

Abb. 1.87: Ergebnisse der Simulation mit Definition der Reibungskraft im Haftzustand
(slip_stick_1.m, slip_stick1.mdl)

Variablen aus der Struktur extrahiert und wie man sie weiter darstellt.

```
sim('slip_stick21',ts,my_options);
vy  = y.signals.values(:,1);     % Geschwindigkeit der Masse
yl = y.signals.values(:,2);      % Lage der Masse
z = y.signals.values(:,3);       % Ziehlage
Fk = y.signals.values(:,4);      % Federkraft
Fr = y.signals.values(:,5);      % -Reibungskraft
t = y.time;                      % Simulationszeit

figure(1);    clf;
a(1) = subplot(311),   plot(t, yl, t, z);
  title('Koordinate der Lage der Masse und die Ziehlage');
  grid on;      xlabel('Zeit in s');
a(2) = subplot(312),   plot(t, vy);
  title('Geschwindigkeit der Masse');
  grid on;      xlabel('Zeit in s');
a(3) = subplot(313),   plot(t, Fk, t, Fr);
  title('Federkraft und - Reibungskraft');
  grid on;      xlabel('Zeit in s');
linkaxes(a,'x');
```

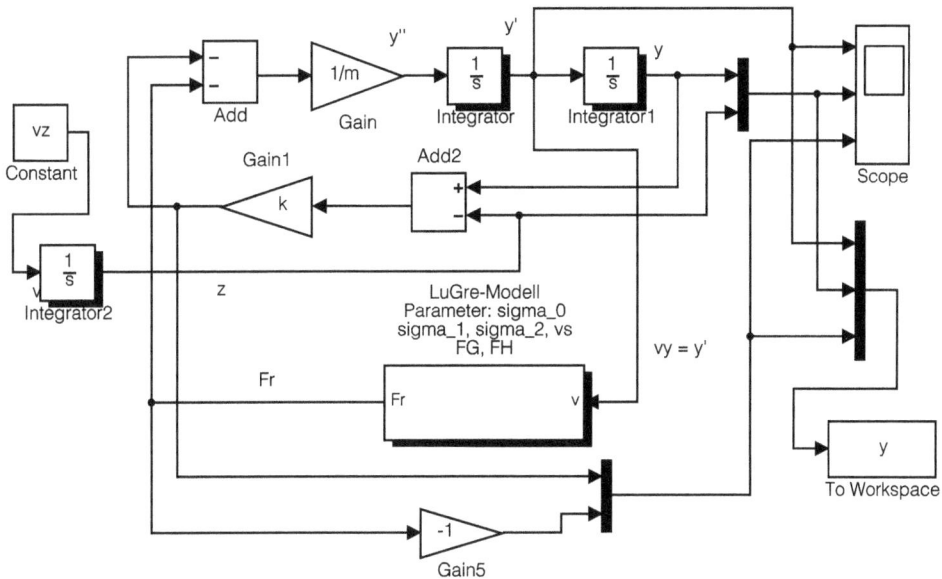

Abb. 1.88: Simulink-Modell mit LuGre-Modell für die Reibungskraft
(slip_stick_21.m, slip_stick21.mdl)

Damit die Zoom-Einstellung aus einem `Subplot` auch auf die anderen wirkt, wird der Befehl **linkaxes** benutzt. In der Darstellung der Ergebnisse wurde diese Möglichkeit eingesetzt, um die Ausschnitte zu erzeugen. Die gewählten Parameter σ_0, σ_1 des LuGre-Modells entsprechen den Werten aus Tabelle 1.1. Man sollte mit diesen Werten experimentieren und ihren Einfluss untersuchen.

1.7.5   Positionsregelung für ein System mit Reibung

Es wird eine einfache Positionsregelung für ein System untersucht, bei dem als Störgröße die Reibungskraft vorkommt. Die Koordinate der Lage $y(t)$ der Masse m soll über die externe Kraft $F_{ext}(t)$ zu einem gewünschten Wert gebracht werden. Die Differentialgleichung der Bewegung ist durch

$$m\ddot{y}(t) + F_r(t) = F_{ext}(t) \tag{1.122}$$

beschrieben.

Mit $F_r(t)$ wurde die Reibungskraft zwischen der Masse und der Fläche, auf der die Masse bewegt wird, bezeichnet. Für diese Reibungskraft wird das dynamische LuGre-Modell benutzt.

Das Simulink-Modell `position_reg1.mdl`, das in Abb. 1.90 dargestellt ist, wird über das Skript `position_reg_1.m` initialisiert und aufgerufen.

Im Modell wird der Ausgang des Blocks *Integrator1* als geregelte Größe (die Position der Masse) mit dem Soll-Wert aus dem Block *Step* verglichen und dem PID-Regler

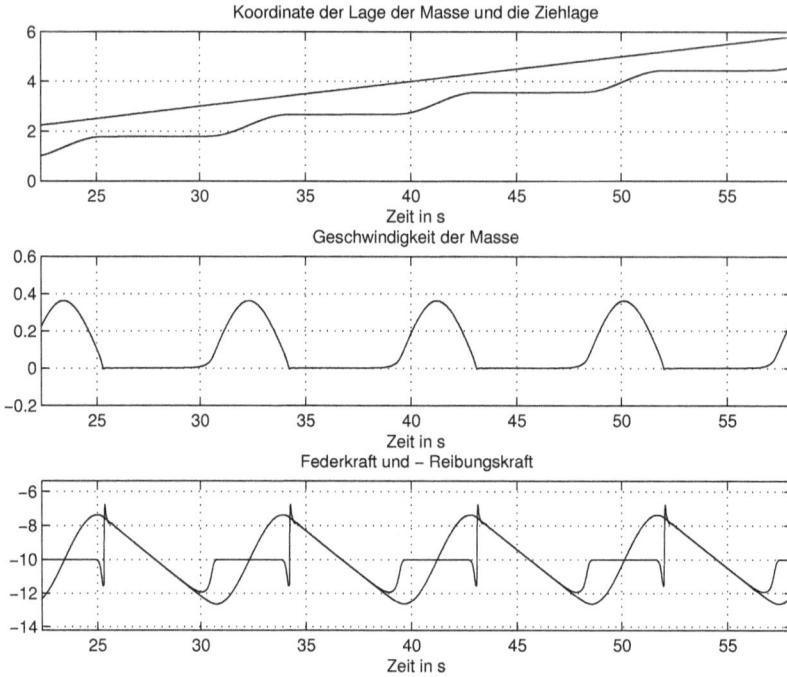

Abb. 1.89: Ergebnisse der Simulation mit LuGre-Modell für die Reibungskraft (slip_stick_21.m, slip_stick21.mdl)

zugeführt. Wegen des sehr großen D-Anteil bei einem Sprung als Soll-Wert wird der Ausgang des Reglers auf Werte begrenzt, die die Werte im stationären Zustand nicht einschränken.

Mit dem Generator *Sine Wave* und dem Block *Gain1* kann man der Stellgröße ein schwankendes (*Dither*) Signal hinzufügen. Das ist eine der Möglichkeiten in Systemen mit Reibungskräften deren Einfluss zu mindern [4], [46],[2]. Dieses Signal mit einer relativ hohe Frequenz versucht das System aus den Haftzuständen zu „entreissen".

Zuerst wird das System ohne das *Dither*-Signal simuliert. Mit folgenden Skriptzeilen wird das System initialisiert und die Simulation aufgerufen:

```
% Skript position_reg_1.m, in dem eine Positionier-
% regelung für ein System mit Reibung untersucht.
% Es wird das LuGre-Modell für die Reibungskraft
% benutzt. Arbeitet mit Modell position_reg1.mdl
clear;
% -------- Parameter des Systems
m = 1;      g = 9.89;
mu0 = 0.2;          % Gleitreibungskoeffizient
muh = 0.4;          % Haftreibungskoeffizient
FG = m*g*mu0;       % LuGre-Modell Parameter
FH = m*g*muh;
```

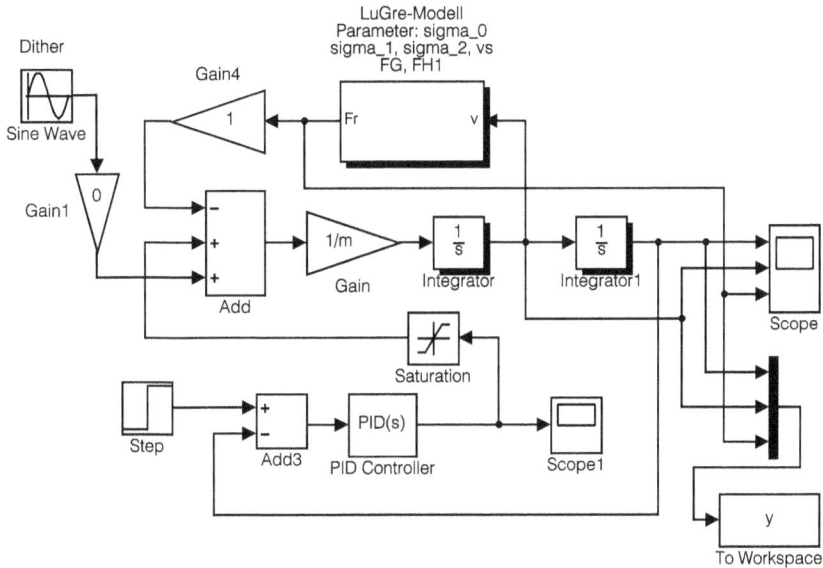

Abb. 1.90: Simulink-Modell der Positionsregelung (position_reg_1.m, position_reg1.mdl)

```
sigma_0 = 5000;
sigma_1 = sqrt(sigma_0);
sigma_2 = 0;
vs = 0.05;                % Stribeck-Geschwindigkeit
dither_ampl = 5;          % Amplitude des Dither-Signals
fdith = 50;               % Frequenz des Dither-Signals (rad/s)
% -------- PID-Regler
P = 10;      I = 20;      D = 10;
%P = 10;      I = 5;       D = 10;
% -------- Aufruf der Simulation
Tfinal = 50;
dt = 0.001;          ts = [0,Tfinal];
%my_options = simset('solver','ode4','FixedStep',dt);
my_options = simset('solver','ode45','MaxStep',dt);

sim('position_reg1',ts,my_options);
yl = y.signals.values(:,1);      % Lage der Masse
vy = y.signals.values(:,2);      % Geschwindigkeit der Masse
Fr = y.signals.values(:,3);      % Reibungskraft
t = y.time;                      % Simulationszeit
......
```

Die Gleit- und Haftreibungskraft werden aus der Normalkraft mg mit Hilfe der Reibungskoeffizienten μ_0 für die Gleitreibung und $\mu_h \geq \mu_0$ für die Haftreibung definiert. Man kann so einfacher die Zahlenwerte diese Kräfte in Bezug auf die Masse m wählen

Koordinate der Lage der Masse

Geschwindigkeit der Masse

Reibungskraft

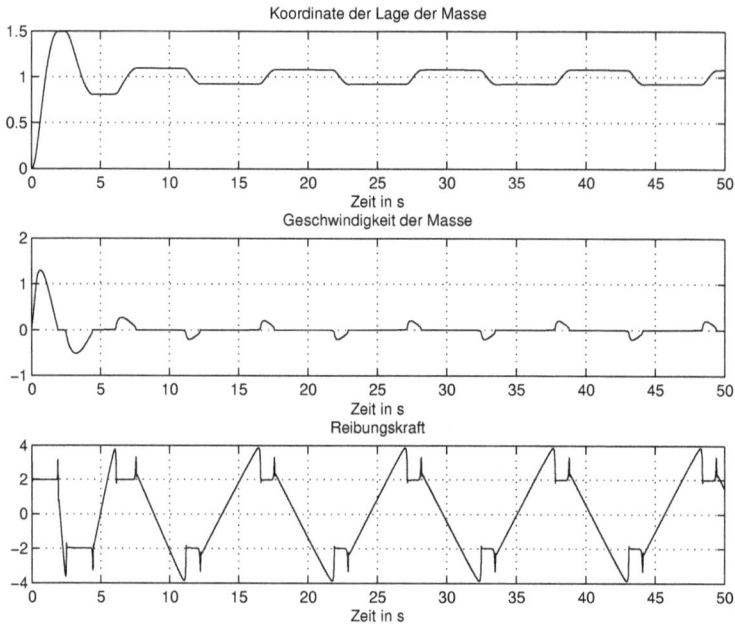

Abb. 1.91: Ergebnisse der Positionsregelung (position_reg_1.m, position_reg1.mdl)

und begründen.

Die Parameter des PID-Reglers wurden durch Versuche eingestellt. Mit dem Integralanteil versucht man den stationären Fehler zu eliminieren. Gerade dieser Anteil ergibt in solchen Systemen mit Reibung unerwünschte Grenzzyklen [4]. Mit einem Faktor null im Block *Gain4* kann man die Reibungskraft als Störung entfernen und dann optimale Parameter für den PID-Regler wählen. Für dieses ideale System wird auch die Frequenz des *Dither*-Signals so hoch gewählt, dass dieses Signal keinen Einfluss auf den Ausgang des Systems hat.

In Abb. 1.91 sind die Ergebnisse der Positionsregelung für einen Sprung als Soll-Wert dargestellt. Ganz oben ist die Koordinate der Lage der Masse als geregelte Größe dargestellt. Man erkennt die Grenzzyklen, die zu Abweichungen der Lage im stationären Zustand führen. Im zweiten Subplot ist die Geschwindigkeit der Masse gezeigt, die im Modell die Eingangsgröße für das LuGre-Modell ist. Ganz unten ist die Reibungskraft als Ausgang des LuGre-Subsystems dargestellt. Man erkennt die linearen Verläufe im Haftzustand bei der Geschwindigkeit null. Die Spitzen entsprechen den Haftreibungskräften und die flachen Zwischenwerte entsprechen den Gleitreibungskräften.

Abb. 1.92 zeigt die Ergebnisse der Simulation, nachdem man das *Dither*-Signal hinzugefügt hat. Bei dieser Skalierung der Achsen für die Koordinate der Lage erkennt man keine Grenzzyklen. Mit der Zoom-Funktion kann man die Auflösung der Darstellung erhöhen und dann sieht man die Veränderungen wegen des *Dither*-Signals, wie in Abb. 1.93 ganz oben dargestellt. Die Reibungskraft beinhaltet keine linearen

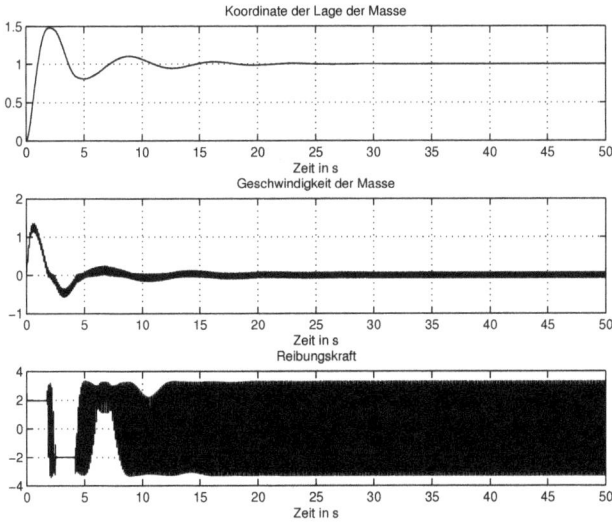

Abb. 1.92: Ergebnisse der Positionsregelung mit Dither-Signal (position_reg_1.m, positi-on_reg1.mdl)

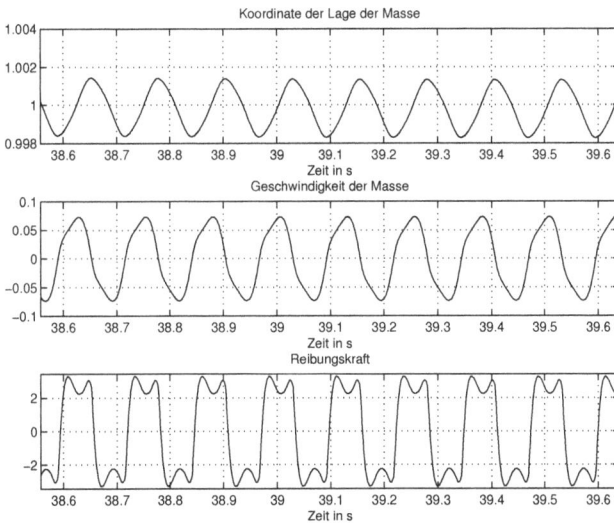

Abb. 1.93: Ergebnisse der Positionsregelung mit Dither-Signal (Ausschnitt) (position_reg_1.m, position_reg1.mdl)

Verläufe, die dem Haftzustand entsprechen würden. Die Schwankungen haben eine Amplitude, die kleiner als 0,002 ist, was Abweichungen von 0,2 % relativ zum idealen Wert eins bedeuten.

In Abb. 1.94 ist eine andere Möglichkeit dargestellt den störenden Effekt der

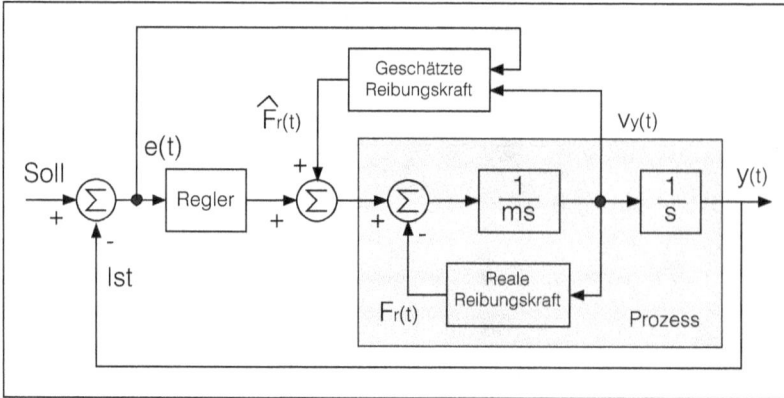

Abb. 1.94: *Blockschema der Modell-Basierte-Reibungskompensation* (position_reg_1.m, position_reg1.mdl)

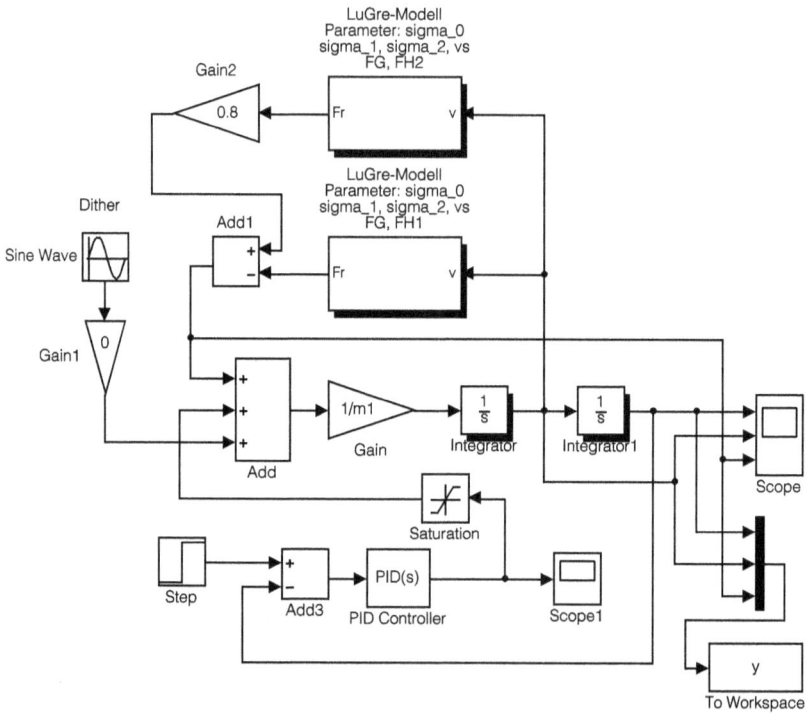

Abb. 1.95: *Einfaches Simulink-Modell der Modell-Basierten-Reibungskompensation* (position_reg_2.m, position_reg2.mdl)

Reibung zu kompensieren. Es handelt sich um die sogenannte modellbasierte Reibungskompensation (*Model-based friction compensation*) [2].

Aus der Geschwindigkeit $\dot{y}(t) = v_y(t)$ und dem Fehler der Regelung $e(t)$ wird mit einem Modell der Reibungskraft eine geschätzte Reibungskraft $\hat{F}_r(t)$ ermittelt. Dafür werden Beobachter (*Observer*) verwendet, die für dynamische Modelle mit Erfolg eingesetzt wurden [25].

Wenn im idealen Fall die geschätzte und die reale Reibungskraft gleich sind, ist der Effekt der Reibungskraft kompensiert. Praktisch gibt es immer einen Unterschied und das Modell kann nicht genau die reale Reibungskraft nachbilden. Die geschätzte Reibungskraft wird hinzuaddiert und bildet dadurch eine positive Rückkopplung, die zu einigen Schwierigkeiten führen kann.

Im Modell `position_reg2.mdl`, das aus dem Skript `position_reg_2.m` initialisiert und aufgerufen wird, ist eine vereinfachte Simulation einer modellbasierten Reibungskompensation realisiert. Das Modell ist in Abb. 1.95 dargestellt.

Die geschätzte Reibungskraft wird mit einem korrekten Modell ermittelt, das gleich dem Modell ist, mit dem die Reibungskraft simuliert wird. Der Unterschied für die Kompensation ist hier nur durch den Faktor im *Gain2*-Block gegeben.

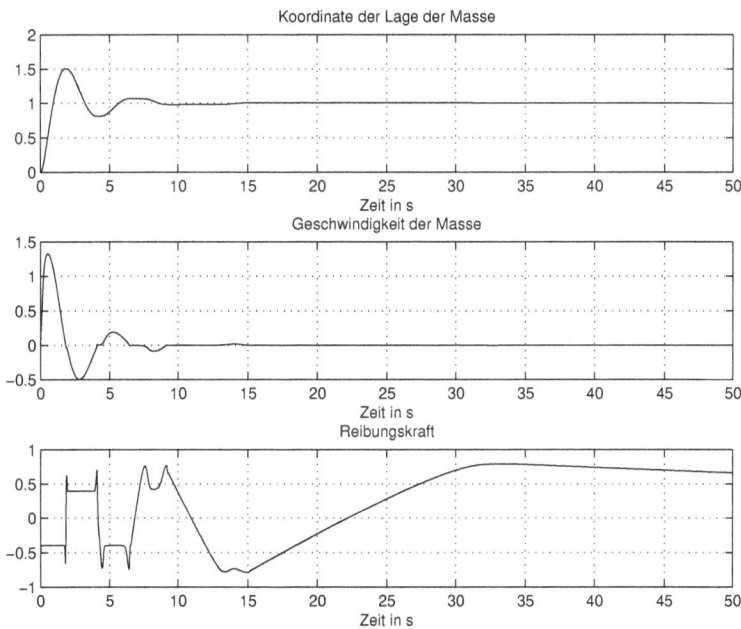

Abb. 1.96: *Ergebnisse der Modell-Basierten-Reibungskompensation* (position_reg_2.m, position_reg2.mdl)

In Abb. 1.96 sind die Ergebnisse dieser Simulation mit modellbasierter Reibungskompensation dargestellt. Mit der Zoom-Funktion kann man die stationäre Lage näher betrachten und die Abweichung zum Wert eins als Sollwert bestimmen.

Auch wenn der Beobachter zur Schätzung der Reibungskraft in einer Simulation sehr gut die Reibungskraft kompensiert, bleibt in der Praxis das Problem, dass die Geschwindigkeit $v_y(t)$ nicht messbar ist und ebenfalls aus $y(t)$ geschätzt werden muss.

Die einfache Lösung, die aus der Ableitung des Weges die Geschwindigkeit ergibt, ist nicht praktikabel. Die kleinen Fehler in der Messung des Weges führen durch Ableitung zu nicht akzeptablen Fehlern für die Geschwindigkeit.

Es müssen spezielle Filter in Form von Beobachtern entwickelt werden, mit denen man aus der Koordinate der Lage $y(t)$ die Geschwindigkeit schätzt. Eine andere Lösung besteht darin, die Geschwindigkeit als zusätzliche Zustandsvariable anzunehmen und diese im Beobachter zusammen mit der Reibungskraft und den anderen Zustandsvariablen zu schätzen.

1.7.6   *Differential-Filter* zur Schätzung der Geschwindigkeit

In [35] ist ein *Differential-Filter* zur Schätzung der Geschwindigkeit aus der Lage in Form eines nichtlinearen Beobachters beschrieben, das im Weiterem simuliert wird. Der Beobachter besteht aus einem System von drei nichtlinearen Differentialgleichungen erster Ordnung. Es werden die Bezeichnungen aus diesem Artikel benutzt, um den Bezug zum Inhalt zu erleichtern. Ohne die Theorie der Beobachter (englisch *Observer*) hier zu behandeln, wird der im Artikel vorgestellte Beobachter durch Simulation untersucht. Im Artikel sind keine Simulationen enthalten.

Der Beobachter ist durch folgende Differentialgleichungen beschrieben:

$$\dot{\hat{y}}_T(t) = -k(\hat{y}_T(t) - y(t)) + \hat{\theta}_T(t) - \hat{\epsilon}_T(t)\text{sign}(\hat{y}_T(t) - y(t))$$

$$\dot{\hat{\theta}}_T(t) = -\gamma(\hat{y}_T(t) - y(t)) \tag{1.123}$$

$$\dot{\hat{\epsilon}}_T(t) = |(\hat{y}_T(t) - y(t))|; \qquad \text{mit} \qquad e_T(t) = \hat{y}_T(t) - y(t)$$

Hier ist $y(t)$ der gemessene Weg oder Lage und $\hat{y}_T(t)$ ist der durch den Beobachter geschätzter Wert für $y(t)$. Die Differenz $e_T(t) = \hat{y}(t) - y(t)$ stellt den Fehler des Beobachters dar. Mit $\theta_T(t)$ wird die Zeitableitung einer Funktion $f(y(t))$ von $y(t)$ bezeichnet, die hier einfach als $f(y(t)) = y(t)$ gewählt wird. Dadurch ist $\hat{\theta}_T(t)$ die gewünschte geschätzte Geschwindigkeit:

$$\theta_T(t) = \frac{df(y(t))}{dt} = \frac{df(y(t))}{dy(t)} \cdot \frac{dy(t)}{dt}\Big|_{f(y(t))=y(t)} = \frac{dy(t)}{dt} \tag{1.124}$$

Der Beobachter enthält nur zwei Parameter k und γ, die man durch Versuche in der Simulation bestimmen kann.

Mit dem Modell `diff_filter1.mdl` (Abb. 1.97) und Skript `diff_filter_1.m` wird der Beobachter mit einfachen Eingangssignalen untersucht.

Mit einem *Manual Switch*-Block kann man als Eingangssignal ein dreieckiges oder ein sinusförmiges Signal wählen. Auf dieses Signal kann weiter Messrauschen mit vorgegebener Varianz addiert werden. Es bildet so das Eingangssignal im Beobachter mit dem dessen Ableitung geschätzt wird.

Zusätzlich wird die Ableitung auch direkt über den Block *Derivative* ermittelt und als `y1`-Signal zwischengespeichert. Ganz oben wird die mittlere Leistung dieses Signals berechnet und im Block *Display* am Ende der Simulation gezeigt.

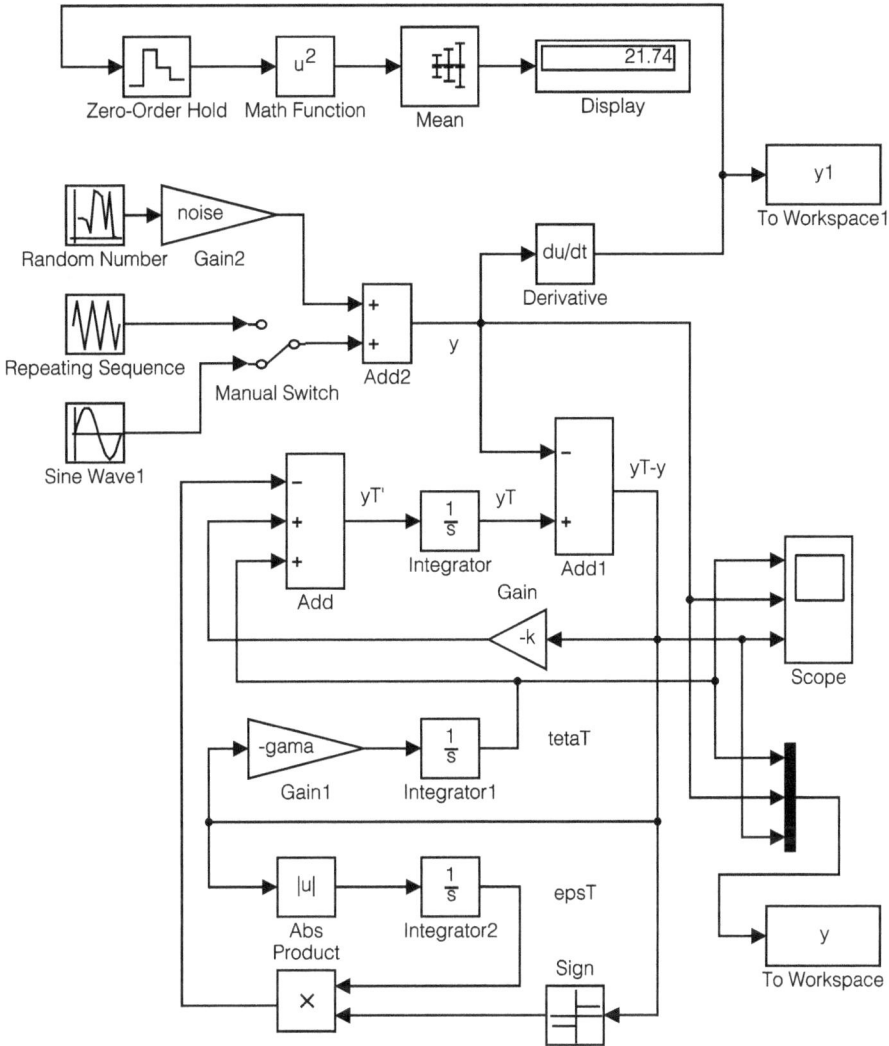

Abb. 1.97: Simulink-Modell zur Untersuchung des Beobachters (diff_filter_1.m, diff_filter1.mdl)

Für den Beobachter werden die Differentialgleichungen gemäß Gleichungen (1.123) nachgebildet. Am *Scope*-Block wird als erste Größe die geschätzte Geschwindigkeit $\dot{\hat{\theta}}_T(t)$ dargestellt. Das zweite Signal ist das Eingangssignal und das dritte stellt die Differenz $e_T(t) = \hat{y}_T(t) - y(t)$ als Fehler des Beobachters dar.

Im Skript werden am Anfang die Parameter des Beobachters und der Signale initialisiert und dann die Simulation aufgerufen:

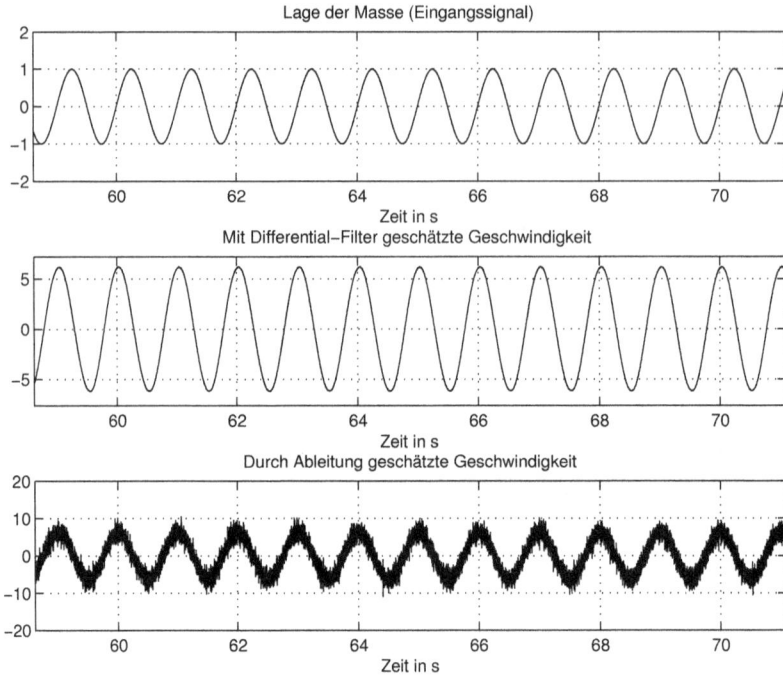

Abb. 1.98: Ergebnisse der Simulation des Beobachters für sinusförmige Anregung (Ausschnitt)
(diff_filter_1.m, diff_filter1.mdl)

```
% Skript diff_filter_1.m, in dem ein Filter zur Bildung
% der Ableitung eines Signals untersucht wird.
% Die Idee stammt aus ''Adaptive Compensation of Friction
% Forces with Differential Filter'' Kouichi Mitsunaga,
% Takami Matsuo. International Journal of Computer,
% Communications & Control % Vol III (2008), No. 1, pp 80-89
% Arbeitet mit Modell diff_filter1.mdl
clear;

% ------- Parameter des Filters
fsig = 1;              % Frequenz des Eingangssignals in Hz
wsig = 2*pi*fsig;      % rad/s
Tsig = 1/fsig;         % Periode
ampl = 1;              % Amplitude des Signals
% ampl = 0;             % Für den Einfluss des Messrauschens

deltaT = Tsig/4;       % Intervalle für das dreieckiges Signal
tdreieck = [0, deltaT, 2*deltaT, 3*deltaT, 4*deltaT];
dreieck = [0, ampl, 0, -ampl, 0];   % Werte des dreieck. Signals
varianz = 1e-6;        % Varianz des Messrauschens der Lage
```

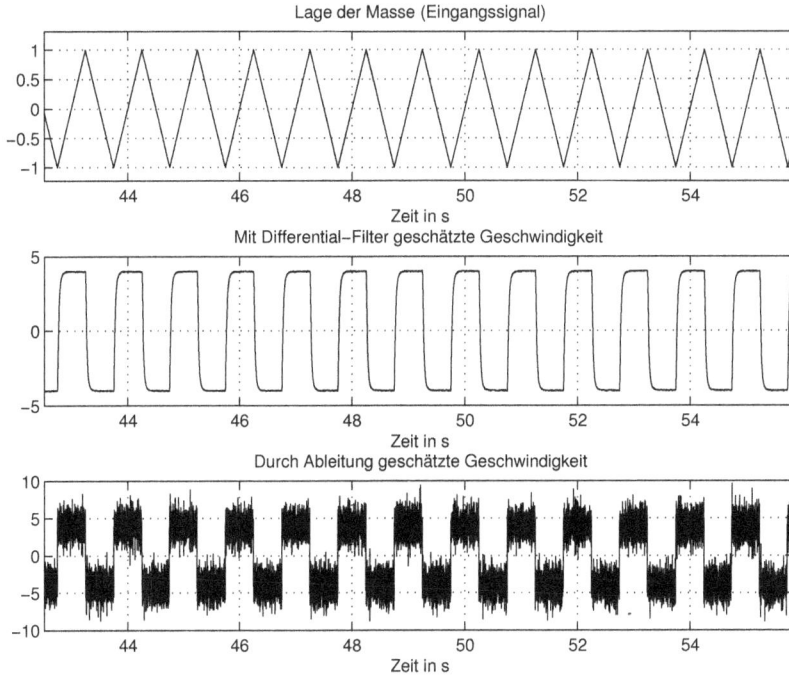

Abb. 1.99: Ergebnisse der Simulation des Beobachters für dreieckige Anregung (Ausschnitt)
(diff_filter_1.m, diff_filter1.mdl)

```
noise = sqrt(varianz);    % Verstärkung des Messrauschens
%noise = 0;               % Ohne Messrauschen
%k = 100;      gama = 0.1e4;  % Parameter des Filters für 0.1 Hz
k = 250;       gama = 1e4;    % Parameter des Filters für 1 Hz
%k = 500;      gama = 10e4;   % Parameter des Filters für 10 Hz


% ------ Aufruf der Simulation
Tfinal = 100;
dt = 0.001;       ts = 0:dt:Tfinal-dt;
nt = length(ts);
%my_options = simset('solver','ode4','FixedStep',dt);
my_options = simset('solver','ode45','MaxStep',dt);


sim('diff_filter1',ts,my_options);
vy  = y.signals.values(:,1);   % Geschätzte Geschwindigkeit der Masse
yy = y.signals.values(:,2);    % Lage der Masse (Eingangssignal)
eT = y.signals.values(:,3);    % yT - y
t = y.time;                    % Simulationszeit
dydt = y1.signals.values;      % Direkte Ableitung des Eingangssignals
.......
```

Abb. 1.98 zeigt die Ergebnisse der Simulation des Beobachters für eine sinusförmige Anregung der Frequenz $f_{sig} = 1$ Hz und Amplitude eins. Die Amplitude der Ableitung muss somit $\omega_{sig} = 2\pi f_{sig} = 6,28$ sein. Für die Varianz des Messrauschens wurde ein Wert von 10^{-6} gewählt.

In Abb. 1.99 sind die gleichen Ergebnisse für eine dreieckige Anregung dargestellt. In beiden Darstellungen hat das relativ kleine Messrauschen zu starken Rauschen der direkten Geschwindigkeitschätzung über die Ableitung geführt.

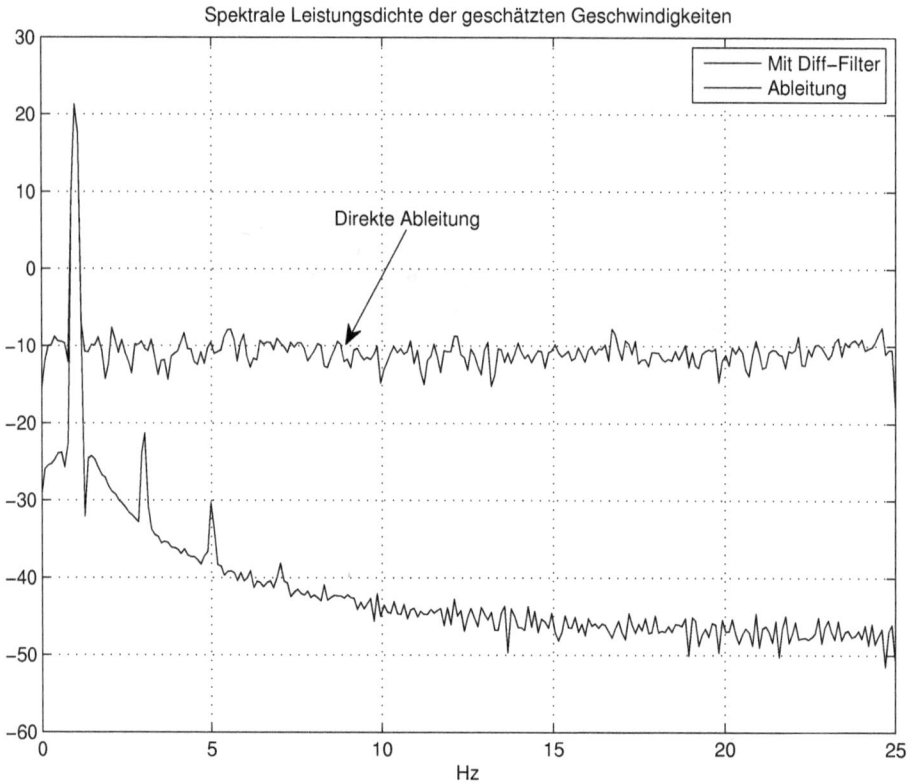

Abb. 1.100: *Spektrale Leistungsdichten der geschätzten Geschwindigkeiten für sinusförmige Anregung* (diff_filter_1.m, diff_filter1.mdl)

Um den Anteil des Rauschens in den geschätzten Geschwindigkeiten zu bestimmen, werden am Ende des Skriptes die spektralen Leistungsdichten ermittelt und dargestellt. Es wird die MATLAB-Funktion **pwelch** benutzt. Wegen der relativ hohen Abtastfrequenz der Signale, die durch die kleine Schrittweite dt der Simulation gegeben ist, wird vorher eine Dezimierung mit dem Faktor dez = 20 vorgenommen und gleichzeitig werden die Anfänge der Signale, die eventuell Einschwinganteile enthalten, entfernt. In dieser Form erhält man eine Darstellung mit der entsprechenden Auflösung, so dass man z.B. auch das Signal von 1 Hz gut untersuchen kann.

Es ist erstaunlich, dass mit den optimalen Parameter k, γ der Beobachter praktisch ohne Einschwingen die korrekte Geschwindigkeit liefert.

```
......
% -------- Signale ohne Einschwingen und Spektren
ntrans = round(nt/5);          % Einschwingteil
dez = 20;                      % Dezimierung und Entfernung des
yy = yy(ntrans:dez:end);       % Einschwingens
vy = vy(ntrans:dez:end);            nfft = length(vy);
vdydt = dydt(ntrans:dez:end);
nfft = 512;
[P_diff, f] = pwelch(vy, hamming(nfft),50,nfft,1/(dez*dt));
[P_dydt, f] = pwelch(vdydt, hamming(nfft),50,nfft,1/(dez*dt));
figure(2);     clf;
 plot(f, 10*log10(P_diff), f, 10*log10(P_dydt));
 title('Spektrale Leistungsdichte der geschätzten Geschwindigkeiten');
 xlabel('Hz');    grid on;    legend('Mit Diff-Filter', 'Ableitung');
P_diff_t = sum(P_diff)/(dez*dt*nfft),  % Leistung der Signale aus der
P_dydt_t = sum(P_dydt)/(dez*dt*nfft),  % spektralen Leistungsdichte
```

In Abb. 1.100 sind die spektralen Leistungsdichten der zwei geschätzten Geschwindigkeiten dargestellt. Für die Schätzung mit der Ableitung des Eingangssignals ist der Rauschanteil einfach zu bestimmen. Der praktisch horizontale Funktionsverlauf zeigt einen frequenzunabhängigen Rauschanteil von ca. -10 dB/Hz. Aus $-10 = 10\log_{10}(x)$ ergibt sich eine spektrale Leistungsdichte von $x = 10^{-1} = 0,1$ Leistung/Hz. Daraus kann man dann die Varianz (oder Leistung) des Rauschanteils berechnen, $v_{dydt} = 0,1f_s/2 = 0,1/(2de_z \times dt) = 0,1/0,04 = 2,5$ Leistung. Hier ist de_z der Dezimierungsfaktor des Signals, der zu einer neuen Abtastperiode (Schrittweite) gleich $de_z \times dt$ geführt hat. Im Vergleich zur Varianz des Messrauschens von 10^{-6} Leistung am Eingang, ist dieser Wert erheblich größer und zwar mit dem Faktor $2,5 \cdot 10^6$.

In der Darstellung der spektralen Leistungsdichte der über den Beobachter geschätzten Geschwindigkeit sieht man, dass das Signal nicht ganz sauber sinusförmig ist. Es enthält auch einige ungerade Harmonische, die aber relativ klein im Vergleich zur Grundschwingung sind.

Der Anteil des Rauschens für diese Geschwindigkeit kann man messen, indem man die Simulation ohne Anregung, nur mit Rauschen am Eingang, startet. Dann erhält man auch eine praktisch horizontale Darstellung der spektralen Leistungsdichte für den Ausgang des Beobachters bei ca. -50 dB/Hz. Dieser Wert bedeutet jetzt eine spektrale Leistungsdichte von 10^{-5} Leistung/Hz. Daraus ergibt sich eine viel kleinere Varianz dieses Rauschanteils von $v_{diff} = 10^{-5}f_s/2 = 10^{-5}/(2de_z \times dt) = 10^{-5}/0.04 = 2,5 \cdot 10^{-4}$ Leistung.

Die Leistung für diese Anwendung ist eine Geschwindigkeit hoch zwei und nicht Watt (wie in elektrischen Anwendungen). Es ist aber auch in solchen Anwendungen üblich die Leistung in Watt anzugeben.

In der nächsten Simulation wird der Beobachter mit einem bandbegrenzten Signal getestet. Es wird ein solches Signal als Geschwindigkeit angenommen und mit einem Integrierer wird daraus die Lage berechnet. Aus dieser wird dann mit dem Beobachter die Geschwindigkeit geschätzt und mit der korrekten Geschwindigkeit verglichen. Mit dem Modell `diff_filter2.mdl`, das in Abb. 1.101 dargestellt ist und mit dem Skript `diff_filter_2.m` wird dieses Experiment durchgeführt.

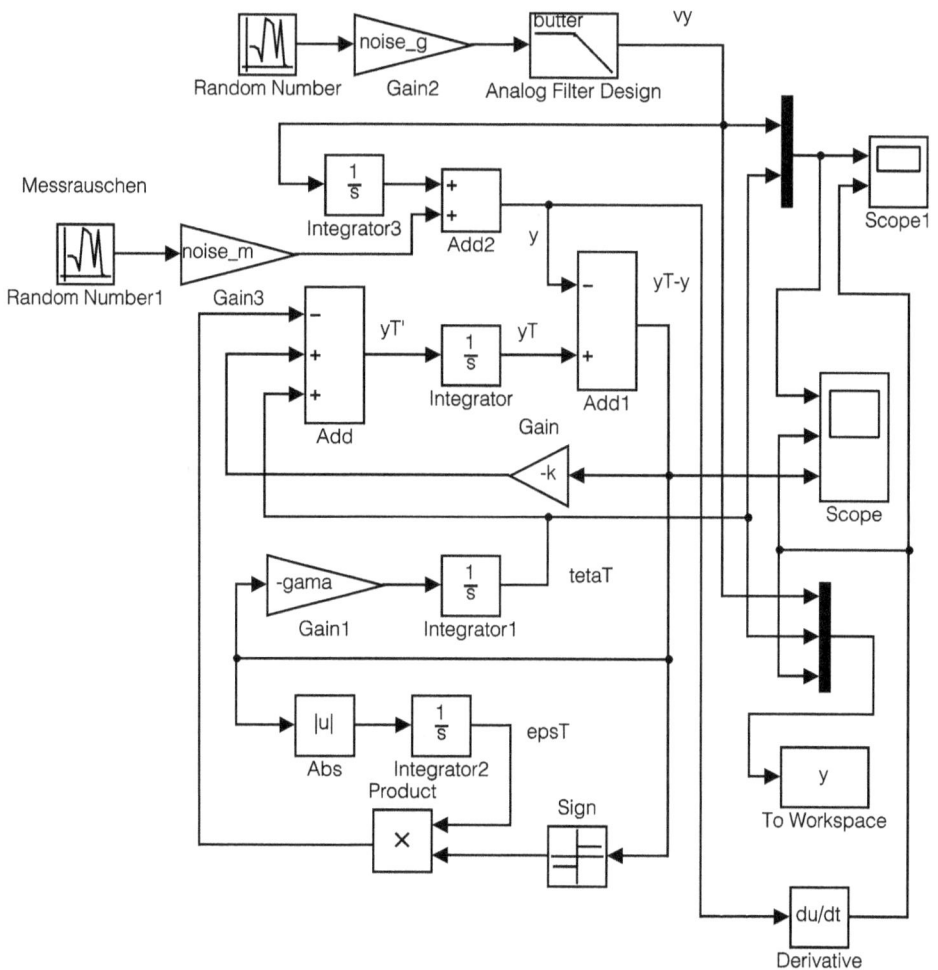

Abb. 1.101: *Simulink-Modell für die Untersuchung des Beobachters mit bandbegrenztem Signal* (diff_filter_2.m, diff_filter2.mdl)

Aus dem Rauschsignal des Blocks *Random Number*, der unabhängige, normalverteilte Zufallswerte erzeugt, wird durch Tiefpassfilterung mit dem Block *Analog Filter Design* ein bandbegrenztes Zufallssignal erzeugt. Dieses Signal wird als Geschwindigkeit angenommen und mit einem Integrator (*Integrator3*) wird daraus der Weg gebildet. Nach der Addition des Messrauschens erhält man das Eingangssignal des Beobachters.

Als zusätzliche Parameter werden im Skript die Durchlassfrequenz des Tiefpassfilters `f_pass` und die Varianz des Rauschgenerators in `noise_g` initialisiert.

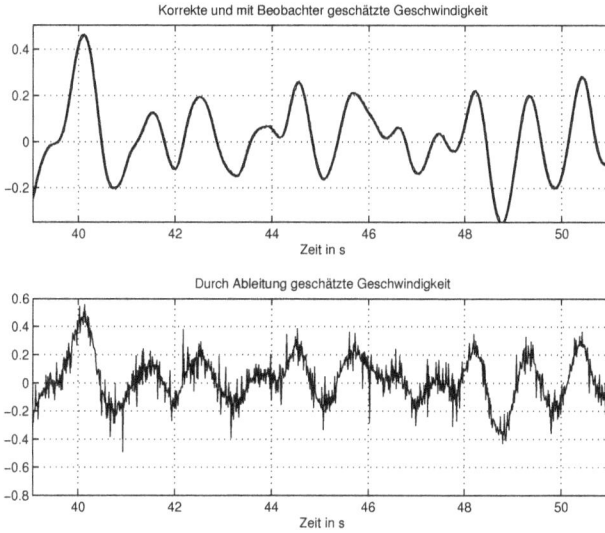

Abb. 1.102: Ergebnisse für eine Bandbreite von 1 Hz und Schrittweite der Simulation von 0,01 s (diff_filter_2.m, diff_filter2.mdl)

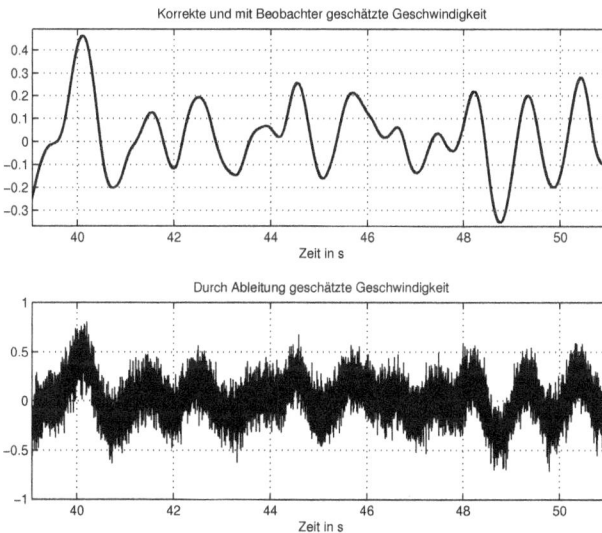

Abb. 1.103: Ergebnisse für eine Bandbreite von 1 Hz und Schrittweite der Simulation von 0,001 s (diff_filter 2.m, diff_filter2.mdl)

In Abb. 1.102 sind oben die korrekte Geschwindigkeit und die über den Beobachter geschätzte Geschwindigkeit dargestellt. Darunter ist die über die Ableitung geschätzte Geschwindigkeit gezeigt. Es wurde eine Schrittweite der Simulation von 0,01 s benutzt. Dieselben Ergebnisse für eine kleinere Schrittweite von 0,001 s sind in Abb. 1.103 dargestellt. Wie man sieht, ist die über die Ableitung geschätzte Geschwindigkeit viel stärker verrauscht.

Die kontinuierliche Ableitung führt diskretisiert zu einer numerischen Berechnung der Form:

$$\frac{dy(t)}{dt} \cong \frac{y(t + \Delta t) - y(t)}{\Delta t} \tag{1.125}$$

Die Statistik der finiten Differenz im Zähler ist unabhängig von der Schrittweite und das führt dazu, dass mit kleineren Werten Δt der Rauschanteil größer wird.

Es ergibt sich eine gute Übereinstimmung der korrekten und der mit dem Beobachter geschätzte Geschwindigkeit für beide Schrittweiten. Mit der Zoom-Funktion kann man die Übereinstimmung näher beurteilen. Abhängig von der Bandbreite der simulierten korrekten Geschwindigkeit muss man die Parameter k und γ anpassen:

```
%k = 100;      gama = 0.1e4;   % Parameter für 0.1 Hz Bandbreite
k = 250;       gama = 1e4;     % Parameter für 1 Hz Bandbreite
%k = 500;      gama = 10e4;    % Parameter für 10 Hz Bandbreite
```

Am Ende des Skriptes werden auch hier die spektralen Leistungsdichten der Schätzungen der Geschwindigkeit ermittelt und dargestellt. Aus diesen kann man dann die Leistung der Rauschanteile berechnen. Mit Hilfe der spektralen Leistungsdichten werden die Gesamtleistungen `P_diff_f` für die Schätzung der Geschwindigkeit mit dem Beobachter und `P_dydt_f` für die Schätzung über die Ableitung ermittelt. Diese Leistungen müssen gemäß *Satz von Parseval* [56] gleich den Leistungen `P_diff_t` und `P_dydt_t` sein, die man direkt aus den Zeitverläufen der Schätzungen berechnet:

```
% -------- Satz von Parseval
P_diff_f = sum(P_diff)/(dez*dt*nfft),
  P_diff_t = std(vy_diff)^2,
P_dydt_f = sum(P_dydt)/(dez*dt*nfft),
  P_dydt_t = std(vy_dydt)^2,
```

Für die Bandbreite 1 Hz und die Schrittweite der Simulation von 0,001 s, erhält man folgende Werte für diese Leistungen:

```
P_diff_f =  0.0018        P_diff_t =  0.0020
P_dydt_f =  0.0213        P_dydt_t =  0.0217
```

Sie sind annähernd gleich weil die Werte hauptsächlich von der Leistung des Signals herrühren und nicht vom Rauschanteil.

2 Simulation elektronischer Systeme

In diesem Kapitel werden einige elektronische Systeme simuliert. Viele elektronische und elektrische Systeme kann man annähernd linear betrachten. Andere Systeme, die insgesamt nichtlinear sind, können mit linearen Differential- oder Differenzengleichungen beschrieben werden, die für bestimmte Zustände gültig sind. Beim Übergang von einem in einen anderen Zustand müssen die Endwerte der Zustandsvariablen gespeichert werden und als Anfangsbedingungen für den nächsten Zustand benutzt werden. In Simulationen mit Simulink geschieht das mit Hilfe der Integratoren. Diese Möglichkeit wird am Beispiel der DC/DC-Wandler[1] erläutert [57], [43], [62], [58], [48], [33].

2.1 Der *Step-Down*-Wandler

Abb. 2.1 zeigt die Schaltung eines Abwärtswandlers, der auch als *Buck-Converter* bekannt ist. Man kann mit so einem Wandler z.B. aus einer Gleichspannung von 5 V eine Gleichspannung von 3 V erzeugen. Die Halbleiterkomponenten Q und D werden als ideale Komponenten angenommen (Nullspannung im durchgeschalteten Zustand, Nullstrom im blockierten Zustand und Nullschaltzeit).

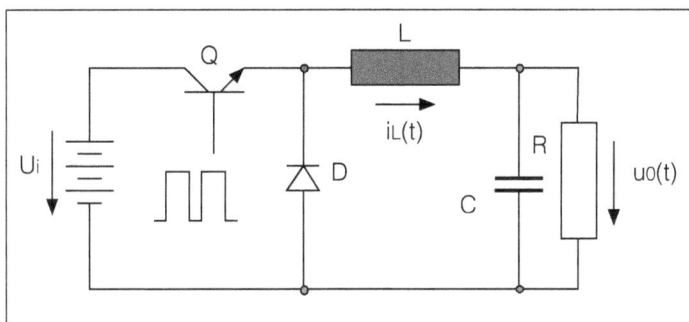

Abb. 2.1: Schaltung des Abwärtswandler (Buck-Wandlers)

Der Transistor Q als Schalter wird mit einem bestimmten Tastverhältnis gesteuert, das die Ausgangsspannung $u_0(t)$ bestimmt. Die Eingangsspannung U_i wird konstant angenommen. Es ist eine vereinfachte Schaltung, in der der Innenwiderstand der Quelle, der Widerstand der Induktivität L und der Widerstand des Kondensators C vernachlässigt werden.

---

[1]*Direct-Curent to Direct-Curent Converters*

Die Schaltung besitzt zwei Zustände, die durch die Zustände des Schalters, der durch den Transistor Q gebildet wird, gegeben sind. In der Annahme, dass der Strom der Induktivität $i_L(t)$ immer größer als null ist („lückenloser Betrieb"), sind die Differentialgleichungen für die zwei Zustandsvariablen $i_L(t), u_0(t) = u_c(t)$ im stationären Betrieb einfach zu schreiben.

Für den Zustand mit Q leitend (im Intervall T_1) ist die Diode D blockiert, weil sie umgekehrt polarisiert ist und die Differentialgleichungen sind:

$$\frac{di_L(t)}{dt} = \frac{1}{L}(U_i - u_0(t))$$
$$\frac{du_0(t)}{dt} = \frac{1}{C}(i_L(t) - \frac{u_0(t)}{R}) \tag{2.1}$$
$$\text{für} \quad 0 < t < T_1 \quad (Q:ON)$$

Wenn der Schalter Q geöffnet ist (im Intervall T_2) öffnet sich die Diode und die Differentialgleichungen für die Zustandsvariablen werden:

$$\frac{di_L(t)}{dt} = \frac{1}{L}(-u_0(t))$$
$$\frac{du_0(t)}{dt} = \frac{1}{C}(i_L(t) - \frac{u_0(t)}{R}) \tag{2.2}$$
$$\text{für} \quad T_1 < t < T_1 + T_2 \quad (Q:OFF)$$

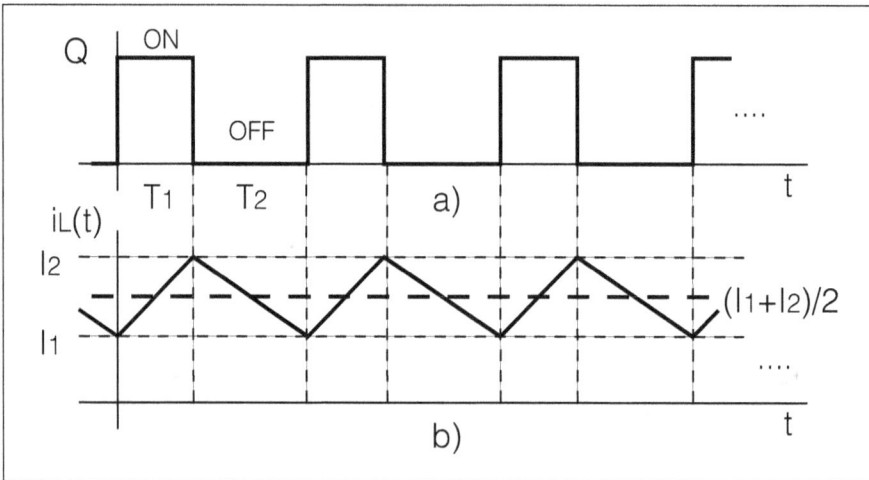

Abb. 2.2: *Strom der Induktivität für $C \to \infty$*

In der Annahme, dass die Kapazität des Kondensators sehr groß ist, $C \to \infty$, kann man die Spannung am Ausgang konstant betrachten und das ermöglicht eine einfache Analyse der Schaltung. Für diese Annahme ist in Abb. 2.2b der Verlauf des Stroms durch die Induktivität im stationären Zustand dargestellt. Im Intervall T_1 ist der Strom durch

$$\frac{di_L(t)}{dt} = \frac{1}{L}(U_i - U_0) \quad \text{oder} \quad i_L(t) = \frac{1}{L}(U_i - U_0)t + I_1 \tag{2.3}$$

gegeben. Für $t = T_1$ nimmt dieser Strom den Wert I_2 an:

$$I_2 = \frac{U_i - U_0}{L}T_1 + I_1 \tag{2.4}$$

Ähnlich ergibt sich für das zweite Intervall T_2:

$$\frac{di_L(t)}{dt} = \frac{1}{L}(-U_0) \quad \text{oder} \quad i_L(t) = -\frac{1}{L}U_0\,t + I_2 \tag{2.5}$$

Für $t = T_2$ nimmt dieser Strom den Wert I_1 an:

$$I_1 = -\frac{U_0}{L}T_2 + I_2 \tag{2.6}$$

Durch Gleichstellung der Stromdifferenzen $I_2 - I_1$ aus Gl. (2.4) und Gl. (2.6) wird die Ausgangsspannung berechnet:

$$U_0 = U_i\frac{T_1}{T_1 + T_2} \tag{2.7}$$

Der Nenner ist größer als der Zähler und somit erhält man eine Herabsetzung der Spannung.

Wenn die Spannung an der Kapazität konstant ist, muss der Mittelwert des Stromes durch die Kapazität null sein. Das bedeutet, dass der Mittelwert des Stromes durch die Induktivität auch durch den Widerstand R fließt. Somit kann man diesen berechnen:

$$I_R = \frac{I_1 + I_2}{2} = \frac{U_0}{R} = \frac{U_i}{R} \cdot \frac{T_1}{T_1 + T_2} \tag{2.8}$$

Der Strom durch die Kapazität ist dadurch

$$i_C(t) = i_L(t) - I_R = i_L(t) - \frac{I_1 + I_2}{2}, \tag{2.9}$$

und entspricht der Darstellung aus Abb. 2.2b, wenn die Linie des Mittelwertes als Abszisse angesehen wird.

Die Grenzwerte I_1, I_2 können mit Hilfe der Gl. (2.8), die nach I_1 aufgelöst wird, und der Gl. (2.4), die den Strom I_2 als Funktion von I_1 ergibt, berechnet werden:

$$\begin{aligned} I_1 &= 2\frac{U_i}{R}\frac{T_1}{T_1 + T_2} - I_2 \\ I_2 &= \frac{U_i}{L}\frac{T_1\,T_2}{T_1 + T_2} + I_1 \end{aligned} \tag{2.10}$$

Daraus erhält man die Grenzwerte I_1, I_2:

$$I_2 = \frac{U_i}{R} \frac{T_1}{T_1 + T_2} \left(1 + \frac{T_2}{2L/R}\right)$$

$$I_1 = \frac{U_i}{R} \frac{T_1}{T_1 + T_2} \left(1 - \frac{T_2}{2L/R}\right) \tag{2.11}$$

Wenn die Zeitkonstante L/R sehr groß ist, z.B. durch eine große Induktivität, dann nähern sich die Grenzwerte an und der Strom $i_L(t)$ hat nur kleine Schwankungen.

Der lückenlose Betrieb findet statt, solange $I_1 > 0$ ist. Mit $I_1 = 0$ als Grenzwert ergibt sich der maximale Belastungswiderstand R:

$$\frac{U_i}{R} \frac{T_1}{T_1 + T_2} \left(1 - \frac{T_2}{2L/R}\right) = 0 \quad \text{führt auf} \quad R_{max} = \frac{2L}{T_2} \tag{2.12}$$

Die Simulation aus dem nächsten Abschnitt wird zeigen, in wieweit die Annahme $C \to \infty$ akzeptabel ist.

2.1.1   Simulink-Simulation des *Step-Down*-Wandlers

Die zwei Differentialgleichungssysteme (2.1) und (2.2), die das Verhalten in den zwei Zuständen des Schalters Q beschreiben, unterscheiden sich nur durch die Eingangsspannung U_i. Sie fehlt im zweiten Differentialgleichungssystem und suggeriert dadurch ein Simulink-Modell mit einem Schalter, dargestellt durch einen *Switch*-Block, der die Eingangsspannung schaltet.

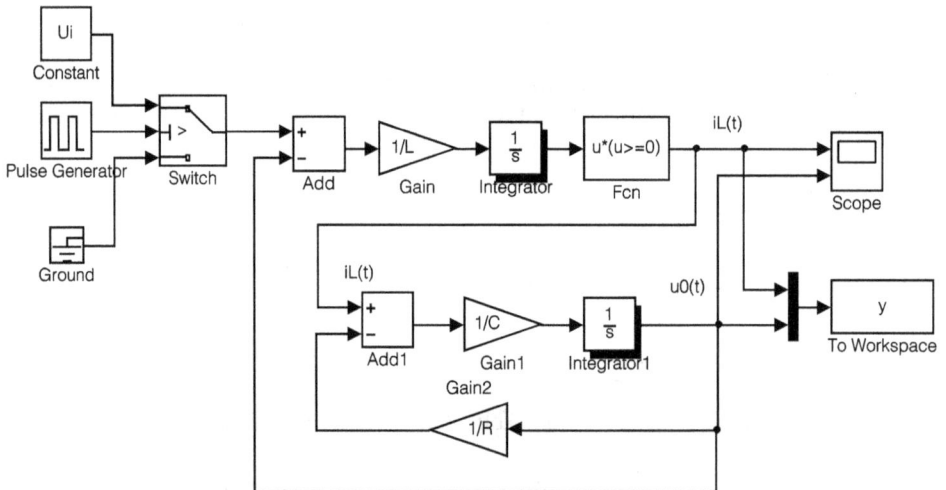

Abb. 2.3: Simulink-Modell des DC-DC-Wandlers (buck_down_1.m, buck_down1.mdl)

Das Simulink-Modell ist in Abb. 2.3 dargestellt. Mit Hilfe des *Pulse Generator*-Blocks wird der Eingang zwischen der Eingangsspannung U_i und null geschaltet. Der Rest des Modells bildet die zwei Differentialgleichungen der Schaltung nach. Im Modell wird mit dem Block *Fcn* der Strom $i_L(t)$ nur für positive Werte weitergeleitet. Das Modell ist somit auch für den lückenbehafteten Betrieb korrekt.

Das Modell wird aus dem Skript `buck_down1.m` initialisiert und aufgerufen:

```
% Skript buck_down1.m, in dem das Modell
% buck_down_1.mdl initialisiert und aufgerufen wird
clear;
% -------- Parameter der Schaltung
R = 5;          L = 0.001;     C = 100e-6;
Ui = 5;
f0 = 0.1e5;    T = 1/f0;       T2 = T/2;
Rmax = 2*L/T2;
%R = 2*Rmax,
R = 0.1*Rmax,
% -------- Aufruf der Simulation
Tfinal = 0.025
dt = 0.5e-6;
sim('buck_down_1',[0:dt:Tfinal]);
t = y.time;
iL = y.signals.values(:,1);
u0 = y.signals.values(:,2);
figure(1);      clf;
n = length(t);
subplot(211), plot(t, iL);
   axis tight;  grid on;
   title('Strom der Induktivität iL(t)');
   xlabel('Zeit in s');
subplot(212), plot(t, u0);
   axis tight;  grid on;
   title('Spannung der Kapazität u0(t)');
xlabel('Zeit in s');
figure(2);      clf;
   subplot(211), plot(t(nd:end), iL(nd:end));
   axis tight;  grid on;
   title('Strom der Induktivität iL(t) (Ausschnitt)');
   xlabel('Zeit in s');
subplot(212), plot(t(nd:end), u0(nd:end));
   axis tight;  grid on;
   title('Spannung der Kapazität u0(t) (Ausschnitt)');
   xlabel('Zeit in s');
```

Mit Hilfe des Widerstands R kann man den lückenlosen und lückenbehafteten Betrieb einstellen. Man muss auch die Dauer der Simulation über den Wert `Tfinal` ändern, so dass der signifikante Teil (Einschwingen und stationärer Zustand) gut erfasst wird.

Der Block *Pulse Generator* ist mit einem Tastverhältnis $T_1/(T_1 + T_2) = 0,5$ initialisiert, und dadurch ergibt die Eingangsspannung $U_i = 5$ V eine Ausgangsspannung von ca. 2,5 V. Bei einer Schaltfrequenz $f0 = 20000$ Hz erhält man einen maximalen Wert für den Belastungswiderstand von ca. `Rmax` = 80 Ω für den lückenlosen

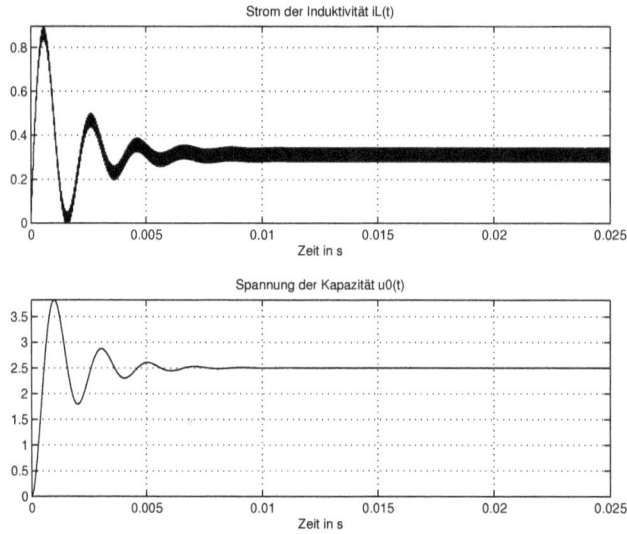

Abb. 2.4: Strom $i_L(t)$ und Spannung $u_0(t)$ des DC-DC-Wandlers (buck_down_1.m)

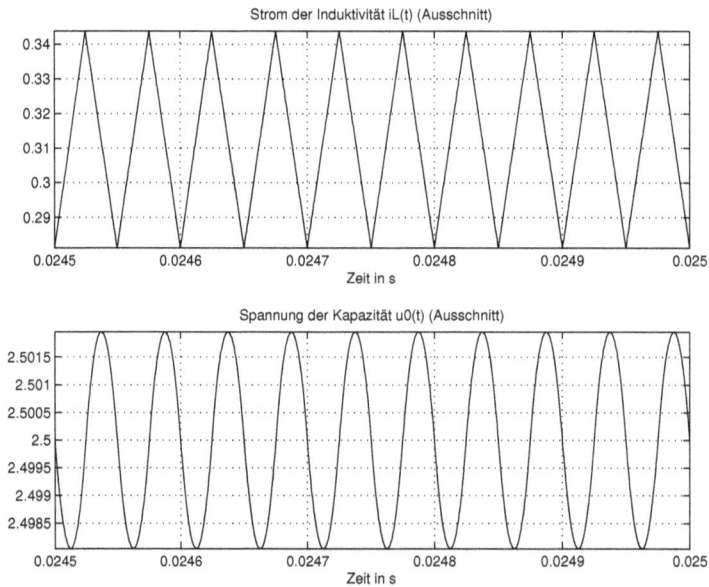

Abb. 2.5: Strom $i_L(t)$ und Spannung $u_0(t)$ des DC-DC-Wandlers (Ausschnitt)
(buck_down_1.m)

Betrieb. Mit R = 0,1 Rmax ist man sicher in diesem Betriebszustand und der Strom der Induktivität $i_L(t)$ bzw. die Ausgangsspannung $u_0(t)$ sind in Abb. 2.4 dargestellt. Der stationäre Zustand ist in Abb. 2.5 gezeigt.

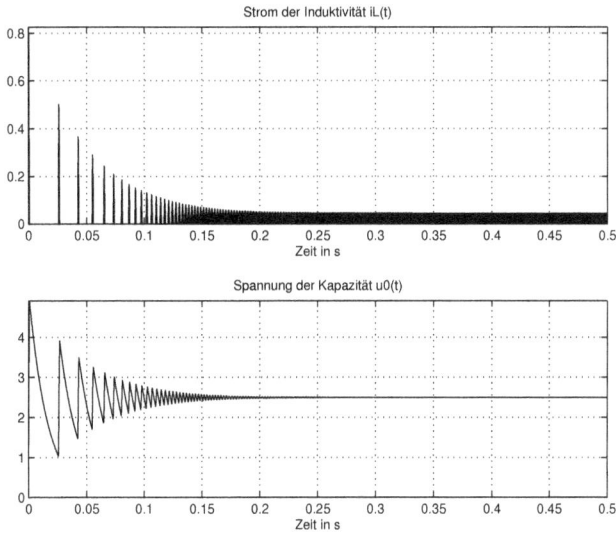

Abb. 2.6: Strom $i_L(t)$ und Spannung $u_0(t)$ des DC-DC-Wandlers im lückenbehafteten Betrieb (buck_down_1.m)

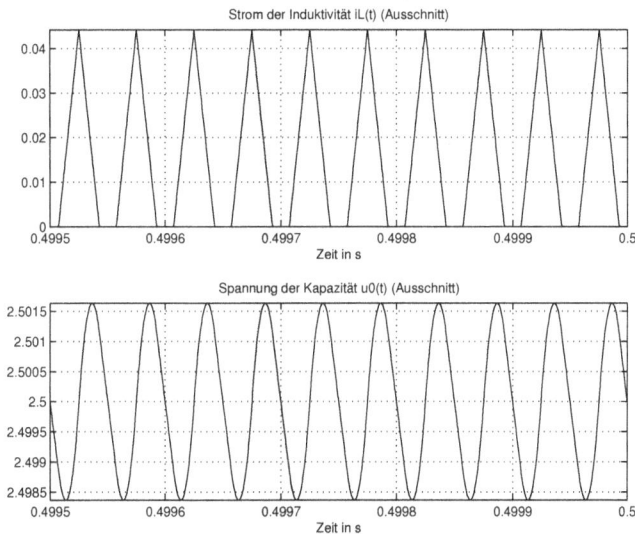

Abb. 2.7: Strom $i_L(t)$ und Spannung $u_0(t)$ des DC-DC-Wandlers im lückenbehafteten Betrieb (Ausschnitt) (buck_down_1.m)

Mit R = 160Ω erhält man den lückenbehafteten Betrieb der Schaltung und die Variablen $i_L(t)$ bzw. $u_0(t)$ sind in Abb. 2.6 und Abb. 2.7 dargestellt. Um in den stationären Zustand zu gelangen (der in Abb. 2.7 gezeigt ist), muss man die Simulationszeit verlängern Tfinal = 0,5 s.

Wie aus Abb. 2.6 ersichtlich ist, kann das Einschwingen in diesem Fall zu hohen Spannungen und hohen Stromwerten führen. Es ist bekannt, dass man diese Schaltungen nicht im Leerlauf oder mit kleiner Belastung (R>>Rmax) betreiben soll.

2.1.2 Simulink-Simulation des *Step-Down*-Wandlers mit Spannungsregler

Als nächstes wird ein *Step-Down*-Wandler untersucht, bei dem die Ausgangsspannung mit einem PID-Regler[2] geregelt wird. Für die ideale Schaltung gemäß Abb. 2.1 ist so eine Regelung begründet, wenn die Eingangsspannung sich ändert. Bei einer Schaltung in der auch der Innenwiderstand der Quellspannung U_i, der Widerstand der Induktivität und der Kapazität berücksichtigt werden, ändert sich die Ausgangsspannung mit dem verbrauchten Strom und muss geregelt werden.

Abb. 2.8 zeigt das Simulink-Modell, das denselben Wandler wie im vorherigen Modell `buck_down1.mdl` enthält und zusätzlich erkennt man im unteren Teil den PID-Regler.

Über die Steuerung des Tastverhältnisses für den Zustand ON und OFF des Schalters wird die Spannung geregelt. Das geschieht mit Hilfe des Sägezahnsignals $u_{sg}(t)$, im Modell dargestellt durch den Block *Repeating Sequence*, das mit der Ausgangsspannung $u_r(t)$ des Reglers verglichen wird. Der Pegel für das Umschalten des Schalters *Switch* wurde in diesem Block zu null gewählt. In Abb. 2.9 ist die Bildung der zwei Zustände des Schalters erläutert.

Der Ausgang des PID-Reglers wird mit einem Tiefpassfilter erster Ordnung (mit dem Block *Transfer Fcn*) geglättet. Im Block *Switch* muss man die Option *Enable zero-crossing detection* aktivieren, so dass der Schalter sehr genau umgepolt wird. Wenn man diese Option deaktiviert, erhält man zusätzliche Schwankungen der Ausgangsspannung.

Die Simulation wird im Skript `buck_down_2.m` initialisiert und aufgerufen. Es werden nur die Anfangszeilen dieses Skriptes, in denen die Schaltung parametriert wird, nachfolgend wiedergegeben:

```
% Skript buck_down2.m, in dem das Modell
% buck_down_2.mdl initialisiert und aufgerufen wird
clear;
% -------- Parameter der Schaltung
R = 5;              L = 0.001;     C = 100e-6;
Ui = 5;
Usoll = 2;          % Sollwert der Spannung
kr = 200;           ki = 50;       kd = 0.5; % Regler
f0 = 0.2e5;         T = 1/f0;      T2 = T/2;
Rmax = 2*L/T2,
%R = 2*Rmax,
R = 0.1*Rmax,
% -------- Aufruf der Simulation
Tfinal = 0.1
dt = 0.5e-6;
```

[2]Proportional-Integral-Differential

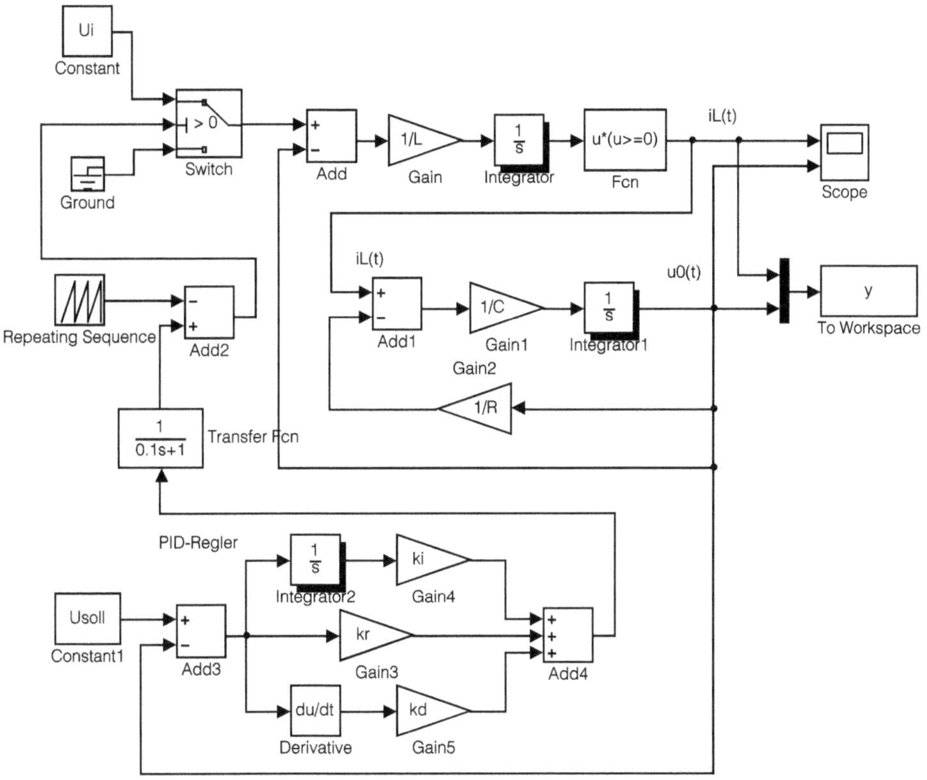

Abb. 2.8: Simulink-Modell des DC-DC-Wandlers mit PID-Spannungsregler (buck_down_2.m, buck_down2.mdl)

```
sim('buck_down_2',[0:dt:Tfinal]);
.........
```

Die Parameter des Reglers in Form der Faktoren `kr`, `ki`, `kd` wurden durch Versuche ermittelt. Der Leser wird ermutigt mit diesen und anderen Parameter weitere Experimente durchzuführen.

In Abb. 2.10 ist das Einschwingen des Stroms $i_L(t)$ und der Spannung $u_0(t)$ dargestellt. Dieselben Variablen im stationären Zustand sind in Abb. 2.11 gezeigt. Wie man sieht, sind die Schwankungen der Spannung $u_0(t)$ als Ist-Spannung sehr klein in der Umgebung der Soll-Spannung von 2 V.

Im Skript kann man verschiedene Sollwerte für diese Spannung wählen und die Abweichungen der Ist-Spannung untersuchen. Mit einigen zusätzlichen Zeilen könnte man auch eine quantitative Schätzung der Schwankungen und Abweichungen berechnen.

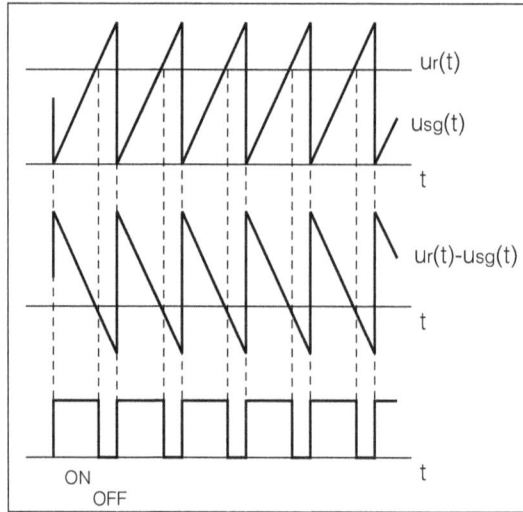

Abb. 2.9: Steuerung des Tastverhältnisses über die Spannung $u_r(t)$ (buck_down_2.m, buck_down2.mdl)

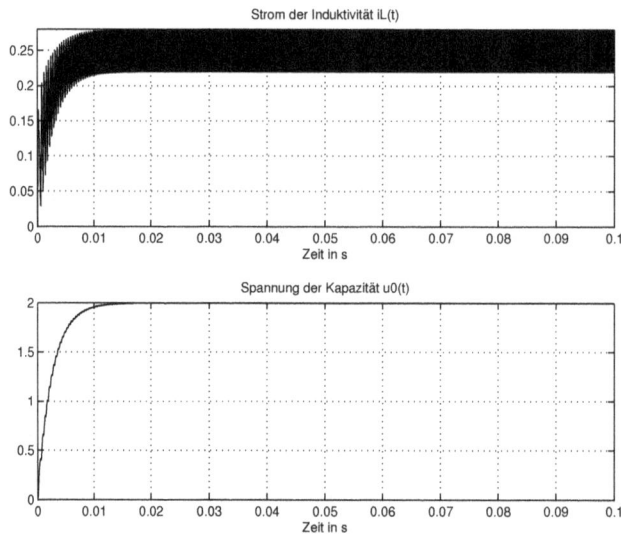

Abb. 2.10: Einschwingen der Variablen für eine Sollspannung von 2 V (buck_down_2.m, buck_down2.mdl)

Weil die Realisierung großer Induktivitäten ein Problem darstellt, wählt man den kleinsten Wert für L, für den die Schwankungen der Ausgangspannung noch im Rahmen der Toleranzen sind. Durch die Induktivität fließt ein Gleichstrom, der durch den Mittelwert des Stroms $i_L(t)$ gegeben ist. Dieser kann den Arbeitspunkt auf der

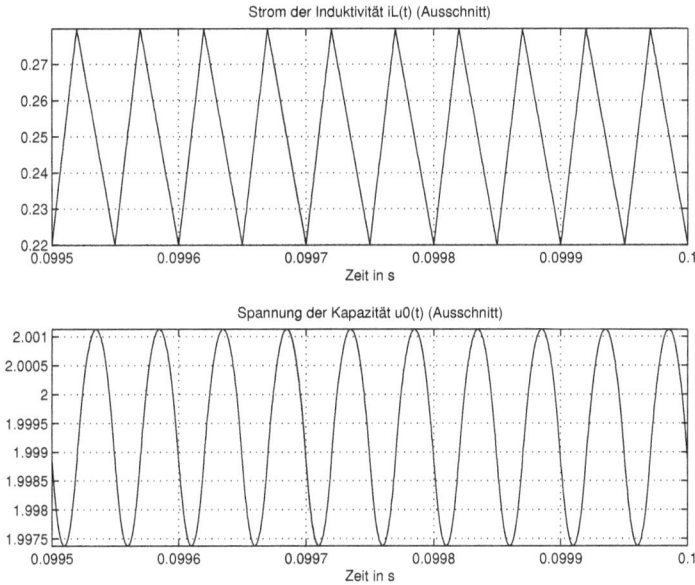

Abb. 2.11: Der Strom $i_L(t)$ und Spannung $u_0(t)$ für eine Sollspannung von 2 V im stationären Zustand (buck_down_2.m, buck_down2.mdl)

Magnetisierungskennlinie in Sättigung verschieben und die Spule mit Kern besitzt dann keine Induktivität mehr. Damit dies nicht geschieht, werden Spulen mit speziellen Kernen oder mit Kernen mit Spalten verwendet.

2.1.3   *Step-Down*-Wandler mit nicht idealem Kondensator

Die realen Kondensatoren sind mit Verlusten behaftet, die man mit einem parallel geschalteten großen Widerstand oder mit einem kleinen in Reihe geschalteten Widerstand modellieren kann. Abb. 2.12 zeigt die Schaltung des Wandlers, in der die Verluste mit einem Widerstand R_c erfasst werden. Dieser Widerstand ist jetzt maßgebend für die Schwankungen der Ausgangsspannung verantwortlich.

Die Zustandsvariablen sind weiterhin der Strom der Induktivität $i_L(t)$ und die Spannung der Kapazität $u_c(t)$. Die Ausgangsspannung ist jetzt:

$$u_0(t) = i_c(t)R_c + u_c(t) = C\frac{du_c(t)}{dt}R_c + u_c(t) \tag{2.13}$$

Die Differentialgleichungen für die Zustandsvariablen im Zustand ON des Schalters sind:

$$U_i = L\frac{di_L(t)}{dt} + C\frac{du_c(t)}{dt}R_c + u_c(t)$$

$$i_L(t) = C\frac{du_c(t)}{dt} + (C\frac{du_c(t)}{dt}R_c + u_c(t))\frac{1}{R} \tag{2.14}$$

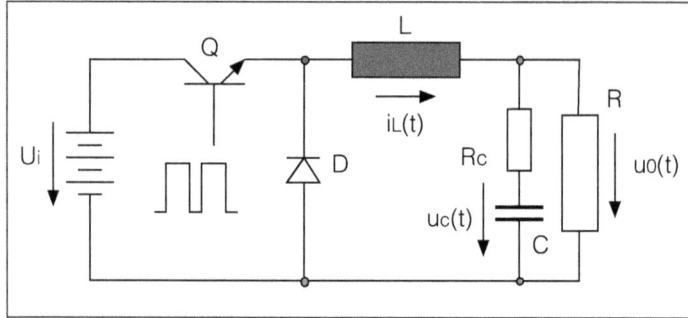

Abb. 2.12: Step-Down-Wandler mit nicht idealem Kondensator

Für den Zustand OFF des Schalters ändert sich nur die erste Differentialgleichung:

$$0 = L\frac{di_L(t)}{dt} + C\frac{du_c(t)}{dt}R_c + u_c(t)$$

$$i_L(t) = C\frac{du_c(t)}{dt} + \Big(C\frac{du_c(t)}{dt}R_c + u_c(t)\Big)\frac{1}{R}$$

(2.15)

Daraus werden die Ableitungen der Zustandsvariablen ermittelt. Für den Zustand ON erhält man

$$\frac{di_L(t)}{dt} = \frac{1}{L}\Big[U_i - i_L(t)\frac{R_c}{\alpha} - u_c(t)\Big(1 - \frac{R_c}{\alpha R}\Big)\Big]$$

$$\frac{du_c(t)}{dt} = \frac{1}{\alpha C}\Big(i_L(t) - \frac{u_c(t)}{R}\Big) \qquad \text{mit} \qquad \alpha = 1 + \frac{R_c}{R}$$

(2.16)

und für den Zustand OFF ändert sich nur die erste Gleichung:

$$\frac{di_L(t)}{dt} = \frac{1}{L}\Big[-i_L(t)\frac{R_c}{\alpha} - u_c(t)\Big(1 - \frac{R_c}{\alpha R}\Big)\Big]$$

$$\frac{du_c(t)}{dt} = \frac{1}{\alpha C}\Big(i_L(t) - \frac{u_c(t)}{R}\Big)$$

(2.17)

Diese Gleichungen werden weiter für die Bildung des Simulink-Modells (buck_down3.mdl), das in Abb. 2.13 dargestellt ist, benutzt. Die Ausgangsspannung wird im Modell gemäß Gl. (2.13) berechnet.

Das Modell wird im Skript buck_down_3.m initialisiert und aufgerufen. Der Initialisierungsteil des Skripts ist:

```
. . . . . .
% --------- Parameter der Schaltung
R = 5;              L = 0.001;      C = 100e-6;
Rc = 0.5;
Ui = 5;
f0 = 0.2e5;         T = 1/f0;       T2 = T/2;
```

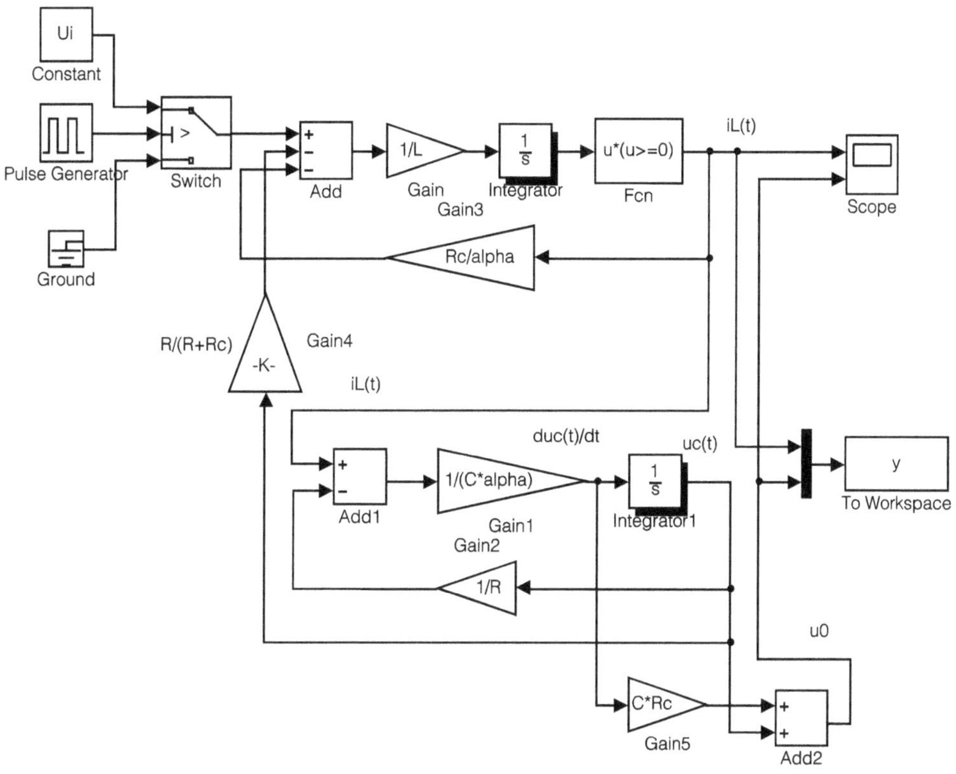

Abb. 2.13: Simulink-Modell des Wandlers mit nicht idealem Kondensator (buck_down3.m,
buck_down_3.mdl)

```
Rmax = 2*L/T2,
%R = 2*Rmax,
R = 0.1*Rmax,
alpha = 1/(1+Rc/R);
......
```

Abb. 2.14 und Abb. 2.15 zeigen die Zustandsvariable $i_L(t)$ und die Ausgangsspannung
$u_0(t)$ für einen Widerstand $R_c = 0,5\ \Omega$. Die Schwankungen der Ausgangsspannung
sind jetzt viel größer und als Form entsprechen sie beinahe den linearen Schwankungen des Stroms der Induktivität.

2.2 Simulation eines *Step-Up*-Wandlers

Mit einem DC-DC-*Step-Up*- oder Aufwärtswandler, auch als *Boost-Converter* bekannt,
wird aus einer Gleichspannung U_i eine größere Ausgangsspannung $u_0(t)$ erzeugt.
Abb. 2.16 zeigt das Schaltbild eines solchen Wandlers. Die idealisierenden Annahmen

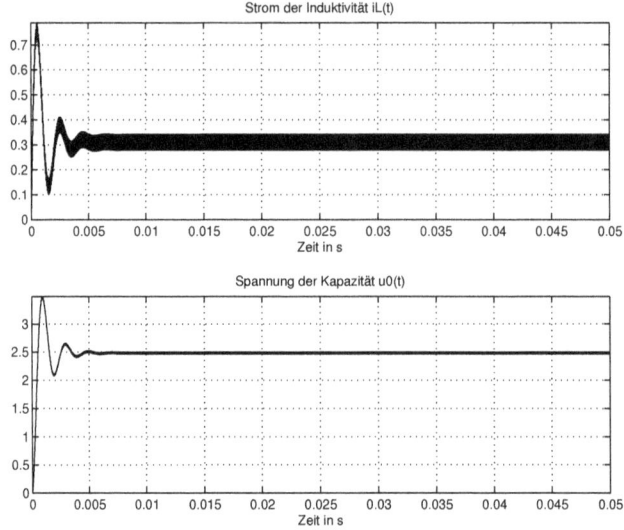

Abb. 2.14: *Strom $i_L(t)$ und Ausgangsspannung $u_0(t)$ des Wandlers mit nicht idealem Kondensator* (buck_down_3.m, buck_down3.mdl)

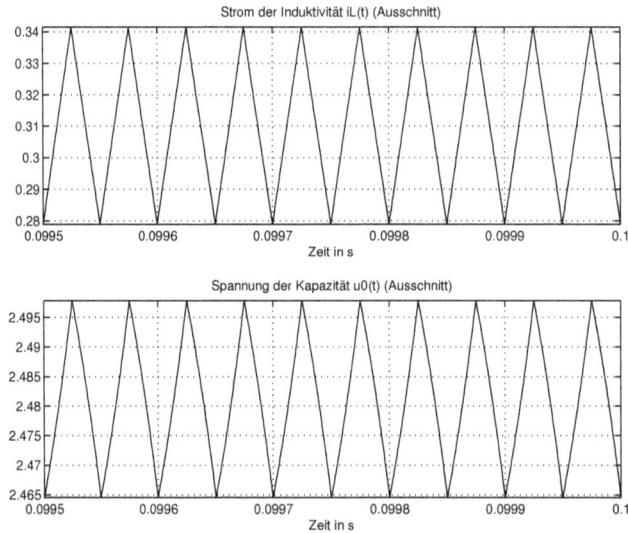

Abb. 2.15: *Strom $i_L(t)$ und Ausgangsspannung $u_0(t)$ des Wandlers mit nicht idealem Kondensator (Ausschnitt)* (buck_down_3.m, buck_down3.mdl)

für den vorherigen Wandler werden auch für diesen Fall übernommen.

Wenn der Schalter, der durch den Transistor Q dargestellt ist, geschlossen ist (Zustand ON), ist die Diode blockiert und der Kondensator entlädt sich über den Belastungswiderstand R. Für die Zustandsvariablen in Form des Stroms der Induktivität

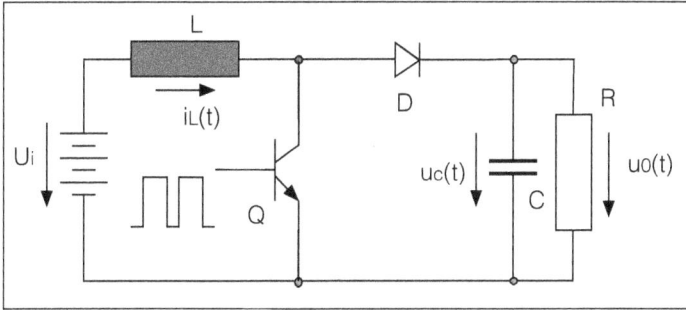

Abb. 2.16: Step-Up-Wandler mit idealem Kondensator

$i_L(t)$ und Spannung der Kapazität $u_0(t) = u_c(t)$ erhält man folgende Differentialgleichungen:

$$\frac{di_L(t)}{dt} = \frac{1}{L}U_i$$
$$\frac{du_0(t)}{dt} = \frac{1}{C}\left(-\frac{u_0(t)}{R}\right)$$
(2.18)

Im OFF-Zustand öffnet sich die Diode und der Kondensator wird aufgeladen. Das Verhalten wird durch folgende Differentialgleichungen beschrieben:

$$\frac{di_L(t)}{dt} = \frac{1}{L}\left(U_i - u_0(t)\right)$$
$$\frac{du_0(t)}{dt} = \frac{1}{C}\left(i_L(t) - \frac{u_0(t)}{R}\right)$$
(2.19)

Auch in diesem Fall kann man in erster Annäherung $C \to \infty$ annehmen, was dazu führt, dass $u_0(t) = U_0$ eine Konstante ist. Im ON-Zustand erhält man für den Strom die Form:

$$i_L(t) = \frac{U_i}{L}\,t + i_L(0) \qquad \text{oder} \qquad I_2 = \frac{U_i}{L}\,T_1 + I_1$$
(2.20)

Hier sind I_1 der Anfangswert des Stromes $i_L(t)$ am Anfang des Intervalls T_1 und I_2 ist der Endwert des Stromes in diesem Intervall.

Für den OFF-Zustand im Intervall T_2 gilt:

$$i_L(t) = \frac{U_i - U_0}{L}\,t + i_L(0) \qquad \text{oder} \qquad I_1 = \frac{U_i - U_0}{L}\,T_2 + I_2$$
(2.21)

Die Gleichstellung der Stromdifferenz $I_2 - I_1$ aus den zwei Gleichungen (2.20) und (2.21) führt auf:

$$U_0 = U_i\frac{T_1 + T_2}{T_2}$$
(2.22)

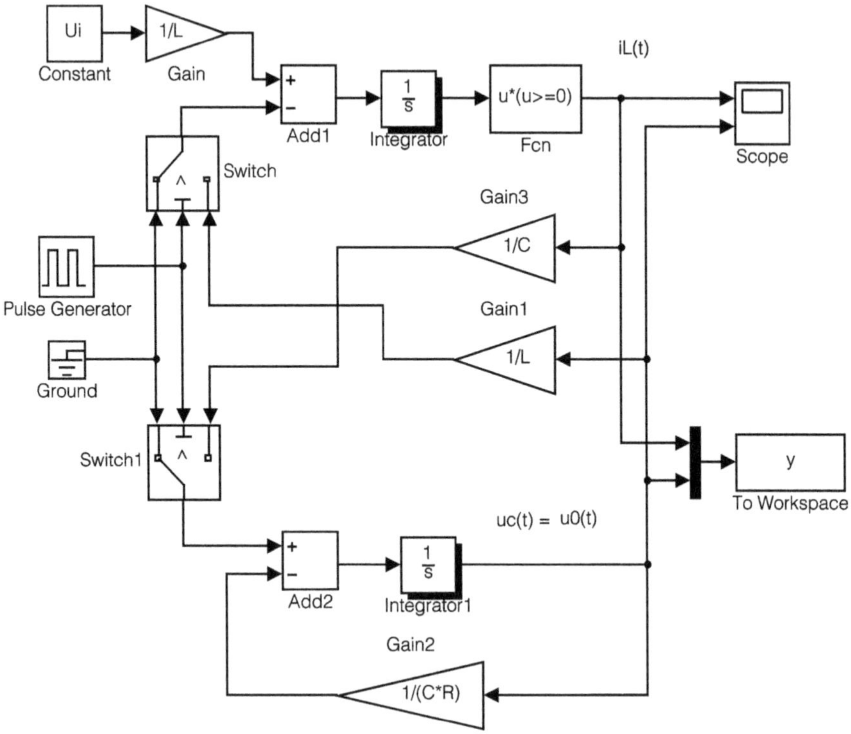

Abb. 2.17: Simulink-Modell des DC-DC-Step-Up-Wandlers (boost_up1.m, boost_up_1.mdl)

Die Ausgangsspannung U_0 ist größer als die Spannung der Quelle U_i. Für $T_1 = T_2$ erhält man z.B. $U_0 = 2U_i$. Die Stromgrenzen I_1, I_2 für $i_L(t)$ können ähnlich wie für den *Step-Down*-Wandler ermittelt werden.

In der Simulation mit Modell `boost_up_1.mdl`, das in Abb. 2.17 dargestellt ist, muss man die Annahme $C \to \infty$ nicht voraussetzen. Das Modell basiert auf Gl. (2.18) und Gl. (2.19). Man muss zwei Schalter *Switch* benutzen, um die beiden Zustände simulieren zu können.

Die Parameter des Modells sind im Skript `boost_up1.m` initialisiert und können einfach zum Experimentieren geändert werden:

```
% Skript boost_up1.m, in dem das Modell
% boost_up_1.mdl initialisiert und aufgerufen wird
clear;
% -------- Parameter der Schaltung
R = 5;              L = 0.001;      C = 100e-6;
Ui = 5;
f0 = 0.2e5;         T = 1/f0;       T2 = T/2;
......
```

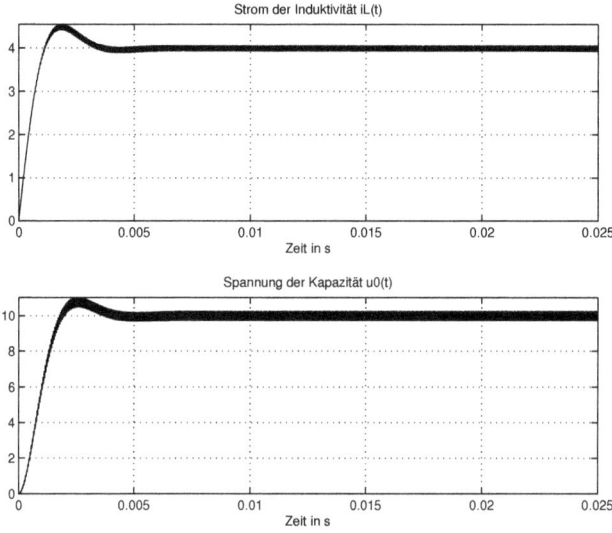

Abb. 2.18: Strom $i_L(t)$ und Ausgangsspannung $u_0(t)$ des DC-DC-Step-Up-Wandlers (boost_up1.m, boost_up_1.mdl)

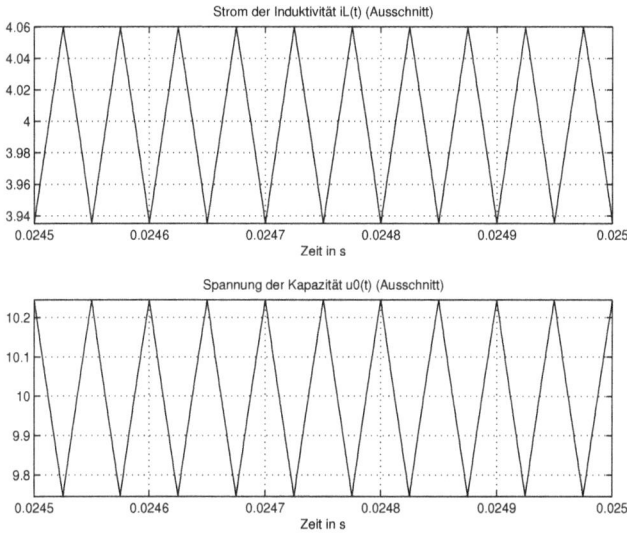

Abb. 2.19: Strom $i_L(t)$ und Ausgangsspannung $u_0(t)$ des DC-DC-Step-Up-Wandlers (Ausschnitt) (boost_up1.m, boost_up_1.mdl)

Abb. 2.18 und Abb. 2.19 zeigen die Zustandsvariablen $i_L(t)$ und $u_c(t) = u_0(t)$ dieser Schaltung. Die zweite Abbildung stellt diese Variablen im stationären Zustand dar. Der lineare Verlauf des Stroms der Induktivität zeigt, dass die Annahme $C \to \infty$, die zu einem solchen Verlauf für diesen Strom führt, realistisch ist.

Die relativ großen Schwankungen der Spannung an der Kapazität können gemindert werden, wenn man z.B. eine Kapazität von 500 μF statt 100 μF wählt. Dieser Wert ist noch immer realistisch.

2.3   Simulation eines Invertierenden-DC-DC-Wandlers

Der Invertierende-DC-DC-Wandler ist auch als *Buck-Boost-Converter* in der Literatur bekannt. Abb. 2.20 zeigt die Schaltung dieses Wandlers.

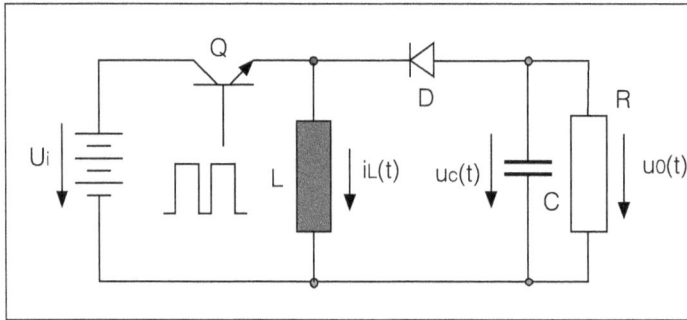

Abb. 2.20: Step-Up-Wandler mit idealem Kondensator

Wenn der Schalter Q geschlossen ist, was dem Zustand ON entspricht, ist die Diode blockiert, der Kondensator entlädt sich über den Belastungswiderstand R und der Strom der Induktivität steigt linear von einem Anfangswert I_1 bis zum Endwert I_2 des Intervalls T_1. Die entsprechenden Differentialgleichungen für die Zustandsvariablen $i_L(t), u_c(t) = u_0(t)$ sind:

$$\frac{di_L(t)}{dt} = \frac{1}{L} U_i$$
$$\frac{du_0(t)}{dt} = \frac{1}{C} \left(-\frac{u_0(t)}{R} \right) \tag{2.23}$$

Im OFF-Zustand des Schalters Q öffnet sich die Diode und für dieses Intervall gelten folgende Differentialgleichungen:

$$\frac{di_L(t)}{dt} = \frac{1}{L} u_0(t)$$
$$\frac{du_0(t)}{dt} = \frac{1}{C} \left(-i_L(t) - \frac{u_0(t)}{R} \right) \tag{2.24}$$

Ein Einblick in das Verhalten der Schaltung erhält man durch die analytische Lösung, die man mit der Annahme $C \to \infty$ berechnen kann. Die Spannung auf dem Kondensator, und damit am Ausgang, ist dann eine Konstante $u_0(t) = U_0$.

Für den Zustand ON ist der Strom $i_L(t)$ durch

$$i_L(t) = \frac{1}{L} U_i\, t + i_L(0) \qquad \text{oder} \qquad I_2 = \frac{1}{L} U_i\, T_1 + I_1 \tag{2.25}$$

gegeben. Im Zustand OFF erhält man ähnlich:

$$i_L(t) = \frac{1}{L} U_0\, t + i_L(0) \qquad \text{oder} \qquad I_1 = \frac{1}{L} U_0\, T_2 + I_2 \tag{2.26}$$

Durch Gleichstellung der Stromdifferenzen $I_2 - I_1$ aus den zwei Gleichungen erhält man für die Spannung auf der Kapazität:

$$U_0 = -U_i \frac{T_1}{T_2} \tag{2.27}$$

Die Ausgangsspannung ist die gewichtete, Inverse der Eingangsspannung. Mit $T_1 = T_2$ erhält man $U_0 = -U_i$.

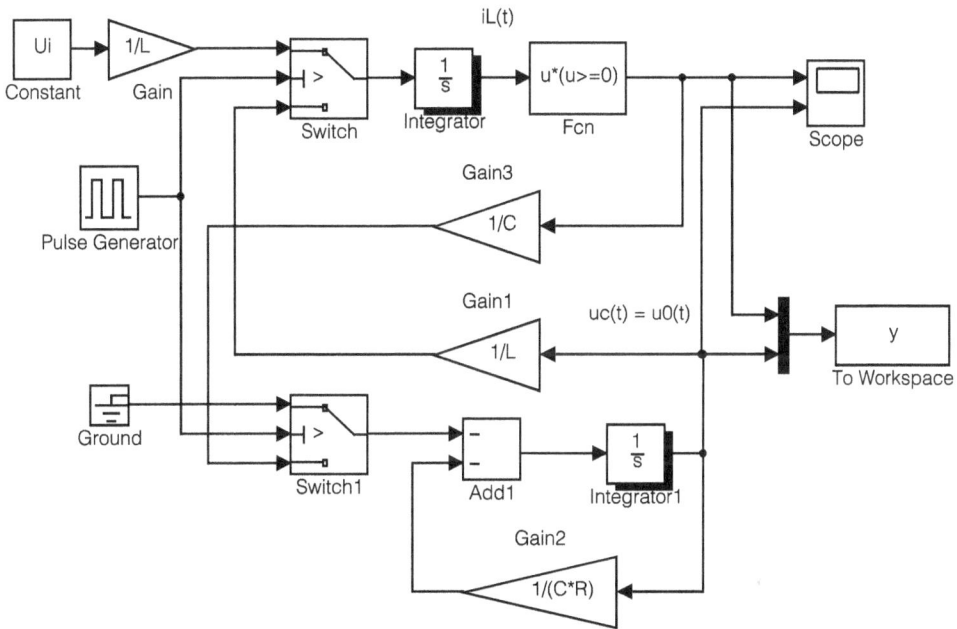

Abb. 2.21: Simulink-Modell des Invertierender-Wandlers (buck_boost1.m, buck_boost1.mdl)

Basierend auf den Gleichungen (2.23) und (2.24) wird das Simulink-Modell, das in Abb. 2.21 dargestellt ist (buck_boost_1.mdl), gebildet. Es wird mit dem Skript buck_boost1.m initialisiert und aufgerufen. Im Skript sind folgende Parameter der Schaltung festgelegt:

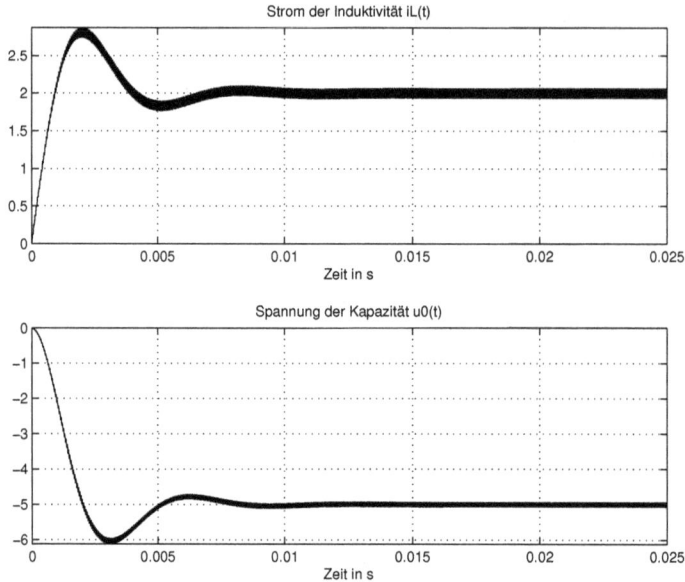

Strom der Induktivität iL(t)

Spannung der Kapazität u0(t)

Abb. 2.22: Strom $i_L(t)$ und Ausgangsspannung $u_0(t)$ des Invertierender-Wandlers (buck_boost1.m, buck_boost1.mdl)

```
% Skript buck_boost1.m, in dem das Modell
% buck_boost_1.mdl initialisiert und aufgerufen wird
clear;
% -------- Parameter der Schaltung
R = 5;            L = 0.001;     C = 200e-6;
Ui = 5;
f0 = 0.2e5;       T = 1/f0;      T2 = T/2;
........
```

Abb. 2.22 zeigt die Zustandsvariablen $i_L(t)$ und $u_c(t) = u_0(t)$ beginnend bei $t = 0$ und in Abb. 2.23 ist ein Ausschnitt derselben Variablen im eingeschwungenen, stationären Zustand dargestellt. Die Kapazität wurde etwas größer gewählt (200 μF), um die Schwankungen der Spannung auf der Kapazität zu begrenzen.

Aus der Simulation ist ersichtlich, dass selbst bei der Wahl $C = 200$ μF der Strom linear verläuft, so dass die für die analytische Lösung getroffene Annahme $C \to \infty$ berechtigt ist. Man erhält mit dieser Annahme realistische Ergebnisse bei leichter Lösbarkeit der Gleichungen.

Es ist eine gute Aufgabe die Grenzwerte I_1, I_2 zu ermitteln und zu zeigen, dass man folgende Werte erhält:

$$I_1 = \frac{U_i}{R}\left(\frac{T_1 + T_2}{T_2^2}\right)T_1 - \frac{U_i\,T_1}{2L}$$

$$I_2 = \frac{U_i}{R}\left(\frac{T_1 + T_2}{T_2^2}\right)T_1 + \frac{U_i\,T_1}{2L} \tag{2.28}$$

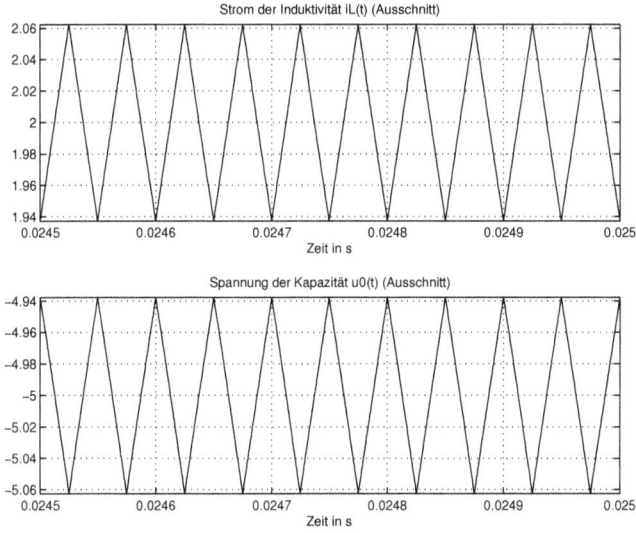

Abb. 2.23: Strom $i_L(t)$ und Ausgangsspannung $u_0(t)$ des Invertierender-Wandlers (Ausschnitt) (buck_boost1.m, buck_boost1.mdl)

Mit $T_1 = T_2$, R = 5Ω und $L = 0,001$ H sind diese Grenzen durch I1=1.8750; I2=2.1250; gegeben. Aus der Simulation erhält man I1=1.94; I2=2.06.

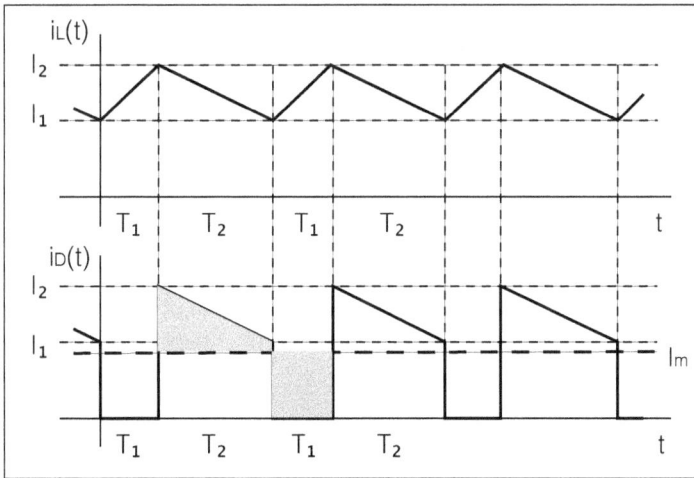

Abb. 2.24: Strom $i_L(t)$ und Strom der Diode

Abb. 2.24 zeigt oben den Strom der Induktivität und darunter den Strom der Diode, der gleich dem Strom der Induktivität im Intervall T_2 ist. Dessen Mittelwert I_m schließt sich durch den Widerstand R (von unten nach oben). Die geschwärzte Fläche im Intervall T_1 muss gleich mit der geschwärzten Fläche im Intervall T_2 sein. Der Mittelwert des Strom durch die Kapazität muss null sein, sonst könnte deren Spannung nicht konstant sein. Der mittlere Strom der Diode wird:

$$I_m = \frac{I_1 + I_2}{2} \cdot \frac{T_2}{T_1 + T_2} = -\frac{U_0}{R} = \frac{U_i}{R} \cdot \frac{T_1}{T_2} \tag{2.29}$$

Daraus folgt:

$$I_2 + I_1 = 2\frac{T_1 + T_2}{T_2} \cdot \frac{U_i}{R} \cdot \frac{T_1}{T_2} \tag{2.30}$$

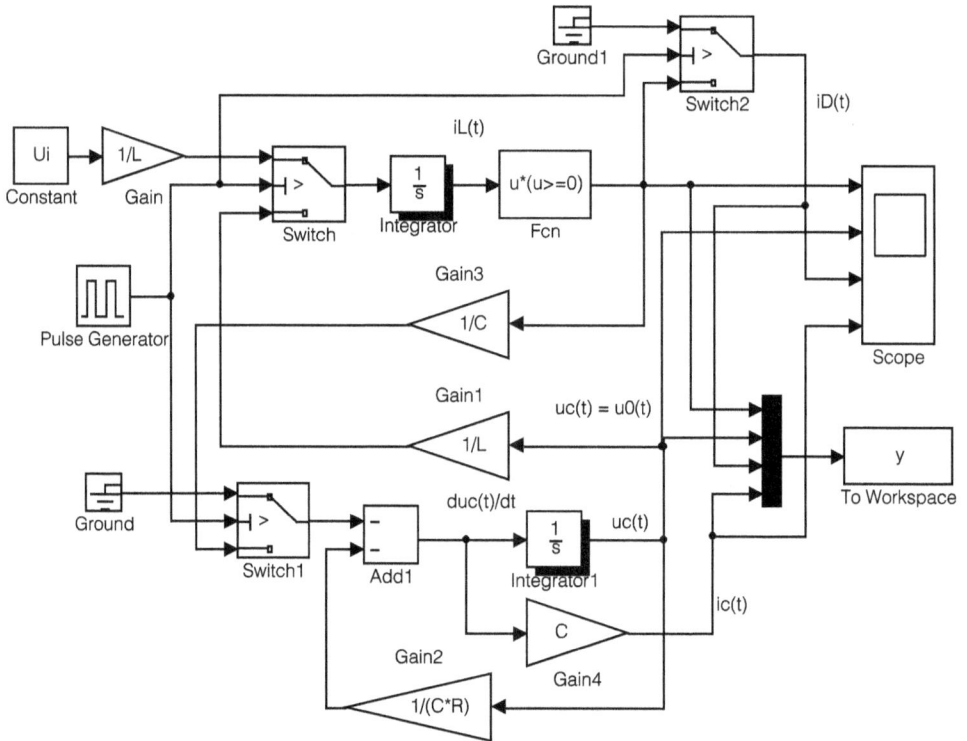

Abb. 2.25: *Simulink-Modell des Invertierender-Wandlers in dem auch der Strom der Diode und der Kapazität simuliert werden* (buck_boost2.m, buck_boost2.mdl)

Zusammen mit der Gl. (2.25), die hier noch mal wiederholt wird

$$I_2 = \frac{U_i}{L}T_1 + I_1, \tag{2.31}$$

erhält man die Grenzwerte gemäß Gl. (2.28). Für den lückenlosen Betrieb muss der Widerstand R kleiner als R_{max} sein, wobei R_{max} aus der Bedingung $I_1 = 0$ ermittelt wird:

$$R_{max} = \frac{T_1 + T_2}{T_2^2} 2L \tag{2.32}$$

Für den Versuch mit diesem Wert muss man die Simulationsdauer Tfinal verlängern.

Im Modell buck_boost_2.mdl, das aus dem Skript buck_boost2.m initialisiert und aufgerufen wird, werden zusätzlich der Strom der Diode $i_D(t)$ und der Strom der Kapazität $i_C(t)$ auf dem *Scope*-Block dargestellt bzw. in der Senke *To Workspace* zwischengespeichert. Abb. 2.25 zeigt das Modell und in Abb. 2.26 sind die Ergebnisse im stationären Zustand dargestellt.

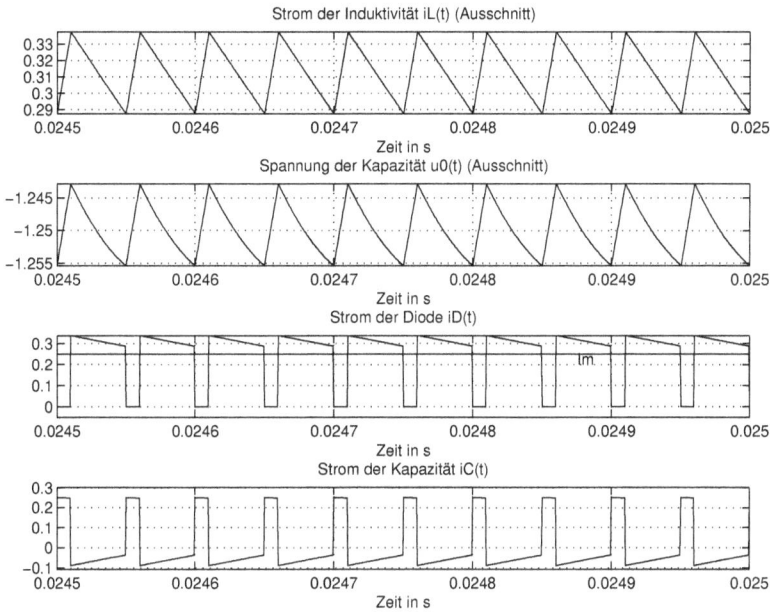

Abb. 2.26: Ergebnisse die den Strom der Diode und der Kapazität enthalten (buck_boost2.m, buck_boost2.mdl)

In folgenden Skriptzeilen wird das Modell initialisiert:

```
% Skript buck_boost2.m, in dem das Modell
% buck_boost_2.mdl initialisiert und aufgerufen wird
clear;
% -------- Parameter der Schaltung
R = 5;              L = 0.001;      C = 200e-6;
Ui = 5;
f0 = 0.2e5;       T = 1/f0;       T2 = T*0.8;
T1 = T-T2;
Rmax = (T1+T2)*2*L/(T2^2),
.......
```

Der Strom $i_D(t)$ ist dem Strom durch die Induktivität in den Intervallen T_2 gleich. Er wird mit dem *Switch2*-Block aus dem Strom $i_L(t)$ gebildet. Weil der Strom der Kapazität gleich $C\, du_c(t)/dt$ ist, wird das Signal am Eingang des Integrators *Integrator1* im *Gain4*-Block mit C multipliziert und man erhält so den Strom $i_c(t)$.

In der Darstellung des Stroms der Diode aus Abb. 2.26 ist mit einer horizontalen Linie auch der Mittelwert dieses Strom I_m gezeigt. Die Differenz der Ströme $I_m - i_D(t)$ ist der Strom durch die Kapazität (mit positiver Richtung von oben nach unten). Der Mittelwert des Stromes der Kapazität ist null und kann leicht überprüft werden:

```
>> Nd = length(iC);
>> Nd = fix(length(iC)/2);
>> Ic = mean(iC(Nd:end))
Ic =  -2.1256e-04
```

Es wurden nur die letzte Hälfte der Werte gemittelt, um das Einschwingen zu überspringen und nur die Werte im stationären Zustand in der Mittelung zu erfassen.

Das Skript `buck_boost2.m`, aus dem das Modell aufgerufen wird, unterscheidet sich geringfügig vom vorherigen Skript `buck_boost1.m` und wird hier nicht mehr kommentiert.

2.4   Simulation eines DC-DC-Cuk-Wandlers

Der Name der Schaltung stammt vom Erfinder: Slobodan Cuk vom *California Institute of Technology*. Sie ist in Abb. 2.27 dargestellt und dient der Erzeugung von negativen Ausgangsspannungen, die im Betrag sowohl kleiner als auch größer als die positive Eingangsspannung sein können.

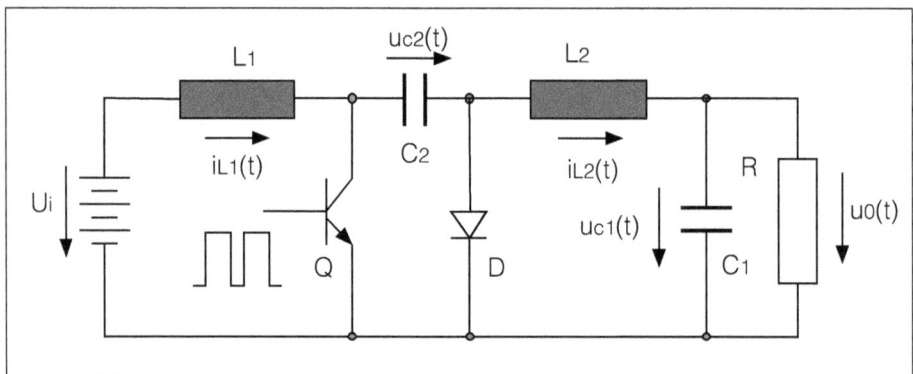

Abb. 2.27: Schaltung des DC-DC-Cuk-Wandlers

Die Schaltung besitzt vier Energiespeicher in Form der zwei Induktivitäten und der zwei Kapazitäten und somit kann man vier Zustandsvariablen definieren:

$$i_{L1}(t), i_{L2}(t), u_{c1}(t), u_{c2}(t)$$

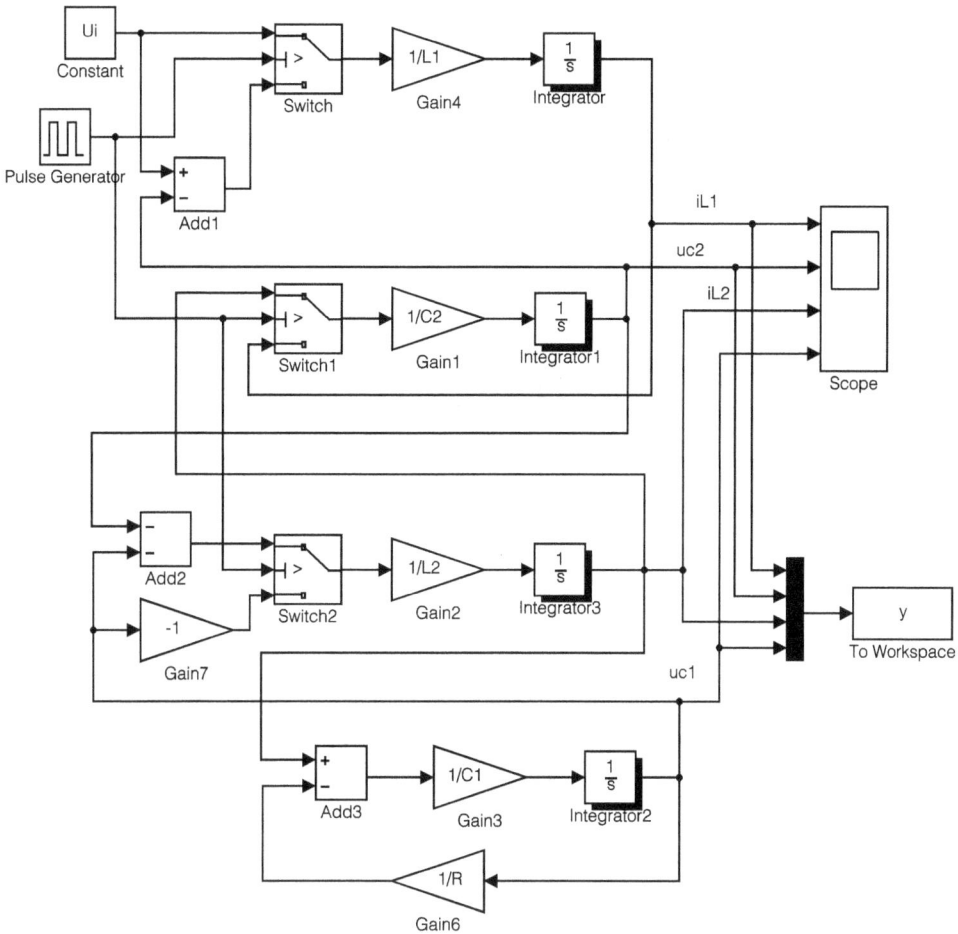

Abb. 2.28: Simulink-Modell des DC-DC-Cuk-Wandlers (cuk1.m, cuk_1.mdl)

Die Differentialgleichungen erster Ordnung für diese Variablen sind im ON-Zustand des Schalters Q durch

$$L_1 \frac{di_{L1}(t)}{dt} = U_i$$
$$C_2 \frac{du_{c2}(t)}{dt} = i_{L2}(t)$$
$$L_2 \frac{di_{L2}(t)}{dt} = -u_{c1}(t) - u_{c2}(t) \qquad (2.33)$$
$$C_1 \frac{du_{c1}(t)}{dt} = i_{L2}(t) - \frac{u_{c1}(t)}{R}$$

gegeben. Im Zustand OFF des Schalters gelten folgende Differentialgleichungen:

$$L_1 \frac{di_{L1}(t)}{dt} = U_i - u_{c2}(t)$$

$$C_2 \frac{du_{c2}(t)}{dt} = i_{L1}(t)$$

$$L_2 \frac{di_{L2}(t)}{dt} = -u_{c1}(t) \qquad\qquad (2.34)$$

$$C_1 \frac{du_{c1}(t)}{dt} = i_{L2}(t) - \frac{u_{c1}(t)}{R}$$

Auch hier gibt es eine analytische Lösung, wenn man die Kapazitäten sehr groß annimmt: $C_1, C_2 \to \infty$. Die Spannungen auf den Kapazitäten U_1, U_2 können dann als konstant angenommen werden. Es ist eine gute Übung die Werte dieser Spannungen zu berechnen und zu zeigen, dass man folgende Werte erhält:

$$U_2 = U_i \frac{T_1 + T_2}{T_2} \qquad \text{und} \qquad U_1 = -U_2 \frac{T_1}{T_1 + T_2} = -U_i \frac{T_1}{T_2} \qquad (2.35)$$

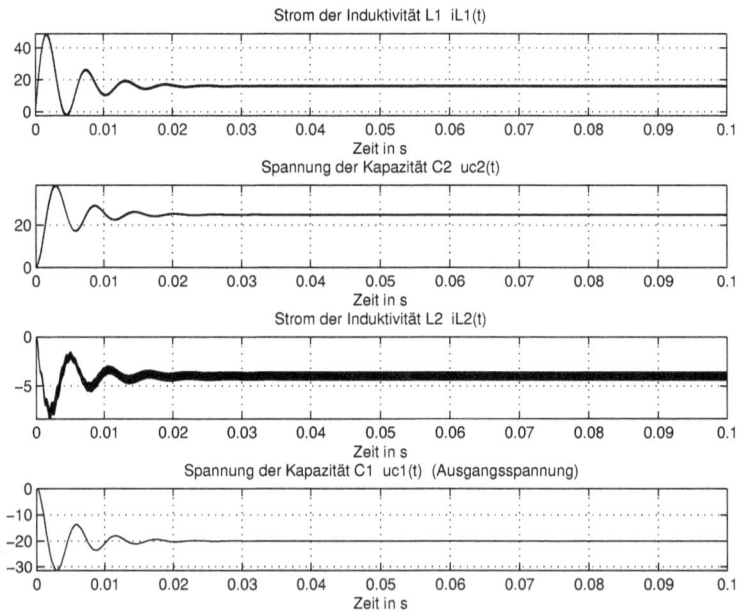

Abb. 2.29: *Zustandsvariablen des DC-DC-Cuk-Wandlers* (cuk1.m, cuk_1.mdl)

Das Simulink-Modell (cuk_1.mdl), das auf den Gleichungen (2.33) und (2.34) basiert, ist in Abb. 2.28 dargestellt und wird im Skript cuk1.m initialisiert und aufgerufen. Die *Switch*-Blöcke schalten die oberen Eingänge im Zustand ON und die unteren Eingänge im Zustand OFF durch.

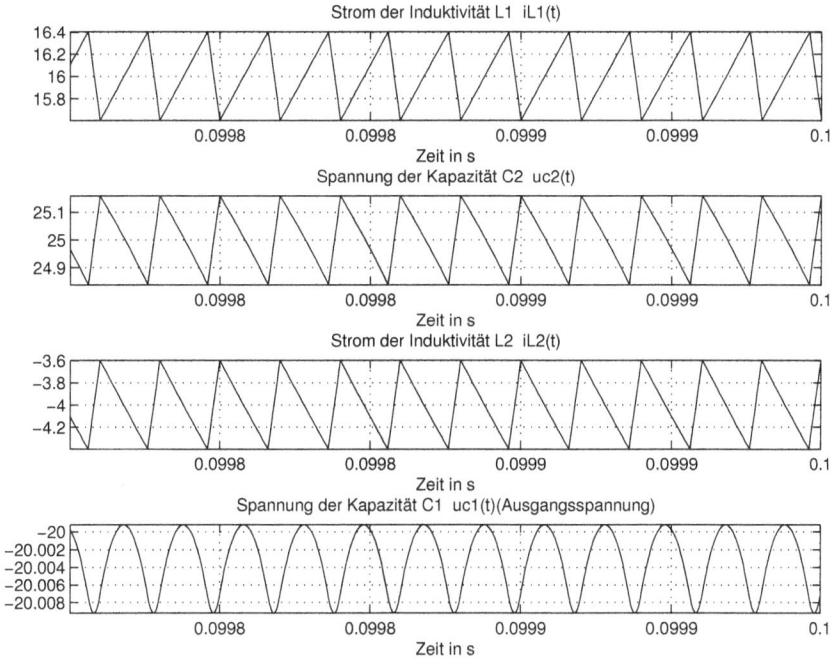

Abb. 2.30: Zustandsvariablen des DC-DC-Cuk-Wandlers (Ausschnitt im stationären Zustand (cuk1.m, cuk_1.mdl)

Die Zeilen, in denen die Parameter definiert werden, sind:

```
% -------- Parameter der Schaltung
R = 5;                  L1 = 0.0001;
L2 = L1;
C1 = 200e-6;            C2 = C1;
Ui = 5;
f0 = 50e3;              T = 1/f0;
%T2 = T*0.5;
T2 = T*0.2,             T1 = T-T2;
```

Die Ergebnisse in Form der Zustandsvariablen der Schaltung sind in Abb. 2.29 dargestellt und ein Ausschnitt für den stationären Zustand ist in Abb. 2.30 gezeigt.

Für die gewählten Parameter, in der Annahme $C_1, C_2 \to \infty$, erhält man gemäß Gl. (2.35) für die Spannungen der Kapazitäten folgende Werte:

```
T1 = 0,8 T;      T2 = 0,2 T
U2 = Ui(T/T2)  = 5 Ui = 25 V
U1 = -Ui(T1/T2)=-4 Ui = 20 V
```

Diese Werte werden auch annähernd von der Simulation geliefert, wie man aus der Darstellung in Abb. 2.30 entnehmen kann.

So wie der Invertierender-DC-DC-Wandler (*Buck-Boost*) aus dem vorherigen Abschnitt kann der DC-DC-Cuk-Wandler eine negative Ausgangsspannung liefern, die im Betrag kleiner oder größer als die Eingangsspannung sein kann. Der Hauptunterschied zwischen den zwei Schaltungen besteht darin, dass die zwei Induktivitäten am Eingang und am Ausgang kleinere Schwankungen (*Ripple*) der Ströme ergeben. Mit bestimmten Werten der Induktivitäten können die Schwankungen auf null gebracht werden.

Die Ergebnisse sind für relativ kleine Werte der induktivitäten von 0,1 mH dargestellt. Die Schaltfrequenz wurde auf 50 kHz erhöht. Zur Zeit können die elektronische Komponenten (MOS-Transistoren für die Schalter und Schottky-Dioden) bis in den Bereich von MHz arbeiten. Dadurch kann man mit Spulen für die Induktivitäten arbeiten, die immer kleiner werden.

2.5   Simulation eines DC-DC-SEPIC-Wandlers

Die DC-DC-SEPIC-Wandler[3] ergeben eine positive regelbare Ausgangsspannung die größer oder kleiner als die Eingangsspannung sein kann. Diese Wandler enthalten zwei Induktivitäten, deren Spulen in einer Variante gekoppelt sein können. Hier wird zuerst die Schaltung gemäß Abb. 2.31 mit zwei nicht gekoppelten Induktivitäten untersucht.

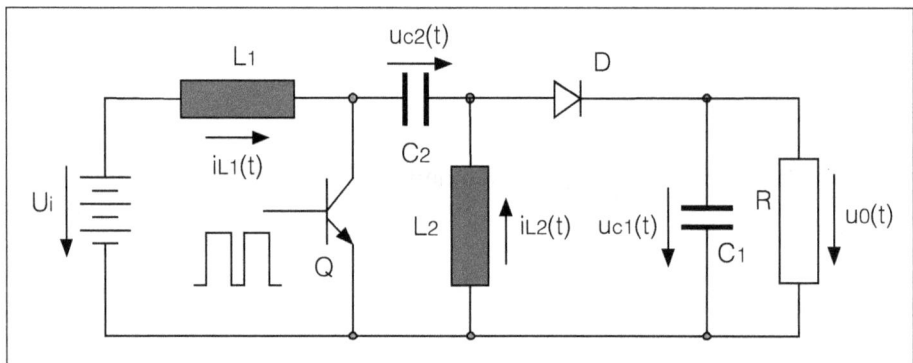

Abb. 2.31: DC-DC-SEPIC-Wandler mit nicht gekoppelten Induktivitäten

Für den Zustand ON des Schalters Q und blockierte Diode können folgende Differentialgleichungen für die vier Zustandsvariablen $i_{L1}(t)$, $u_{c2}(t)$, $i_{L2}(t)$ und $u_{c1}(t)$ geschrieben werden:

$$L_1 \frac{di_{L1}(t)}{dt} = U_i; \qquad C_2 \frac{du_{c2}(t)}{dt} = -i_{L2}(t)$$

$$L_2 \frac{di_{L2}(t)}{dt} = u_{c2}(t); \qquad C_1 \frac{du_{c1}(t)}{dt} = -\frac{u_{c1}(t)}{R} \qquad (2.36)$$

---

[3] *Single-Ended Primary-Inductance*

Im OFF-Zustand öffnet sich die Diode und das Verhalten wird mit folgenden Differentialgleichungen beschrieben:

$$L_1 \frac{di_{L1}(t)}{dt} = U_i - u_{c1}(t) - u_{c2}(t); \qquad C_2 \frac{du_{c2}(t)}{dt} = i_{L1}(t)$$

$$L_2 \frac{di_{L2}(t)}{dt} = -u_{c1}(t); \qquad\qquad C_1 \frac{du_{c1}(t)}{dt} = i_{L1}(t) + i_{L2}(t) - \frac{u_{c1}(t)}{R}$$

(2.37)

Diese Differentialgleichungen wurden für die Bildung des Modells `sepic_1.mdl`, das in Abb. 2.32 dargestellt ist, verwendet.

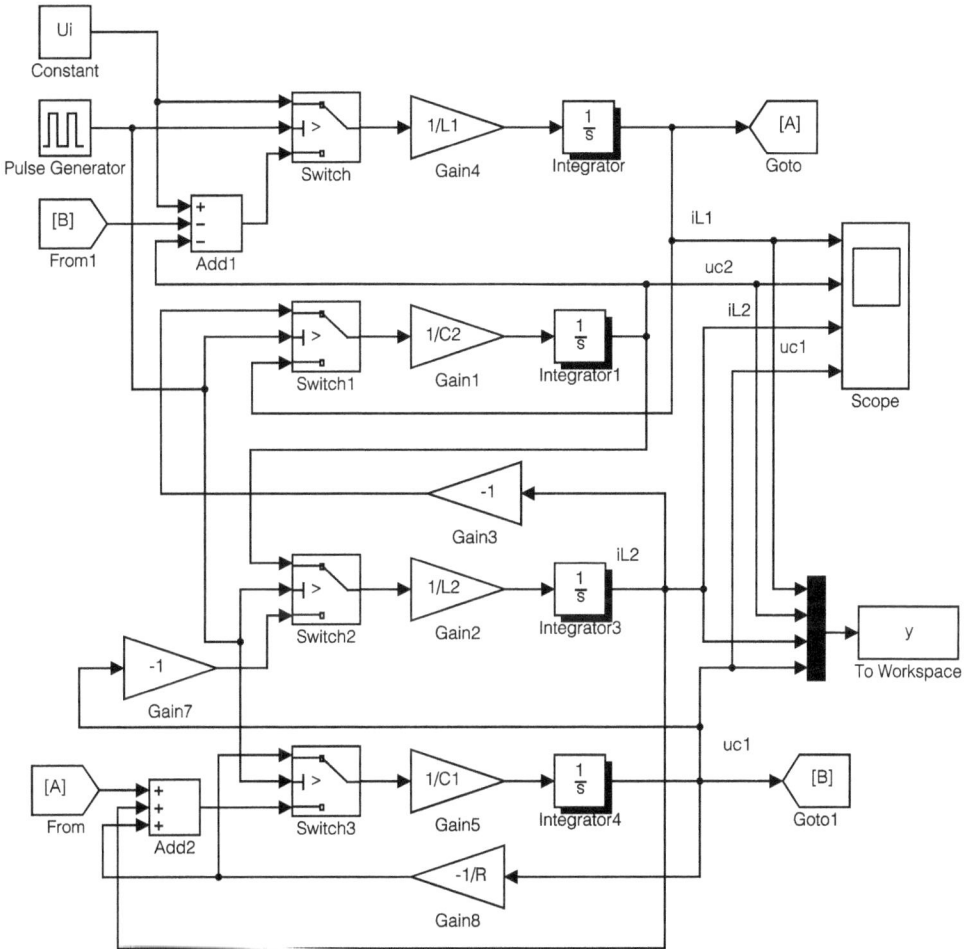

Abb. 2.32: Simulink-Modell des DC-DC-Sepic-Wandlers (sepic1.m, sepic_1.mdl)

Das Modell wird aus dem Skript `sepic1.m` initialisiert und aufgerufen. Die Parameter der Schaltung werden in folgenden Zeilen initialisiert:

```
% -------- Parameter der Schaltung
R = 5;              L1 = 0.00005;
L2 = L1;
C1 = 100e-6;        C2 = C1;
Ui = 5;
f0 = 500e3;         T = 1/f0;        % Schaltfrequenz
%T2 = T*0.5;
T2 = T*0.3,                          % Tastverhältnis
T1 = T-T2;
```

Wie man sieht, ist die Schaltfrequenz auf 500 kHz erhöht worden und die Induktivitäten sind mit 50 μH relativ klein im Vergleich zu den vorherigen Schaltungen.

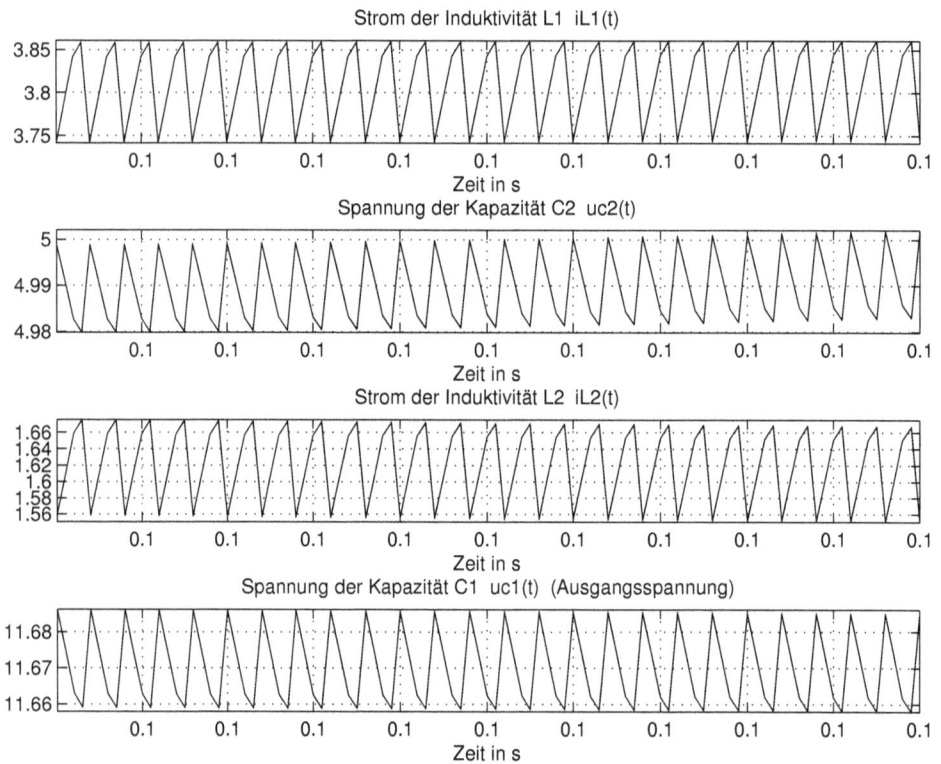

Abb. 2.33: Zustandsvariablen des DC-DC-Sepic-Wandlers (sepic1.m, sepic_1.mdl)

Abb. 2.33 zeigt die Zustandsvariablen im stationären Zustand nach dem Einschwingen.

Wenn man vereinfachend die Kapazitäten sehr groß annimmt ($C \to \infty$), kann man deren Spannungen konstant betrachten und eine analytische Lösung berechnen.

Im ON-Zustand mit blockierter Diode erhält man folgende Differentialgleichungen:

$$L_1 \frac{di_{L1}(t)}{dt} = U_i, \qquad i_{L1}(t) = \frac{U_i}{L_1}t + I_{11}, \qquad I_{12} = \frac{U_i}{L_1}T_1 + I_{11}$$
$$L_2 \frac{di_{L2}(t)}{dt} = U_{c2}, \qquad i_{L2}(t) = \frac{U_{c2}}{L_2}t + I_{21}, \qquad I_{22} = \frac{U_{c2}}{L_2}T_1 + I_{21} \tag{2.38}$$

Der Strom I_{11} ist der Anfangswert des Stroms $i_{L1}(t)$ im Intervall T_1 und I_{12} ist der Endwert dieses Stroms im selben Intervall. Ähnlich ist I_{21} der Anfangswert des Stroms $i_{L2}(t)$ im Intervall T_2 und I_{22} ist der Endwert dieses Stroms im selben Intervall.

Im OFF-Zustand mit leitender Diode erhält man:

$$L_1 \frac{di_{L1}(t)}{dt} = U_i - U_{c1} - U_{c2}, \qquad i_{L1}(t) = \frac{U_i - U_{c1} - U_{c2}}{L_1}t + I_{12}$$
$$I_{11} = \frac{U_i - U_{c1} - U_{c2}}{L_1}T_2 + I_{12} \tag{2.39}$$
$$L_2 \frac{di_{L2}(t)}{dt} = -U_{c1}, \qquad i_{L2}(t) = -\frac{U_{c1}}{L_2}t + I_{22} \qquad I_{21} = \frac{U_{c2}}{L_2}T_2 + I_{22}$$

Durch Gleichstellung der Differenzen $I_{12} - I_{11}$ aus den Intervallen T_1 und T_2 ergibt sich eine Beziehung zwischen der Spannungen der Kapazitäten:

$$U_{c1} + U_{c2} = U_i \frac{T_1 + T_2}{T_2} \tag{2.40}$$

Die Gleichstellung der Differenzen $I_{22} - I_{21}$ aus den Intervallen T_1 und T_2 führt zu:

$$U_{c1} = U_{c2} \frac{T_1}{T_2} \tag{2.41}$$

Die Lösung des Gleichungssystems bestehend aus Gl. (2.40) und (2.41) nach U_{c1}, U_{c2} ergibt schließlich:

$$U_{c2} = U_i \qquad \text{und} \qquad U_{c1} = U_i \frac{T_1}{T_2} \tag{2.42}$$

Für $U_i = 5$ V und $T_2 = 0,3T$ erhält man $U_{c2} = 5$ V und $U_{c1} = 5 \times 0,7/0,3 = 11,667$ V. Diese Werte können in Abb. 2.33 als Mittelwerte der Spannungen $u_{c2}(t)$ und $u_{c1}(t)$ überprüft werden.

2.5.1 DC-DC-SEPIC-Wandler mit gekoppelten Induktivitäten

Die zwei Induktivitäten des SEPIC-Wandlers können auch mit gekoppelten Spulen erzeugt werden. Diese bilden dann einen Transformator. Es ist eigentlich die Schaltung eines Sperrwandlers, bei dem zwischen Primär- und Sekundärwicklung ein Kondensator zugeschaltet ist.

Wie sich zeigen wird, benötigt man in diesem Fall nur halb so große Indukti-vitäten als beim SEPIC-Wandler ohne gekoppelten Spulen, um dieselben Toleranzen für die Schwankungen der Ströme durch die Induktivitäten einzuhalten. Dadurch ist der Platzbedarf auf der Leiterplatte geringer.

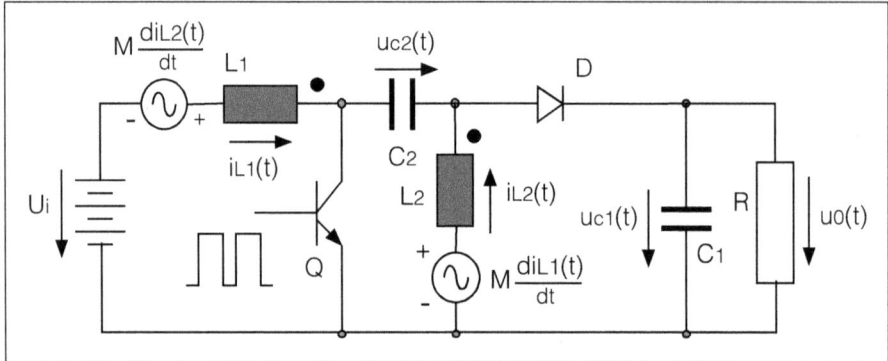

Abb. 2.34: DC-DC-SEPIC-Wandler mit gekoppelten Spulen der Induktivitäten

Abb. 2.34 zeigt die Ersatzschaltung des Wandlers. Die zwei Spulen der Indukti-vitäten sind gekoppelt, was durch die zwei Punkte gekennzeichnet ist. Sie zeigen den Wicklungssinn der Spulen nach dem Prinzip das in Abb. 2.35 einfach erläutert ist.

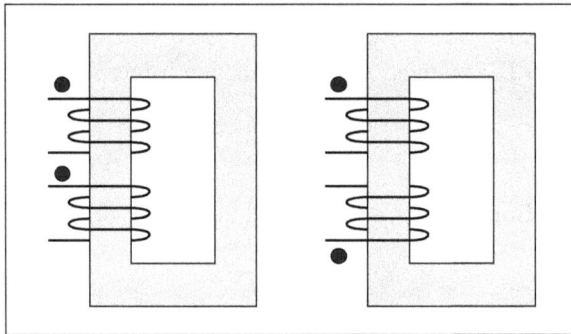

Abb. 2.35: Wicklungssinn zweier gekoppelter Spulen

Die zwei Spulen bilden einen Transformator, für den eine Ersatzschaltung mit Ge-geninduktivität M benutzt wird, die die gegenseitig induzierten Spannungenn

$$M\frac{di_{L1}(t)}{dt} \qquad \text{und} \qquad M\frac{di_{L2}(t)}{dt}$$

bestimmt.

Die Differentialgleichungen für den ON-Zustand des Schalters Q mit blockierter Diode D sind:

$$U_i = -M\frac{di_{L2}(t)}{dt} + L_1\frac{di_{L1}(t)}{dt}, \qquad C_2\frac{du_{c2}(t)}{dt} = -i_{L2}(t)$$

$$u_{c2}(t) - L_2\frac{di_{L2}(t)}{dt} + M\frac{di_{L1}(t)}{dt} = 0, \qquad C_1\frac{du_{c1}(t)}{dt} = -\frac{u_{C1}}{R} \tag{2.43}$$

Daraus ergeben sich die Differentialgleichungen erster Ordnung in den Zustandsvariablen für den ON-Zustand:

$$\frac{di_{L1}(t)}{dt} = \left(U_i + \frac{M}{L_2}u_{c2}(t)\right)\frac{1}{(L_1 - M^2/L_2)}, \qquad \frac{du_{c2}(t)}{dt} = -\frac{i_{L2}(t)}{C_2}$$

$$\frac{di_{L2}(t)}{dt} = \left(u_{c2}(t) + \frac{M}{L_1}U_i\right)\frac{1}{(L_2 - M^2/L_1)} \tag{2.44}$$

$$\frac{du_{c1}(t)}{dt} = -\frac{u_{c1}(t)}{R\,C_1}$$

Für den OFF-Zustand mit der Diode D leitend erhält man folgende Differentialgleichungen:

$$U_i = L_1\frac{di_{L1}(t)}{dt} - M\frac{di_{L2}(t)}{dt} + u_{c2}(t) + u_{c1}(t), \qquad C_2\frac{du_{c2}(t)}{dt} = i_{L1}(t)$$

$$L_2\frac{di_{L2}(t)}{dt} - M\frac{di_{L1}(t)}{dt} + u_{c1}(t) = 0 \tag{2.45}$$

$$C_1\frac{du_{c1}(t)}{dt} = i_{L1}(t) + i_{L2}(t) - \frac{u_{C1}}{R}$$

Daraus ergeben sich die Differentialgleichungen erster Ordnung in den Zustandsvariablen für den OFF-Zustand:

$$\frac{di_{L1}(t)}{dt} = \left(U_i - (1 + \frac{M}{L_2})u_{c1}(t) - u_{c2}(t)\right)\frac{1}{(L_1 - M^2/L_2)}$$

$$\frac{du_{c2}(t)}{dt} = \frac{i_{L1}(t)}{C_2}$$

$$\frac{di_{L2}(t)}{dt} = \left(\frac{M}{L_1}(U_i - u_{c2}(t)) - (1 + \frac{M}{L_1})u_{c1}(t)\right)\frac{1}{(L_2 - M^2/L_1)} \tag{2.46}$$

$$\frac{du_{c1}(t)}{dt} = \frac{1}{C_1}\left(i_{L1}(t) + i_{L2}(t) - \frac{u_{c1}(t)}{R}\right)$$

Die Differentialgleichungen gemäß Gl. (2.44) und Gl. (2.46) werden weiter für die Bildung des Simulink-Modells `sepic_2.mdl`, das in Abb. 2.36 dargestellt ist, benutzt.

Bei allen *Switch*-Blöcken entspricht die obere Position dem Zustand ON und die untere Position dem Zustand OFF. Mit den Blöcken *Goto* und *From* vermeidet man lange Verbindungen im Modell. Das Modell wird im Skript `sepic2.m` initialisiert und aufgerufen. Die Zeilen des Skripts mit den initialisierten Parametern sind:

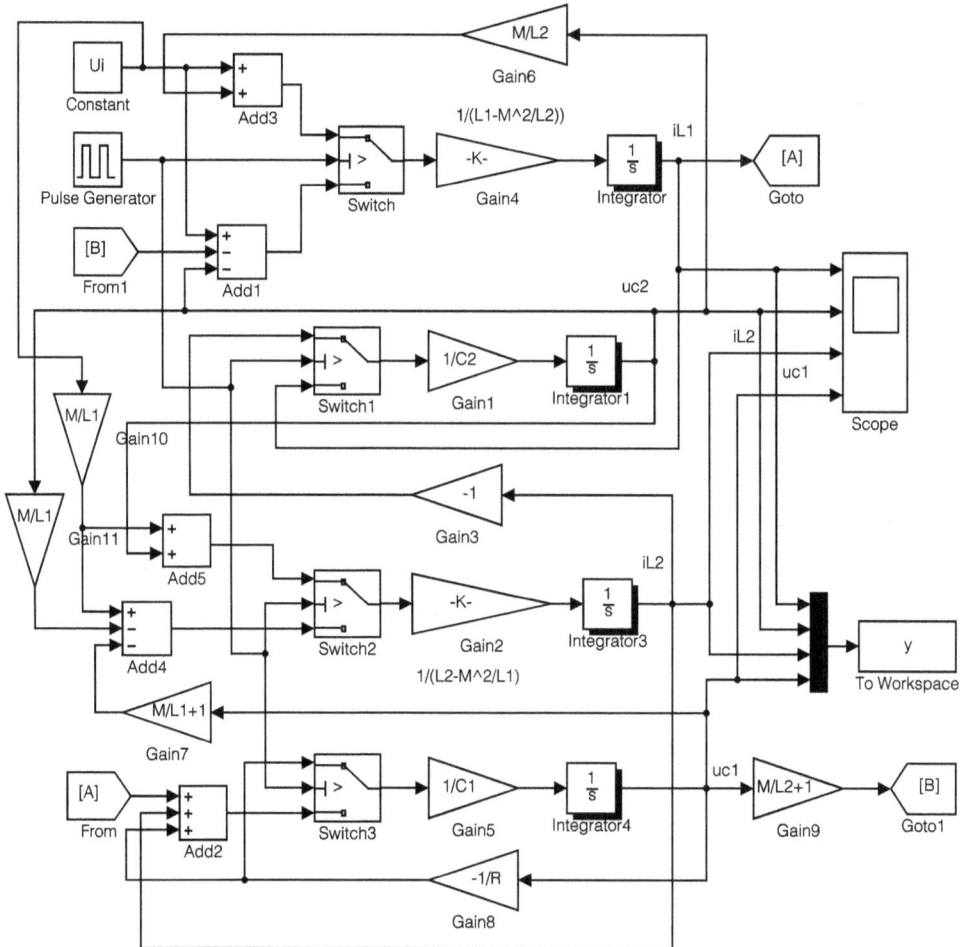

Abb. 2.36: Simulink-Modell des Wandlers mit gekoppelten Spulen der Induktivitäten
(sepic2.m, sepic_2.mdl)

```
% -------- Parameter der Schaltung
R = 5;             L1 = 0.00005;
L2 = L1;
M = 0.8*L1;
C1 = 100e-6;       C2 = C1;
Ui = 5;
f0 = 50e3;         T = 1/f0;
%T2 = T*0.5;
T2 = T*0.2,        T1 = T-T2;
```

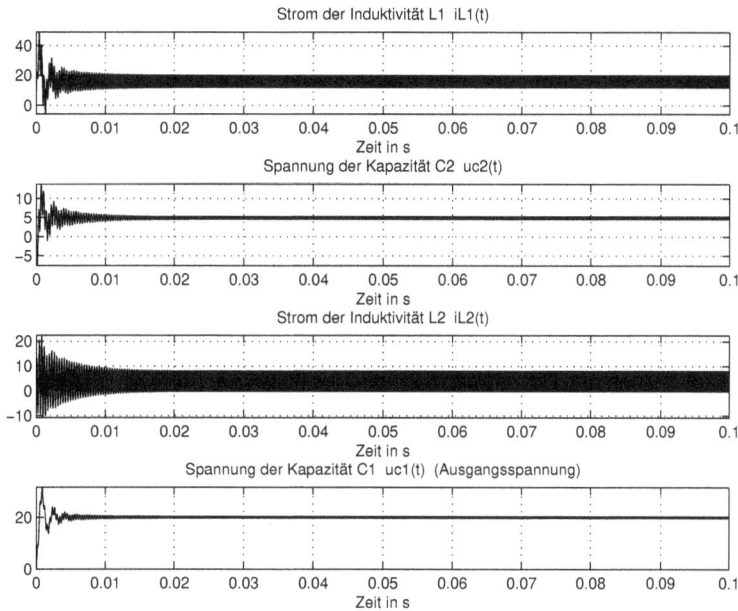

Abb. 2.37: Zustandsvariablen des Wandlers mit gekoppelten Spulen der Induktivitäten
(sepic2.m, sepic_2.mdl)

Die Gegeninduktivität M für zwei gleiche Spulen und somit gleiche Induktivitäten wäre:

$$M = k\sqrt{L_1 L_2} = kL \qquad \text{für} \qquad L_1 = L_2 = L \tag{2.47}$$

Mit $k \leq 1$ wird der Kopplungsfaktor bezeichnet. Dieser wird mit dem Wert $0,8$ initialisiert. Zu bemerken sei, dass man den Wert $k = 1$ nicht wählen darf, da sonst die Nenner $(L_1 - M^2/L_2)$ und $(L_2 - M^2/L_1)$ in den Differentialgleichungen null werden. Für $M = 0$ erhält man den SEPIC-Wandler mit nicht gekoppelten Spulen für die Induktivitäten.

Die Zustandsvariablen der Schaltung aus der Simulation sind in Abb. 2.37 und Abb. 2.38 dargestellt. Für die Annäherung, die man erhält, wenn die Kapazitäten sehr groß angenommen werden $C \to \infty$, gelten auch hier die Ergebnisse der Gleichung (2.42). Mit $T_2 = 0,2T$ bzw. $T_1 = 0,8T$ ist $U_{c1} = U_i \times T_1/T_2 = 20$ V, was man in Abb. 2.37 und Abb. 2.38 sehen kann.

Die Spannung der Kapazität C_2 bleibt ebenfalls gemäß Gl. (2.42) gleich der Eingangsspannung U_i.

Dem Leser wird empfohlen auch andere Variablen aus dem Modell zu untersuchen. Beispielhaft könnte der Strom durch die Kapazitäten C_1 und C_2 untersucht werden, da dieser wichtig für die Dimensionierung der Bauteile ist. Ebenso verhält es sich mit dem Strom durch die Induktivitäten, um zu gewährleisten, dass die Kerne der Spulen nicht in die Sättigung geraten.

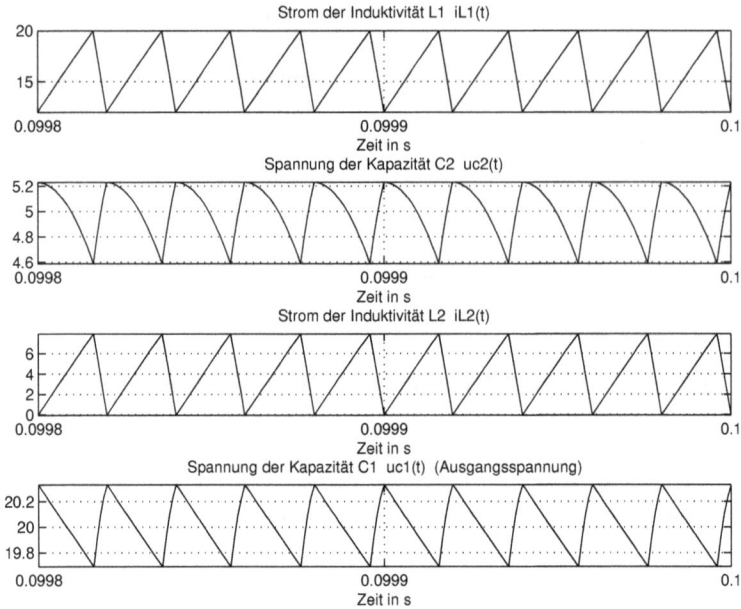

Abb. 2.38: Zustandsvariablen des Wandlers mit gekoppelten Spulen der Induktivitäten (Ausschnitt) (sepic2.m, sepic_2.mdl)

Die geschätzte mittlere Leistung am Ausgang `Pa` und die geschätzte mittlere Leistung am Eingang `Pi` sind für diese ideale Schaltung annähernd gleich:

```
Pa  =   80.1607                              Pi  =    80.1625
```

Dadurch ist zu erwarten, dass die realen Schaltungen einen hohen Wirkungsgrad besitzen. Es wurden die Variablen $i_{L1}(t)$ und $u_{c1}(t)$ im stationären Zustand (ohne Einschwingen) bei der Berechnung dieser Leistungen eingesetzt.

2.6   Simulation eines Lock-In-Verstärkers

Lock-In-Verstärker werden verwendet, um Wechselspannungen (harmonische Schwingungen) mit sehr kleiner Amplitude, z.B. im Bereich von Nanovolt, zu messen. Sie wurden früher analog realisiert, werden heutzutage aber überwiegend digital realisiert. Allerdings kann man auch heute analog realisierte Lock-In-Verstärker erwerben, wie z.B. von der Firma *Stanford Research Instruments*, einem der Marktführer auf dem Gebiet der Lock-In-Verstärker.

Anhand typischer Werte von klassischen Verstärkern [55] wird die Notwendigkeit eines Lock-In-Verstärkers plausibel gemacht, bevor dann das Prinzip dieser Verstärker erklärt und simuliert wird. Gegeben sei ein Sensor, der als Ausgangssignal eine harmonische Schwingung der Frequenz $f_0 = 10\,\text{kHz}$ mit einer Nennamplitude $U_S = 1\mu V$ liefert. Bevor dieses Signal weiterverarbeitet werden kann, muss es verstärkt werden, da der Bereich der Mikrovolt zu klein ist. Ein guter Verstärker würde bei einer erforderlichen Verstärkung von z.B. $A = 1000$, um das Signal in den Millivolt-Bereich zu bringen, eine Bandbreite $B = 100$ kHz haben. Leider sind Verstärker nicht rauschfrei. Würde man einen rauscharmen Verstärker voraussetzen, so hätte dieser eine auf den Eingang zurügerechnete effektive äquivalente Rauschspannungsdichte von etwa $U_n = 5\,nV/\sqrt{Hz}$ bei der Eckfrequenz 100 kHz.

In der Nachrichtentechnik und der Hochfrequenztechnik wird gewöhnlich mit Leistungsgrößen gearbeitet, in der Schaltungstechnik jedoch häufig mit Amplitudengrößen. Um den Bezug herzustellen, sei hier eine kleine Klammer erlaubt. Durch Quadrieren der effektiven Rauschspannungsdichte erhält man die auf 1Ω normierte Rauschleistungsdichte. Diese ist dann $25(nV)^2/Hz$, bzw. auf einem Widerstand von 50Ω wären es 0.5×10^{-18} W/Hz oder -153 dBm/Hz und damit 20 dB mehr als das thermische Rauschen - ein guter Wert in diesem niedrigen Frequenzbereich.

Zurück zur Betrachtung des konventionellen Verstärkers. Die Sensorspannung am Ausgang des Verstärkers hätte wie erwartet den Wert $U_o = A \times U_S = 1000 \times 1\mu V = 1mV$. Zur Berechnung der Rauschspannung am Ausgang des Verstärkers muss die auf den Eingang zurückgerechnete effektive äquivalente Rauschspannungsdichte mit der Verstärkung und vereinfacht mit der Wurzel aus der Bandbreite multipliziert werden[4]. Man erhält somit die Rauschspannung am Ausgang des Verstärkers zu mindestens $U_{rausch} = U_n \times \sqrt{B} \times A = 1.58$ mV. Somit ist die effektive Rauschspannung am Ausgang eines als gut angenommenen konventionellen Verstärkers größer als die Sensorspannung.

Die Lösung liegt sicherlich im Einsatz eines Bandpassfilters, um das Signal und das Rauschen zu filtern und so die Rauschleistung zu reduzieren. Ein analoges Bandpassfilter mit einer Bandbreite $B_F = 100$ Hz bei der Mittenfrequenz $f_0 = 10$ kHz hätte eine Güte $Q = 100$ und wäre sehr gut. Mit ihm würde, unter der idealisierenden Annahme, dass das Filter kein weiteres Rauschen hinzufügt, die effektive Rauschspannung $U_{rauschF} = U_n \times \sqrt{B_F} \times A = 50\mu V$ sein. Das entspricht einem Signal-zu-Rausch-Verhältnis von etwa 26 dB. Das ist besser als ohne Filter, aber oftmals auch nicht ausreichend.

An dieser Stelle setzt das Lock-in-Verfahren an, mit welchem geringere Filterbandbreiten erreicht werden können. Es ist auch als synchrone Phasendetektion bekannt und beruht darauf, die zu messende harmonische Schwingung mit einem Referenzsignal gleicher Frequenz und Phase zu mischen. Dadurch wird das zu messende Signal in den Tiefpassbereich verschoben und kann dort mit einem Tiefpassfilter geringer Bandbreite gefiltert werden.

Wird als Refernzsignal eine reellwertige harmonische Schwingung verwendet, so spricht man vom Single-Lock-In-Verfahren. Verwendet man eine komplexwertige harmonische Schwingung (zwei in Quadratur stehende reellwertige harmonische Schwingungen), so spricht man vom Dual-Lock-In-Verfahren [7]. Dieses ist nichts anderes als die in der Nachrichtentechnik standardmäßig durchgeführte Verarbeitung von Signalen im komplexen Basisband. Im nächsten Abschnitt wird das Lock-In-Verfahren erläutert.

---

[4]In Wahrheit muss das Integral über den in der Regel nichtkonstanten Frequenzverlauf der Rauschspannungsdichte gebildet werden. Da die Rauschspannungsdichte zu niedrigeren Frequenzen in der Regel nach einem 1/f-Gesetz ansteigt, findet hier eine Unterschätzung statt.

2.6.1   Das Prinzip des Lock-In-Verfahrens

In Abb. 2.39 ist das Block-Schema des Lock-In-Verfahrens dargestellt. Das zu messen-de Signal sei $u_s(t)$ und das Referenzsignal sei $u_r(t)$, die als sinusförmige Signale ange-nommen werden:

$$u_s(t) = \hat{u}_s \sin(2\pi f_s t + \phi_s)$$
$$u_r(t) = \hat{u}_r \sin(2\pi f_r t + \phi_r)$$
(2.48)

Die Signale besitzen die Amplituden $\hat{u}_s$ und $\hat{u}_r$, die Frequenzen f_s und f_r bzw. die Nullphasen ϕ_s und ϕ_r. Ihr Produkt realisiert ein Multiplizierer, der noch ein Faktor $1/V$ hinzufügt, so dass die Multiplikation zweier Spannungen in V am Ausgang auch eine Spannung in V ergibt.

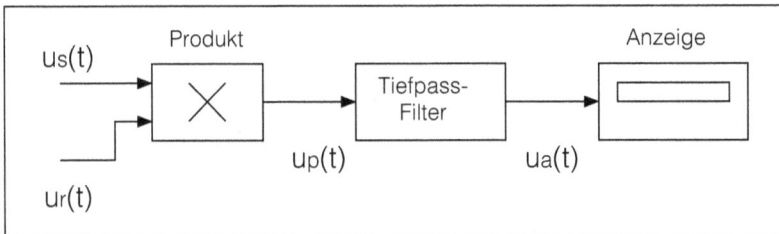

Abb. 2.39: Block-Schema des Lock-In-Verfahrens

Das Produkt führt auf:

$$u_p(t) = u_s(t) \cdot u_r(t) = \hat{u}_s \, \hat{u}_r \sin(2\pi f_s t + \phi_s) \cdot \sin(2\pi f_r t + \phi_r) =$$
$$\frac{\hat{u}_s \, \hat{u}_r}{2} \cos(2\pi(f_s - f_r)t + \phi_s - \phi_r) -$$
$$\frac{\hat{u}_s \, \hat{u}_r}{2} \cos(2\pi(f_s + f_r)t + \phi_s + \phi_r)$$
(2.49)

Wenn die Frequenzen der beiden Signale gleich sind $f_s = f_r$, dann besteht das Produkt aus einem zeitlich konstanten Anteil und einem Anteil mit der doppelter Fre-quenz. Das Tiefpassfilter extrahiert den konstanten Anteil und unterdrückt den Anteil mit doppelter Frequenz, so dass sein Ausgang folgende Form annimmt:

$$u_a(t) = U_a = \frac{\hat{u}_s \, \hat{u}_r}{2} \cos(\phi_s - \phi_r)$$
(2.50)

Wenn auch die Nullphasen der beiden Signale gleich sind $\phi_s = \phi_r$, dann kann aus diesem zeitkonstanten Signal die Amplitude des Eingangssignals $\hat{u}_s$ berechnet wer-den. Es wird angenommen, dass die Amplitude des Referenzsignals bekannt ist.

Es ist ersichtlich, dass zur Funktion des Lock-In-Verfahrens die Frequenzen von Mess- und Referenzsignal genau gleich sein müssen und ebenso, dass die beiden Si-gnale zumindest phasenstarr zueinander sein müssen. Die Phasendifferenz muss be-kannt und nicht 90° sein. In der Praxis wird das dadurch erreicht, dass das Referenz-signal über eine PLL[5] [8] an das Messsignal gekoppelt wird.

---

[5] *Phase Locked Loop*

Verwendet man das Dual-Lock-In-Verfahren, so brauchen keine Bedingungen an die Phase von Mess- und Referenzsignal gestellt werden: Durch Bildung des Betrags des entstehenden komplexen Basisbandsignals fällt die Abhängigkeit von der Phase weg, bzw. die Phase kann aus Imaginär- und Realteil des komplexen Signals berechnet werden.

Ein Rauschsignal $n(t)$ am Eingang, das dem Nutzsignal $u_s(t)$ überlagert ist, wird nach dem Multiplizierer eine Zufallskomponente $n_p(t)$ ergeben:

$$u_p(t) = (u_s(t) + n(t))\hat{u}_r\sin(2\pi f_r t + \phi_r) = u_s(t) \cdot u_r(t) + n_p(t)$$
$$n_p(t) = n(t)\hat{u}_r\sin(2\pi f_r t + \phi_r) \tag{2.51}$$

Für breitbandiges weißes Rauschen $n(t)$ mit Mittelwert null und Varianz $V_n = \sigma_n^2$ erhält man für den Anteil $n_p(t)$ ebenfalls den Mittelwert null und eine Varianz, die durch

$$V_{np} = E\left\{ \left(n(t)\hat{u}_r\sin(2\pi f_r t + \phi_r)\right)^2 \right\} = E\left\{ \frac{n^2(t)\hat{u}_r}{2}\left(1 - \cos(2\pi 2 f_r t + \phi_r)\right) \right\} \tag{2.52}$$

gegeben ist.

Es wird weiter angenommen, dass das Rauschen ergodisch [38] ist und die Erwartungswertbildung $E\{\}$ über eine Zeitmittelung berechnet werden kann. Man erhält dann folgende Varianz des Rauschanteils am Ausgang des Multiplizierers:

$$V_{np} = \frac{V_n \cdot \hat{u}_r}{2} \tag{2.53}$$

In einer zeitdiskreten Realisierung des Lock-In-Verfahrens mit der Abtastfrequenz f_s, ist die spektrale Leistungsdichte des breitbandigen Rauschsignals am Eingang $n(t)$ gleich $S_n = V_n/f_s$ in V^2/Hz. Die spektrale Leistungsdichte des Rauschanteils am Ausgang des Multiplizierers ist dann $S_{np} = S_n \cdot \hat{u}_r/2$.

Nach dem Tiefpassfilter bleibt die spektrale Leistungsdichte des Rauschanteils dieselbe. Die Varianz (oder Leistung) des Rauschanteils wird dann durch die Bandbreite des Tiefpassfilters relativ zur Abtastfrequenz bestimmt:

$$V_{nTP} = V_{np}\frac{\Delta f}{f_s} = S_{np} \cdot \Delta f = S_{np} \cdot 2 f_{TP} \tag{2.54}$$

Hier ist $\Delta f = 2 f_{TP}$ die Bandbreite des Tiefpassfilters, die gleich mit zwei mal der Durchlassfrequenz f_{TP} des Filters (Abb. 2.40) ist. Um die Rauschleistung gering zu halten ist es also erforderlich, Tiefpässe mit kleiner Bandbreite zu realisieren.

2.6.2 Digitale Tiefpassfilter mit sehr kleinem Durchlassbereich

Es ist nicht einfach, bei einer Abtastfrequenz von z.B. 100 kHz, ein Tiefpassfilter mit einer Durchlassfrequenz von z.B. 0,05 Hz zu realisieren. Die relative Durchlassfrequenz wäre dann $0,05/100000 = 5 \times 10^{-7}$ und kann nicht mit einem einzigen Filter realisiert werden.

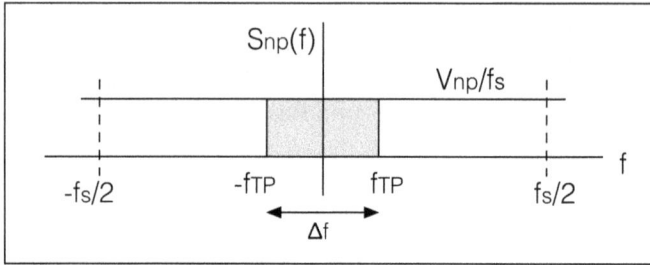

Abb. 2.40: Spektrale Leistungsdichte $S_{np} = V_{np}/f_s$ nach dem Multiplizierer und Berechnung der Varianz am Ausgang des Tiefpassfilters aus der geschwärzten Fläche

Die Lösung ist in Abb. 2.41 dargestellt [18], [28]. Das erste Tiefpassfilter realisiert eine Durchlassfrequenz von 500 Hz, was bei der Abtastfrequenz von 100 kHz eine relative Durchlassfrequenz von $500/100000 = 5 \times 10^{-3} = 1/200$ bedeutet, die noch realistisch realisiert werden kann.

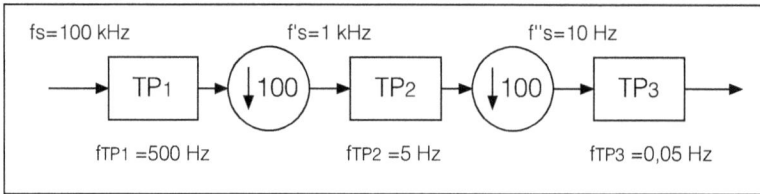

Abb. 2.41: Tiefpassfilterung in mehreren Stufen

Danach folgt eine Dezimierung mit dem Faktor 100, weil nach der Filterung zwischen den Durchlassbereichen (die sich periodisch mit Periode f_s wiederholen) eine Lücke entstanden ist, wie in Abb. 2.42a zu sehen.

Nach der Dezimierung ist die neue Abtastfrequenz gleich 1 kHz und die Durchlassbereiche sind wie in Abb. 2.42b dargestellt. Die erneute Filterung mit der gleichen relativen Durchlassfrequenz von 1/200 führt zu einer absoluten Durchlassfrequenz von 5 Hz, wie es in Abb. 2.42c gezeigt ist. Die nachfolgende Dezimierung mit dem Faktor 100 ergibt eine Abtastfrequenz von nur 10 Hz und die Durchlassbereiche aus Abb. 2.42d. Mit einer letzten Filterung (die Kernfilterung) der gleichen relativen Durchlassfrequenz von 1/200 erhält man die sehr kleine absolute Durchlassfrequenz von 0,05 Hz und Bandbreite von $0,1$ Hz (Abb. 2.42e).

Für die Realisierung der Filter kann man FIR- oder IIR-Filter benutzen [28]. Für die ersten beiden Stufen ist es sinnvoll, IIR-Filter einzusetzen, weil die Verzerrungen wegen der nichtlinearen Phase dieser Filter keine große Rolle spielen. Für das letzte Filter kann man dann ein FIR-Filter mit linearer Phase benutzen, welches keine Verzerrungen wegen des Phasengangs ergibt.

Für einen Amplitudengang mit steilem Übergang vom Durchlass- in den Sperrbereich benötigen die FIR-Filter relativ viele Koeffizienten. Für ähnliche Übergänge benötigen die IIR-Filter viel weniger Koeffizienten. Im Skript TP_1.m wird ein

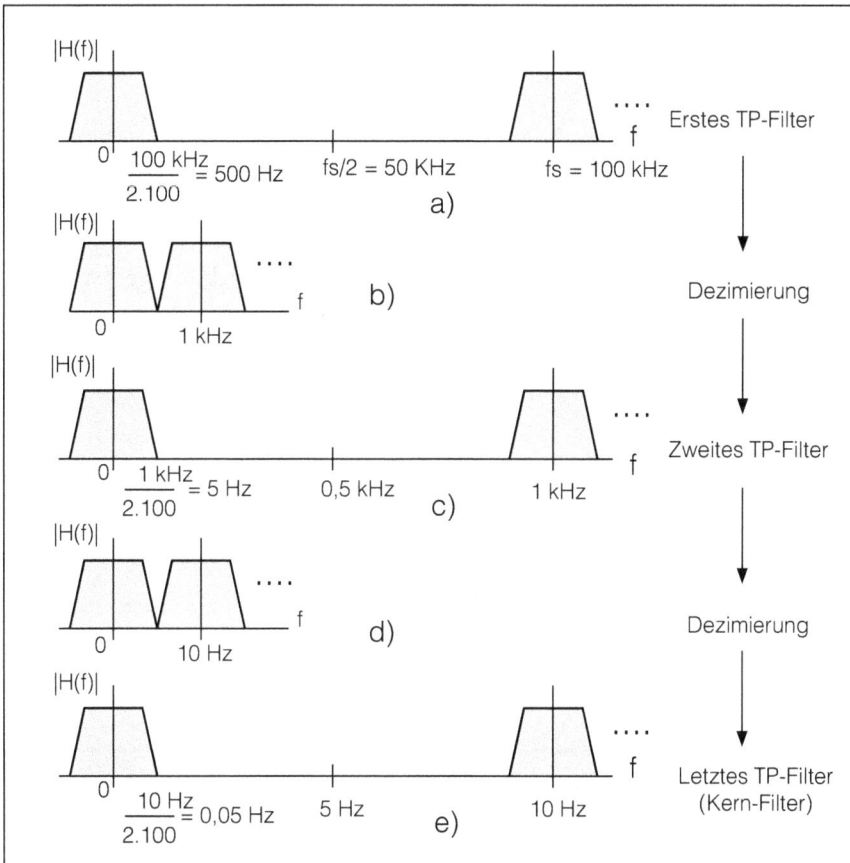

Abb. 2.42: Amplitudengänge der Tiefpassfilterung in mehreren Stufen

FIR- und ein IIR-Tiefpassfilter für eine Dezimierung mit Faktor L = 100 berechnet und es werden die Impulsantworten und Frequenzgänge dargestellt. Beim FIR-Filter sind die Werte der Impulsantwort auch die Koeffizienten des Filters.

Mit folgenden Zeilen des Skripts wird das FIR-Filter entwickelt und die Impulsantwort bzw. der Frequenzgang dargestellt:

```
% ------- FIR-Filter
nord = 512;       % Ordnung des Filters
L = 100;          % Dezimierungsfaktor (1/(2L) = Durchlassfreq.)
h = firl(nord, 2*(1/(2*L)));    % Impulsantwort (Koeffizienten)
figure(1);   clf;
stem(0:nord, h);
  title('Impulsantwort des FIR-Filters');
  xlabel('n');   grid on;
% Frequenzgang
```

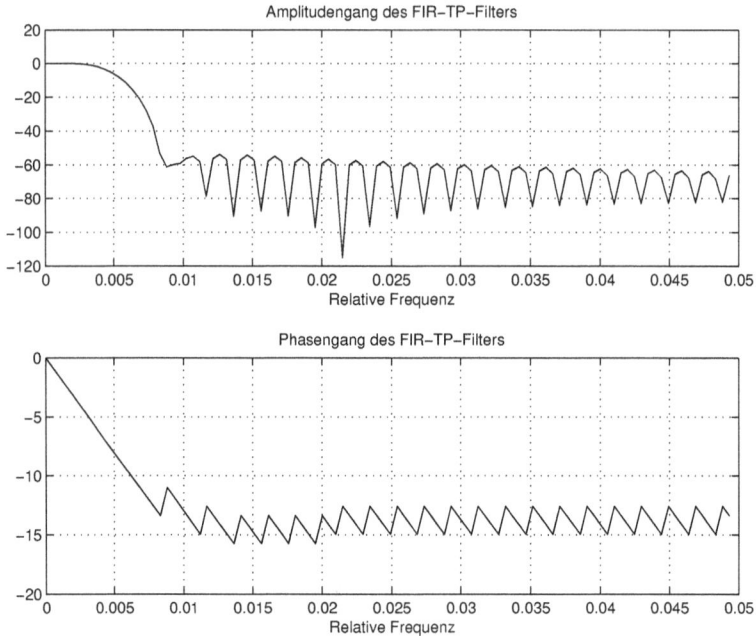

Abb. 2.43: Frequenzgang des FIR-Tiefpassfilters (TP_1.m)

```
N = 1024;
nd = fix(N/10)
[H, w] = freqz(h,1,N);
figure(2);     clf;
subplot(211), plot(w(1:nd)/(2*pi), 20*log10(abs(H(1:nd))));
  title('Amplitudengang des FIR-TP-Filters');
  xlabel('Relative Frequenz');     grid on;
subplot(212), plot(w(1:nd)/(2*pi), unwrap(angle(H(1:nd))));
  title('Phasengang des FIR-TP-Filters');
  xlabel('Relative Frequenz');     grid on;
```

Die Anzahl der Koeffizienten n_k, gleich der Ordnung des Filters plus eins, kann nach folgender einfachen Regel geschätzt werden $n_k = (2 \div 6)/f_{TP}$, wobei f_{TP} die Durchlassfrequenz relativ zur Abtastfrequenz ist. Für eine Dezimierung mit dem Faktor L = 100 ist diese Frequenz $f_{TP} = 1/(2L) = 1/200 = 0,005$. Somit könnte $n_k = 400 \div 1200$ sein. In Skript wird eine Ordnung von 512 gewählt. Der Leser sollte mit verschiedenen Werten experimentieren, aber nicht vergessen, dass der Aufwand in einer Hardware- oder Software-Implementierung mit der Anzahl der Koeffizienten steigt. Die Ordnung des FIR-Filters ist zwar sehr hoch, allerdings wird das Filter bei der niedrigen Abtastfrequenz von nur 10 Hz eingesetzt.

In Abb. 2.43 ist der Frequenzgang des FIR-Filters dargestellt. Man erkennt die relative Durchlassfrequenz von 0,005 und die lineare Phase im Durchlassbereich. Die Berechnung des Filters wurde mit der Funktion **firl** realisiert, weil diese Funktion

Argumente benötigt, die einfach zu verstehen sind. Es gibt aber noch weitere Funktionen, wie z.B. **firls** oder **firpm**, die für den Entwurf des FIR-Filters verwendet werden können.

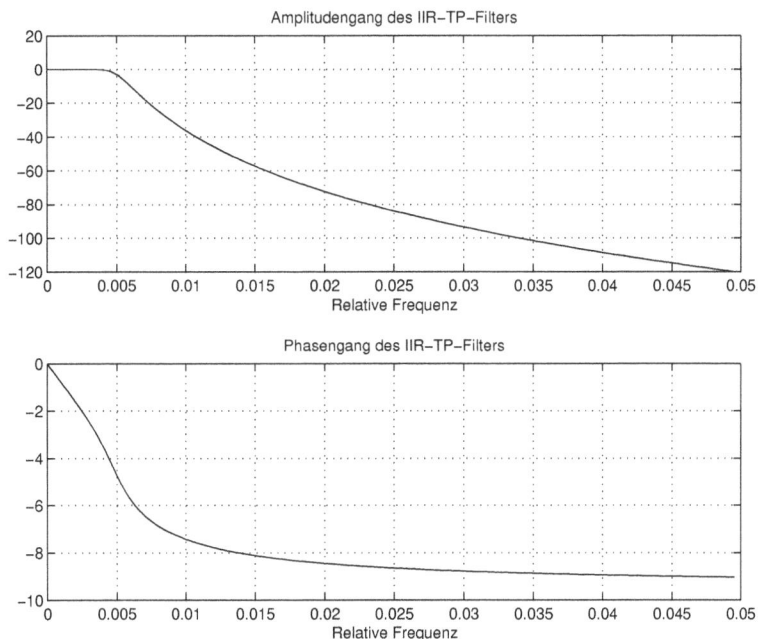

Abb. 2.44: Frequenzgang des IIR-Tiefpassfilters (TP_1.m)

Mit folgenden Zeilen wird im Skript das IIR-Filter berechnet:

```
% ------- IIR-Filter
nord = 6;       % Ordnung des Filters
L = 100;        % Dezimierungsfaktor (1/(2L) = Durchlassfreq.)
[b,a] = butter(nord, 1/L); % Impulsantwort des IIR-Filters
%[b,a] = cheby1(nord, 0.5, 1/L); % Impulsantwort des IIR-Filters
h = filter(b, a, [1, zeros(1,1000)]);   % Impulsantwort
......
```

Die Impulsantwort wird hier mit der Funktion **filter** als Antwort auf eine Eingangssequenz in Form eines Einheitspulses [1, zeros(1,1000)] ermittelt. Es wurde das übliche IIR-Filter **butter** gewählt, aber der Leser kann auch andere Typen wählen, wie z.B. **cheby1** [28].

Der Frequenzgang dieses Filters ist in Abb. 2.44 dargestellt. Wie man sieht, ist der Übergang von dem Durchlass- in den Sperrbereich ähnlich steil wie beim FIR-Tiefpassfilter. Die Ordnung des IIR-Filter gleich sechs bedeutet sieben Koeffizienten für den Zähler und sieben für den Nenner, was viel weniger als die 513 Koeffizienten im Falle des FIR-Filters ist. Beim IIR-Filter des Typs Butterworth, welches mit der

Funktion **butter** berechnet wird, gibt es nur ein Koeffizient im Zähler im Vergleich zu den anderen möglichen Typen, die ein vollständiges Zählerpolynom haben.

Die Tiefpassfilterung in mehreren Stufen, wie sie in Abb. 2.41 gezeigt ist, ergibt eine Durchlassfrequenz von nur 0,05 Hz. Die Signale, die im Durchlassbereich liegen, haben somit Perioden, die größer als $1/0{,}05 = 20$ s sind. Die Simulation einer solchen Tiefpassfilterung mit einer Abtastfrequenz am Eingang von 100 kHz und einer Abtastfrequenz am Ausgang von 10 Hz dauert sehr lange. Dazu kommen noch die Einschwingzeiten der Filter, die auch in der Größenordnung des Kehrwertes ihrer Bandbreite sind.

2.6.3   Simulation eines digitalen Lock-In-Verstärkers

Es wird angenommen, dass das Eingangssignal digitalisiert wird und das Lock-In-Verfahren weiter in digitaler Form realisiert wird. Auch das Referenzsignal mit gleicher Frequenz und gleicher Nullphase ist mit derselben Abtastfrequenz vorhanden.

In Abb. 2.45 ist das Simulink-Modell `lock_in_01.mdl` des Lock-In-Verstärkers, das aus dem Skript `lock_in01.m` initialisiert und aufgerufen wird, dargestellt. Das Nutzsignal aus dem Block *Sine Wave1* wird zu dem Messrauschen aus dem Block *Random Number* addiert und dann mit dem Faktor A verstärkt.

Dieses Signal wird mit dem Referenzsignal aus dem Block *Sine Wave* multipliziert und dann in zwei Stufen tiefpassgefiltert. Es werden wie beschrieben IIR-Filter verwendet und dazwischen werden die Signale mit dem Faktor $L = 100$ dezimiert. Das verrauschte Eingangssignal ist das erste Signal, das auf dem Block *Scope* dargestellt wird. Das zweite dargestellte Signal ist das Signal am Ausgang der Filterkette. Diese zwei Signale werden auch über den Block *To Workspace* in die MATLAB-Umgebung als Variable y übertragen.

Ganz oben wird mit den Blöcken *Math Funktion, Mean, Display* die Varianz des Messrauschens V_n angezeigt. Diese ergibt sich aus dem Quadrat des Produktes aus der effektiven Rauschspannungsdichte von 5 nV/$\sqrt{Hz}$ mit der Wurzel der Abtastfrequenz, welche die Rauschbandbreite ist:

$$V_n = (5 \cdot 10^{-9} \cdot \sqrt{10^5})^2 = 2,5 \cdot 10^{-12} \ V^2 \tag{2.55}$$

Diese Messkette kann an verschiedene Stellen angeschlossen werden, um die Veränderung der Varianz zu verfolgen. So z.B. kann man die Varianz des Rauschsignals nach dem Multiplizierer ohne Nutzsignal (mit *Gain1* auf null gesetzt) messen. Gemäß Gl. (2.53) muss diese folgenden Wert haben:

$$V_{np} = \frac{V_n \cdot \hat{u}_r}{2} A^2 = 1,25 \cdot 10^{-12} \cdot 10^6 = 1,25 \cdot 10^{-6} \ V^2 \quad \text{mit} \quad \hat{u}_r = 1 \tag{2.56}$$

Die Initialisierung der Simulation erfolgt mit folgenden Zeilen des Skripts:

```
% ------- Parameter des Systems
fsig = 10e3;         % Frequenz des Nutzsignals
Usig = 1000e-9;      % Effektivwert des Nutzsignals
ampl_sig = Usig*sqrt(2);    % Amplitude des Nutzsignals
phase_sig = 0;       % Nullphase
```

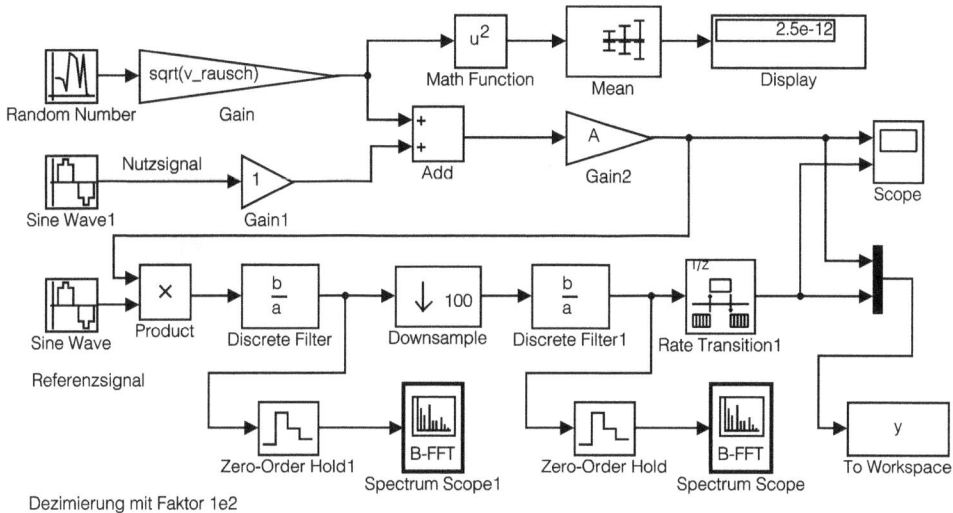

Abb. 2.45: Simulink-Modell des Lock-In-verstärkers (lock_in01.m, lock_in_01.mdl)

```
ampl_ref = 1;         % Amplitude des Referenzsignals
phase_ref = 0;        % Nullphase
A = 1000;             % Verstärkung des Verstärkers
Ts = 1e-5;            % Abtastperiode
fs = 1/Ts;            % Abtastfrequenz
rausch_effektiv = 5e-9;   % Spektrale Effektivwertsdichte
                      % des Rauschens nV/sqrt(Hz)
v_rausch = (rausch_effektiv)^2*fs;   % Varianz des Rauschsignals (Vn)
% Impulsantwort des FIR-Dezimierungsfilters
L = 100;              % Dezimierungsfaktor für eine Stufe
nord = 5;             % Ordnung des IIR-TP-Filters
[b,a] = butter(nord, 1/L); % Impulsantwort des IIR-Filters
```

Der Effektivwert des Messsignals der Frequenz 10 kHz, das mit 100 kHz abgetastet ist, wird mit 1 μV initialisiert und die Amplitude des Referenzsignals wird gleich eins gewählt. Somit muss die Gleichspannung am Ausgang der Filterkette gleich

$$U_a = \frac{\hat{u}_s \hat{u}_r}{2} A = \frac{10^{-6}\sqrt{2}}{2} 1000 = 1,4142 \cdot 10^{-3}/2 = 0,7071 \cdot 10^{-3} \ V \qquad (2.57)$$

sein.

Damit die Simulation nicht zu lange dauert, wurde die Filterkette nur mit zwei Filtern und einer Dezimierung mit Faktor L =100 gewählt. Die Durchlassfrequenz der Kette ist dadurch gleich 5 Hz, also eine Bandbreite von 10 Hz (von -5 Hz bis 5 Hz).

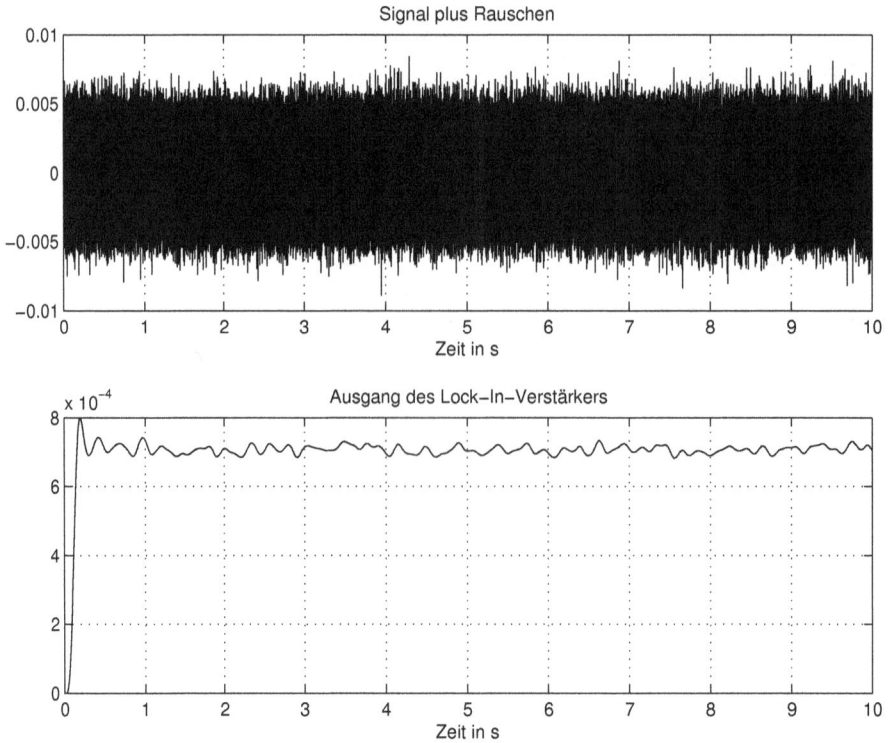

Abb. 2.46: Verrauschtes Eingangssignal und Ausgang des Lock-In-Verstärkers (lock_in01.m, lock_in_01.mdl)

Die Ergebnisse der Simulation sind in Abb. 2.46 dargestellt: Oben das verrauschte Eingangssignal und darunter der Ausgang des Lock-In-Verstärkers. Es ist noch nicht ganz eine Gleichspannung. Sie hat als Mittelwert den Wert $U_{ag} = 7,0751 \times 10^{-4}$ der sehr nahe an dem erwarteten Wert $U_a = 7,071 \times 10^{-4}$ V ist. In 10 s des Ausgangssignals sind bei der Abtastfrequenz von 10 Hz nur 100 Werte für die Schätzung des Mittelwerts U_{ag} verfügbar.

Die Varianz der Ausgangsspannung, geschätzt aus der Bandbreite und der spektralen Leistungsdichte, ist:

$$V_{na} = \frac{V_{np}}{f_s}\Delta f = 1,25 \cdot 10^{-6} \cdot 10/10^5 = 1,25 \cdot 10^{-10} \ V^2 \qquad (2.58)$$

Dieselbe Varianz geschätzt aus dem Ausgangssignal ohne Einschwingen ist $V_{nag} = 1,2294 \cdot 10^{-10} \ V^2$. Der Unterschied ist ebenfalls auf die relativ wenigen Werte zurückzuführen, die in dieser Schätzung benutzt worden sind.

Mit dem Block *Spectrum Scope1* wird die spektrale Leistungsdichte am Ausgang des ersten Filters ermittelt und dargestellt, wie in Abb. 2.47 gezeigt. Die spektrale Leistungsdichte des Rauschens bleibt konstant entlang der ganzen Filterkette, und zwar

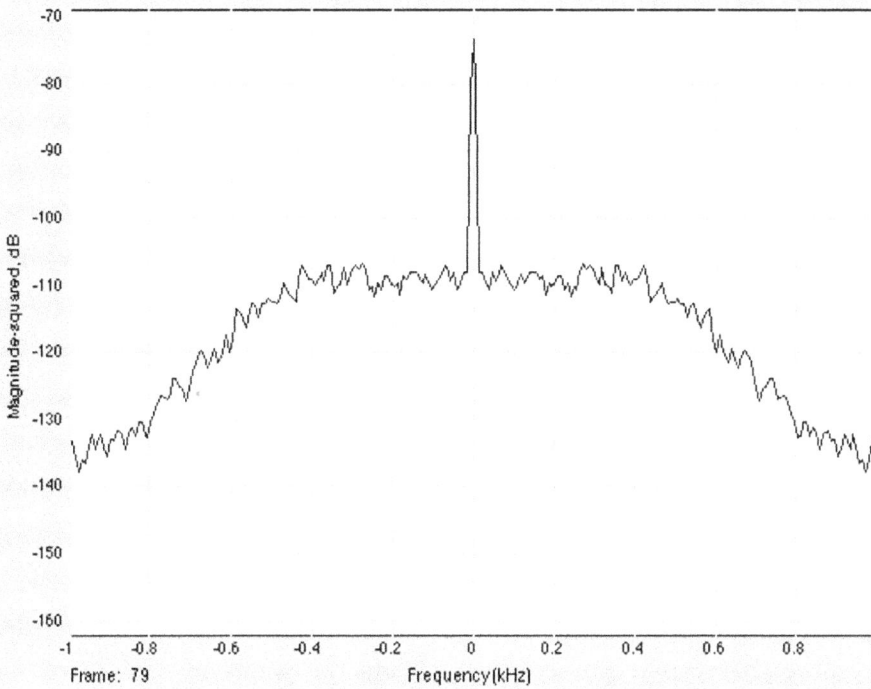

Abb. 2.47: Spektrale Leistungsdichte nach dem Multiplizierer (lock_in01.m, lock_in_01.mdl)

mit der Größe:

$$S_n = \frac{V_{np}}{f_s} = \frac{1,25 \cdot 10^{-6}}{10^5} = 1,25 \cdot 10^{-11} \;\; V^2/Hz \tag{2.59}$$

Logarithmisch bedeutet dies ein Wert von:

$$S_n^{dB} = 10\log_{10}(1,25 \cdot 10^{-11}) = -109,0309 \;\; dBV^2/Hz \tag{2.60}$$

In den Darstellungen aus Abb. 2.47 und Abb. 2.48 entsprich dieser Wert den Horizontalen bei ca. -110 dBV^2/Hz im Bereich der Bandbreite dieser Filter, einmal für das erste Filter von -0,5 kHz bis 0,5 kHz und für das zweite Filter von -5 Hz bis 5 Hz.

Um in den Darstellungen der spektralen Leistungsdichte die signifikanten Anteile hervorzuheben, wurde die Abtastfrequenz von den *Spectrum Scope*-Blöcken noch einmal heruntergesetzt. Dafür werden *Zero Order Hold*-Blöcke verwendet und die Darstellung im Block *Spectrum Scope 1* erfolgt mit der Abtastfrequenz 2 kHz statt 100 kHz. Im zweiten *Spectrum Scope*-Block erfolgt sie mit 50 Hz statt mit 1 kHz.

In den Darstellungen aus Abb. 2.47 und Abb. 2.48 entsprechen die Spitzenwerte bei der Frequenz null den spektralen Leistungsdichten des Nutzsignals. Diese berechnen sich aus der Leistung des Signals nach den Multiplizierer geteilt durch die Auflösung

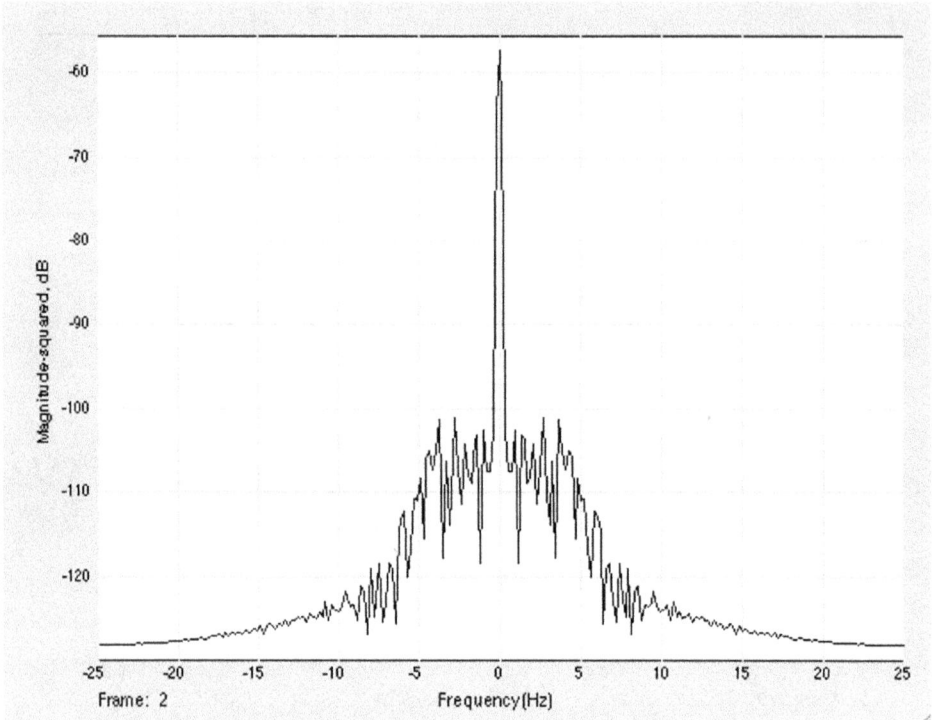

Abb. 2.48: Spektrale Leistungsdichte am Ausgang (lock_in01.m, lock_in_01.mdl)

der FFT der *Spectrum Scope*-Blöcke. In der ersten Darstellung liest man den Wert von ca. -73 dBV^2/Hz. Er müsste mit folgendem Wert gleich sein:

$$S_{sig1} = \left(\frac{A\hat{u}_s \cdot \hat{u}_r}{2}\right)^2 \cdot \frac{1}{(f_{s1}/N_{fft})} = (10^{-3}/\sqrt{(2)})^2 \frac{256}{2000} = 64 \cdot 10^{-9} \ \ V^2/\text{Hz} \quad (2.61)$$

In dBV^2/Hz ist dieser Wert:

$$S_{sig1}^{dB} = 10 \log_{10}(64 \cdot 10^{-9}) = -71,9382 \ \ \text{dB} \ V^2/Hz \quad (2.62)$$

Der Wert N_{fft} stellt die Anzahl der Stützwerte der FFT dar, die in dem Block *Spectrum Scope1* benutzt werden und $f_{s1} = 2000$ Hz ist die Abtastfrequenz des Blocks *Zero-Order Hold1*.

Ähnlich wird der Spitzenwert aus Abb. 2.48 von ca. -57 dBV^2/Hz begründet:

$$S_{sig2}^{dB} = 10 \log_{10}\left(\frac{A\hat{u}_s \cdot \hat{u}_r}{2}\right)^2 \cdot \frac{1}{(f_{s2}/N_{fft})} =$$
$$10 \log_{10}((10^{-6}/2) \cdot 256/50) = -55,9176 \ \ \text{dB} \ V^2/Hz \quad (2.63)$$

Hier ist $f_{s2} = 50$ Hz die Abtastfrequenz, die im Block *Zero-Order Hold* für den zweiten Block *Spectrum Scope* benutzt wird.

Wenn man mit der Zoom-Funktion in der oberen Darstellung aus Abb. 2.46 das Eingangssignal mit besserer Auflösung untersucht, wird man feststellen, dass das Nutzsignal nicht zu identifizieren ist. Man hat den Eindruck, es sei nur Rauschen vorhanden.

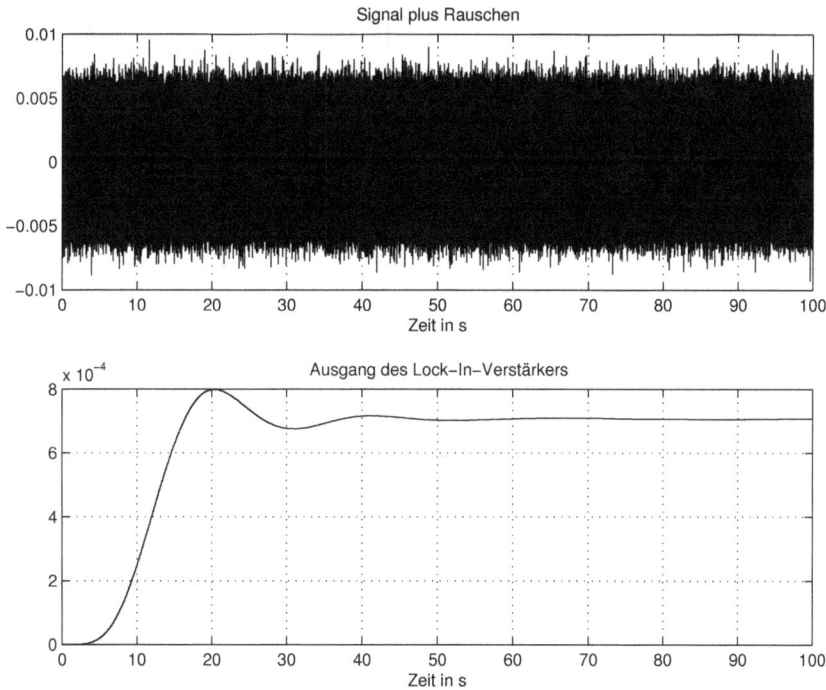

Abb. 2.49: Verrauschtes Eingangssignal von 1 μV Effektivwert und Ausgang des Lock-In-Verstärkers (lock_in02.m, lock_in_02.mdl)

Mit dem Skript `lock_in03.m`, das das Modell `lock_in_03.mdl` aufruft, wird ein Lock-In-Verstärker mit einer Filterkette wie in Abb. 2.41 simuliert. Die Durchlassfrequenz des letzten Filters ist 0,05 Hz bei einer Abtastfrequenz von 10 Hz. Abb. 2.49 zeigt die Ergebnisse der Simulation für ein Eingangssignal mit einem Effektivwert von 1 μV, wie in der vorherigen Simulation. Das Ausgangssignal schwingt sich zu dem korrekten Mittelwert ein, es dauert aber sehr lange. Bei dieser Lösung kann man das Eingangssignal noch kleiner annehmen, wie die Ergebnisse aus Abb. 2.50 für einen Effektivwert von 100 nV für das Eingangssignal zeigen. Dem Leser wird empfohlen, die Simulation auch mit einem Effektivwert von 10 nV zu starten.

Mit Hilfe des Modells `lock_in011.mdl` und dem Skript `lock_in_011.m` wird der Lock-In-Verstärker mit einer Kette von nur zwei FIR-Tiefpassfiltern ausgehend von einem Eingangssignal mit 1 μV Effektivwert simuliert. Die Ergebnisse sind den Ergebnissen aus Abb. 2.46 ähnlich.

Der Leser kann als Experiment die Simulation mit einer Frequenz des Eingangssignal, die sich durch eine kleine Differenz zur Referenzfrequenz unterscheidet,

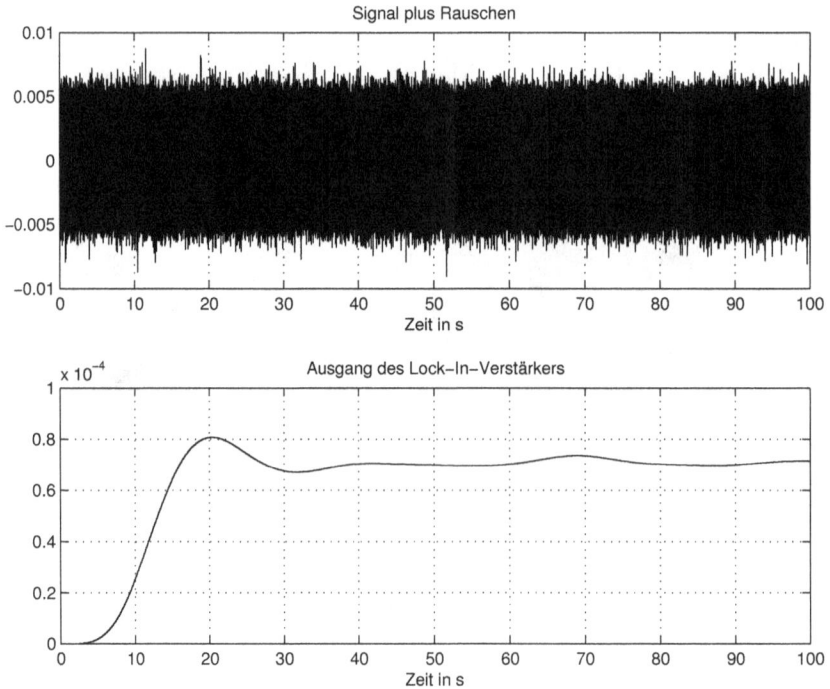

Abb. 2.50: Verrauschtes Eingangssignal von 100 nV Effektivwert und Ausgang des Lock-In-Verstärkers (lock_in02.m, lock_in_02.mdl)

durchführen. Als Beispiel wird mit

$$f_s = f_r + \delta f \tag{2.64}$$

ein Signal nach dem Multiplizierer der Form

$$u_p(t) = Au_s(t) \cdot u_r(t) = A\hat{u}_s\,\hat{u}_r\sin(2\pi f_s t + \phi_s) \cdot \sin(2\pi f_r t + \phi_r) =$$
$$A\frac{\hat{u}_s\,\hat{u}_r}{2}\cos(2\pi\Delta f t + \phi_s - \phi_r) - A\frac{\hat{u}_s\,\hat{u}_r}{2}\cos(2\pi(2f_r + \Delta f)t + \phi_s + \phi_r) \tag{2.65}$$

erhalten. Der zweite Term wird sicher durch die Tiefpassfilter unterdrückt. Wenn die Frequenzdifferenz Δf im Durchlassbereich der Filterkette liegt, wird dieses Signal am Ausgang erscheinen. Mit

```
fsig = 10e3+2;
fref = 10e3;
.....
```

wird am Ausgang der Filterkette mit Durchlassfrequenz gleich 5 Hz ein sinusförmiges Signal der Frequenz 2 Hz erhalten. Die spektrale Leistungsdichte am Ausgang, die am Block *Spectrum Scope* ermittelt wird, ist in Abb. 2.51 dargestellt.

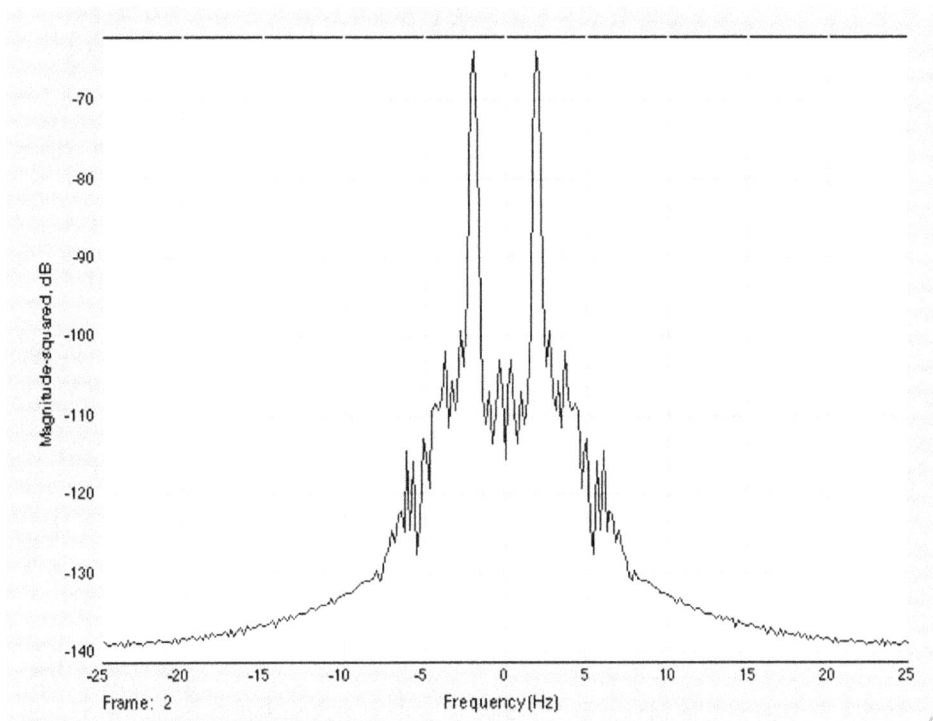

Abb. 2.51: Spektrale Leistungsdichte des Ausgangs für eine Differenz der Frequenzen von 2 Hz (lock_in011.m, lock_in_011.mdl)

Man erkennt die Existenz des Signals der Frequenz von 2 Hz durch die zwei Höchstwerte bei ca. -60 dB. In der Simulation ist auch das Messrauschen vorhanden mit einer Bandbreite von - 5 Hz bis 5 Hz. Wenn man jetzt die Frequenzdifferenz so wählt, dass sie außerhalb der Filterbandbreite liegt, wie z.B. mit

```
fsig = 10e3+10;
fref = 10e3;
.....
```

erhält man eine spektrale Leistungsdichte am *Spectrum Scope*, die in Abb. 2.52 dargestellt ist.

Die spektrale Leistungsdichte dieses Signals ist mit den Höchstwerten von -120 dB viel kleiner als die Höchstwerte des Signals von 2 Hz aus Abb. 2.51, die bei ca. -60 dB liegen. Der Unterschied von -60 dB ist gerade die Dämpfung des Filters an dieser Stelle.

Das Lock-In-Verfahren kann mit geringerem Aufwand für viele andere Anwendungen eingesetzt werden. So z.B. kann man eine Laser-Diode gegen Frequenzdrift stabilisieren oder man kann eine schwache Lichtquelle in einer Umgebung mit starker Beleuchtung auch bei sehr großen Entfernungen messen [21].

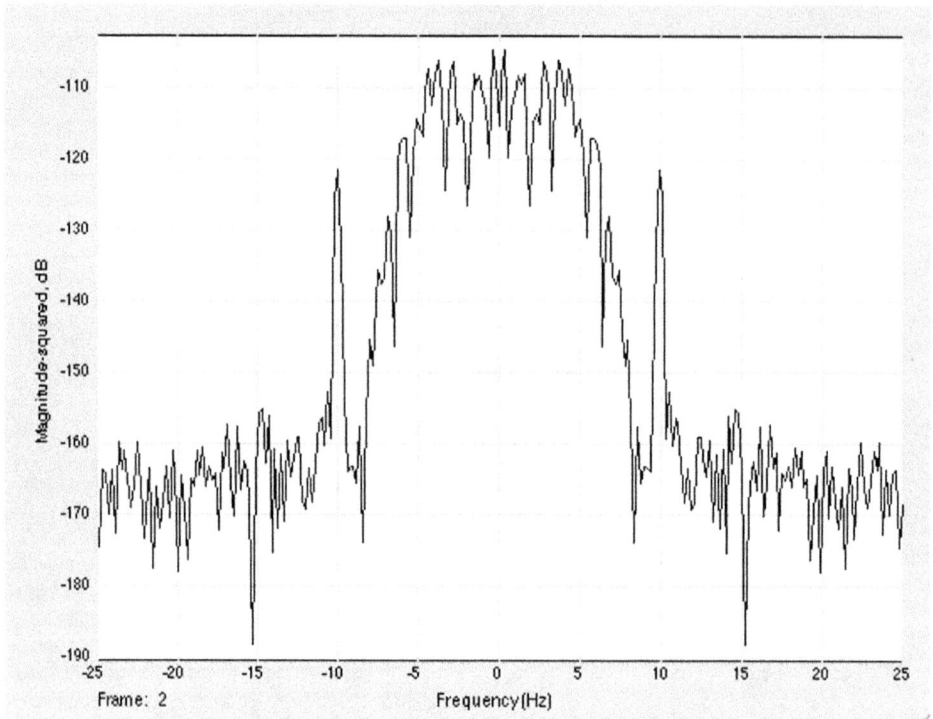

Abb. 2.52: Spektrale Leistungsdichte des Ausgangs für eine Differenz der Frequenzen von 10 Hz (lock_in011.m, lock_in_011.mdl)

Auf solchen Messungen basieren die Lichtschranken, bei denen das Licht über die gesicherten Strecken durch einfache „Katzenaugenreflektoren" zum Sender zurückreflektiert werden.

3 Simulation von Anwendungen aus dem Bereich der Regelungstechnik

3.1 Simulation von Zweipunktreglern

Zweipunktregler sind für einfache Regelungsanwendungen unkomplizierte und preiswerte Lösungen. In Haushaltsgeräten, wo die geregelte Größe nicht sehr genau einem Sollwert entsprechen muss, werden sie häufig eingesetzt. Es sind z.B. der Thermostat des Kochherdes, des Kühlschranks oder der Thermostat der Heizanlage, die mit Zweipunktreglern geregelt sind.

In Verbindung mit elektronischen Schaltern können die Zweipunktregler auch gewisse Genauigkeiten sichern. Als Beispiel sei die Spannungsregelung der Lichtmaschinen von PKWs oder LKWs erwähnt. Hier muss eine Genauigkeit von einem zehntel Volt eingehalten werden.

Die Zweipunktsteuerung von Stellgliedern ist in vielen Fällen technisch viel einfacher als eine kontinuierliche Regelung. Es wird oft die Trägheit, z.B. einer Wicklung, genutzt, um die Steuerung mit Pulsen in eine annähernd kontinuierliche Regelung umzuwandeln.

3.1.1 Einfache Zweipunktregelung mit Hysterese

Abb. 3.1a zeigt die Blockschaltung einer Zweipunktregelung. Der Prozess wird über das Relais mit Hysterese und Stellgröße $u(t)$ gesteuert. Diese kann zwei Werte annehmen: U_{stell} und 0 oder bei einigen Prozesse auch U_{stell} und $-U_{stell}$. Der Ausgang des Prozesses $y(t)$ wird mit dem gewünschten Sollwert $y_s(t)$ verglichen und die Differenz $y_s(t) - y(t) = \epsilon(t)$ als Fehler der Regelung bildet den Eingang des Relais, der hier als Regler fungiert.

Wenn der Prozess ein System mit Verzögerung erster Ordnung[1] ist, der mit der Antwort auf einem Sprung U_{stell} gemäß Abb. 3.1b beschrieben wird, dann können die Schaltvorgänge mit Hilfe der Hysterese gesteuert werden. Ohne Hysterese würden die Schaltvorgänge sehr dicht aufeinander folgen. Wenn z.B. der Istwert $y(t)$ den Sollwert erreicht und $\epsilon(t) - 0$ wird, schaltet das Relais die Stellgröße $u(t)$ ab ($u(t) - 0$) und der Ausgang wird gleich kleiner werden. Dadurch schaltet das Relais wieder die Stellgröße ein, was dazu führt, dass der Ausgang steigt und das Relais wieder abschaltet.

---

[1] PT1 Glied

Mit Hysterese wird die Stellgröße geschaltet, wenn der Fehler $\epsilon(t) > h_y$ ist (mit $h_y > 0$). Die Stellgröße wird wieder abgeschaltet, wenn der Fehler $\epsilon(t) < -h_y$ ist. Dadurch kann man für die Prozesse erster Ordnung mit einer Antwort gemäß Abb. 3.1b die Schaltvorgänge steuern.

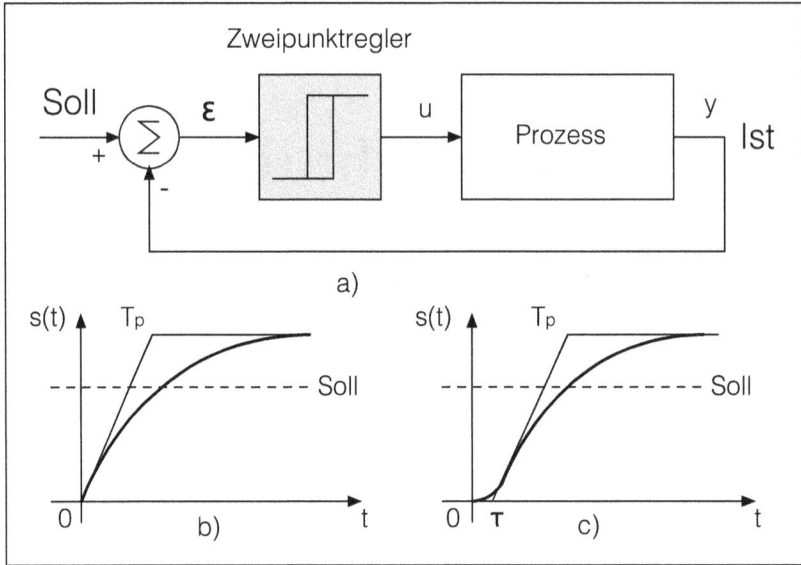

Abb. 3.1: a) Blockschaltung der Zweipunktregelung b) Sprungantwort eines Prozesses erster Ordnung mit Zeitkonstante T_p c) Sprungantwort eines Prozesses höherer Ordnung mit Zeitkonstante T_p und Totzeit τ

Für aperiodische Prozesse höherer Ordnung mit einer Antwort auf einem Sprung U_{stell} wie in Abb. 3.1c, die man mit einer Totzeit τ und einer ähnlichen Antwort wie der eines Systems erster Ordnung mit einer Zeitkonstante T_p annähern kann, ist es möglich, auch ein Relais ohne Hysterese einzusetzen. Wegen der Totzeit steigt z.B. die Ausgangsgröße auch nachdem die Stellgröße auf null geschaltet wird. Sie fällt erst nach der Totzeit und fällt weiter auch nachdem die Stellgröße wieder eingeschaltet wird.

Die Schwankungen, die entstehen, hängen hauptsächlich von zwei Parametern ab: der Totzeit τ und der Zeitkonstante T_p. Mit Hysterese kann man auch hier die Schaltvorgänge steuern, wobei diese zu größeren Schwankungen führt. Wie aus den Abbildungen 3.1b, c hervorgeht, muss der Endwert der Antwort auf U_{stell} größer als der Sollwert sein, sonst kann man diesen nicht erreichen.

Alle gezeigten Vorgänge sind mit diesen Annäherungen auch analytisch berechenbar, wie in [61] beschrieben. In diesem Abschnitt werden Zweipunktregelungen für beliebige Prozesse ohne Annäherungen simuliert.

Zuerst wird ein Prozess mit Verzögerung erster Ordnung und Zweipunktregler untersucht. Das Simulink-Modell (`zweipunkt1.mdl`) ist in Abb. 3.2 dargestellt. Es wird aus dem Skript `zweipunkt_1.m` initialisiert und aufgerufen:

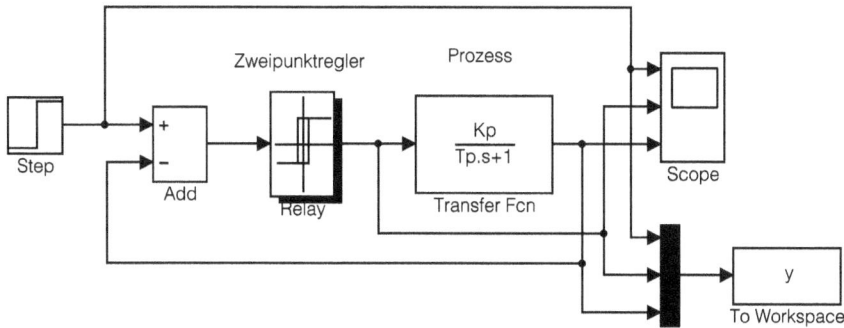

Abb. 3.2: Simulink-Modell der Zweipunktregelung eines Prozesses mit Verzögerung erster Ordnung (zweipunkt_1.m, zweipunkt1.mdl)

```
% Skript zeipunkt_1.m, in dem eine Zweipunktregelung
% eines Prozesses mit einer Verzögerung erster Ordnung
% untersucht wird.  Arbeitet mit Modell zweipunkt1.mdl
clear;
% -------- Parameter des Systems
Kp = 10;        % Übertragungsfaktor des Prozesses
Tp = 100;       % Zeitkonstante des Prozesses
hy = 20;        % Parameter der Hysterese
Ustell = 100; % Stellgröße für Relais 'ON'
ysoll = 500;   % Sollwert (Maximalwert 1000)
% -------- Aufruf der Simulation
Tfinal = 200;        % Dauer der Simulation
dt = 0.1;
sim('zweipunkt1', [0:dt:Tfinal]);
y_soll = y.signals.values(:,1);
y_relais = y.signals.values(:,2);
y_ist = y.signals.values(:,3);
t = y.time;
figure(1);    clf;
subplot(211), plot(t, y_soll, t, y_ist);
   title(['Soll- und Istwert (hy = ',num2str(hy),' )']);
   grid on;    xlabel('Zeit in s');
   La = axis; axis([La(1:2),-0.1*ysoll,1.2*ysoll]);
subplot(212), plot(t, y_relais);
   title(['Ausgang des Relais (Ustell = ',num2str(Ustell),' )']);
   grid on;    xlabel('Zeit in s');
   La = axis; axis([La(1:2),-0.1*Ustell,1.2*Ustell]);
```

Die Stellgröße als Ausgang des Relais (Zweipunktreglers) Ustell = 100 zusammen mit dem Übertragungsfaktor Kp = 10 des Prozesses ergibt einen Grenzwert am Ausgang des Prozesses von 1000. Somit kann der Sollwert für den *Step*-Block Werte bis zu diesem Grenzwert haben. Abb. 3.3 stellt die Variablen des Systems für die gezeigten initialisierten Werte dar. Die Hystereseschwelle `hy = 20` führt dazu, dass die Schwankungen um den Sollwert von 500 gleich ±20 sind.

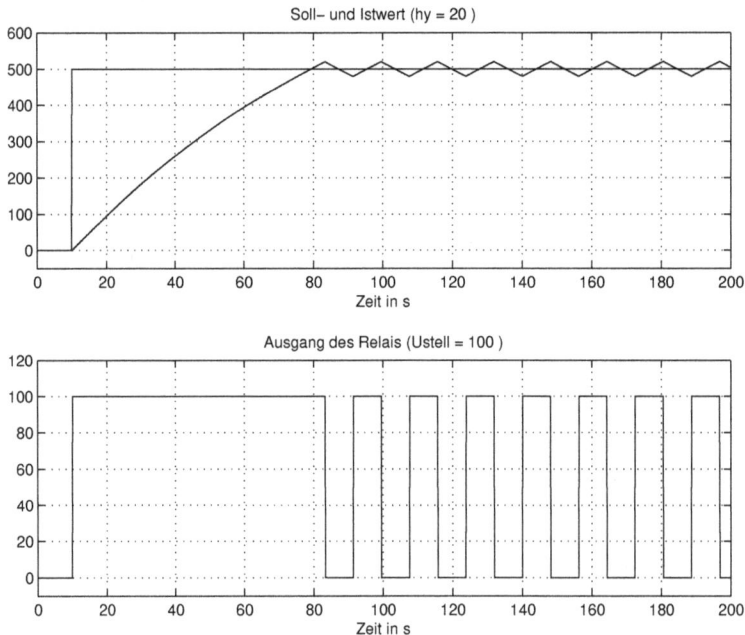

Abb. 3.3: Variablen der Zweipunktregelung des Prozesses mit Verzögerung erster Ordnung
(zweipunkt_1.m, zweipunkt1.mdl)

Wenn die Hystereseschwelle sehr klein gewählt wird (`hy = eps`) dann sind die Schaltvorgänge sehr dicht und nur von der Schrittweite der Simulation abhängig, was technisch in einem realen Prozess nicht gewünscht ist. Hier spielt die Hysterese eine große Rolle.

Mit dem Simulink-Modell `zweipunkt2.mdl` und dem Skript `zweipunkt_2.m` wird die Zweipunktregelung eines Prozesses zweiter Ordnung mit einer Übertragungsfunktion

$$Hp(s) = \frac{1}{T_1 s + 1} \cdot \frac{K_p}{T_2 s + 1} \tag{3.1}$$

untersucht. Das Modell und das Skript sind den vorherigen ähnlich und werden nicht mehr gezeigt. In Abb. 3.4 sind die Signale dieser Untersuchung für `hy = 0` und `T1 = 50`, `T2 = 100` dargestellt.

Mit der Hystereseschwelle `hy` kann man hier die Frequenz der Schaltvorgänge auf Kosten der Schwankungen, die größer werden, steuern. In Abb. 3.4 oben sieht man wie der Ausgang des Prozesses als Antwort auf den Sprung der Größe `Ustell = 100` mit Verspätung losgeht. Dadurch entstehen Schwankungen mit einer bestimmten Frequenz, auch wenn die Hystereseschwelle null ist.

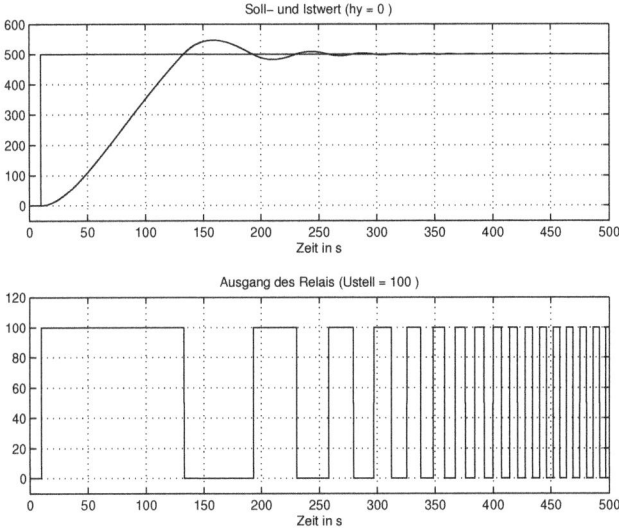

*Abb. 3.4: Variablen der Zweipunktregelung des Prozesses mit zwei Verzögerungen erster Ord-
nung* (zweipunkt_2.m, zweipunkt2.mdl)

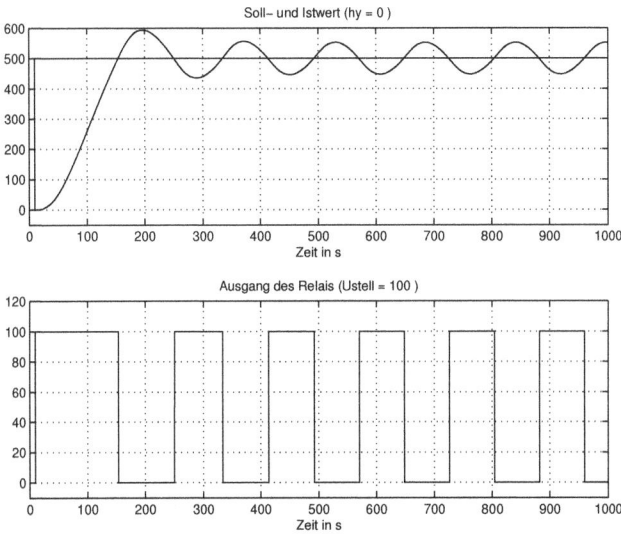

*Abb. 3.5: Variablen der Zweipunktregelung des Prozesses mit drei Verzögerungen erster Ord-
nung* (zweipunkt_3.m, zweipunkt3.mdl)

Ein ähnliches Verhalten ergibt sich auch, wenn der Prozess aperiodisch höherer
Ordnung ist. Im Modell zweipunkt21.mdl und Skript zweipunkt_21.m wird ein

Prozess mit einer Übertragungsfunktion

$$H(s) = \frac{1}{T_1 s + 1} \cdot \frac{1}{T_2 s + 1} \cdot \frac{K_p}{T_3 s + 1} \tag{3.2}$$

untersucht. Für `T1 = 20`, `T2=50`, `T3 = 100` und `hy = 0` erhält man die Variablen des System, die in Abb. 3.5 dargestellt sind.

Die Schwankungen wegen der größeren Verspätung in der Antwort auf Sprünge `Ustell` bei `hy = 0` sind viel zu groß. Daher wird eine andere Lösung für die Steuerung der Abweichungen und der Frequenz der Schaltvorgänge benutzt, die im nächsten Abschnitt erläutert wird.

3.1.2   Untersuchung eines Zweipunktreglers mit Hysterese und verzögerter und nachgebender Rückführung

Um das Verhalten der Zweipunktregelung zu steuern, wird eine lokale Rückkopplung durch ein Tief- und Hochpassfilter über das Relaisglied hinzugefügt, wie in Abb. 3.6 dargestellt. Dadurch verhält sich der Regler annähernd wie ein PID-Regler. Das Tiefpassfilter ergibt eine verzögernde und das Hochpassfilter eine nachgebende Wirkung.

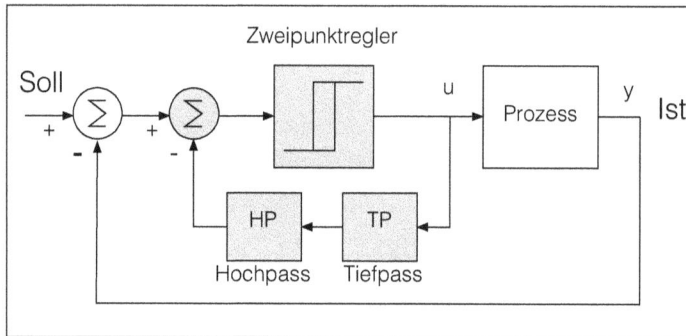

Abb. 3.6: Zweipunktregler mit Hysterese und verzögerter und nachgebender Rückführung

In der Rückführung des Relais führt das Tief- und das Hochpassfilter erster Ordnung mit den Zeitkonstanten T_p und T_h zusammen mit einem Faktor K_r zu einer Übertragungsfunktion der Form:

$$H_r(s) = K_r \frac{1}{T_p s + 1} \cdot \frac{T_h s}{T_h s + 1} \tag{3.3}$$

Sie enthält drei Parameter mit denen man den Regler einstellen kann.

Um die Funktionsweise dieses Reglers zu verstehen, wird zuerst nur der Regler mit Hilfe des Modells `regulator1.mdl` und dem Skript `regulator_1.m` untersucht. In Abb. 3.7 ist das Modell dargestellt.

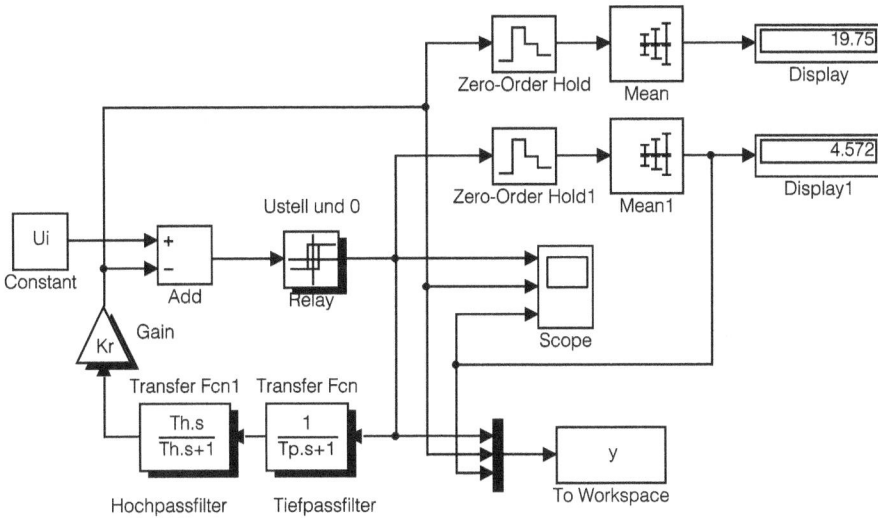

Abb. 3.7: Regler mit Relais und Rückführung über Tief- und Hochpassfilter (regulator_1.m, regulator1.mdl)

Bei der Wahl der Parameter der Rückführung ist eine Annäherung dieses Zweipunktreglers durch einen Ersatz-PID-Regler sehr nützlich. Es wird angenommen, dass keine Hysterese vorhanden ist und das Relais im Übergang eine sehr hohe Verstärkung $V \rightarrow \infty$ besitzt. Die Übertragungsfunktion der so linearisierten Struktur des Reglers ist jetzt:

$$H_{reg}(s) = \frac{V}{1 + V\,H_r(s)} \cong \frac{1}{H_r(s)} \tag{3.4}$$

Die Vereinfachung ergibt sich wenn $V\,H_r(s) >> 1$ ist. Durch Einsetzen der Übertragungsfunktion (3.3) und Gruppierung der Terme erhält man:

$$H_{reg}(s) = K\left(1 + T_d s + \frac{1}{T_i\,s}\right) \tag{3.5}$$

Die Parameter K, T_d, T_i dieses PID-Reglers sind durch

$$
\begin{aligned}
K &= \frac{1}{K_r}\left(1 + \frac{T_p}{T_h}\right) \cong \frac{1}{K_r} &&\text{wenn}\quad T_p << T_h \\
T_d &= \frac{T_p T_h}{T_p + T_h} \cong T_p &&\text{wenn}\quad T_p << T_h \\
T_i &= T_p + T_h \cong T_h &&\text{wenn}\quad T_p << T_h
\end{aligned}
\tag{3.6}
$$

gegeben. Ohne Hochpassfilter ergibt die Rückführung einen Oszillator mit Schwingungen, die man mit der Größe der Hysterese h_y und der Zeitkonstante T_p bzw. dem

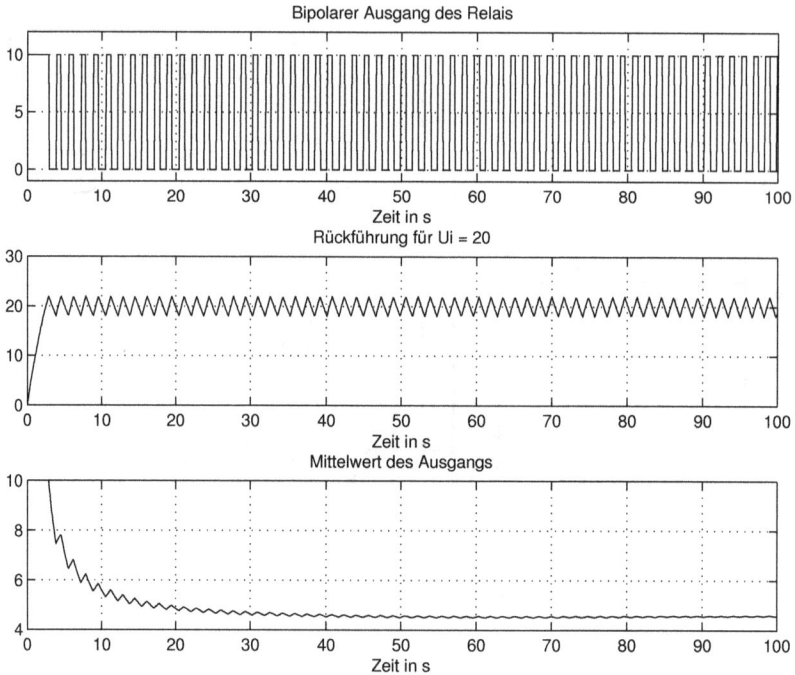

Abb. 3.8: Variablen des Reglers mit Rückführung über Tiefpassfilter für $U_i = 20$ (regulator_1.m, regulator1.mdl)

Faktor K_r einstellen kann. Wenn eine Eingangsvariable Ui>0 im Modell gemäß Abb. 3.7 vorliegt, wird das Tastverhältnis der rechteckigen Schwingung so gesteuert, dass der Mittelwert der Rückführung am Ausgang des Blocks *Gain* gleich der Eingangsvariablen Ui wird.

Dadurch ist dann der Mittelwert des Ausgangs des Relais, der zwischen Ustell und 0 geschaltet wird, gleich Ui/Kr. Die Eingangvariable Ui kann zwischen 0 und Ustell*Kr = 10*5 = 50 sein. Bei Ui=50 schwingt der Regler nicht mehr und der Ausgang des Relais bleibt geschaltet mit einem Wert Ustell = 10.

Man kann den Effekt des Hochpassfilters im Modell mit einer sehr großen Zeitkonstanten $T_h \to \infty$ unterdrücken und den beschriebenen Sachverhalt simulieren:

```
% Skript regulator_1.m, in dem ein Regler mit einem Relais
% mit Hysterese und verzögerter und nachgebender Rückführung
% untersucht wird.
clear;
% ------- Parameter des Regulators
hy = 2;          % Hysteresegröße
Tp = 5;          % Zeitkonstante des Tiefpassfilters
Th = 500;        % Zeitkonstante des Hochpassfilters (praktisch nur TP)
%Th = 10;        % Zuschalten des Hochpassfilters
Kr = 5;          % Übertragungsfaktor in der Rückführung
```

```
Ustell = 10;    % Ausgang Relais für Zustand 'ON'
% ------- Aufruf der Simulation
Ui = 20;          % Eingangswert (muss kleiner als Kr*Ustell sein)
Tfinal = 100; % Dauer der Simulation
dt = 0.1;
sim('regulator1', [0:dt:Tfinal]);
xa = y.signals.values(:,1);        % Ausgang Relais
xr = y.signals.values(:,2);        % Rückführung
xm = y.signals.values(:,3);        % Mittelwert des Ausgangs des Relais
t = y.time;
figure(1);    clf;
subplot(311), plot(t, xa);
   title('Bipolarer Ausgang des Relais');
   xlabel('Zeit in s');      grid on;
   La = axis;    axis([La(1:2), -Ustell*0.1, Ustell*1.2]);
subplot(312), plot(t, xr);
   title(['Rückführung für Ui = ', num2str(Ui)]);
   xlabel('Zeit in s');      grid on;
subplot(313), plot(t, xm);
   title('Mittelwert des Ausgangs');
   xlabel('Zeit in s');      grid on;
```

Abb. 3.8 zeigt die Variablen des Reglers ohne das Hochpassfilter. Die restlichen Parameter entsprechen den Werten aus dem Skript. Der Mittelwert des Ausgangs des Relais (ganz unten) zeigt ein Verhalten als PD-Regler.

Der Endwert dieses Mittelwertes ist gleich dem Wert $U_i/K_r = 20/5 = 4$. Im ersten Moment sieht man den D-Anteil der Größe $Ustell = 10$. Die Darstellung in der Mitte dieser Abbildung stellt die Rückführung dar, die im Mittel dem Eingangswert $U_i = 20$ entspricht. Die Frequenz der Pulssequenz wird mit Hilfe der Zeitkonstante T_p, des Faktors K_r, der Größe der Hysterese h_y und der Größe der Pulse U_{stell} festgelegt.

Ganz oben ist die Pulssequenz am Ausgang des Relais dargestellt. Weil der Wert $U_i = 20$ beinahe die Hälfte des Bereichs von 50 des Eingangswertes ist, wird das Tastverhältnis gleich ca. 0,5 sein. Wenn der Eingangswert größer oder kleiner ist, sieht man die Pulsweitemodulation die stattfindet. In Abb. 3.9 sind dieselben Variablen für $U_i = 5$ dargestellt. Der Leser sollte die Simulation auch mit $U_i = 40$ durchführen und die Variablen mit den vorherigen vergleichen.

Wenn man auch das Hochpassfilter mit einem Wert $T_h \neq \infty$ z.B. mit $T_h = 10$ zuschaltet, erhält man auch den Integraleffekt für den Regler, also einen PID-Regler. Abb. 3.10 zeigt die Variablen des Reglers für diesen Wert für T_h. Man erkennt ganz unten den Integraleffekt bis das Hochpassfilter die Rückführung blockiert und null wird. Der Ausgang des Reglers (Relais) pulsiert nicht mehr und bleibt bei $U_{stell} = 10$.

Mit den zwei Blöcken *Display* und *Display1* werden die Mittelwerte des Signals der Rückführung und des Signals am Ausgang des Relais angezeigt. Dafür werden die Signale mit den Blöcken *Zero-Order Hold* und *Zero-Order Hold1* in zeitdiskrete Signale umgewandelt und daraus werden mit den Blöcken *Mean* und *Mean1* die Mittelwerte ermittelt. Die letzteren werden mit der Option *Runing Mean* initialisiert, um die laufenden Mittelwerte zu berechnen.

Diese Berechnung basiert auf folgender Rekursion. Angenommen man hat den

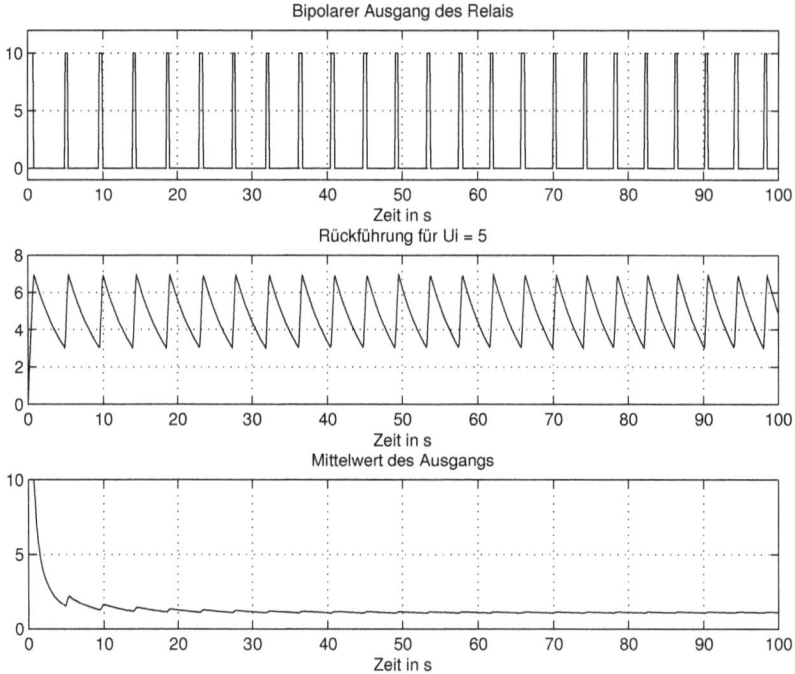

Abb. 3.9: Variablen des Reglers mit Rückführung über Tiefpassfilter für $U_i = 5$ (regulator_1.m, regulator1.mdl)

Mittelwert X_N für N Werte $x_n, n = 1, 2, \ldots, N$ ermittelt:

$$X_N = \frac{x_1 + x_2 + x_3 + \cdots + x_N}{N} \tag{3.7}$$

Ein neuer Wert x_{N+1} führt zu einer Aktualisierung des vorherigen Mittelwertes gemäß folgender Überlegung:

$$X_{N+1} = \frac{x_1 + x_2 + x_3 + \cdots + x_N + x_{N+1}}{N+1} = X_N \frac{N}{N+1} + \frac{x_{N+1}}{N+1} \tag{3.8}$$

Mit dem Modell `zweipunkt31.mdl` und dem Skript `zweipunkt_31.m` wird der Einsatz eines solchen Reglers für einen Prozess mit drei Verzögerungen erster Ordnung untersucht. Die Übertragungsfunktion des Prozesses entspricht der Gl. (3.2). Das Simulink-Modell ist in Abb. 3.11 dargestellt.

Die Parameter des Modells werden am Anfang des Skriptes initialisiert:

```
% Skript zweipunkt_31.m, in dem ein Zweipunktregler
% mit Hysterese und verzögerter und nachgebender
% Rückführung untersucht wird. Arbeitet mit Modell
% zweipunkt31.mdl
clear;
```

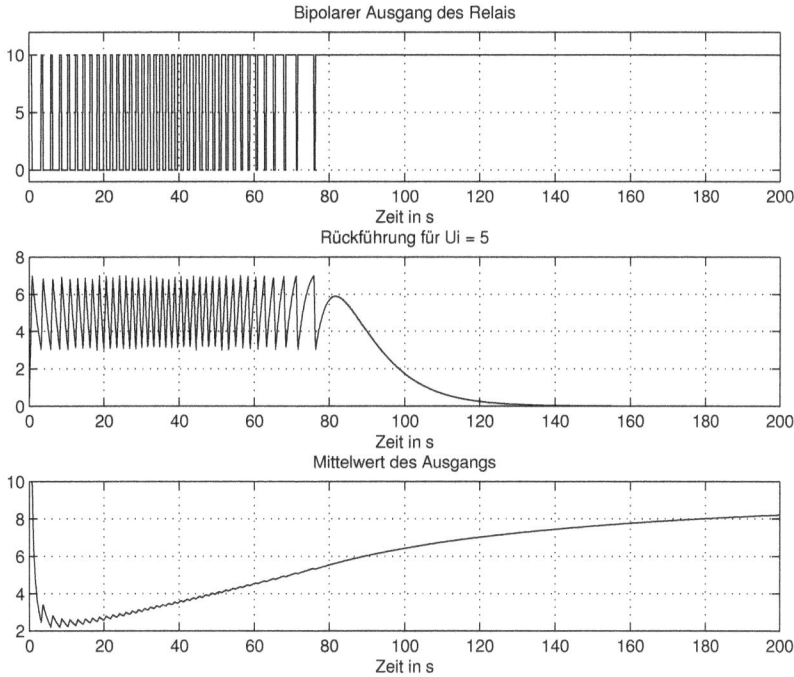

Abb. 3.10: *Variablen des Reglers mit Rückführung über Tief- und Hochpassfilter für* $U_i = 5$ (regulator_1.m, regulator1.mdl)

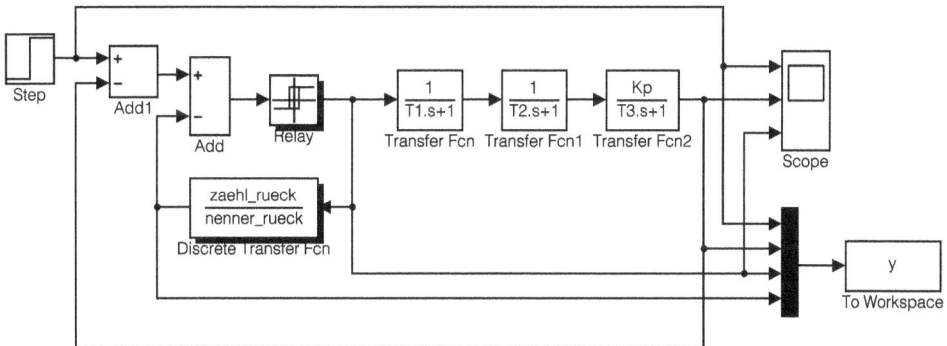

Abb. 3.11: *Simulink-Modell des Systems mit Zweipunktregler mit Hysterese und verzögerter und nachgebender Rückführung* (zweipunkt_31.m, zweipunkt31.mdl)

```
% ------- Parameter des Reglers
Tt = 50;        % Zeitkonstante für die Verzögerte-Wirkung
```

```
Th = 100;        % Zeitkonstante für die Nachgebende-Wirkung
Kr = 2,          % Verstärkung der Rückführung
Ustell = 100;              hy = 4 % Relais Hysterese
ysoll = 500;
% ------ Prozess
T1 = 20;     T2 = 50;     T3 = 100; % Drei PT1-Glieder
Kp = 10;                            % Übertragungsfaktor des Prozesses
```

In einer praktischen Realisierung wird eine zeitdiskrete Lösung eingesetzt, die mit einem Mikrokontroller den Regler implementiert. In folgenden Zeilen des Skriptes werden das Tief- und das Hochpassfilter mit der Funktion **c2d** zeitdiskretisiert. Zuerst werden die zeitkontinuierlichen Übertragungsfunktionen dieser Filter mit der Funktion **tf** in den Objekten sys_kTP und sys_kHP definiert:

```
% ------- Diskretisierung der Rückführungsglieder
sys_kTP = tf(1, [Tt,1]),          % Kontinuierliche Verzögerung
sys_kHP = tf([Th, 0],[Th,1]),     % Kontinuierliche Nachgebung
Ts = 0.1       % Abtastperiode
sys_dTP = c2d(sys_kTP, Ts),        % Diskrete Verzögerung
sys_dHP = c2d(sys_kHP, Ts),        % Diskrete Nachgebung
sys_rueck = Kr*sys_dTP*sys_dHP,   % Rückführung
%sys_rueck = Kr*sys_dTP,           % Rückführung nur mit TP-Filter
[zaehl_rueck, nenner_rueck] = tfdata(sys_rueck); % Koeffizienten
zaehl_rueck = zaehl_rueck{:};      % des Zählers und Nenners
nenner_rueck = nenner_rueck{:};    % der Rückführung
```

Die Funktion **c2d** liefert dann die zeitdiskreten Übertragungsfunktionen in den Objekten sys_dTP und sys_dHP. Die Zeitdiskretisierung wird mit der Default-Methode *Zero-Order Hold* (Halteglied nullter Ordnung) und Abtastperiode Ts realisiert.

Die Übertragungsfunktionen können einfach untersucht werden. So wird z.B. mit

```
>> sys_kHP
sys_kHP =
    100 s
  ---------
  100 s + 1
Continuous-time transfer function.
```

die kontinuierliche Übertragungsfunktion des Hochpassfilter mit Th = 100 gezeigt. Die entsprechende zeitdiskrete Übertragungsfunktion wird mit

```
>> sys_dHP
sys_dHP =
    z - 1
  ---------
  z - 0.999
Sample time: 0.1 seconds
Discrete-time transfer function.
```

angezeigt.

Die in Reihe geschalteten Filter ergeben eine Übertragungsfunktion im Objekt sys_rueck als Produkt der Übertragungsfunktionen der Filter und des Faktors Kr.

Für die Parametrierung des Blockes *Discrete Transfer Fcn* der Rückführung werden die Koeffizienten des Zählers und Nenners dieser Übertragungsfunktion mit Hilfe der Funktion **tfdata** aus dem Objekt sys_rueck extrahiert. Sie werden als Zellen geliefert und werden in den letzte zwei Zeilen des gezeigten Abschnittes in das Format double umgewandelt.

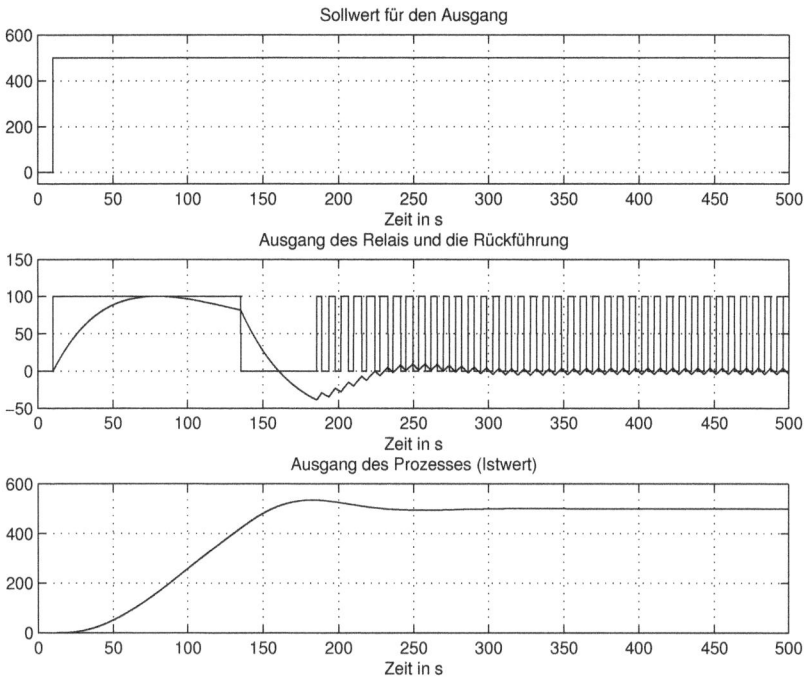

Abb. 3.12: a) Sollwert b) Ausgang des Relais und die Rückführung c) Ausgang des Prozesses (Istwert) (zweipunkt_31.m, zweipunkt31.mdl)

Danach folgt der Aufruf der Simulation und die Darstellung der Ergebnisse, die hier nicht mehr gezeigt werden. Abb. 3.12 zeigt die Variablen des Systems: der Sollwert (500), die Pulssequenz am Ausgang des Relais und das Rückführungssignal bzw. die Antwort am Ausgang des Prozesses.

Abb. 3.13 zeigt ein Simulink-Modell (zweipunkt32.mdl), bei dem der Regler zeitdiskret implementiert ist. Der Ausgang des Prozesses wird mit einem Sensor in ein digitales Signal umgewandelt. Der Regler ergibt am Ausgang des Relais nicht direkt die Stellgröße, sondern ein bipolares Signal, aus dem dann mit einem Verstärker das Stellsignal erzeugt wird. Alle Blöcke im Elektronik-Signalbereich sind geschwärzt gekennzeichnet.

Das Modell wird aus dem Skript zweipunkt_32.m initialisiert und aufgerufen. Der Prozess stellt auch hier ein System aus drei Verzögerungsgliedern erster Ordnung dar. Sie sind mit der Funktion **conv** zusammengesetzt, um im Modell einen einzigen Block zu erhalten. In den Variablen num und denum sind die Koeffizienten der

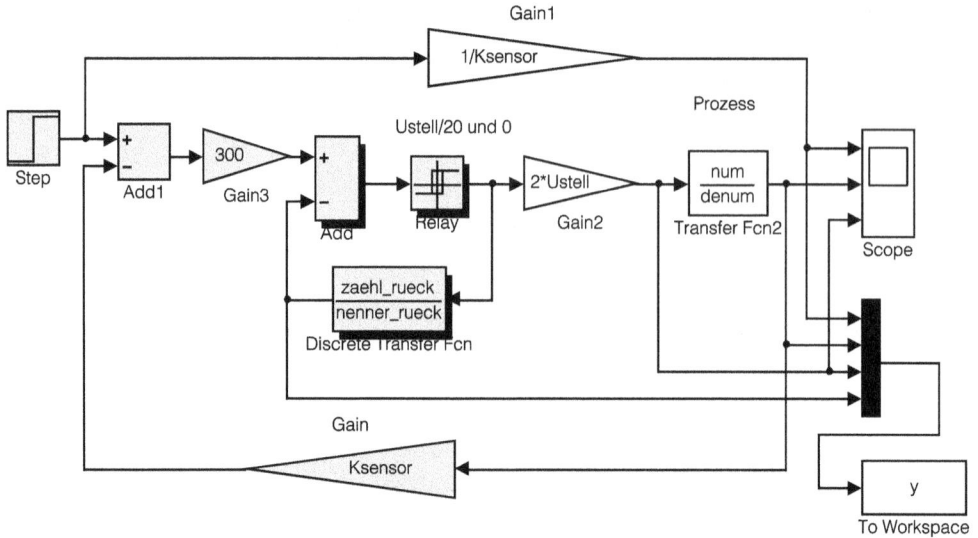

Abb. 3.13: Simulink-Modell des Systems mit Mikrokontroller-Regler (zweipunkt_32.m, zwei-
punkt32.mdl)

Übertragungsfunktion des Prozesses gespeichert:

```
% Skript zweipunkt_32.m, in dem ein Zweipunktregler
% mit Hysterese und verzögerter und nachgebender
% Rückführung untersucht wird. Arbeitet mit Modell
% zweipunkt32.mdl
clear;
% ------- Parameter des Reglers
Tt = 50;          % Zeitkonstante für die Verzögerte-Wirkung
Th = 100;         % Zeitkonstante für die Nachgebende-Wirkung
Kr = 15,          % Verstärkung der Rückführung
Ustell = 100;     % Faktor für die Anregung
hy = 2            % Relais Hysterese
ysoll = 0.5;      % Sollwert/1000
% ------ Prozess
T1 = 20;    T2 = 50;    T3 = 100; % Drei PT1-Glieder
Kp = 1;                           % Übertragungsfaktor des Prozesses
Ksensor = 1/1000;                 % Sensor Übertragungsfaktor
prozess = tf(Kp, conv(conv([T1,1],[T2,1]),[T3,1]));
[num, denum] = tfdata(prozess);
num = num{:};    denum = denum{:}; % Koeffizienten der
                                   % Übertragungsfunktion des Prozesses
..........
```

Die Parameter des Reglers und die zusätzlichen Verstärkungsfaktoren wurden durch
Versuche so gewählt, das die Antwort auf den Eingangssprung optimal verläuft.

Die Variablen dieser Untersuchung sind in Abb. 3.14 dargestellt.

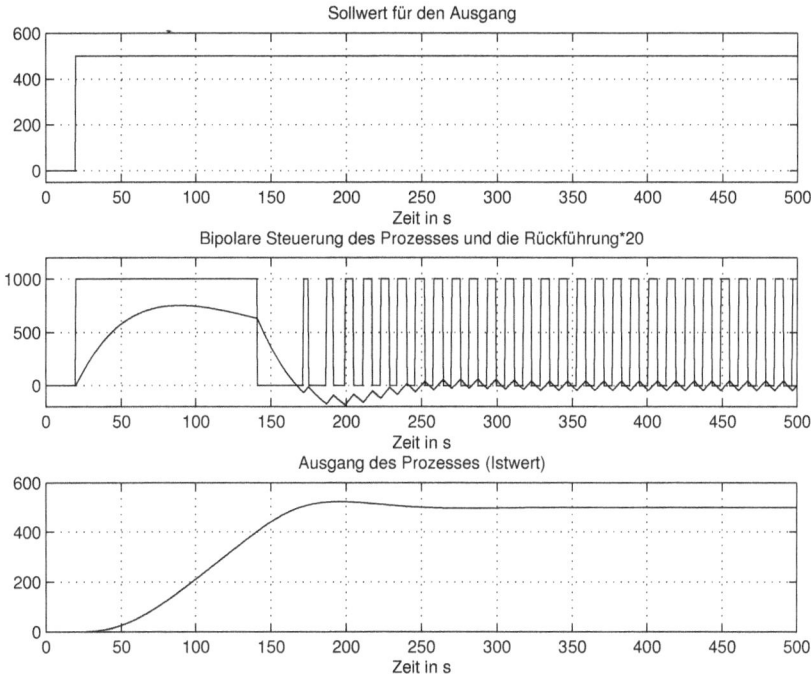

Abb. 3.14: a) Sollwertsprung b) Zweipunkt Steuerung und die Rückführung c) Antwort (Ist-wert) (zweipunkt_32.m, zweipunkt32.mdl)

Ganz oben ist der Sollwertsprung bezogen auf dem Ausgang dargestellt. Der Sprung des Blocks *Step* ist 0,5 (z.B. Volt), weil der Sensor einen Übertragungsfaktor der Größe Ksensor = 1/1000 besitzt. Darunter ist der Ausgang des Reglers verstärkt mit dem Faktor 2Ustell=200. Somit sind die Pulse des Reglers mit Mikrokontroller zwischen 0 und 5. Zusätzlich ist hier auch das Rückführungssignal mal 20 dargestellt.

Die untere Darstellung stellt die Antwort des Prozesses auf den Eingangssprung dar. Man erkennt den Integraleffekt des PID-Reglers dadurch, dass der Fehler zwischen Soll- und Istwert zu null wird.

3.2   Simulation einer Füllstandsregelung

Es wird eine Füllstandsregelung durch Simulation untersucht und wichtige Aspekte dieses nichtlinearen Systems besprochen. So z.B. wird auch die Linearisierung des nichtlinearen Prozesses in der Umgebung der Arbeitspunkte dargestellt und die Identifikation der Parameter des linearen Modells gezeigt. Die Füllstandsregelung wird häufig in regelungstechnischen Texten und Laborübungen als Beispiel gebracht. Im Internet gibt es viele Laboranleitungen zum Thema Füllstandsregelung [42], [32].

3.2.1   Modell eines Dreitanksystems

Abb. 3.15 zeigt ein System bestehend aus drei Tanks, für das eine Regelung des Füll-stands im dritten Tank zu entwerfen und analysieren sei. In diesem Abschnitt wird das nichtlineare Modell des Systems beschrieben. Es wird angenommen, dass die Quer-schnitte der Tanks A_1, A_2 und A_3 viel größer sind als die Querschnitte A_{12}, A_{23} und A_{30} der Verbindungskanäle zwischen den Tanks, so dass der Durchfluss zwischen den Tanks die Beziehung von Toricelli [9] erfüllt. Dadurch ist der Durchfluss $Q_{12}(t)$ zwi-schen Tank 1 und Tank 2 durch

$$Q_{12}(t) = A_{12}\text{sign}\big(h_1(t) - h_2(t)\big)\sqrt{2g|h_1(t) - h_2(t)|} \tag{3.9}$$

gegeben. Ähnlich ist der Durchfluss zwischen Tank 2 und Tank 3 zu schreiben:

$$Q_{23}(t) = A_{23}\text{sign}\big(h_2(t) - h_3(t)\big)\sqrt{2g|h_2(t) - h_3(t)|} \tag{3.10}$$

Der Ausfluss kann mit einer ähnlichen Formel berechnet werden, in der die zweite Höhe wegen der Lüftungsöffnung null ist:

$$Q_{30}(t) = A_{30}\text{sign}\big(h_3(t)\big)\sqrt{2g|h_3(t)|} \tag{3.11}$$

Der Zustrom $Q_z(t)$ wird als Steuergröße (Stellgröße) benutzt und ist, wie alle Flüsse

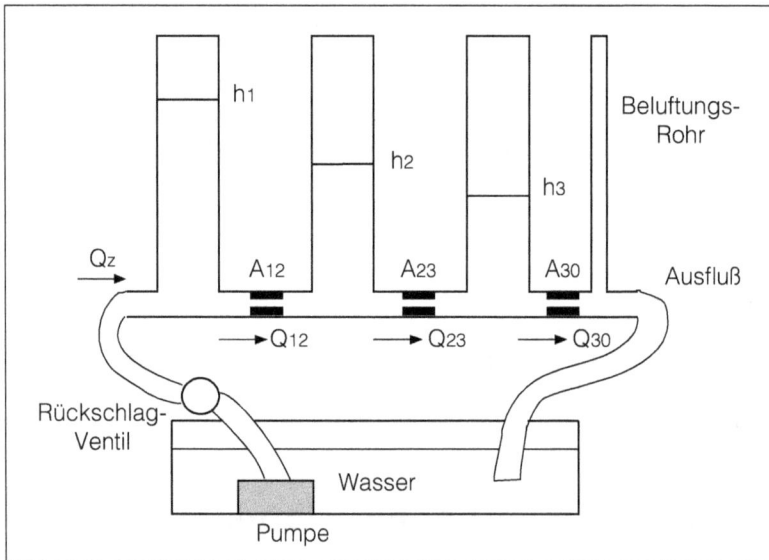

Abb. 3.15: Dreitanksystem

als Volumen pro Zeit gegeben.

Die Differentialgleichungen, welche die Höhen der Füllstände mit dem Zustrom verbinden, werden mit Hilfe des Grundprinzips der Erhaltung der Masse ermittelt.

Für den ersten Tank ergibt sich folgende Bilanz:

$$A_1 \frac{dh_1(t)}{dt} = Q_z(t) - A_{12}\text{sign}\big(h_1(t) - h_2(t)\big)\sqrt{2g|h_1(t) - h_2(t)|} \qquad (3.12)$$

Für die restlichen zwei Tanks erhält man ähnlich:

$$A_2 \frac{dh_2(t)}{dt} = A_{12}\text{sign}\big(h_1(t) - h_2(t)\big)\sqrt{2g|h_1(t) - h_2(t)|} -$$
$$A_{23}\text{sign}\big(h_2(t) - h_3(t)\big)\sqrt{2g|h_2(t) - h_3(t)|} \qquad (3.13)$$

$$A_3 \frac{dh_3(t)}{dt} = A_{23}\text{sign}\big(h_2(t) - h_3(t)\big)\sqrt{2g|h_1(t) - h_2(t)|} -$$
$$A_{30}\text{sign}\big(h_3(t)\big)\sqrt{2g|h_3(t)|} \qquad (3.14)$$

Die nichtlinearen Differentialgleichungen mit den Zustandsvariablen $h_1(t), h_2(t)$ und $h_3(t)$ können direkt in einem Simulink-Modell nachgebildet werden. In Abb. 3.16 ist dieses Modell (`fuellstnd1.mdl`) dargestellt.

Für die Nichtlinearitäten werden *Fcn*-Blöcke eingesetzt. Die Beträge und die *Sign*-Funktionen der Höhendifferenzen werden hier mit entsprechenden Blöcken aus der Bibliothek *Math Operation* erzeugt. Später werden auch diese Operationen in den *Fcn*-Blöcken implementiert, um das Modell kompakter zu gestalten.

Zur Untersuchung des Modells werden als Anregungen zwei Sprünge mit den Blöcken *Step* und *Step1* angelegt. Das System ist nichtlinear und dadurch wird mit dem ersten Sprung das System in einen Arbeitspunkt gebracht. Der zweite Sprung wird zugeschaltet, wenn die Antwort auf den ersten Sprung in den stationären Zustand gelangt ist. Die Antwort, die durch diese Anregung entsteht, beschreibt das System in der Umgebung des Arbeitspunktes, die der erste Sprung festgelegt hat.

Das Modell wird mit dem Skript `fuellstnd_1.m` initialisiert und aufgerufen. Die Variable `Qz1` stellt den Zufluss bei `t = 0` dar, der den Arbeitspunkt festlegt. Mit der Variable `Qz` wird der Sprung des Zuflusses, der die Antwort in der Umgebung des Arbeitspunktes anregt, festgelegt. Dieser wird verspätet angelegt, nach dem das Einschwingen wegen des ersten Sprunges bei `t=0` stattgefunden hat.

```
% Skript fuellstnd_1.m, in dem ein System mit drei Tanks
% untersucht wird. Arbeitet mit Modell fuellstnd1.mdl
clear;
global s_ist t
% ------- Parameter des Systems
A1  =  0.02;    A2 = A1;     A3 = A1;    % Querschnitte der Tanks
A12 = 0.005;    A23 = A12;   A30 = A12;  % Querschnitte der Verbindungen
h10 = 0.0;      h20 = h10;   h30 = h10;  % Anfangswerte der Füllstände

Qz1 = 0.01,      % Sprung bei t = 0
%Qz1 = 0.02,     % Sprung bei t = 0
%Qz1 = 0.04,     % Sprung bei t = 0
Qz  = 0.005,     % Sprung bei t = 100
g = 9.89;
```

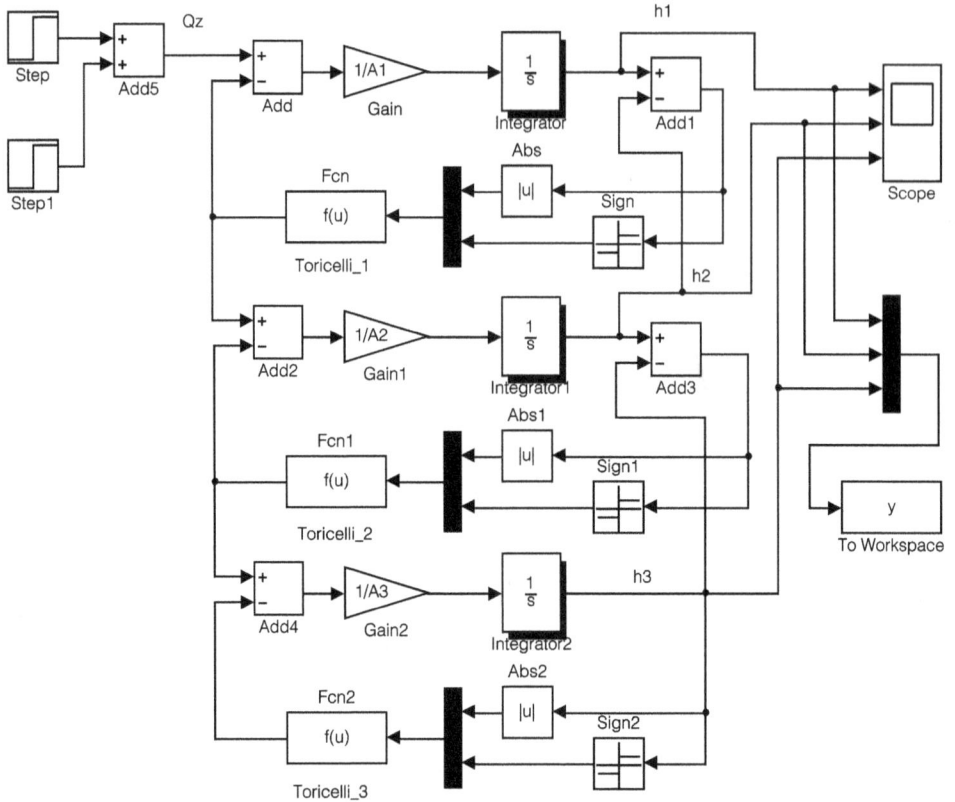

Abb. 3.16: Simulink-Modell des Dreitanksystem (fuellstnd_1.m, fuellstnd1.mdl)

```
% ------- Aufruf der Simulation
Tfinal = 200;
dt = 0.001;
sim('fuellstnd1', [0:dt:Tfinal]);
h1 = y.signals.values(:,1);        h2 = y.signals.values(:,2);
h3 = y.signals.values(:,3);        t = y.time;        nt = length(t),
figure(1);    clf;
plot(t, [h1, h2, h3]);title('Füllstände');
    xlabel('Zeit in s');
    legend('h1', 'h2', 'h3');    grid on;
......
```

Abb. 3.17 zeigt die drei Füllstände der Tanks. Der höchste Stand entspricht dem Tank 1 gefolgt vom Stand des Tanks 2 und schließlich der Stand des Tanks 3. Die Antwort auf den Zufluss Qz bei $t \geq 100$ s wird aus dem durch $Qz1$ entstandenen stationären Zustand im Skript extrahiert:

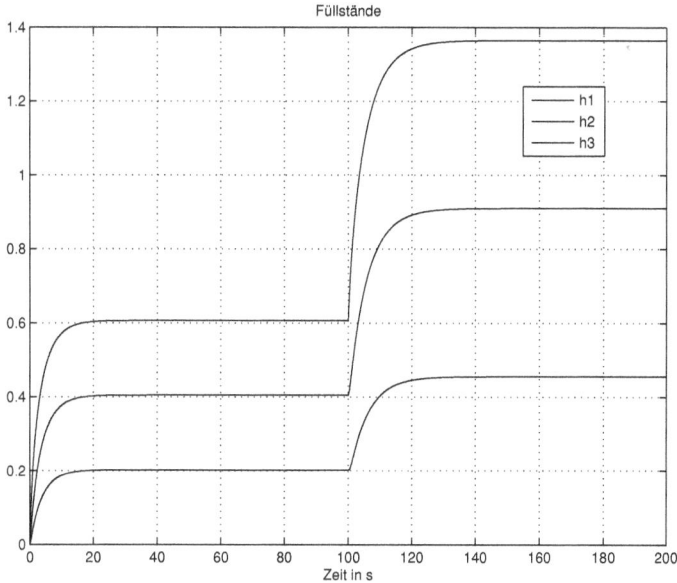

Abb. 3.17: *Füllstände des Dreitanksystems* (fuellstnd_1.m, fuellstnd1.mdl)

```
% ------- Die Sprungantwort relativ zum stationären Zustand
s_ist = h3((nt-1)/2:end)-h3((nt-1)/2-2);
t = (0:nt-((nt-1)/2))*dt;
......
```

Es folgt die Identifikation eines linearen Systems bestehend aus drei PT1-Gliedern, die
das Verhalten von der Anregung bis zum Füllstand des dritten Tanks in der Umgebung eines Arbeitspunktes beschreiben. Das lineare System ist somit durch folgende
Übertragungsfunktion dargestellt:

$$H(s) = \frac{K}{(sT_1 + 1)(sT_2 + 1)(sT_3 + 1)} \tag{3.15}$$

Diese Übertragungsfunktion enthält vier Parameter K, T_1, T_2, T_3. Sie werden über den
Vergleich der Sprungantworten mit einem Optimierungsverfahren, das mit Hilfe der
Funktion **fminsearch** durchgeführt wird, bestimmt:

```
% ------- Identifikation eines System bestehend aus drei PT1-Glieder
disp('Bitte Warten !!!')
p = fminsearch(@sprung_1, [0.1 1 2 3]);
p1 = p;          p1(1) = p(1)/Qz;
p1,
figure(2);    clf;
plot((0:nt-((nt-1)/2))*dt, [s_ist, sprung(p, (0:nt-((nt-1)/2))*dt)]);
    title('Gemessene und angepasste Sprungantwort');
```

```
xlabel('Zeit in s');        grid on;
legend('Gemessene', 'Angepasste');
```

Für die Optimierung wird die Routine sprung_1 benötigt, mit der man den mittleren quadratischen Fehler der Differenz zwischen den zwei Sprungantworten ermittelt. Es sind die Sprungantwort des linearen Systems mit der Übertragungsfunktion $H(s)$ und die Sprungantwort, die aus der Simulation erhalten wurde:

```
function y = sprung_1(x)
global s_ist t
s = tf('s');
K = x(1);       T1 = x(2);      T2 = x(3);      T3 = x(4);
H = K/((s*T1+1)*(s*T2+1)*(s*T3+1));      % Übertragungsfunktion
s = step(H,t);              % Sprungantwort des linearen Systems
%y = mean(abs(s(1:100:end)-s_ist(1:100:end)).^3);
y = mean(abs(s(1:100:end)-s_ist(1:100:end)).^2);
end
```

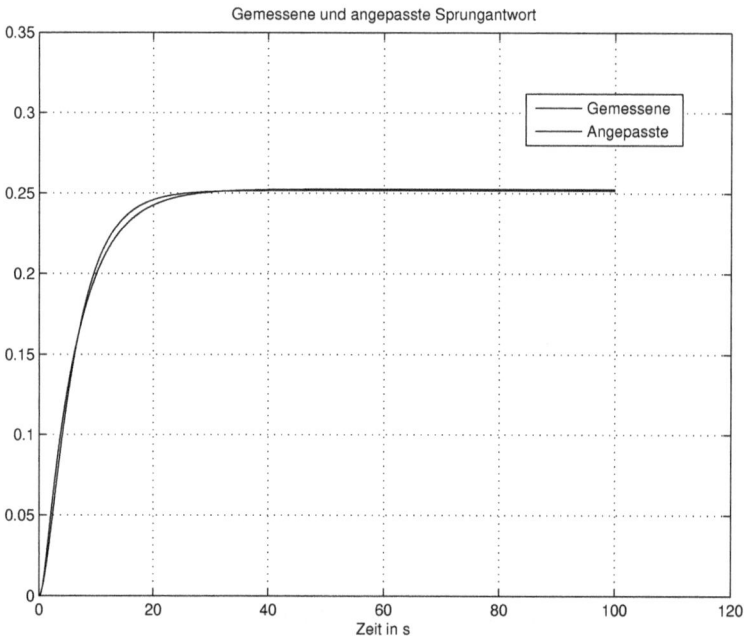

Abb. 3.18: Gemessene und angepasste Sprungantwort (fuellstnd_1.m, fuellstnd1.mdl)

Die gemessene (aus der Simulation) und die angepasste Sprungantwort des linearen Systems für Qz1 = 0.01 sind in Abb. 3.18 dargestellt. Die Anpassung, die zur Identifikation der Parameter K, T_1, T_2, T_3 führt, dauert relativ lange, weil viele Zeitpunkte in der Simulation wegen den Nichtlinearitäten benutzt werden. Das ist der Grund weshalb bei der Berechnung des mittleren quadratischen Fehlers die Variablen mit dem Faktor 100 dezimiert werden (z.B. s_ist(1:100:end)).

Die identifizierten Parameter der Übertragungsfunktion in der Reihenfolge
K, T1, T2, T3 für Qz = 0,01 sind:

```
50.3803     1.5275     4.8362     0.0000        (Qz1 = 0,01)
```

Für Qz = 0,02 und Qz = 0,04 erhält man folgende Werte:

```
90.7251     2.0355     0.0000     9.2000        (Qz1 = 0,02)
171.8293    3.9383     0.0000    16.5882        (Qz1 = 0,04)
```

Diese Werte zeigen den starken nichtlinearen Charakter des Systems. Die Parameter des angenäherten linearen Systems hängen maßgeblich vom Arbeitspunkt ab. Das lineare System ist praktisch ein System zweiter Ordnung (zwei PT1 Glieder) mit zwei Zeitkonstanten.

3.2.2 Mathematische Linearisierung des Dreitanksystems

Im Folgenden soll ein lineares Modell für das Dreitanksystem mathematisch ermittelt werden. Es basiert auf der Linearisierung der Funktionen der Durchflüsse zwischen den Tanks. Exemplarisch wird der Durchfluss zwischen Tank 1 und Tank 2 linearisiert:

$$Q_{12}(t) = A_{12}\text{sign}(h_1(t) - h_2(t))\sqrt{2g|h_1(t) - h_2(t)|} = f(h_1(t), h_2(t)) \qquad (3.16)$$

Zur Vereinfachung der Schreibweise wird die Zeitabhängigkeit der Variablen vorübergehend weggelassen. Die Linearisierung wird in der Umgebung eines Arbeitspunktes, der hier durch die Füllstände h_{10}, h_{20} gegeben ist, realisiert. Mit Hilfe der Taylor-Reihe [36] wird die nichtlineare Funktion entwickelt und nur der lineare Teil für die Linearisierung beibehalten:

$$Q_{12}(h_{10} + \Delta h_1, h_{20} + \Delta h_2) \cong Q_{12}(h_{10}, h_{20}) + $$
$$\left.\frac{\partial Q_{12}(h_1, h_2)}{\partial h_1}\right|_{h_{10}, h_{20}} \Delta h_1 + \left.\frac{\partial Q_{12}(h_1, h_2)}{\partial h_2}\right|_{h_{10}, h_{20}} \Delta h_2 \qquad (3.17)$$

Die Linearisierung geht von der Annahme aus, dass für die Regelung des Füllstandes des dritten Tanks $h_1 > h_2 > h_3$ ist. Mit dieser Annahme können die gezeigten partiellen Ableitungen der Funktion gemäß (3.16) berechnet werden:

$$\left.\frac{\partial Q_{12}(h_1, h_2)}{\partial h_1}\right|_{h_{10}, h_{20}} = A_{12}\sqrt{\frac{g}{2}}\frac{1}{\sqrt{h_{10} - h_{20}}}$$
$$\left.\frac{\partial Q_{12}(h_1, h_2)}{\partial h_2}\right|_{h_{10}, h_{20}} = -A_{12}\sqrt{\frac{g}{2}}\frac{1}{\sqrt{h_{10} - h_{20}}} \qquad (3.18)$$

Die Durchflussänderung zwischen Tank 1 und Tank 2 wird:

$$\Delta Q_{12} - Q_{12}(h_{10} + \Delta h_1, h_{20} + \Delta h_2) - Q_{12}(h_{10}, h_{20}) = $$
$$\left.\frac{\partial Q_{12}(h_1, h_2)}{\partial h_1}\right|_{h_{10}, h_{20}} \Delta h_1 + \left.\frac{\partial Q_{12}(h_1, h_2)}{\partial h_2}\right|_{h_{10}, h_{20}} \Delta h_2 = $$
$$A_{12}\sqrt{\frac{g}{2}}\frac{1}{\sqrt{h_{10} - h_{20}}}(\Delta h_1 - \Delta h_2) = q_{12}(\Delta h_1 - \Delta h_2) \qquad (3.19)$$

Ähnlich werden die anderen zwei Durchflussänderungen zwischen Tank 2 und
Tank 3 bzw. zwischen Tank 3 und Ausfluss berechnet:

$$\Delta Q_{23} = A_{23}\sqrt{\frac{g}{2}}\frac{1}{\sqrt{h_{20}-h_{30}}}(\Delta h_2 - \Delta h_3) = q_{23}(\Delta h_2 - \Delta h_3)$$

$$\Delta Q_{30} = A_{30}\sqrt{\frac{g}{2}}\frac{1}{\sqrt{h_{30}}}(\Delta h_3) = q_{30}(\Delta h_3)$$

(3.20)

Die Faktoren q_{12}, q_{23} und q_{30} sind leicht aus den gezeigten Gleichungen zu entnehmen.

Wenn weiter die Δ-Zeichen für die Änderungen in der Umgebung eines Arbeitspunktes weggelassen werden und die Zeitabhängigkeit wieder eingeführt wird, erhält man folgendes Differentialgleichungssystem:

$$A_1\frac{dh_1(t)}{dt} = Q_z(t) - q_{12}\big(h_1(t) - h_2(t)\big)$$

$$A_2\frac{dh_2(t)}{dt} = q_{12}\big(h_1(t) - h_2(t)\big) - q_{23}\big(h_2(t) - h_3(t)\big)$$

$$A_3\frac{dh_3(t)}{dt} = q_{23}\big(h_2(t) - h_3(t)\big) - q_{30}\big(h_3(t)\big)$$

(3.21)

Man darf nicht vergessen, dass die Variablen dieses Differentialgleichungssystems Änderungen der absoluten Variablen in der Umgebung des Arbeitspunktes h_{10}, h_{20}, h_{30} sind. Auch der Zufluss $Q_z(t)$ ist eine Änderung des Zuflusses relativ zum Zufluss, der den Arbeitspunkt bestimmt. Aus diesen Differentialgleichungen erster Ordnung wird folgendes Zustandsmodell in den Zustandsvariablen $h_1(t), h_2(t), h_3(t)$ ermittelt:

$$\begin{bmatrix}\dfrac{dh_1(t)}{dt}\\[2mm]\dfrac{dh_2(t)}{dt}\\[2mm]\dfrac{dh_3(t)}{dt}\end{bmatrix} = \begin{bmatrix}-\dfrac{q_{12}}{A_1} & \dfrac{q_{12}}{A_1} & 0\\[3mm]\dfrac{q_{12}}{A_2} & -\dfrac{q_{12}+q_{23}}{A_2} & \dfrac{q_{23}}{A_2}\\[3mm]0 & \dfrac{q_{23}}{A_3} & -\dfrac{q_{23}+q_{30}}{A_3}\end{bmatrix}\begin{bmatrix}h_1(t)\\[2mm]h_2(t)\\[2mm]h_3(t)\end{bmatrix} + \begin{bmatrix}\dfrac{1}{A_1}\\[2mm]0\\[2mm]0\end{bmatrix}Q_z(t)$$

(3.22)

Daraus ergeben sich die ersten zwei Matrizen $\mathbf{A}$ und $\mathbf{B}$ eines Zustandsmodells. Für die Regelung des Füllstandes des dritten Tanks ist die Variable $h_3(t)$ die Ausgangsvariable, die als Funktion der Zustandsvariablen und der Anregung durch

$$h_3(t) = \begin{bmatrix}0 & 0 & 1\end{bmatrix}\begin{bmatrix}h_1(t)\\[2mm]h_2(t)\\[2mm]h_3(t)\end{bmatrix} + 0\,Q_z(t)$$

(3.23)

gegeben ist. Diese algebraische Gleichung definiert die Matrizen $\mathbf{C}$ und $\mathbf{D}$ des Zustandsmodells. Mit Hilfe des Zustandsmodells wird die Übertragungsfunktion von der

Anregung bis zum Füllstand des dritten Tanks mit der Funktion **ss2tf** ermittelt. Diese beschreibt das System in der Umgebung eines Arbeitspunktes.

Die Funktion **ss2tf** liefert die Koeffizienten des Zählers und des Nenners in zwei Vektoren. Daraus kann man die Zeitkonstanten und die Verstärkung der Übertragungsfunktion berechnen. Die Übertragungsfunktion dritter Ordnung $H(s)$ wird wie folgt umgewandelt:

$$H(s) = \frac{K}{(sT_1 + 1)(sT_2 + 1)(sT_3 + 1)} = \frac{K/(T_1 T_2 T_3)}{(s + 1/T_1)(s + 1/T_2)(s + 1/T_3)} \tag{3.24}$$

Die Zeitkonstanten sind die Kehrwerte der Wurzeln (Nullstellen) des Polynoms im Nenner mit Minusvorzeichen. Die Verstärkung K erhält man aus dem Koeffizienten der Potenz null in s des Zählers multipliziert mit allen drei Zeitkonstanten.

Im Skript `linear_fuellstnd_1.m` wird das Zustandsmodell für die Anfangswerte der Füllstände berechnet, die im vorherigen Abschnitt ermittelt wurden.

```
% Skript linear_fuellstnd_1.m, in dem die Linearisierung
% eines Dreitanksystems untersucht wird
clear;
% ------- Parameter des Systems
A1  =  0.02;     A2 = A1;      A3 = A1;    % Querschnitte der Tanks
A12 = 0.005;     A23 = A12;    A30 = A12;  % Querschnitte der Verbindungen
h10 = 0.6;       h20 = 0.4;    h30 = 0.2;  % Anfanfswerte der Füllstände
        % für Qz1 = 0.01 in fuellstnd_1
%h10 = 2.427;   h20 = 1.62;   h30 = 0.81; % Anfangswerte der Füllstände
        % für Qz1 = 0.02 in fuellstnd_1
Qz   = 0.005,
g = 9.89;
% ------- Faktoren der Durchflüsse
q12= A12*sqrt(g/(2*(h10-h20)));
q23= A23*sqrt(g/(2*(h20-h30)));
q30= A30*sqrt(g/(2*(h30)));
% ------- Matrizen des Zustandsmodells
A = [-q12/A1, q12/A1, 0;
     q12/A2, -(q12+q23)/A2, q23/A2;
     0, q23/A3,-(q23+q30)/A3];
B = [1/A1;0;0];
C = [0, 0, 1];        D = 0;
% ------- Sprungantwort
my_system = ss(A, B, C, D);       % Linearisiertes System
tspr = 0:0.01:50;
[s3,t] = step(my_system, tspr);
h0 = [h10, h20, h30];             % Anfangsfüllstände
figure(1);       clf;
plot(t, s3*Qz);
    title(['Antwort h3 auf Sprung  Qz = ',num2str(Qz),...
      '    ausgehend von  h0 = ',num2str(h0)]);
    xlabel('Zeit in s');      grid on;
% ------- Übertragungsfunktion
```

```
[b, a] = ss2tf(A,B,C,D,1),
zeit_konst = -1./roots(a),
verstaerk = b(4)*(zeit_konst(1)*zeit_konst(2)*zeit_konst(3)),
```

Für die Anfangsfüllstände, die im vorherigen Abschnitt bei Qz1 = 0.01 ermittelt wurden h1 = 0,6; h2 = 0,4; h3 = 0.2; erhält man aus dem linearisierten Modell folgende Parameter:

```
zeit_konst =        0.2477        0.5173        4.0615
verstaerk =        40.2218
```

Bei der Anpassung der Sprungantworten mit dem Optimierungsverfahren wurden für die gleichen Anfangsfüllstände folgende Parameter erhalten:

```
zeit_konst =        0.000        1.5275        4.8362
verstaerk =        50.38
```

Die Übereinstimmung ist nicht sehr gut. Das lineare Modell ist nur in der Umgebung des Arbeitspunktes gültig. Bei der Anpassung der Sprungantworten ist die Größe des Sprunges verantwortlich für die Umgebung in der das lineare Modell ermittelt wird. Wenn man das Skript fuellstnd_1.m mit einem kleineren Sprung Qz = 0.001 startet, erhält man folgende Werte der Parameter des linearen Modells:

```
zeit_konst =        0.3166        0.4301        4.4528
verstaerk =        42.4655
```

Die Übereinstimmung ist jetzt besser. Beide Verfahren ergeben brauchbare Ergebnisse für die Entwicklung einer Regelung z.B. mit einem PID-Regler. In der *System Identification Toolbox* von MATLAB gibt es mehrere Funktionen zur Identifikation von linearen Systemen beschrieben durch Zustandsmodelle oder Übertragungsfunktionen. Die Identifikation benutzt als Daten die Anregung und die Antwort zusammen mit der Ordnung des Systems. Dem Leser wird empfohlen für dieses System in der Umgebung eines Arbeitspunktes weitere Verfahren aus dieser *Toolbox* einzusetzen, um ein lineares Modell zu ermitteln.

3.2.3   PID-Regelung des Füllstandes des dritten Tanks

Es wird die PID-Regelung des Füllstandes des dritten Tanks untersucht. Der Durchfluss der Pumpe wird mit Hilfe der angelegten Gleichspannung gesteuert. Diese kann nicht beliebig groß sein und wird begrenzt. Bis zur Begrenzung wird angenommen, dass die Pumpe sich wie ein aperiodisches Glied erster Ordnung (PT1-Glied) verhält. Die entsprechende Zeitkonstante kann verändert werden.

Die Parameter des PID-Reglers werden anfänglich nach der Ziegler-Nichols-Methode [50] ermittelt und mit der Simulation weiter optimiert. Die Angaben in der Literatur gehen meist von einer Übertragungsfunktion des PID-Reglers aus, die wie folgt aussieht:

$$H_{PID}(s) = V_R(1 + \frac{1}{sT_N} + sT_v) \tag{3.25}$$

Es wird das System zuerst nur mit P-Anteil geregelt, so dass die Sprungantwort wenig gedämpfte Schwingungen aufweist. Der entsprechende Proportionalitätsfaktor

V_R ist der kritische Faktor V_{Rkrit}. Die Periode der Schwingungen stellt die kritische Periode T_{krit} dar. Die drei Parameter der Übertragungsfunktion gemäß Gl. (3.25) werden dann durch

$$V_R = 0,6\, V_{Rkrit}; \qquad T_N = 0,5\, T_{krit}; \qquad \text{und} \qquad T_V = 0,125\, T_{krit} \qquad (3.26)$$

ermittelt.

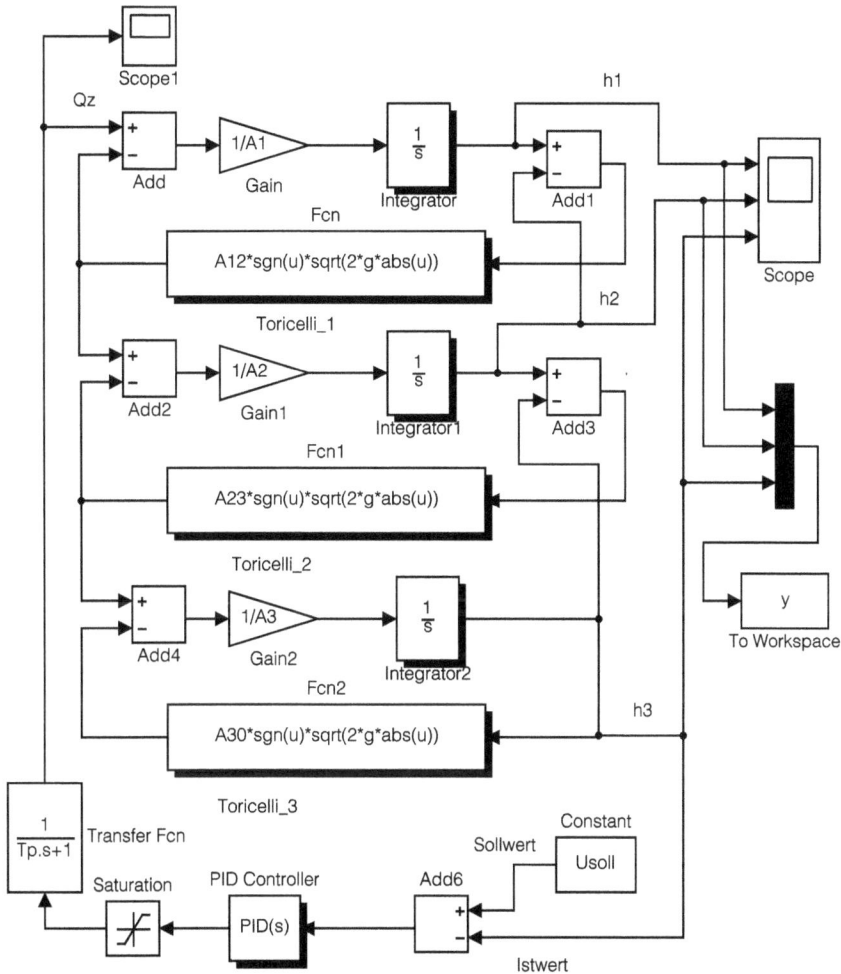

Abb. 3.19: Simulink-Modell des Füllstandsregelung (fuellstnd_2.m, fuellstnd2.mdl)

Das Simulink-Modell `fuellstnd2.mdl`, das aus dem Skript `fuellstnd_2.m` initialisiert und aufgerufen wird, ist in Abb. 3.19 dargestellt. Die Toricelli-Formeln der Durchflüsse sind kompakter in *Fcn*-Blöcken implementiert. Als Regler wird der *PID*

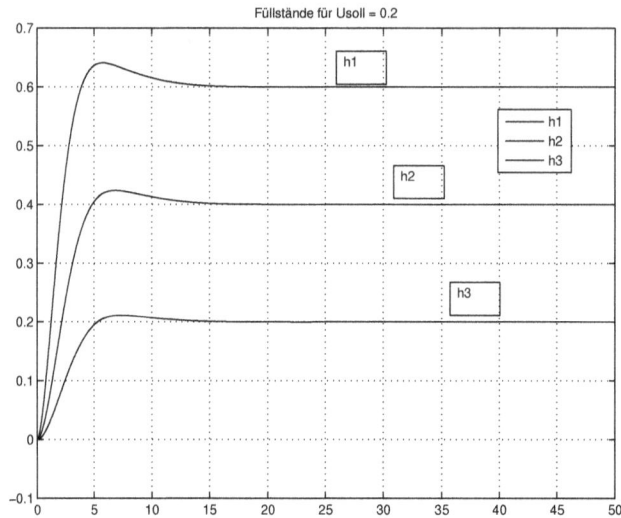

Abb. 3.20: Füllstände für Usoll = 0.2 (fuellstnd_2.m, fuellstnd2.mdl)

Controller aus der *Continuous*-Bibliothek benutzt, der aber mit einer anderen Übertragungsfunktion dargestellt ist:

$$H_{PID-MATLAB}(s) = P + I\frac{1}{s} + D\frac{N}{1 + N/s} = P + I\frac{1}{s} + D\frac{s}{s/N + 1} \qquad (3.27)$$

Der D-Anteil wird mit einer realisierbaren Übertragungsfunktion angenommen, die für $N \geq 100$ sehr gut die Übertragungsfunktion $s\,D$ annähert. Die Parameter dieser Übertragungsfunktion sind einfach durch die Parameter der Übertragungsfunktion gemäß Gl. (3.25) auszudrücken:

$$P = 0,6V_{Rkrit}; \quad I = \frac{0,6\,V_{Rkrit}}{0,5\,T_{krit}}; \quad \text{und} \quad D = 0,6\,V_{Rkrit}0,125\,T_{krit} \qquad (3.28)$$

Zuerst wird die Simulation mit $P \neq 0$ und $I = 0, D = 0$ aufgerufen, um die zwei Werte V_{Rkrit} und T_{krit} zu bestimmen. Danach werden die Parameter des MATLAB-PID-Reglers für das Modell ermittelt:

```
% Skript fuellstnd_2.m, in dem die Regelung des
% Füllstandes in eines System mit drei Tanks
% untersucht wird. Arbeitet mit Modell fuellstnd2.mdl
clear;
% ------- Parameter des Systems
A1  =  0.02;     A2 = A1;      A3 = A1;    % Querschnitte der Tanks
A12 = 0.005;     A23 = A12;    A30 = A12;  % Querschnitte der
                                           % Verbindungen
```

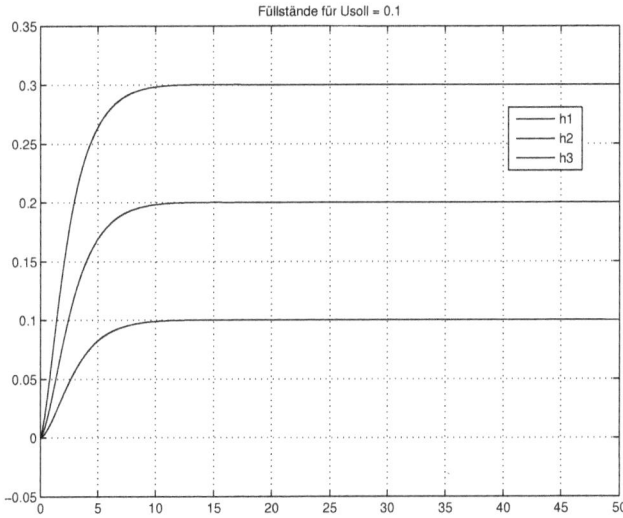

Abb. 3.21: Füllstände für Usoll = 0.1 (fuellstnd_2.m, fuellstnd2.mdl)

```
h10 = 0.0;      h20 = h10;      h30 = h10;  % Anfanfswerte der Füllstände
g = 9.89;
Tp = 1;             % Zeitkonstante der Pumpe
% ------- Parameter des PID-Reglers
%P = 0.3;      I = 0;            D = 0;      % Parameter für die Bestimmung
              % von Vkrit und Tkrit
Vkrit = 0.15;       Tkrit = 8;
P = Vkrit*0.6;    I = P/(0.5*Tkrit);      D = 0.6*0.12*Vkrit*Tkrit;
Usoll = 0.1,
%Usoll = 0.2,
%Usoll = 0.4,
% ------- Aufruf der Simulation
Tfinal = 50;    dt = 0.001;
sim('fuellstnd2', [0:dt:Tfinal]);
h1 = y.signals.values(:,1);
h2 = y.signals.values(:,2);
h3 = y.signals.values(:,3);
t = y.time;
figure(1);    clf;
plot(t, [h1, h2, h3]);
   legend('h1', 'h2', 'h3');    grid on;
   title(['Füllstände für Usoll = ',num2str(Usoll)])
```

Die Parameter wurden dann etwas geändert, so dass bei einer Führungsgröße
Usoll = 0.2 die Sprungantwort optimal ist, wie in Abb. 3.20 dargestellt. Weil das
System nichtlinear ist, wird die Antwort für eine Führungsgröße, die kleiner oder
größer als Usoll = 0.2 ist, anders aussehen. Abb. 3.21 zeigt die Sprungantwort des

Systems für `Usoll` = `0.1` und in Abb. 3.22 ist die Sprungantwort für `Usoll` = `0.4` dargestellt.

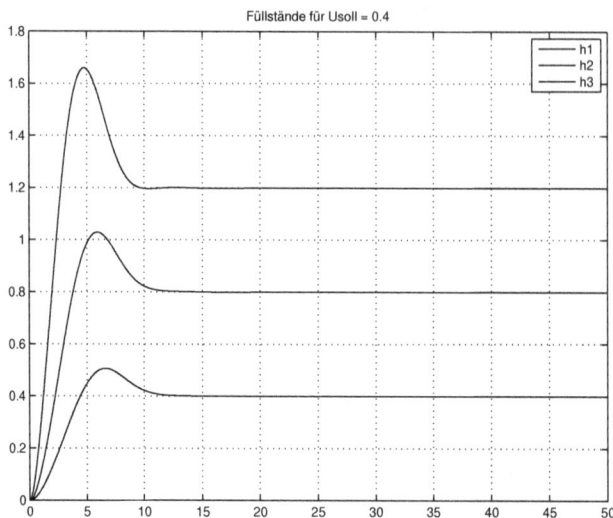

Abb. 3.22: Füllstände für Usoll = 0.4 (fuellstnd_2.m, fuellstnd2.mdl)

Für diese Führungsgrößen ist die Begrenzung in der Steuerung der Pumpe noch nicht wirksam gewesen. Als Übung soll die Begrenzung so eingestellt werden, dass diese wirksam wird, um den Effekt zu untersuchen. Dazu kann die Darstellung der Stellgröße am *Scope1* hilfsreich sein.

Man kann sich hier vorstellen, eine adaptive Einstellung der Parameter des Reglers abhängig vom Bereich der Führungsgröße z.B. mit Hilfe einer Tabelle in Form einer *Look up table* zu realisieren. Da der Regler heutzutage digital auf einem Mikrocontroller implementiert wird, ist eine solche Lösung realistisch.

3.2.4   Zweipunktregelung des Füllstandes

Für Pumpen die man nicht kontinuierlich ansteuern kann, ist eine Zweipunktregelung sinnvoll. Für den dritten Tank ist die Sprungantwort gleich der in Abb. 3.1c dargestellten. Sie kann annähernd mit einer Totzeit τ und einer Zeitkonstante T_p eines aperiodischen Systems erster Ordnung angenähert werden.

Man muss zuerst eine Zweipunktregelung ohne Hysterese testen, die in diesen Fall zu Schwankungen mit einer bestimmten Periode führt. Wenn diese Periode zu klein ist, wird mit Hilfe der Hysterese auf Kosten größerer Schwankungen die Periode geändert.

Im Modell `fuellstnd21.mdl`, das aus dem Skript `fuellstnd_21.m` initialisiert und aufgerufen wird, ist die Zweipunktregelung untersucht. Das Modell ist sehr einfach und wird hier nicht mehr gezeigt. In Abb. 3.23 sind die Füllstände für `Usoll` = `0.2` dargestellt. Das Relais wird ohne Hysterese als Zweipunktregler eingesetzt. Die Schwankungen können hier nur durch den Durchfluss der Pumpe beein-

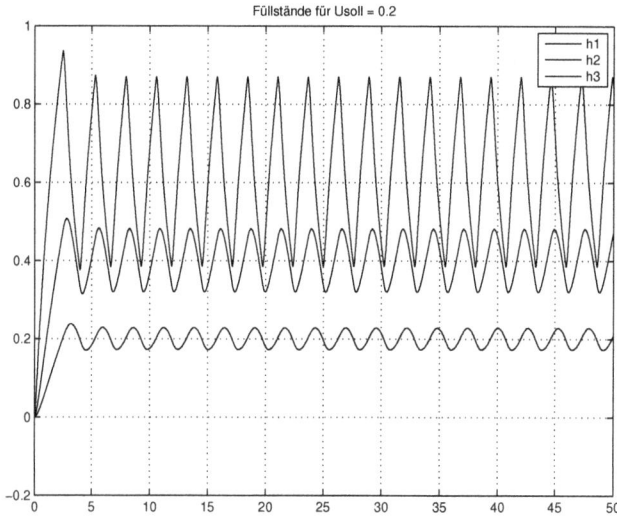

Abb. 3.23: Füllstände für Usoll = 0.2 und Zweipunktregelung (fuellstnd_21.m, fuellstnd21.mdl)

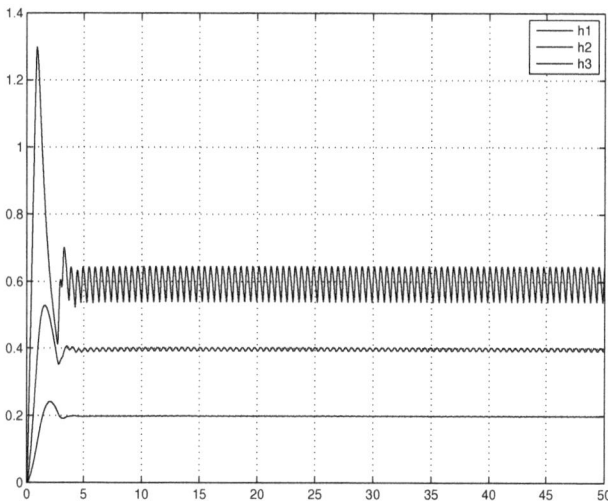

*Abb. 3.24: Füllstände für Usoll = 0.2 und Zweipunktregelung mit verzögerter und nachgeben-
der Rückführung* (fuellstnd_3.m, fuellstnd3.mdl)

flusst werden. Wenn der Sollwert der Führungsgröße näher an dem maximaler Wert
des Durchflusses liegt (Abb. 3.1c), sind die Schwankungen wegen der Totzeit kleiner.

Die Zweipunktregelung mit verzögerter und nachgebender Rückführung, die im
Abschnitt 3.1.2 beschrieben ist, wird als Lösung weiter untersucht. Abb. 3.25 zeigt das
Simulink-Modell (`fuellstnd3.mdl`) dieser Untersuchung, wobei der Regler im un-
teren Teil aufgebaut ist.

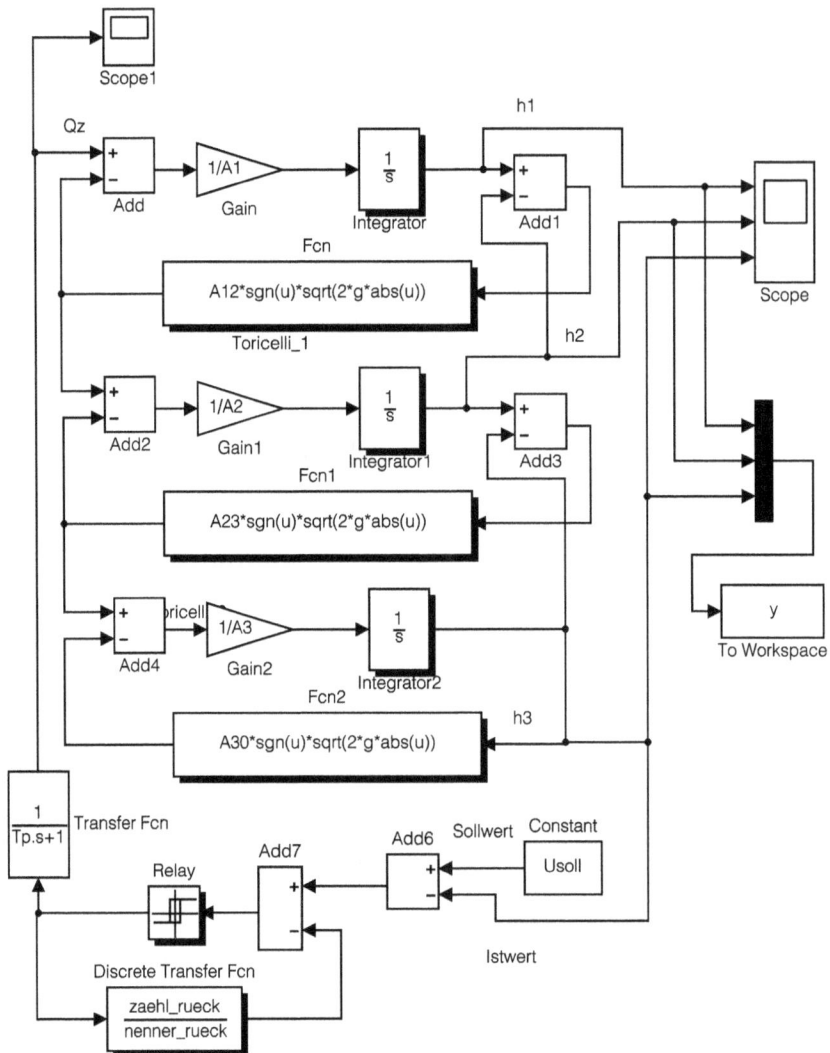

Abb. 3.25: Simulink-Modell der Zweipunktregelung mit verzögerter und nachgebender Rückführung (fuellstnd_3.m, fuellstnd3.mdl)

Im Skript `fuellstnd_3.m` wird das Modell initialisiert und aufgerufen. Hier wird auch die digitale zeitdiskrete Lösung für den Regler berechnet, wie im Modell und Skript des Abschnitts 3.1.2 gezeigt. Die Füllstände für diese Lösung sind in Abb.3.24 dargestellt. Die Parameter des Reglers wurden durch Versuche eingestellt. Zu sehen ist der sehr hohe Füllstand des ersten Tanks im ersten Moment, der praktisch nicht erlaubt ist.

Im Modell `fuellstnd31.mdl` das aus dem Skript `fuellstnd_31.m` aufgerufen wird ist das System mit Begrenzung des Füllstandes des ersten Tanks simuliert. Wenn der Füllstand den Wert `hmax` erreicht, wird der Zufluss unterbrochen.

3.3 Untersuchung einer aktiven Tilgung

Die Tilgung unerwünschter Schwingungen in mechanischen Systemen und Strukturen ist eine wichtige Technik. Es gibt passive und aktive Tilgungsmethoden. In den aktiven Tilgungslösungen wird mit einer gesteuerten Kraft gegen die unerwünschten Schwingungen eingewirkt [64], [37]. Es entsteht dadurch praktisch ein Regelungssystem, in dem der Sollwert für die zu bekämpfende Schwingung, null ist.

Um das Prinzip zu verstehen wird eine einfache aktive Tilgungslösung untersucht. Die Skizze des Systems ist in Abb. 3.26 dargestellt.

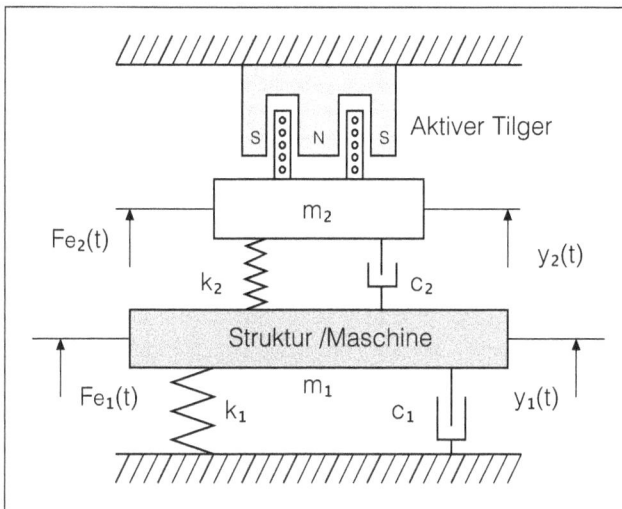

Abb. 3.26: Aktives Tilgungssystem

Der Tilger besteht aus einer äquivalenten Masse m_2 auf die mit Hilfe eines elektrodynamischen Aktuators [59] die Kraft F_{e2} einwirkt. Diese Wirkung wird über die Feder der Steifigkeit k_2 und den viskosen Dämpfer c_2 an die Struktur der Gesamtmasse m_1 übertragen. In dieser Untersuchung wird angenommen, dass die Struktur ein Feder-Masse-System ist, auf das die Anregungskraft F_{e1} einwirkt und die Struktur zum Schwingen bringt. Die Differentialgleichungen des Systems, die die Koordinaten der Lagen $y_1(t), y_2(t)$ mit den Anregungen F_{e1}, F_{e2} verbinden, sind:

$$m_1\ddot{y}_1(t) + c_1\dot{y}_1(t) + c_2(\dot{y}_1(t) - \dot{y}_2(t)) + k_1 y_1(t) + k_2(y_1(t) - y_2(t)) = F_{e1}(t)$$
$$m_2\ddot{y}_2(t) + c_2(\dot{y}_2(t) - \dot{y}_1(t)) + k_2(y_2(t) - y_1(t)) = F_{e2}(t)$$

(3.29)

Es stellt, im Sinne der Regelungstechnik, ein lineares System mit zwei Eingängen in Form der zwei Kräfte $F_{e1}(t), F_{e2}(t)$ und einem Ausgang dar, der durch die geregelte

Koordinate $y_1(t)$ gegeben ist. Über die elektrodynamische Kraft $F_{e2}(t)$ wird versucht die Schwankungen von $y_1(t)$ zu minimieren, also zu tilgen.

Wenn man die Schwankungen der Koordinate $y_1(t)$ mit einem Beschleunigungssensor misst, dann wird ein PID-Regler mit dem Proportionalanteil P die Beschleunigung in die Regelung einbringen und mit dem Integral-Anteil I wird die Geschwindigkeit einbezogen. Der Diferential-Anteil D als Ableitung der Beschleunigung sollte keine Rolle spielen.

Im Falle eines Geschwindigkeitssensor, der gewöhnlich als elektrodynamischer Sensor realisiert ist, ergibt in der Rückkopplung der P-Anteil die Geschwindigkeit, der I-Anteil die Koordinate $y_1(t)$ und der D-Anteil die Beschleunigung. Diese verbinden über den PID-Regler den Ausgang $y_1(t)$ als Istwert mit dem Eingang $F_{e2}(t)$ als Stellgröße. Der Sollwert ist hier null.

Abb. 3.27 zeigt das Simulink-Modell des Systems (`aktiv_tilger1.mdl`), das auf den Differentialgleichungen (3.29) basiert. Die Störungskraft $F_{e1}(t)$, die zu den Schwankungen $y_1(t)$ führt, wird mit einem *Sin Wave*-Block in Form einer sinusoidalen Schwingung gebildet. Der Ausgang des PID-Reglers stellt die Kraft F_{e2} dar. In diesem Modell ist angenommen, dass ein Beschleunigungssensor benutzt wird und dadurch ist der Istwert die Beschleunigung $\ddot{y}_1(t)$. Sehr einfach kann man auch die Geschwindigkeit $\dot{y}_1(t)$ als Istwert benutzen.

Das Modell wird aus dem Skript `aktiv_tiler_1.m` initialisiert und aufgerufen:

```
% Skript aktiv_tilger_1.m, in dem eine aktive Tilgung
% untersucht wird. Arbeitet mit Modell aktiv_tilger1.mdl
clear;
% -------- Parameter des Systems
m1 = 200;        k1 = 100;       c1 = 20;
f1 = sqrt(k1/m1)/(2*pi),     % Eigenfrequenz ohne Dämpfung
m2 = 1;          k2 = 10;        c2 = 10;
f2 = sqrt(k2/m2)/(2*pi),     % Eigenfrequenz ohne Dämpfung
fsig = 0.01;        % Frequenz der Anregung Fe1
Fe1 = 0.5;        % Amplitude der Anregung
% -------- Regler mit Rückführung von a1
P = 0;           I = 2000;       D = 0; % Mit Regler (aktive Tilgung)
%P = 0;          I = 0;       D = 0;       % Ohne Regler
% -------- Aufruf der Simulation
Tfinal = 2000;      dt = 0.01;
sim('aktiv_tilger1', [0:dt:Tfinal]);
t = y.time;
y1 = y.signals.values(:,1);
y2 = y.signals.values(:,2);
Fe1_t = f.signals.values(:,1);   % Anregungskraft
Fe2_t = f.signals.values(:,2);
% -------- Für die Darstellung von 10 Perioden
%             im stationären Zustand
nt = length(t);          nd = 1:nt;
Tdarst = 10/fsig;        ndarst = fix(Tdarst/dt);
if ndarst <= nt
    nd = nt - ndarst : nt;
```

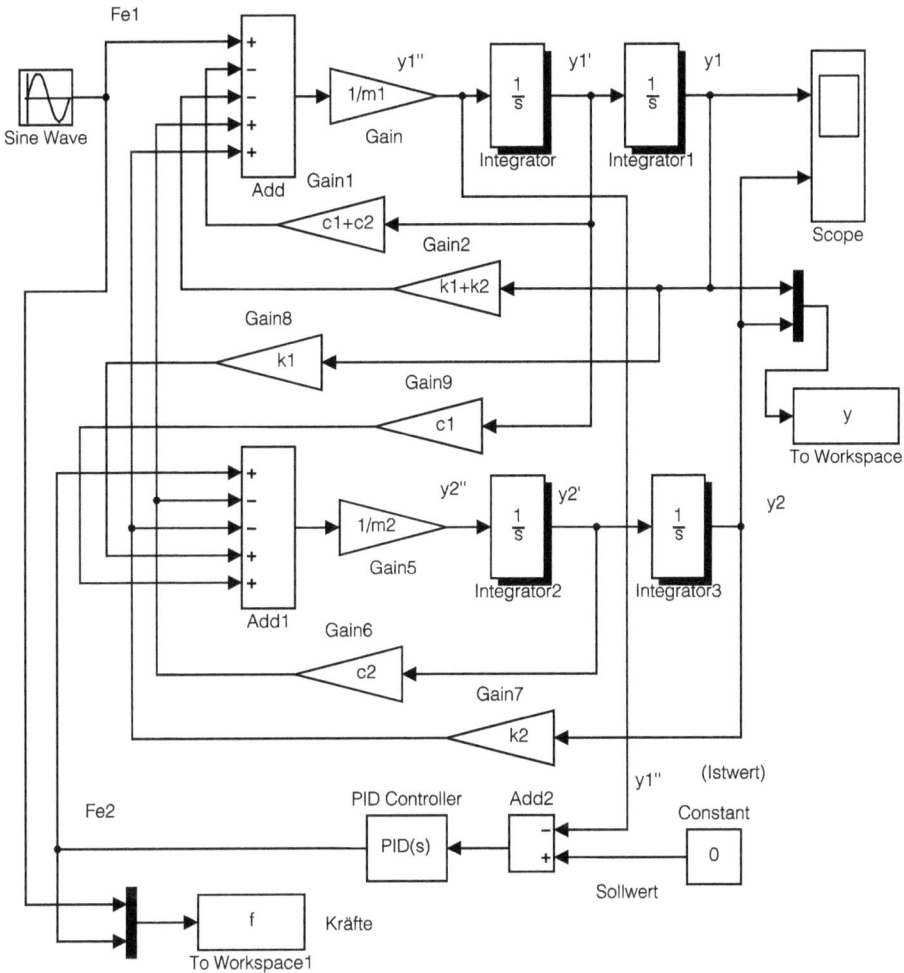

Abb. 3.27: Simulink-Modell der aktiven Tilgung (aktiv_tilger_1.m, aktiv_tilger1.m.mdl)

```
else nd = 1:nt;
end;
Q = std(y1(nd)),        % Gutefunktion
figure(1);    clf;
subplot(311), plot(t(nd),y1(nd));
  title(['Koordinate y1(t) für fsig = ',num2str(fsig), ' Hz'])
  xlabel('Zeit in s');        grid on;
subplot(312), plot(t(nd),y2(nd));
  title(['Koordinate y2(t)'])
  xlabel('Zeit in s');        grid on;
subplot(313), plot(t(nd),y1(nd),t(nd),y2(nd));
```

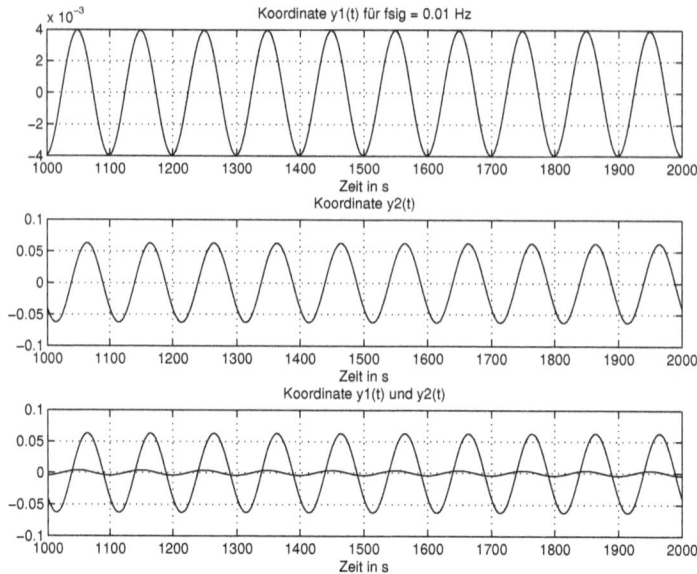

Abb. 3.28: a) Bewegung der Struktur ($y_1(t)$) b) Bewegung der Tilgungsmasse ($y_2(t)$) c) Beide Bewegungen (aktiv_tilger_1.m, aktiv_tilger1.m.mdl)

```
title(['Koordinate y1(t) und y2(t)'])
xlabel('Zeit in s');          grid on;
figure(2);     clf;
plot(t(nd),Fe1_t(nd),t(nd),Fe2_t(nd));
title(['Anregungs- und Rückführungskraft (Fe1, Fe2) für fsig = ',...
    num2str(fsig), ' Hz']);
xlabel('Zeit in s');          grid on;
legend('Fe1', 'Fe2')
```

In Abb. 3.28 sind die Koordinaten $y_1(t)$ der Struktur und der Tilgungsmasse $y_2(t)$ einmal separat und dann zusammen dargestellt. Letztere um die Größenunterschiede besser hervorzuheben. Die Amplitude der Koordinate $y_1(t)$ mit dem Wert 4×10^{-3} ist viel kleiner als die Amplitude der Koordinate $y_2(t)$ mit einem Wert von 0.06. Diese Ergebnisse wurden für eine Frequenz der Anregung von $0,01$ Hz erhalten.

Aus der Darstellung der Kräfte aus Abb. 3.29 sieht man, dass die aktive Kompensationskraft F_{e2} gleich und entgegengesetzt der Anregungskraft F_{e1} ist. Der Regler mit dem I-Anteil und dem Beschleunigungssensor bildet eine Geschwindigkeitsrückführung. Um den Effekt der Anregungskraft ohne Regler (ohne aktive Tilgung) zu betrachten, setzt man im Programm alle Anteile des Reglers auf null. Man erhält als Amplitude für $y_1(t)$ den Wert $0,06$ und als Amplitude für $y_2(t)$ den Wert $0,5$. Diese sind viel größer als die gezeigten Werte, die mit der aktiven Kompensation erhalten wurden.

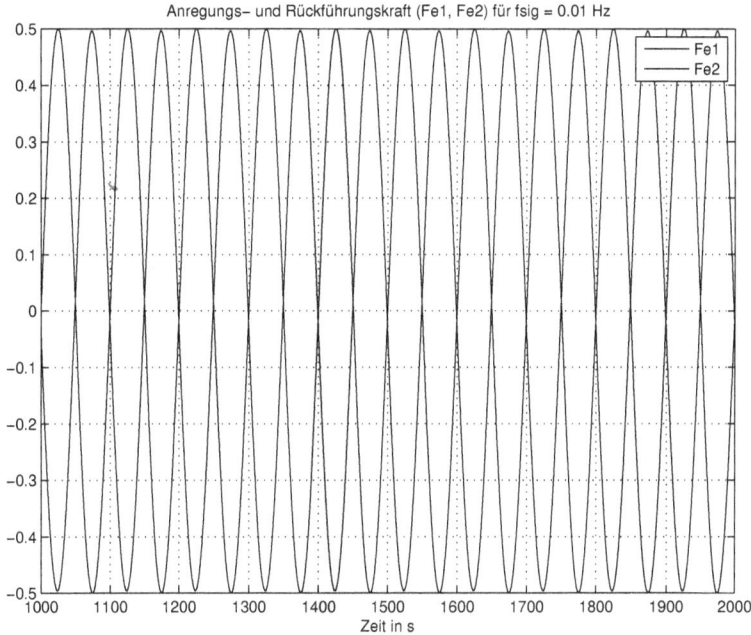

Abb. 3.29: Anregungskraft ($F_{e1}(t)$) und aktive Kompensationskraft ($F_{e2}(t)$) (aktiv_tilger_1.m, aktiv_tilger1.m.mdl)

Ähnliche Ergebnisse erhält man auch bei einer Frequenz des Signals von $0,1$ Hz und 1 Hz, was eine Kompensation in einem Frequenzbereich von 2 Dekaden bedeutet.

Mit dieser Simulation kann man den Einfluss des Feder-Masse-Modells auf die Struktur (Parmeter m_1, k_1, c_1) und das Modells für den aktiven Tilger (Parameter m_2, k_2, c_2) untersuchen. Da es sehr viele Parameter sind, ist es nicht leicht, Regeln für die Wahl der Parameter des Tilgers, abhängig von den angenommenen Parametern der praktischen Struktur, zu finden. In vielen Fällen ist kein Modell für die Struktur bekannt. Als Beispiel kann die Struktur ein Rohr sein, das schwingt und nur durch Identifikation ist ein Ersatzmodell als Feder-Masse-System zu erhalten.

Eine theoretische Analyse basierend auf einer Vereinfachung kann sehr hilfreich für die Steuerung der Simulation des Modells sein. Im nächsten Abschnitt wird eine solche Analyse durchgeführt.

3.3.1   Vereinfachte Analyse über Übertragungsfunktionen

Wenn die aktive Kompensation wirkt, ist aus der vorherigen Simulation sichtbar, dass die Bewegung der Struktur $y_1(t)$ relativ zur Bewegung der Tilgungsmasse $y_2(t)$ klein ist. In dem Bereich, in dem diese Annahme gültig ist, kann man die Differentialgleichungen (3.29) vereinfachen:

$$m_1\ddot{y}_1(t) + c_1\dot{y}_1(t) + k_1y_1(t) - \big(c_2\dot{y}_2(t) + k_2y_2(t)\big) = F_{e1}(t)$$
$$m_2\ddot{y}_2(t) + c_2\dot{y}_2(t) + k_2y_2(t) = F_{e2}(t)$$

$$(3.30)$$

Das Tilgungssystem wirkt auf die Struktur mit einer Kraft $F_{str}(t)$, die für $y_1(t) \ll y_2(t)$ durch

$$F_{str}(t) = c_2\dot{y}_2(t) + k_2y_2(t) \qquad (3.31)$$

gegeben ist. Die gezeigte Annahme hat zur Entkopplung der zwei Feder-Masse-Systeme des Tilgers und der Struktur geführt.

Wenn man diese vereinfachten Differentialgleichungen in den Bildbereich der Laplace-Transformation umwandelt, erhält man folgende Beziehungen, aus denen man dann verschiedene Übertragungsfunktionen definieren kann:

$$Y_2(s) = F_{e2}(s)\frac{1}{m_2s^2 + c_2s + k_2}$$
$$F_{str}(s) = F_{e2}(s)\frac{c_2s + k_2}{m_2s^2 + c_2s + k_2} \qquad (3.32)$$
$$Y_1(s) = \big(F_{e1}(s) + F_{str}(s)\big)\frac{1}{m_1s^2 + c_1s + k_1}$$

Es wird auch angenommen, dass die Rückkopplung für die Regelung die Beschleunigung benutzt, was einem Beschleunigungssensor entspricht. Die Beschleunigung der zu tilgende Struktur $\ddot{y}_1(t)$ ist im Bildbereich durch

$$Y_{1a}(s) = \big(F_{e1}(s) + F_{str}(s)\big)\frac{s^2}{m_1s^2 + c1s + k1} \qquad (3.33)$$

gegeben.

Für einen PID-Regler mit I-Anteil, so dass die Regelung auf der Geschwindigkeit basiert, erhält man ein Regelungssystem, das im Modell `aktiv_tilger12.mdl` dargestellt ist.

Gemäß Gl. (3.33) ergibt die Summe der Störkraft $F_{e1}(s)$ und der Kraft $F_{str}(s)$ über die Übertragungsfunktion aus dem Block *Transfer Fcn2* die Beschleunigung $Y_{1a}(s)$ oder $\ddot{y}_1(t)$ im Zeitbereich. Diese als Istwert wird mit dem gewünschten Sollwert gleich null verglichen und über den PID-Regler wird die aktive Stellkraft gebildet. Diese wiederum erzeugt die Kraft $F_{str}(s)$, die auf die Struktur wirkt gemäß der Gleichung (3.32). Um auch die Bewegung $y_1(t)$ aus der Simulation zu erhalten wird der Block *Transfer Fcn1* zusätzlich hinzugefügt.

Für dieses lineare Regelungssystem kann die vorhandene ausführliche Theorie angewandt werden [56]. Hier wird ein Einblick in das Verhalten im Frequenzbereich

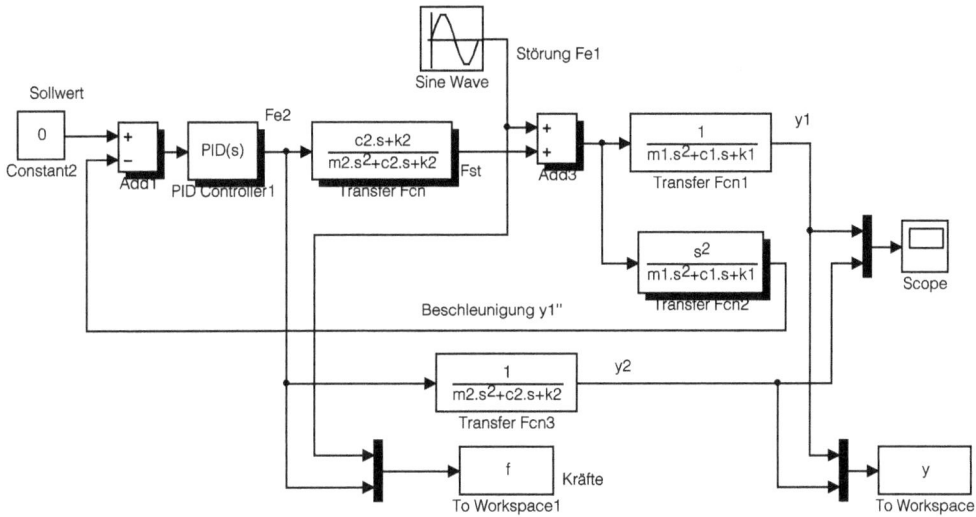

Abb. 3.30: Simulink-Modell des vereinfachten Systems (aktiv_tilger_12.m, aktiv_tilger12.m.mdl)

gezeigt. Dazu werden folgende Übertragungsfunktionen definiert:

$$H_1(s) = P + I/s + D\frac{s}{s/100 + 1}$$

$$H_2(s) = \frac{F_{str}(s)}{F_{e2}(s)} = \frac{c_2 s + k_2}{m_2 s^2 + c_2 s + k_2} \tag{3.34}$$

$$H_3(s) = \frac{Y_{1a}(s)}{F_{e1}(s) + F_{str}(s)} = \frac{s^2}{m_1 s^2 + c_1 s + k_1}$$

Die erste Übertragungsfunktion entspricht dem PID-Regler, von dem nur der I-Anteil benutzt wird ($P = 0, D = 0$). Diese Übertragungsfunktionen sind im Modell implementiert. Mit deren Hilfe ist die Übertragungsfunktion des Regelsystems mit geöffneter Schleife zu berechnen:

$$H_{off}(s) = H_1(s)H_2(s)H_3(s) \tag{3.35}$$

Im Skript `aktiv_tilger_12.m` werden diese Übertragungsfunktionen gebildet und der Frequenzgang für $H_{off}(s)$ berechnet und dargestellt:

```
% Skript aktiv_tilger_12.m, in dem eine aktive Tilgung
% untersucht wird. Arbeitet mit Modell aktiv_tilger12.mdl
clear;
s = tf('s');
% -------- Parameter des Systems
m1 = 200;        k1 = 100;        c1 = 20;
f1 = sqrt(k1/m1)/(2*pi),     % Eigenfrequenz ohne Dämpfung
```

```
m2 = 1;          k2 = 10;          c2 = 10;
f2 = sqrt(k2/m2)/(2*pi),     % Eigenfrequenz ohne Dämpfung
fsig = 1;     % Frequenz der Anregung Fe1
Fe1 = 0.5;       % Amplitude der Anregung
% -------- Regler mit Rückführung von der Beschleunigung a1
P = 0;          I = 2000;       D = 0; % Mit Regler (aktive Tilgung)
%P = 0;          I = 0;     D = 0;      % Ohne Regler
% -------- Vereinfachte Übertragungsfunktionen
H1 = P + I/s + D*s/(s/100+1);
H2 = (c2*s+k2)/(m2*s^2+c2*s+k2);
H3 = s^2/(m1*s^2+c1*s+k1);
% -------- Übertragungsfunktion der geöffneten Schleife
Hoff = H1*H2*H3;
Hoff = minreal(Hoff);
[boff, aoff] = tfdata(Hoff);
boff = boff{:},     aoff = aoff{:},
roots(aoff),
% Frequenzgang
f = logspace(-2,2);     w = 2*pi*f;
Hoffs = freqs(boff, aoff, w);
figure(1);    clf;
subplot(211), semilogx(f, 20*log10(abs(Hoffs)));
  title('Amplitudengang der geöffneten Schleife');
  xlabel('Hz');       ylabel('dB');       grid on;

subplot(212), semilogx(f, angle(Hoffs)*180/pi);
  title('Phasengang der geöffneten Schleife');
  xlabel('Hz');       ylabel('Grad');     grid on;
  .......
```

In Abb. 3.31 ist der Frequenzgang für die geöffnete Schleife dargestellt. Für die Parameter, die im Skript initialisiert sind, erhält man folgende Übertragungsfunktion der geöffneten Schleife:

```
>> Hoff
Hoff =
            100 s^2 + 100 s
    -----------------------------------
    s^4 + 10.1 s^3 + 11.5 s^2 + 6 s + 5
Continuous-time transfer function.
```

Die Pole dieser Übertragungsfunktion sind:

```
>> roots(aoff)
ans =
  -8.8730                 -1.1270
  -0.0500 + 0.7053i       -0.0500 - 0.7053i
```

Sie sind alle in der linken Hälfte der komplexen Ebene. Die Phasenverschiebung wegen des Polynoms im Zähler strebt zu 180° und wegen des Polynoms im Nenner strebt die Phasenverschiebung zu -4 × 90 = -360°. Somit ist die Gesamtphasenverschiebung

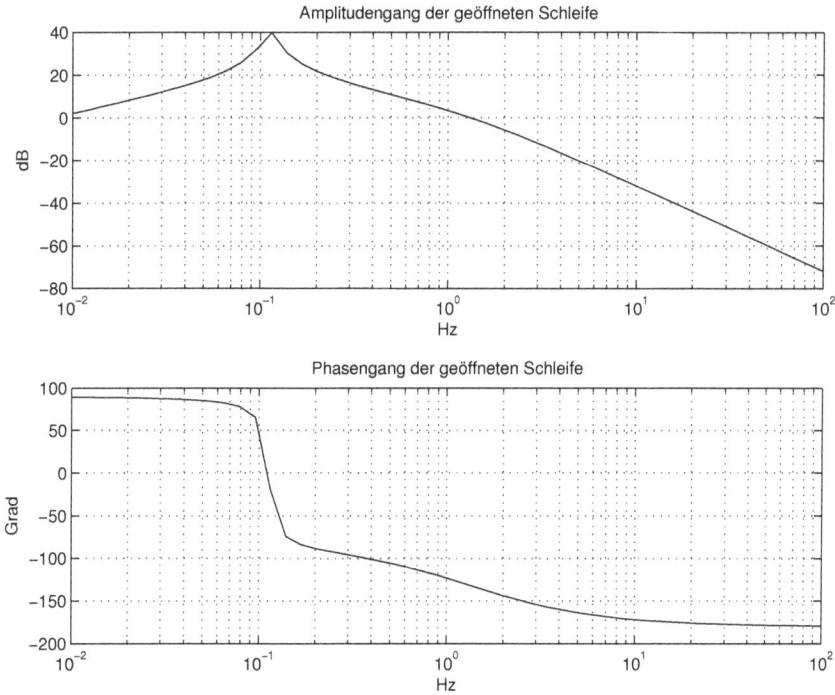

Abb. 3.31: Frequenzgang der geöffneten Schleife (aktiv_tilger_12.m, aktiv_tilger12.m.mdl)

für $\omega \rightarrow \infty$ gleich -360+180 =-180°. Die Amplituden-Reserve ist dadurch gleich ∞. Die Phasenreserve kann aus dem Frequenzgang geschätzt werden und ist ca. 50°.

Das bedeutet, dass für die gezeigten Parameter das Regelungssystem in geschlossener Schleife mit einer guten Phasen- und Amplitudenreserve stabil ist. Die Übertragungsfunktion des Systems in geschlossener Schleife für die Beschleunigung als Ausgang ist:

$$H_{ges}(s) = \frac{H_1(s)H_2(s)H_3(s)}{1 + H_1(s)H_2(s)H_3(s)} \tag{3.36}$$

Sie wird im Skript ähnlich ermittelt und dargestellt. In Abb. 3.32 ist der entsprechende Frequenzgang dargestellt. Im Frequenzbereich in dem der Amplitudengang der geöffneten Schleife größer als eins ist (in dB größer als 0 dB) ist der Amplitudengang der geschlossenen Schleife gleich eins oder 0 dB. In diesem Frequenzbereich wirkt die aktive Tilgung und es wird versucht die Führungsgröße null (Sollwert null) auch am Ausgang zu forcieren. Für Frequenzen oberhalb dieses Bereiches erhält man eine Dämpfung der Schwingungen der Struktur hauptsächlich durch deren Trägheit. Hier hat es keinen Sinn mit der aktiven Kraft F_{e2} einzuwirken.

Die Pole der Übertragungsfunktion der geschlossenen Schleife sind:

```
>> roots(ages),
```

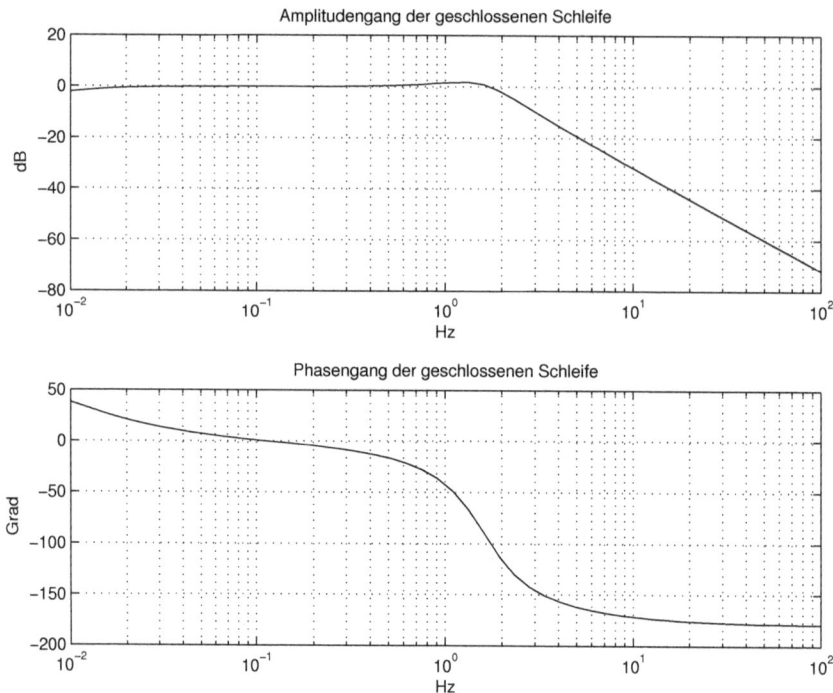

Abb. 3.32: *Frequenzgang der geschlossenen Schleife* (aktiv_tilger_12.m, aktiv_tilger12.m.mdl)

ans =

    -4.5330 + 9.0293i   -4.5330 - 9.0293i
    -0.9843   -0.0498

Sie liegen in der linken Hälfte der komplexen Ebene und zeigen, wie aus der Analyse des Frequenzgangs mit geöffneten Schleife hervorging, dass das System stabil ist.

Aus der Übertragungsfunktion $H_{ges}(s)$ für die Beschleunigung $\ddot{y}_1(t)$ als Ausgang kann man sehr einfach die Übertragungsfunktion des Regelsystems für die Koordinate $y_1(t)$ $(Y_1(s))$ berechnen:

$$H_{gesy} = \frac{H_{ges}}{s^2} \tag{3.37}$$

Die Übertragungsfunktion von der Störung in Form der Anregungskraft $F_{e1}(t)$ bis zur Beschleunigung $\ddot{y}_1(t)$ als Ausgang ist:

$$H_{stoe}(s) = \frac{H_3(s)}{1 + H_1(s)H_2(s)H_3(s)} \tag{3.38}$$

Für die Koordinate der Lage als Ausgang wird diese Übertragungsfunktion noch durch s^2 geteilt. Sie wird im Skript ermittelt und der entsprechende Frequenzgang ist in Abb. 3.33 dargestellt.

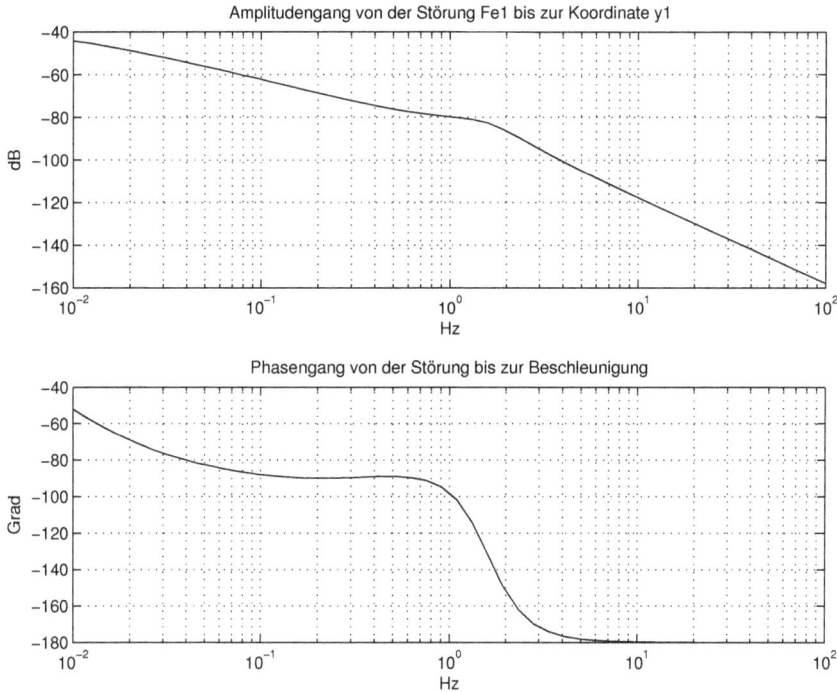

Abb. 3.33: Frequenzgang von der Störungskraft $F_{e1}(t)$ bis zur Lage $y_1(t)$ (aktiv_tilger_12.m, aktiv_tilger12.m.mdl)

Mit dem Simulink-Modell kann auch das Zeitverhalten für eine gegebene Anregung simuliert werden. So z.B. sind in Abb. 3.34 die Koordinaten der Lagen der Struktur $y_1(t)$ und der Tilgungsmasse $y_2(t)$ für eine Anregung mit einer Frequenz von 1 Hz dargestellt.

3.3.2 Überprüfen der vereinfachten Übertragungsfunktionen

Ausgehend von den Differentialgleichungen (3.29) des Systems kann man mit MAT-LAB numerisch ohne Vereinfachungen dieselben Übertragungsfunktionen ermitteln. Der Vergleich mit den vereinfachten Übertragungsfunktionen für gleiche Parameter kann die Bereiche ergeben, in denen diese gültig sind. In den Gleichungen der analytischen, vereinfachten Übertragungsfunktionen sieht man im Gegensatz zu den numerisch berechneten Übertragungsfunktionen direkt den Einfluss der Parameter des Systems auf diese Funktionen.

Die numerischen Übertragungsfunktionen enthalten die Parameter in einer Form, deren Einfluss nicht so einfach zu ermitteln ist. Man muss durch Simulation eines Modells, das diese numerischen Übertragungsfunktionen enthält, den Einfluss der Parameter untersuchen. Man ist so bei derselben Schwierigkeit wie bei der Simulation der

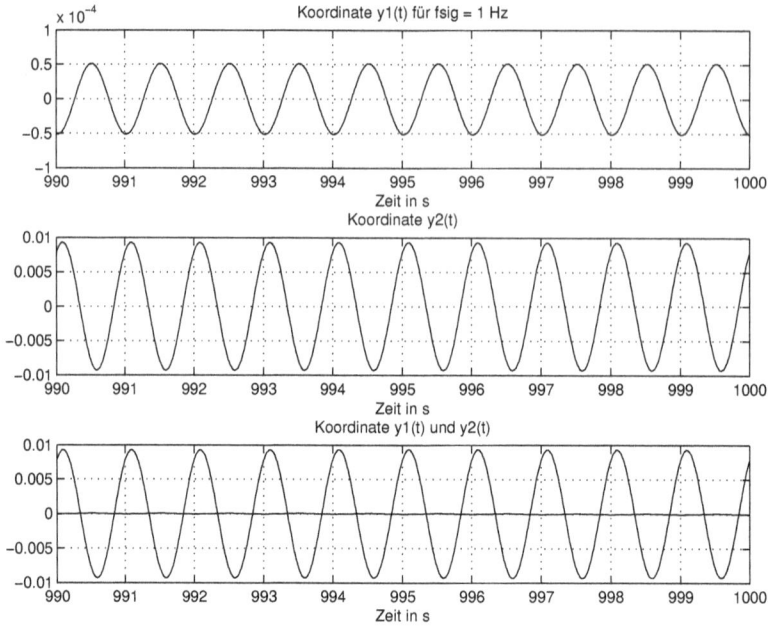

Abb. 3.34: Koordinaten der Lage $y_1(t)$ und der Lage $y_2(t)$
(aktiv_tilger_12.m, aktiv_tilger12.m.mdl)

Differentialgleichungen, wo man nicht direkt den Einfluss der Parameter ermitteln kann.

Die Differentialgleichungen (3.29) ergeben im Bildbereich der Laplace-Transformation folgende algebraische Gleichungen in der Variablen s:

$$\begin{aligned}
\left(m_1 s^2 + (c_1 + c_2)s + (k_1 + k_2)\right)Y_1(s) - \left(c_2 s + k_2\right)Y_2(s) &= F_{e1}(s) \\
\left(m_2 s^2 + c_2 s + k_2)\right)Y_2(s) - \left(c_2 s + k_2\right)Y_1(s) &= F_{e2}(s)
\end{aligned} \tag{3.39}$$

Daraus wird ein Gleichungssystem in den Unbekannten $Y_1(s), Y_2(s)$ abhängig von den Anregungen $F_{e1}(s), F_{e2}(s)$ gebildet:

$$\begin{bmatrix} m_1 s^2 + (c_1 + c_2)s + (k_1 + k_2) & -(c_2 s + k_2) \\ -(c_2 s + k_2) & m_2 s^2 + c_2 s + k_2 \end{bmatrix} \begin{bmatrix} Y_1(s) \\ Y_2(s) \end{bmatrix} = \begin{bmatrix} 1 & 0 \\ 0 & 1 \end{bmatrix} \begin{bmatrix} F_{e1}(s) \\ F_{e2}(s) \end{bmatrix} \tag{3.40}$$

Dieses Gleichungssystem kann in MATLAB numerisch gelöst werden und man erhält vier Übertragungsfunktionen in s:

$$\begin{bmatrix} Y_1(s) \\ Y_2(s) \end{bmatrix} = \begin{bmatrix} H_{11}(s) & H_{12}(s) \\ H_{21}(s) & H_{22}(s) \end{bmatrix} \begin{bmatrix} F_{e1}(s) \\ F_{e2}(s) \end{bmatrix} \tag{3.41}$$

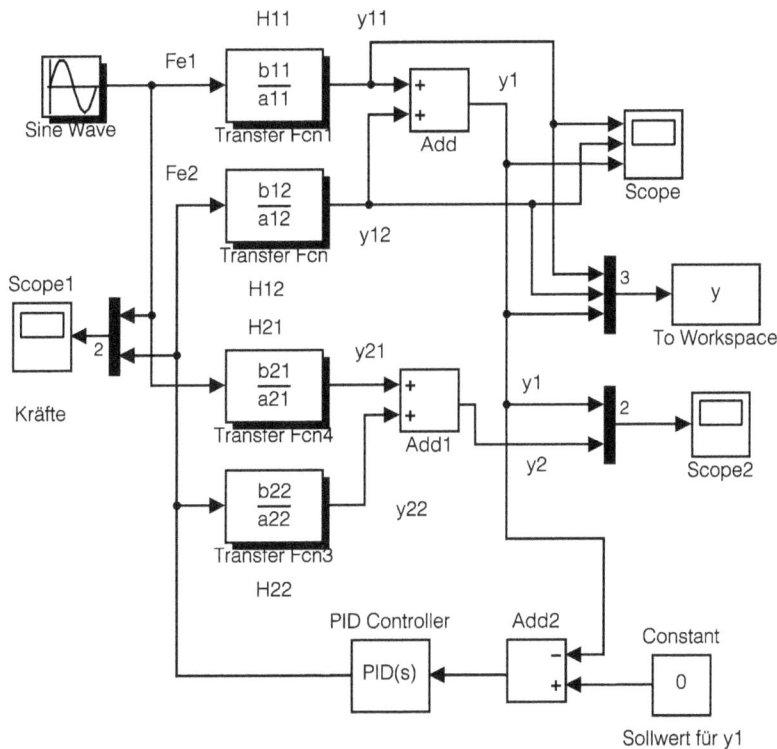

Abb. 3.35: Simulink-Modell des Systems modelliert mit Übertragungsfunktionen
(aktiv_tilger_3.m, aktiv_tilger3.mdl)

Daraus folgt:

$$Y_1(s) = H_{11}(s)F_{e1}(s) + H_{12}(s)F_{e2}(s)$$
$$Y_2(s) = H_{21}(s)F_{e1}(s) + H_{22}(s)F_{e2}(s)$$

(3.42)

Die Simulation des Systems wird in dieser Beschreibung mit dem Simulink-Modell `aktiv_tilger3.mdl` bzw. Skript `aktiv_tilger_3.m` durchgeführt. Im Skript werden die Übertragungsfunktionen $H_{11}(s), H_{12}(s), H_{21}(s), H_{22}(s)$ mit folgenden Zeilen ermittelt:

```
% Skript aktiv_tilger_3.m, in dem eine aktive Tilgung
% untersucht wird. Arbeitet mit Modell aktiv_tilger3.mdl
clear;
s = tf('s');
% -------- Parameter des Systems
m1 = 200;      k1 = 100;      c1 = 20;
f1 = sqrt(k1/m1)/(2*pi),
```

```
m2 = 1;          k2 = 10;        c2 = 10;
f2 = sqrt(k2/m2)/(2*pi),
fsig = 0.1;
% -------- Analyse des Systems
Ai = [m1*s^2+(c1+c2)*s + (k1+k2), -(c2*s+k2);
    -(c2*s+k2), m2*s^2+c2*s+k2];
Bi = [1,0;0,1];
H = inv(Ai)*Bi;              H = minreal(H);
[b11, a11] = tfdata(H(1,1));        [b12, a12] = tfdata(H(1,2));
[b21, a21] = tfdata(H(2,1));        [b22, a22] = tfdata(H(2,2));
b11 = b11{:};    a11 = a11{:};      b21 = b21{:};    a21 = a21{:};
b12 = b12{:};    a12 = a12{:};      b22 = b22{:};    a22 = a22{:};
......
```

Die Koeffizienten der Zähler und Nenner der Übertragungsfunktionen werden dann im Modell zur Parametrierung der *Transfer Fcn*-Blöcken eingesetzt. Das Simulink-Modell ist in Abb. 3.35 dargestellt. Als Rückkopplung für den Regler wird die Koordinate der Lage $y_1(t)$ genommen und der PID-Regler wird mit dem D-Anteil initialisiert.

Die Übertragungsfunktion von der Störung $F_{e1}(s)$ bis zur Koordinate der Lage $Y_1(s)$ wird durch

$$H_{sys}(s) = \frac{Y_1(s)}{F_{e1}(s)} = H_{11}(s)\frac{1}{1 + H_{12}(s)H_{PID}(s)} \qquad \text{mit}$$

$$H_{PID}(s) = P + \frac{I}{s} + D\frac{s}{\frac{s}{100}+1} \qquad \text{mit} \quad P = 0, I = 0, D \neq 0 \tag{3.43}$$

ermittelt. Die entsprechenden Zeilen im Skript sind:

```
......
% ------- PID-Regler
P = 0;      I = 0;          D = 2000;
%P = 0;      I = 0;          D = 0;
Hsys = H(1,1)*feedback(1, (P+I/s+D*s/(s/100+1))*H(1,2));
% Übertragungsfunktion von der Störung Fe1 bis zur Lage y1
Hsys = minreal(Hsys);
[bsys, asys] = tfdata(Hsys);
bsys = bsys{:},     asys = asys{:},
......
```

Die vereinfachte Übertragungsfunktion, ebenfalls von der Störung $F_{e1}(s)$ bis zur Koordinate der Lage $Y_1(s)$, wird mit folgenden Zeilen des Skripts definiert:

```
......
% -------- Vereinfachte Übertragungsfunktion
H1 = D*s/(s/100+1);            % PID-Regeler mit D-Anteil
H2 = (c2*s + k2)/(m2*s^2 + c2*s + k2);
H3 = 1/(m1*s^2+c1*s+k1);
Hsys1 = feedback(H3, H1*H2);        % Übertragungsfunktion von der
Hsys1 = minreal(Hsys1);             % Störung Fe1 bis zur Lage y1
```

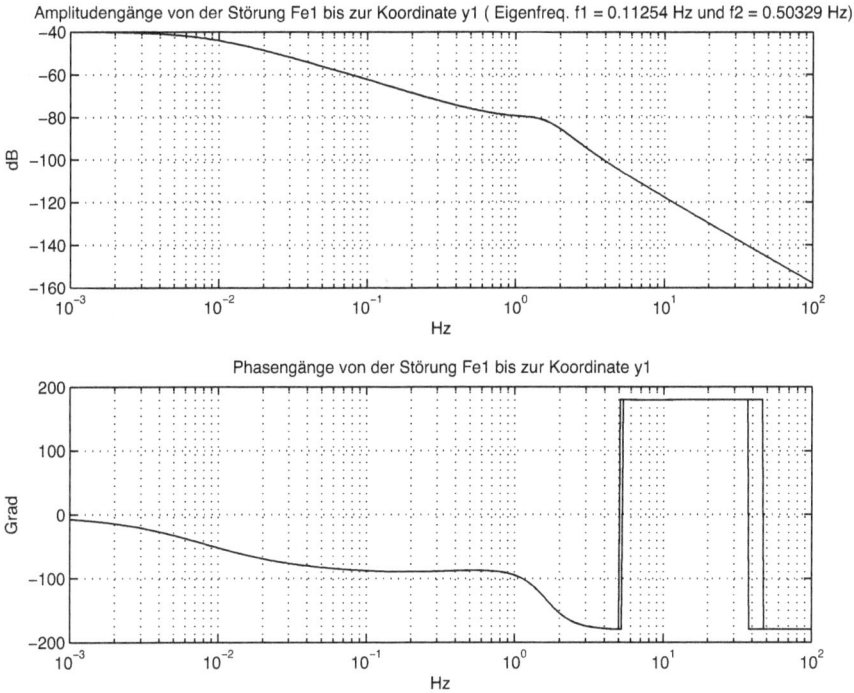

Abb. 3.36: Frequenzgänge von der Störung $F_{e1}(t)$ bis zur Koordinate der Lage $y_1(t)$ mit und ohne Vereinfachungen (aktiv_tilger_3.m, aktiv_tilger3.mdl)

```
[bsys1, asys1] = tfdata(Hsys1);
bsys1 = bsys1{:};    asys1 = asys1{:};
........
```

Die Frequenzgänge aus den Übertragungsfunktionen werden mit den Zeilen

```
.......
f = logspace(-3,2,500);
Hs1 = freqs(bsys1, asys1, 2*pi*f);
Hs  = freqs(bsys, asys, 2*pi*f);
figure(3);      clf;
subplot(211), semilogx(f, 20*log10(abs(Hs1)));
  hold on;
subplot(211), semilogx(f, 20*log10(abs(Hs)),'r');
  title(['Frequenzgänge von der Störung Fe1 bis zur Koordinate y1'...
    ' fsig = ', num2str(fsig), ' Hz und f2 = ', num2str(f2) ' Hz'])
  xlabel('Hz');   ylabel('dB');     grid on;    hold off;
subplot(212), semilogx(f, angle(Hs1)*180/pi);
  hold on;
subplot(212), semilogx(f, angle(Hs)*180/pi,'r');
  title(['Frequenzgänge von der Störung Fe1 bis zur Koordinate y1'])
```

```
xlabel('Hz'); ylabel('Grad'); grid on; hold off;
```

dargestellt. Abb. 3.36 zeigt die beiden Frequenzgänge. Die Übereinstimmung ist sehr gut in den Amplitudengängen und es gibt kleine Abweichungen in den Phasengängen. Das beweist, dass die Annahmen für $y_1(t) << y_2(t)$, die zur Vereinfachung der Übertragungsfunktionen geführt haben, richtig sind.

Mit diesem Modell kann man auch das Zeitverhalten untersuchen, was im Skript vorgesehen ist, aber hier nicht mehr kommentiert wird.

3.3.3   Die aktive Tilgung mit zufälliger Anregung

Für diese Untersuchung wird das Simulink-Modell 3.35 mit einer Quelle in Form von einer unabhängigen Rauschsequenz für die Anregungskraft $F_{e1}(t)$ benutzt. Die Bandbreite der Rauschsequenz des Blocks *Random Number* wird über die Abtastperiode (*Sample Time*) der Sequenz eingestellt. Im Skript `aktiv_tilger_31.m`, das mit dem Modell `aktiv_tilger31.mdl` arbeitet, ist diese Bandbreite durch `fnoise = 1/Tnoise` mit `Tnoise = 10 dt` auf 10 Hz festgelegt.

In Abb. 3.37 sind die Signale der Simulation für die Parameter, die im Skript initialisiert sind, dargestellt.

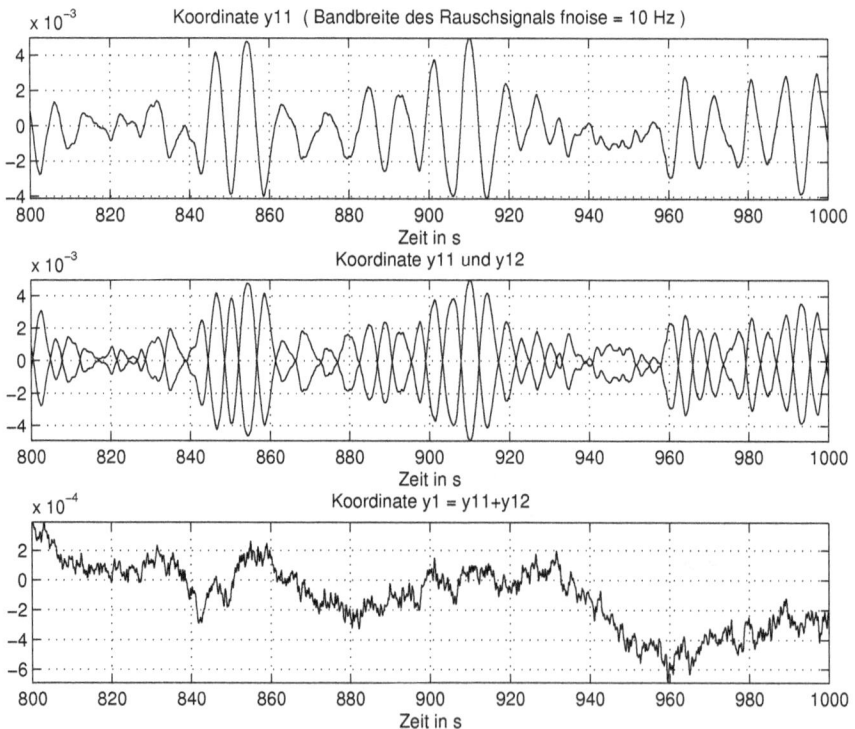

Abb. 3.37: Signale der Simulation für zufälliger Anregungskraft $F_{e1}(t)$
(aktiv_tilger_3.m, aktiv_tilger3.mdl)

Ganz oben ist das Signal am Ausgang der Übertragungsfunktion $H_{11}(s)$, hier bezeichnet mit $y_{11}(t)$, gezeigt. Darunter ist nochmals dieses Signal zusammen mit dem Signal am Ausgang der Übertragungsfunktion $H_{12}(s)$, das mit $y_{12}(t)$ bezeichnet ist, dargestellt. Wie man sieht, sind sie praktisch gleich aber gegenphasig und dadurch ist ihre Summe als Koordinate der Lage der Struktur $y_1(t)$ relativ klein.

Im Skript wird mit folgenden Zeilen die spektrale Leistungsdichte für $y_1(t)$ ermittelt, einmal mit aktiver Tilgung und danach, durch erneuten Aufruf der Simulation, ohne Tilgung mit P = 0, I = 0, D = 0:

```
. . . . . . . . .
% -------- Spektralen Leistungsdichten
ndez = 50;          % Dezimierung des Signals y1
Fs = 1/(ndez*dt);
[Pxx,f] = pwelch(y1(1:ndez:end),512,[],512,Fs);
figure(2);      clf;
plot(f, 10*log10(Pxx));
   title(['Spektrale Leistungsdichte mit und ohne Tilgung; ',...
        'Bandbreite der Rauschkraft Fe1 =', num2str(fnoise),' Hz']);
   xlabel('Hz');     ylabel('dB/Hz');       grid on;
   hold on;
% -------- Aufruf der Simulation ohne aktive Tilgung
P = 0;     I = 0;     D = 0;
sim('aktiv_tilger31', [0:dt:Tfinal]);
t = y.time;
y11 = y.signals.values(:,1);
y12 = y.signals.values(:,2);
y1 = y.signals.values(:,3);
[Pxx1,f] = pwelch(y1(1:ndez:end),512,[],512,Fs);
plot(f, 10*log10(Pxx1),'r');
   hold off;
```

Die spektrale Leistungsdichte wird mit dem Welch-Verfahren ermittelt [27]. Die Daten werden zeitdiskretisiert und in Segmente der Länge $N = 2^p$, die eine ganze Potenz von zwei ist, zerlegt. Dadurch kann man effizienter die DFT (*Discrete Fourier Transform*) dieser Segmente als FFT (*Fast Fourier Transform*) berechnen. Die spektrale Leistungsdichte mit kontinuierlicher Abhängigkeit von der Frequenz f wird nur für diskrete Werte der Frequenz f_n in Bereich von 0 bis f_s berechnet:

$$f_n = n\frac{f_s}{N} \qquad \text{mit} \qquad n = 0, 1, 2, \ldots, N-1 \qquad (3.44)$$

Die Frequenz f_s ist die Abtastfrequenz der zeitdiskreten Sequenz. Die Daten jedes Segments werden mit einer Fensterfunktion gewichtet und dann FFT-transformiert. Daraus wird die spektrale Leistungsdichte ermittelt:

$$\tilde{P}_{xx}(f_n) = \frac{1}{NU}\left|\sum_{k=0}^{N-1} y_1[k]w[k]e^{-2\pi nk/N}\right|^2 \qquad (3.45)$$

Hier sind $w[k]$ die Gewichtungswerte der Fensterfunktion und U ist ein Normierungsfaktor gleich der mittleren Leistung des Fensters:

$$U = \frac{1}{N} \sum_{k=0}^{N-1} w^2[k] \qquad (3.46)$$

Man erkennt in der Summe (3.45) die DFT (oder FFT) der Sequenz $y_1[k]w[k]$. Im Anschluss der Berechnung gemäß Gl. (3.45) werden im Verfahren von Welch die Werte $\tilde{P}_{xx}(f_n)$ über alle Segmente gemittelt, um deren Varianz zu reduzieren. Die Segmente werden dabei um 50 % überlappt, um mehr Werte für die Mittelung zu haben. Das Ergebnis ist die geschätzte spektrale Leistungsdichte, die im Skript in der Variablen Pxx1 gespeichert wird.

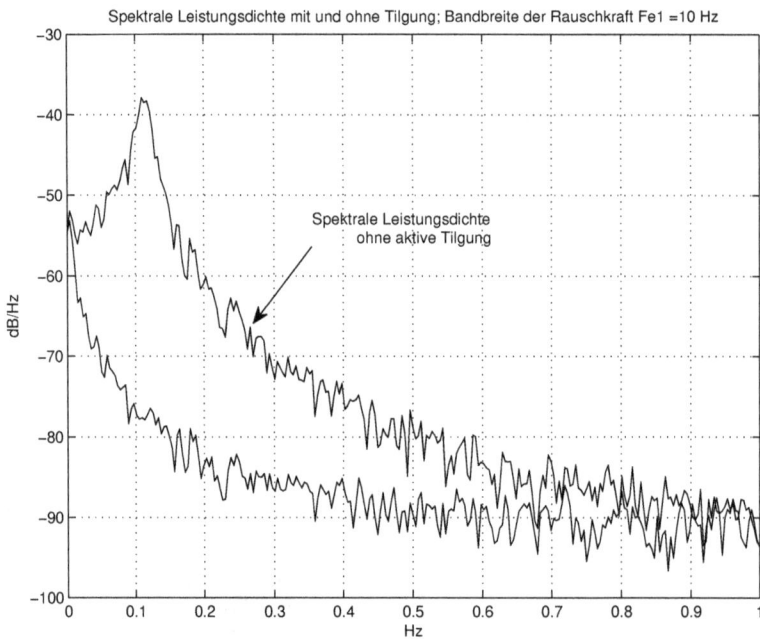

Abb. 3.38: Spektralen Leistungsdichten für zufällige Anregungskraft $F_{e1}(t)$ mit und ohne aktive Tilgung (aktiv_tilger_3.m, aktiv_tilger3.mdl)

Im Aufruf der MATLAB-Funktion **pwelch** werden die Daten mit dem Faktor ndez dezimiert, so dass die zeitdiskreten Werte $y_1[k]$ mit einer größeren Abtastperiode als dt eingesetzt werden. Dadurch ist der Frequenzbereich der spektralen Leistungsdichte kleiner. Für die Länge der Segmente wurde durch Versuche der Wert $N = 512$ gewählt. Durch Angabe des leeren Vektors [ ] im Aufruf der Funktion **pwelch** wird der voreingestellte Wert von 50 % für die Überlappung ausgewählt. Indem keine Angabe dazu im Aufruf gemacht ist, wird als Fensterfunktion das voreingestellte Hamming-Fenster gewählt.

Für $dt = 0,01$ s und `ndez` $= 50$ erhält man bei der Zeitdiskretisierung eine Abtast-periode $T_s = 0,01 \times 50 = 0.5$ s und entsprechend eine Abtastfrequenz $f_s = 1/T_s = 2$ Hz. Die MATLAB-Funktion **pwelch** stellt die spektrale Leistungsdichte für reelle Sequenzen im Bereich 0 bis $f_s/2$ dar, was hier der Bereich 0 bis 1 Hz bedeutet.

In Abb. 3.38 sind die spektralen Leistungsdichten für die Koordinate $y_1(t)$ der Struktur mit und ohne aktive Tilgung dargestellt. Wie man sieht, sind die Werte der spektralen Leistungsdichten in der Umgebung der Frequenz null und bei hohen Frequenzen mit und ohne aktive Tilgung gleich. Es gibt aber einen relativ großen Bereich, in dem die aktive Tilgung einen beträchtlichen Gewinn erzielt.

Der Höcker der spektralen Leistungsdichte, der ohne aktive Tilgung bei ca. 0,1 Hz liegt, entspricht der Eigenfrequenz der Struktur ohne Dämpfung:

$$f_1 = \frac{1}{2\pi}\sqrt{\frac{k_1}{m_1}} = 0,1125 \text{ Hz} \tag{3.47}$$

Dem Leser wird empfohlen, mit verschiedenen Parametern der Feder-Masse-Systeme zu experimentieren und zu versuchen, die Ergebnisse zu interpretieren. Die vereinfachten Übertragungsfunktionen können bei der Interpretation am einfachsten herangezogen werden.

3.4 Simulation der Positionierung einer Laufkatze mit Pendellast

Bei einem Kran wird oft die Last über einem Pendel gefördert. Das Pendel wird mit der so genannten Laufkatze zur gewünschten Position gebracht. In Abb. 3.39 ist die Skizze der Laufkatze mit Pendellast nach [14], [15] dargestellt.

Die Laufkatze der Masse m_k trägt eine Last der Masse m_L, die auch die Masse der Anhängevorrichtung einschließt und deren Schwerpunkt S ist. Das Massenträgheitsmoment bezüglich des Schwerpunktes wird mit J_L bezeichnet. Die Länge des Pendels ist l_s. Gesteuert wird die Position der Laufkatze über die Kraft $F_{ext}(t)$.

Basierend auf den skizzierten Koordinaten aus Abb. 3.39 erhält man folgende Bewegungsdifferentialgleichungen [15]:

$$(m_k + m_L)\ddot{x}(t) + \big(m_L \, l_s\cos(\varphi(t))\big)\ddot{\varphi}(t) = m_L \, l_s\dot{\varphi}^2(t)\sin(\varphi(t)) + F_{ext}(t)$$
$$(m_L \, l_s\cos(\varphi(t)))\ddot{x}(t) + (m_L \, l_s^2 + J_L)\ddot{\varphi}(t) = -m_L g \, l_s\sin(\varphi(t)) \tag{3.48}$$

Dieses System von zwei Differentialgleichungen zweiter Ordnung ist stark nichtlinear. Hinzu kommt noch, dass die gekoppelten Beschleunigungsglieder $\ddot{x}(t)$ und $\ddot{\varphi}(t)$ nicht leicht zu trennen sind. In [15] ist eine numerische Lösung mit einem **ode**-MATLAB-Solver beschrieben. Für die Untersuchung der Positionierung der Laufkatze wird hier ein Simulink-Modell dieses Systems vorgestellt.

3.4.1 Simulink-Modell der Laufkatze mit Pendellast

Nur sehr mühsam kann man die zwei Beschleunigungsglieder trennen. Wenn man direkt die zwei Differentialgleichungen verwendet entsteht eine algebraische Schleife,

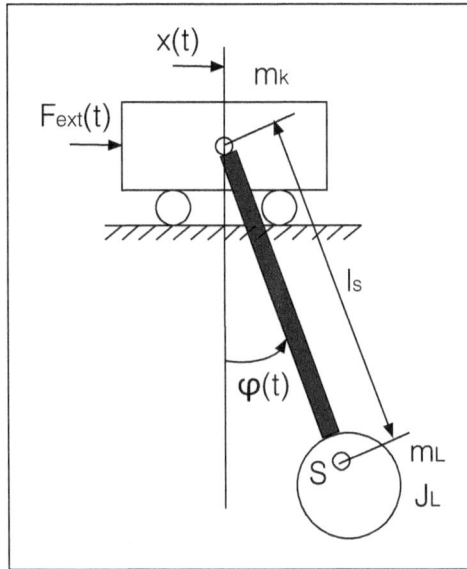

Abb. 3.39: Laufkatze mit Pendellast

die Simulink nicht immer auflösen kann. Aus der ersten Differentialgleichung wird die Beschleunigung $\ddot{x}(t)$ und aus der zweiten Differentialgleichung wird die Beschleunigung $\ddot{\varphi}(t)$ extrahiert:

$$\ddot{x}(t) = \frac{1}{m_k + m_L} \left[m_L \, l_s \dot{\varphi}^2(t) - m_L \, l_s \cos(\varphi(t)) \ddot{\varphi}(t) + F_{ext}(t) \right]$$

$$\ddot{\varphi}(t) = \frac{1}{m_L \, l_s^2 + J_L} \left[-m_L g \, l_s \sin(\varphi(t)) - m_L \, l_s \cos(\varphi(t)) \ddot{x}(t) \right]$$

(3.49)

Wenn man die Beschleunigung aus der ersten Differentialgleichung in die zweite einsetzt, erhält man eine Differentialgleichung nur nach den Variablen $\ddot{\varphi}(t), \dot{\varphi}(t)$ und $\varphi(t)$. Umgekehrt mit $\ddot{\varphi}(t)$ aus der zweiten Differentialgleichung in die erste eingesetzt, erhält man eine Differentialgleichung, die die Beschleunigung $\ddot{x}(t)$ von denselben Variablen $\dot{\varphi}(t)$ und $\varphi(t)$ abhängig ergibt. In dieser Form entsteht keine algebraische Schleife, aber diese Trennung ist sehr mühsam und man kann leicht Fehler machen.

Im Simulink-Modell `laufkatze1.mdl` aus Abb. 3.40 werden direkt die Differentialgleichungen (3.49) benutzt und die algebraische Schleife, die entsteht, wird mit dem Block *Algebraic Constraint* aufgelöst.

Das Modell wird aus dem Skript `laufkatze_1.m` initialisiert und aufgerufen. Als externe Kraft $F_{ext}(t)$ wird ein Puls benutzt, der mit dem Block *Pulse Generator* erzeugt wird. Um nur einen Puls zu erhalten wird die Periode des Generators gleich der Simulationszeit `Tfinal` eingestellt. Die prozentuale Dauer des Pulses wird mit der Variable `dft = 1` im Skript gewählt. Mit folgenden Zeilen des Skripts wird das Modell initialisiert:

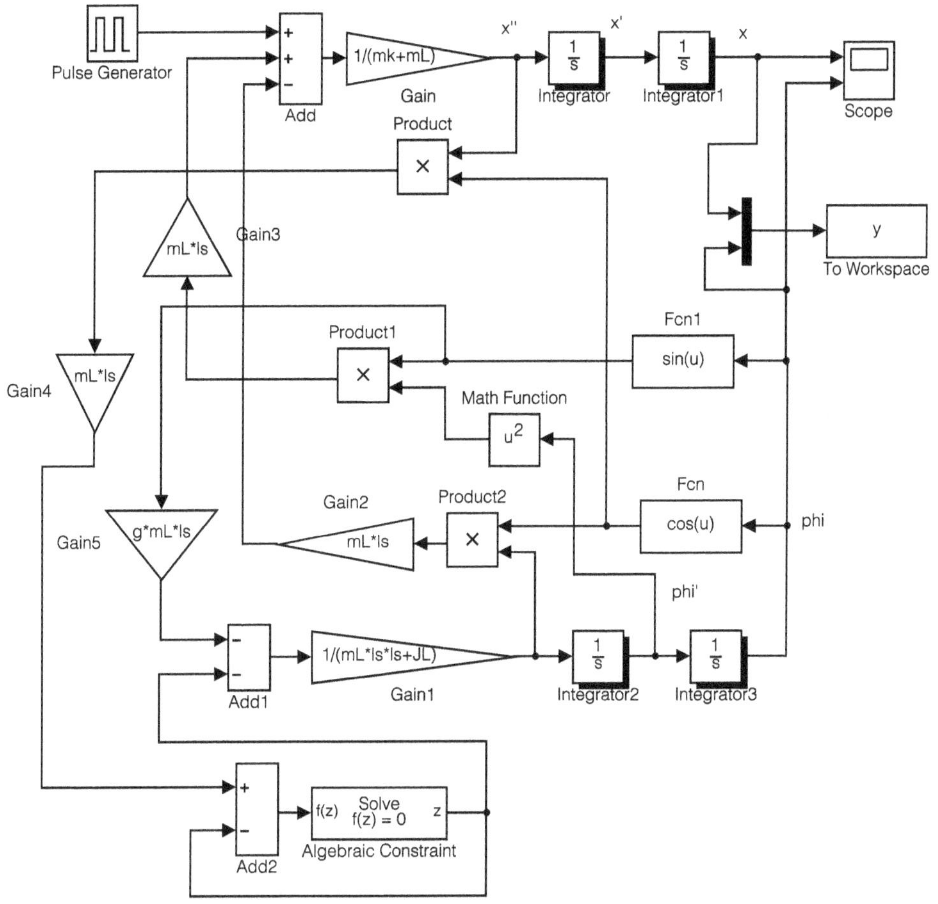

Abb. 3.40: Simulink-Modell der Laufkatze mit Pendellast (laufkatze_1.m, laufkatze1.mdl)

```
% Skript laufkatze_1.m, in dem eine Laufkatze mit Pendellast
% untersucht wird. Arbeitet mit Modell laufkatze1.mdl
% Die Differentialgleichungen wurden aus
% http://www.tm-aktuell.de/TM5/Laufkatze/laufkatze_matlab.html
% übernommen
clear;
% ------- Parameter des Systems
mk = 100;           % Masse Laufkatze
mL = 500;           % Masse Last
JL = 400;           % Trägheitsmoment der Last
ls = 4;             % Länge des Pendels
F0 = 2000;          % Kraftstoß
```

```
dft = 1;              % Prozent von Tfinal  als Dauer des Stoßes
g = 9.89;
% ------- Aufruf der Simulation
Tfinal = 20;
dt = 0.1;
......
```

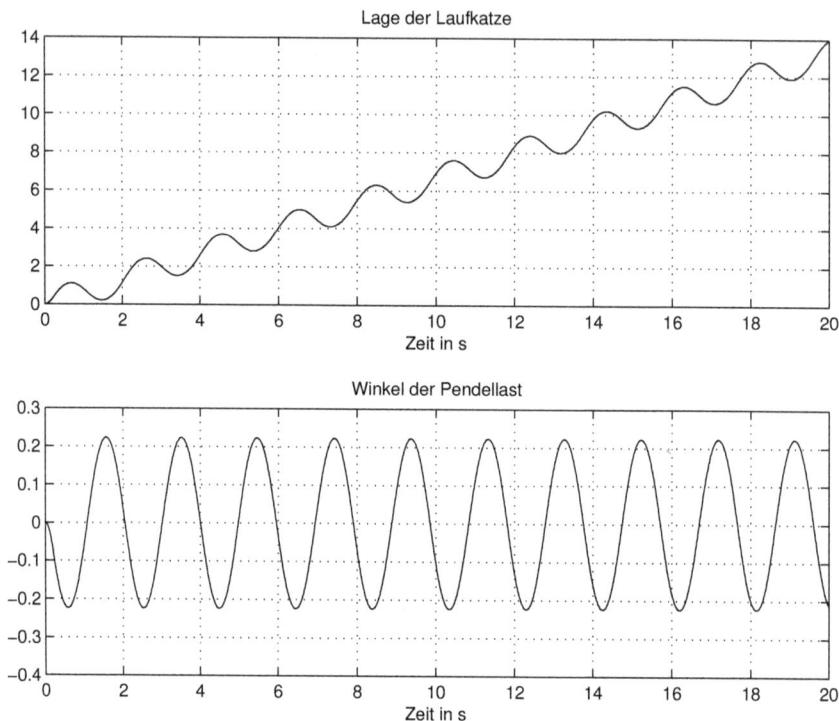

Abb. 3.41: Koordinate $x(t)$ der Laufkatze und Winkel $\varphi(t)$ des Pendels (laufkatze_1.m, laufkat-ze1.mdl)

Abb. 3.41 zeigt oben die Bewegung der Laufkatze und darunter den Winkel der Pen-dellast. Der Pulsstoß der Kraft $F_{ext}(t)$ ohne Gegenkraft (z.B. durch Reibung) führt im Mittel zu einer gleichförmige Bewegung der Laufkatze, die durch die ungebremste Schwingung des Pendels moduliert ist.

In dem MATLAB-Kommandofenster erhält man den Hinweis:

```
Found algebraic loop containing:
    'laufkatze1/Algebraic Constraint/Initial Guess'
    'laufkatze1/Add1'
    'laufkatze1/Gain1'
    'laufkatze1/Product2'
    'laufkatze1/Gain2'
    'laufkatze1/Add'
```

```
'laufkatze1/Gain'
'laufkatze1/Product'
'laufkatze1/Gain4'
'laufkatze1/Add2'
'laufkatze1/Algebraic Constraint/Sum' (algebraic variable)
```

Dieser Hinweis signalisiert die algebraische Schleife, die hier mit dem Block *Algebraic Constraint* aufgelöst wird. Interessant ist es, dass auch ohne diesen Block die Schleife gemeldet wird, aber aufgelöst werden kann. Der Leser sollte die Schleife verfolgen, um festzustellen, dass entlang der Schleife nur statische Blöcke, d.h. Blöcke ohne Gedächtnis, vorkommen.

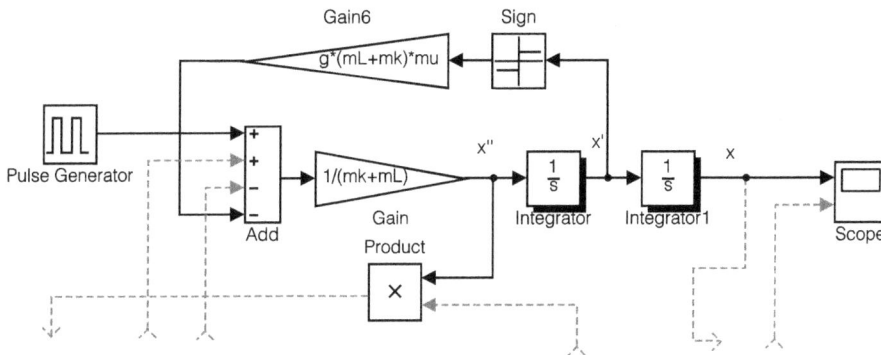

Abb. 3.42: Modelländerung für den Fall mit Gleitreibung (laufkatze_10.m, laufkatze10.mdl)

Wenn auch eine Reibungskraft auf die Laufkatze einwirkt, wie z.B. eine Gleitreibung, dann ändert sich die erste Gleichung (3.49) wie folgt:

$$\ddot{x}(t) = \frac{1}{m_k + m_L}\left[m_L\,l_s\dot{\varphi}^2(t) - m_L\,l_s\cos(\varphi(t))\ddot{\varphi}(t) + F_{ext}(t) \right. \atop \left. - \mu\,g(m_k + m_L)\mathrm{sign}(\dot{x}(t))\right] \tag{3.50}$$

Die Änderung im Modell (laufkatze10.mdl) ist in Abb. 3.42 dargestellt. Mit μ wurde der Gleitreibungskoeffizient bezeichnet, der die Stärke der Reibungskraft bestimmt.

Die Signum-Funktion aus dem Block *Sign* stellt eine starke Nichtlinearität dar, die zu Schwierigkeiten in der Simulation führt. Man muss im Block die Option *Enable zero-crossing detection* deaktivieren und einen Solver mit fixer Schrittweite benutzen:

```
.....
%my_options = simset('Solver', 'ode45', 'MaxStep', dt);
my_options = simset('Solver', 'ode4', 'FixedStep', dt);
sim('laufkatze10', [0,Tfinal], my_options);
.....
```

In Abb. 3.43 sind die Koordinate der Lage der Laufkatze und der Winkel des Pendels für diesen Fall dargestellt. Der Kraftpuls $F_{ext}(t)$ führt dazu, dass nach einem

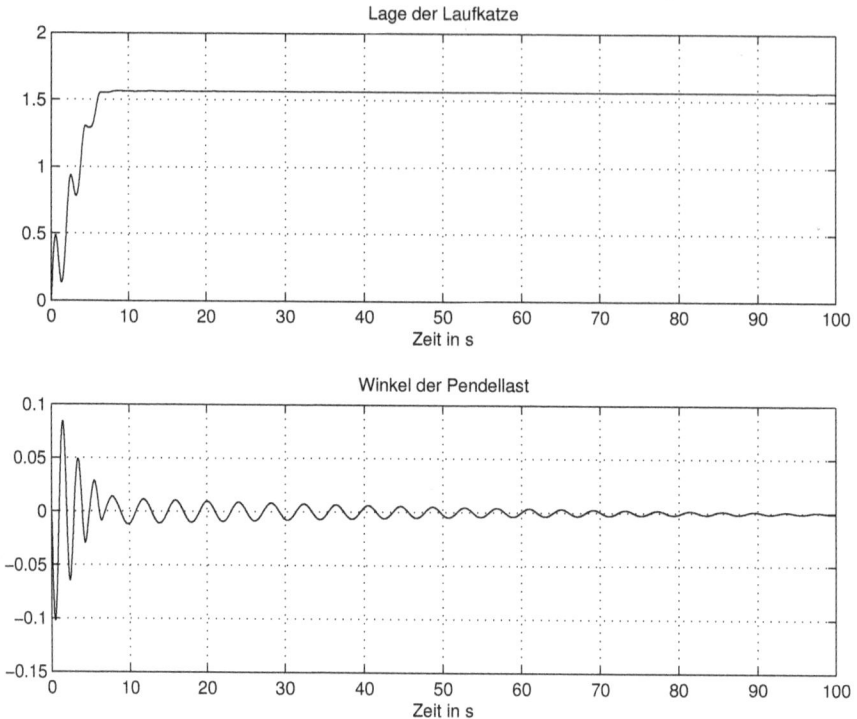

Abb. 3.43: Koordinate $x(t)$ der Laufkatze und Winkel $\varphi(t)$ des Pendels für den Fall mit Gleitreibung (laufkatze_10.m, laufkatze10.mdl)

Einschwingen die Katze stehen bleibt und die Schwingungen des Pendels sich langsam beruhigen.

3.4.2   Positionsregelung der Laufkatze

Für den Anfang wird das Modell des Systems ohne Reibungskraft angenommen. In Abb. 3.44 ist das Modell laufkatze2.mdl des Systems dargestellt, das aus dem Skript laufkatze_2.m initialisiert und aufgerufen wird.

Der Sollwert für die Koordinate x_{soll} wird mit dem Istwert $x(t)$ verglichen und einem PID-Regler zugeführt. Durch Versuche wurden die Parameter des Reglers initialisiert. Für den Eingangssprung ist der D-Anteil im ersten Moment sehr groß und deswegen wird der Ausgang des Reglers mit dem Block *Saturation* begrenzt.

In diesem Modell wird der Block *Algebraic Constraint* weggelassen. Es wird erneut der Hinweis erhalten, dass eine algebraische Schleife vorhanden ist, aber sie kann aufgelöst werden. Für einen Sollwert von xsoll = 10 ist die Koordinate der Lage der Laufkatze und deren Geschwindigkeit zusammen mit dem Winkel des Pendels in Abb. 3.45 dargestellt.

Die Parameter des Systems werden mit folgenden Zeilen des Skripts initialisiert:

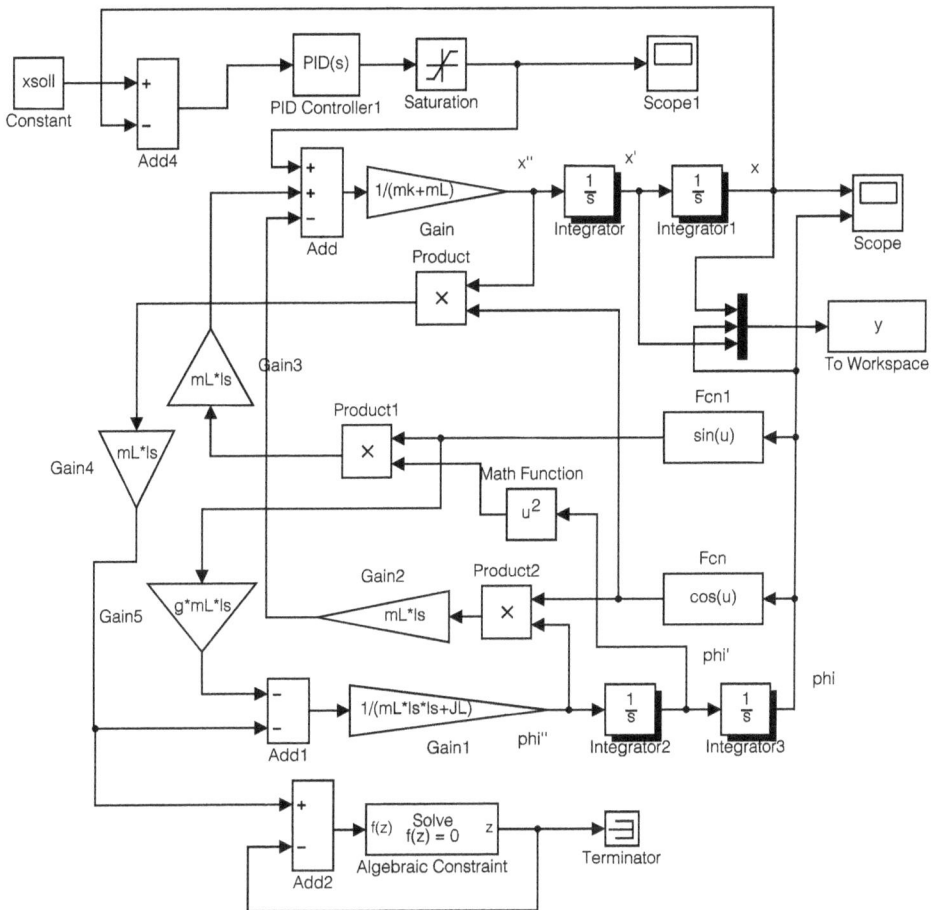

Abb. 3.44: Simulink-Modell der Positionsregelung der Laufkatze ohne Reibung (laufkatze_2.m, laufkatze2.mdl)

```
. . . . .
% ------- Parameter des Systems
mk = 100;           % Masse Laufkatze
mL = 500;           % Masse Last
JL = 400;           % Trägheitsmoment der Last
ls = 4;             % Länge des Pendels
g = 9.89;           % Erdanziehungsbeschleunigung
% PID-Regler
P = 100;      I = 0;      D = 400;
%P = 200;      I = 0;      D = 500; % Kürzeres Einschwingen
. . . . .
```

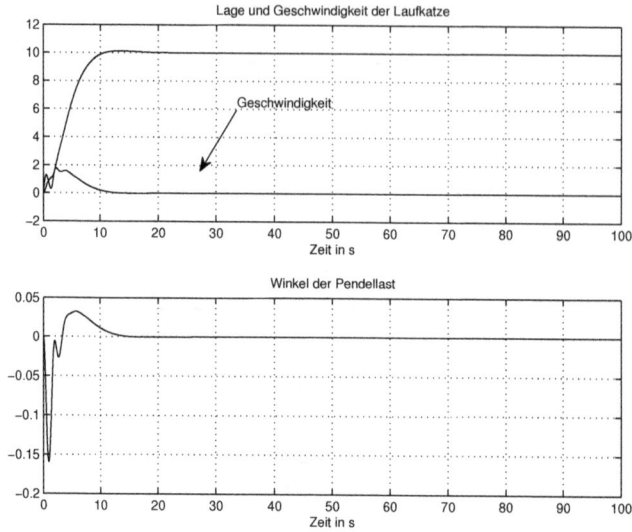

Abb. 3.45: *Koordinate der Lage und die Geschwindigkeit der Laufkatze zusammen mit dem Winkel des Pendels* (laufkatze_2.m, laufkatze2.mdl)

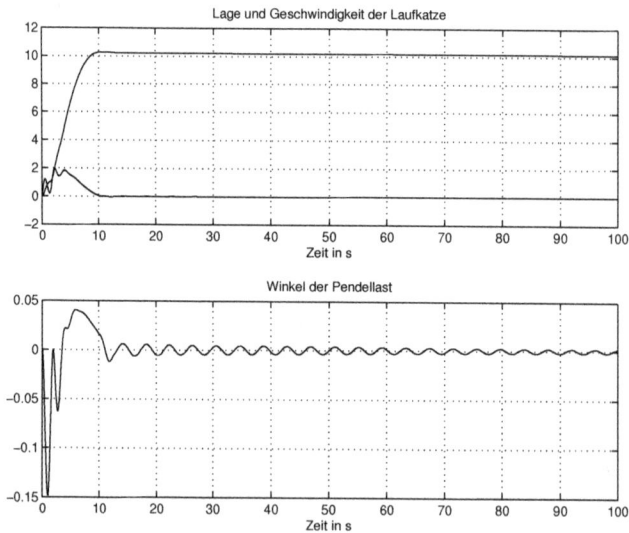

Abb. 3.46: *Koordinate der Lage und die Geschwindigkeit der Laufkatze zusammen mit dem Winkel des Pendels für den Fall mit Gleitreibung* (laufkatze_20.m, laufkatze20.mdl)

Mit dem Modell laufkatze20.mdl und dem Skript laufkatze_20.m wird dieselbe Regelung für das System mit Gleitreibung untersucht. Diese wird wie in Abb. 3.42 hinzugefügt.

Die Ergebnisse sind in Abb. 3.46 dargestellt. Wie man sieht, pendelt die Last mit sehr kleinen Schwankungen um den Nullwert. Die Amplitude dieser Schwankungen ist kleiner als 0,3 Grad.

Im Gelenk des Pendels wirkt bei dieser Last auch eine Reibung in Form einer Gleitreibung. Dem Leser wird empfohlen das Modell mit einer solchen Reibung zu ergänzen und den Einfluss zu untersuchen.

3.5 Simulation der Anti-*Windup*-Lösungen

In einem Regelungssystem mit PID-Regler entsteht vielmals am Ausgang des Reglers eine sehr große Stellgröße hauptsächlich wegen des D-Anteils, wenn die gewünschte Führungsgröße Sprünge enthält. Die praktische Implementierung kann diesen großen Wert nicht realisieren und somit muss man am Ausgang des Reglers in der Simulation eine Begrenzung in Form einer Sättigung einfügen, die die praktische, reale Begrenzung nachbildet. Für kleine Stellgrößen verhält sich das System linear. Wenn die Stellgröße aber einen bestimmten Wert im Betrag überschreitet, wird sie begrenzt.

In einem Regelkreis mit Stellgrößenbeschränkung wird keine ausreichende Rückkopplung entstehen und es können ungewünschte Vorgänge auftreten [20], [6]. Enthält das System einen instabilen Anteil, so kann dies den Regelkreis destabilisieren.

Bei einem Regler mit I-Anteil wird der Regelfehler wegen der Begrenzung aufaddiert und ergibt das so genannte *Windup* des I-Anteils. Es folgt gewöhnlich ein starkes Überschwingen, das bis zur Instabilität führen kann.

Es gibt mehrere Lösungen für die Unterdrückung dieses Effekts, die als Anti-*Windup*-Lösungen bezeichnet werden [5], [60]. Hier werden zwei grundlegende Lösungen gezeigt und für einen einfachen Prozess dritter Ordnung simuliert.

3.5.1 Anti-*Windup*-Lösung mit *Clamping*

Die erste Lösung ist relativ einfach. Wenn der Ausgang die Grenzwerte erreicht, wird der Eingang des Integrierers aus dem PID-Regler auf null gesetzt und führt dazu, dass der Ausgang des Integrators konstant bleibt. In Simulink in der Bibliothek *continuous* gibt es den Block *PID Controller (2DOF)*, bei dem auch zwei Lösungen für das *Windup*-Problem initialisiert werden können. Die einfache Lösung wird als *Clamping* bezeichnet.

Im Simulink-Modell `PID_windup_1.mdl`, das aus dem Skript `PID_windup1` aufgerufen wird, ist diese Lösung im Block *PID Controller (2DOF)* parametriert. Damit man sieht, wie die Lösung implementiert ist, wird parallel zu dem Modell des Systems mit diesem Regler die Lösung mit einem aus üblichen Blöcken zusammengesetzten Regler gebildet. Das Simulink-Modell ist in Abb. 3.47 dargestellt.

Wenn die Differenz im Block *Add2* negativ wird, dann ist man in der Sättigung und der *Switch*-Block schaltet den Eingang des *Integrator1*-Blocks auf null. Wenn der Ausgang des Blocks *Add1*, als Ausgang des PID-Reglers, im linearen Bereich des Sättigungsblocks *Saturation* ist, dann ist die Differenz null und der *Switch*-Block schaltet den Integrator des PID-Reglers über den *Gain1*-Block zum Fehler der Regelung.

Zu bemerken ist, dass der D-Anteil nicht den Fehler als Eingang hat, sondern den Istwert des Regelkreises. Das wird oft gemacht, um zu vermeiden, dass die Sprünge

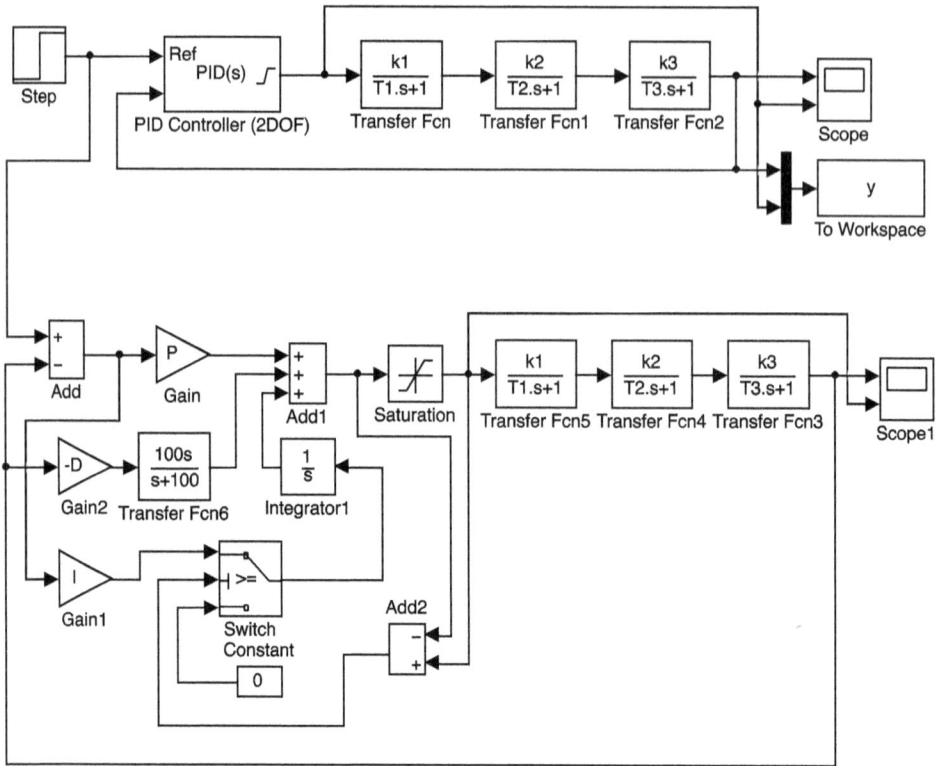

*Abb. 3.47: Simulink-Modell des Systems mit Anti-*Windup *über die* Clamping-*Lösung*
(PID_windup1.m, PID_windup_1.mdl)

in der Führungsgröße zu hohen Ausgängen des D-Anteils führen. Im Block *PID Controller (2DOF)* wird das durch die Wahl $c = 0$ erreicht. Dieser Block realisiert folgende Übertragungsfunktion für die PID-Funktion:

$$H_{PID}(s) = P(b \cdot r(t) - y(t)) + I\frac{1}{s}(r(t) - y(t)) + D\frac{N}{1 + N/s}(c \cdot r(t) - y(t)) \quad (3.51)$$

Hier sind $r(t)$ das Referenzsignal oder der Sollwert und $y(t)$ ist die Rückführungsgröße als Istwert. Die Faktoren P, I und D stellen die Anteile für den Proportionalteil, Integralteil und den Differentialteil dar. Der Block *PID Controller (2DOF)* besitzt somit zwei Eingänge, einen Eingang für $r(t)$ bezeichnet mit *Ref* und einen Eingang für $y(t)$.

Wenn der PID-Regler *PID Controller (2DOF)* für die erste Lösung des *Windup*-Problem initialisiert ist, sind die Ergebnisse, die mit den zwei *Scope*-Blocken dargestellt werden, gleich. Diesen Regler kann man auch so initialisieren, dass der Ausgang begrenzt ist und kein Anti-*Windup* vorgesehen ist, um den Effekt des *Windup* zu sehen.

In Abb. 3.48 ist die Sprungantwort des Systems ohne Anti-*Windup* dargestellt und in Abb. 3.49 ist die Sprungantwort mit Anti-*Windup* und *Clamping*-Lösung gezeigt.

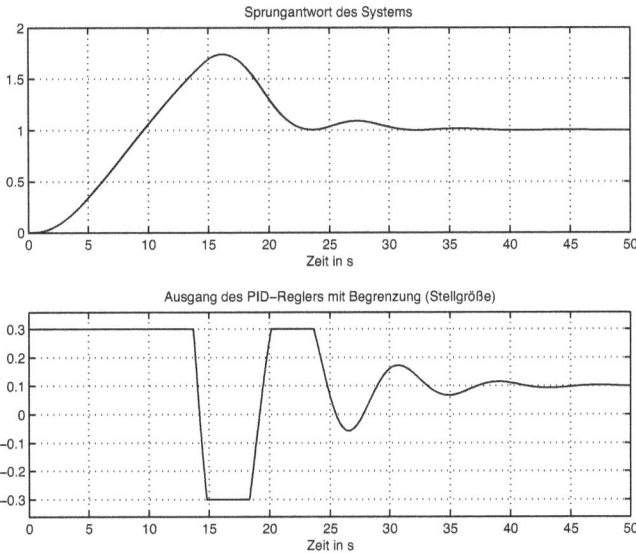

*Abb. 3.48: Sprungantwort ohne Anti-*Windup (PID_windup1.m, PID_windup_1.mdl)

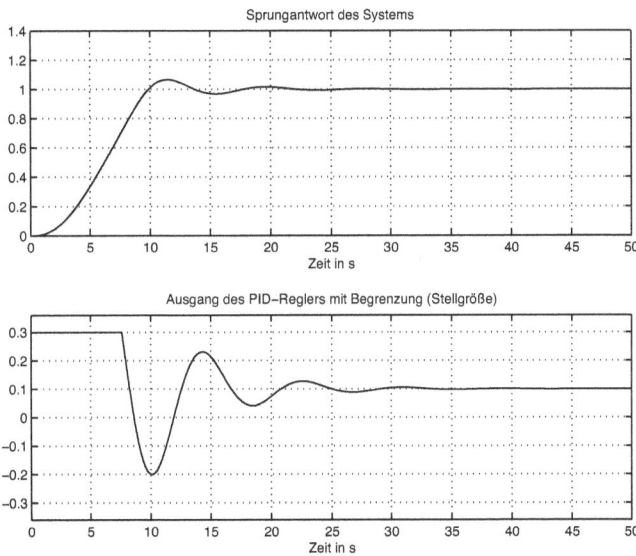

*Abb. 3.49: Sprungantwort mit Anti-*Windup *und* Clamping-*Lösung* (PID_windup1.m, PID_windup_1.mdl)

Ohne Anti-*Windup* tritt in der Sprungantwort ein großes Überschwingen auf und das Stellgliedsignal geht längere Zeit in die Begrenzung von $\pm 0,3$. Dagegen ist die Sprungantwort mit Anti-*Windup* und *Clamping*-Lösung durch die anfängliche Begrenzung etwas langsamer aber technisch annehmbar.

Die Anteile P, I und D wurden für das lineare System mit dem Ziegler-Nichols-Verfahren gewählt. Die Sprungantwort für den linearen Fall kann man untersuchen, wenn man den *PID Controller (2DOF)* ohne Begrenzungen initialisiert.

3.5.2   Anti-*Windup*-Lösung mit *Back-Calculation*

Die zweite Lösung für das *Windup*-Problem, das im Block *PID Controller (2DOF)* unter den Namen *Back-Calculation* initialisiert werden kann, wird im Modell aus Abb. 3.50 mit dem Namen `PID_windup_11.mdl` eingesetzt. Auch hier ist parallel zu dem Modell mit dem *PID Controller (2DOF)*-Block das Modell mit dem PID-Regler, das aus üblichen Blöcken gebildet ist, aufgebaut, um die Anti-*Windup*-Lösung mit *Back-Calculation* zu erläutern.

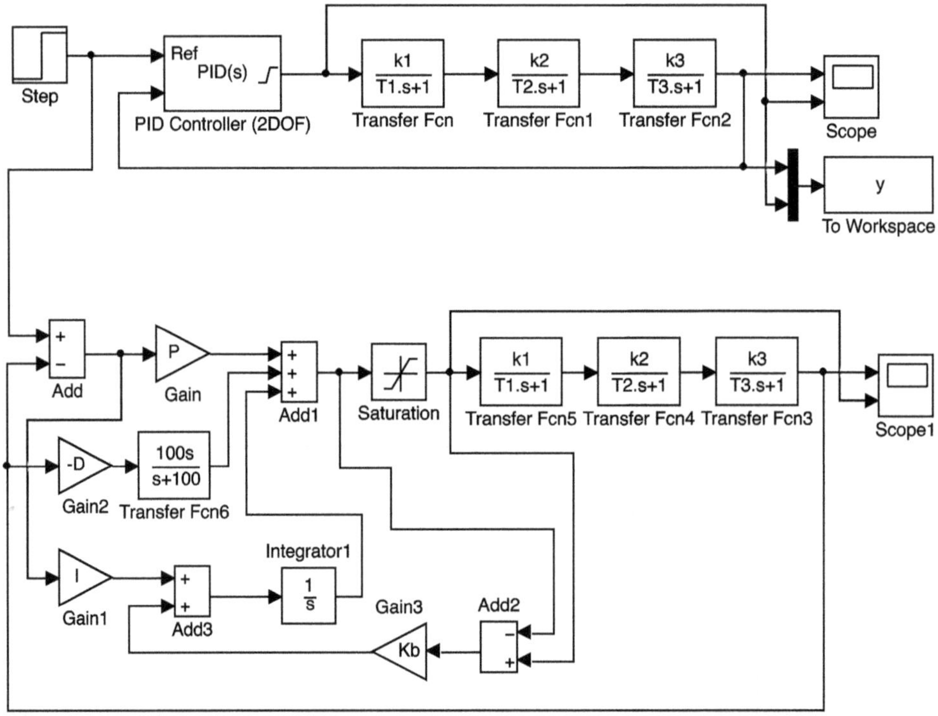

Abb. 3.50: Simulink-Modell des Systems mit Anti-Windup über die Back-Calculation-Lösung (PID_windup1.m, PID_windup_11.mdl)

Die Differenz am Ausgang des Blocks *Add2* ist null für den Bereich ohne Sättigung und wird z.B. negativ, wenn der Block *Saturation* für positive Stellgrößen in Sättigung gelangt. Diese negative Differenz gewichtet mit Faktor K_b mindert den Eingang des Integrators (Block *Integrator1*), der den I-Anteil des Reglers ergibt. Mit einem gut gewählten Wert, hier $K_b = 0, 25$, erhält man die gleiche Sprungantwort wie bei der Lösung mit *Calmping* aus Abb. 3.49.

Das Skript `PID_windup1.m` initialisiert das System und ruft einmal die Simulation des Modells mit Anti-*Windup* und *Calmping*-Lösung `PID_windup_1.mdl` und danach wird das Modell `PID_windup_11.mdl` mit der *Back-Calculation*-Lösung aufgerufen. Es werden somit zwei Abbildungen mit den jeweiligen Ergebnissen erzeugt.

3.6 Simulation von Zustandsreglern

Die Beschreibung von Prozessen mit Hilfe der Zustandsmodelle stellt die Basis für den Entwurf von Mehreingang-Mehrausgangssystemen dar. Sie hat neue Verfahren und Problemformulierungen in der Regelungstechnik ermöglicht, die man in drei Klassen zusammenfassen kann.

Die erste Klasse enthält die Verfahren zur Polplatzierung [19], [45] um ein gewünschtes dynamisches Verhalten zu erreichen. Über Rückkopplungen der Zustandsvariablen wird das dynamische Verhalten beeinflusst. Da bei den meisten Systemen nicht alle Zustandsvariablen zugänglich und somit nicht messbar sind, können diese Verfahren nur mit einem zusätzlichen Werkzeug eingesetzt werden. Es handelt sich um die sogenannten Beobachter [61], die aus den zugänglichen Zustandsvariablen und Ausgangsvariablen alle Zustandsvariablen, die man für die Rückkopplung benötigt, ermitteln.

In der zweiten Klasse sind die sogenannten deterministischen, optimalen Regelungssysteme zusammengefasst. Die Bezeichnung optimal kommt von der Bedingung, die beim Entwurf gestellt wird. Die Regelung soll den Minimalwert einer Zielfunktion (*Performance-Index*) sichern [44]. Aus der Vielzahl der optimalen Systeme werden hier nur die Systeme mit konstanten zeitinvarianten Parameter und einer quadratischen Zielfunktion der Form

$$J = \int_0^{\infty} [\mathbf{x}^T(t)\mathbf{Q}\mathbf{x}(t) + \mathbf{u}^T(t)\mathbf{R}\mathbf{u}(t)]dt \tag{3.52}$$

untersucht. Mit $\mathbf{x}(t)$ ist der Zustandsvektor oder dessen Abweichung vom idealen Zustandsvektor (als Fehler betrachtet) bezeichnet und mit $\mathbf{u}(t)$ ist der Steuervektor, der die Stellglieder des Mehreingangssystems steuert, notiert. Die Operation $()^T$ bedeutet die Transponierung.

Die Matrizen $\mathbf{Q}$ und $\mathbf{R}$ bilden Gewichtungen der Glieder der Zielfunktion und werden als spezifische Kostenwerte interpretiert. Mit einer geschickten Wahl dieser Matrizen können die Fehler, die im ersten Glied der Zielfunktion enthalten sind, stärker beeinflusst werden, ohne dass die Steuerleistung, die durch das zweite Glied gegeben ist, bestimmte Grenzen überschreitet.

Die quadratische Zielfunktion wird bevorzugt, weil sie zu einer analytischen Lösung führt. In MATLAB und Simulink gibt es eine Reihe von Funktionen für die Implementierung der Verfahren zur Bestimmung der Rückkopplungsmatrix und der Parameter des Beobachters, für den üblichen Fall, dass nicht alle Zustandsvariablen zugänglich sind.

In der dritten Kategorie können die optimalen Regelungen angesiedelt werden, die mit stochastischen Signalen arbeiten und bei denen die Zielfunktion ein Erwartungswert ist [61]. Hier ist der Beobachter ein optimales Kalman-Filter [23], das eine wichtige Rolle auch in der Signalschätzung z.B. in der Kommunikationstechnik oder in der Signalverarbeitung spielt. Zwischen dieser und der vorherigen Klasse gibt es Ähnlichkeiten, so dass man mit der Lösung einer Klasse in die Lösung für die andere übergehen kann.

Es gibt auch Lösungen für den Fall, dass in der Zielfunktion statt des Zustandsvektors $\mathbf{x}(t)$ der zugängliche Ausgangsvektor $\mathbf{y}(t)$ vorkommt.

3.6.1   Einfaches Beispiel für die Polplatzierung

Die Polplatzierung stellt eine gute Einführung in den Umgang mit den Techniken der Zustandsregelung dar. Am Anfang wird ein einfaches System untersucht, bei dem man die Lösung noch per Hand ermitteln kann. Es besteht aus zwei Verzögerungsgliedern erster Ordnung, wie in Abb. 3.51a dargestellt. Das erste Glied besitzt einen instabilen Pol mit $T_1 < 0$. Dieser Prozess kann auch mit einem PID-Regler stabilisiert und geregelt werden.

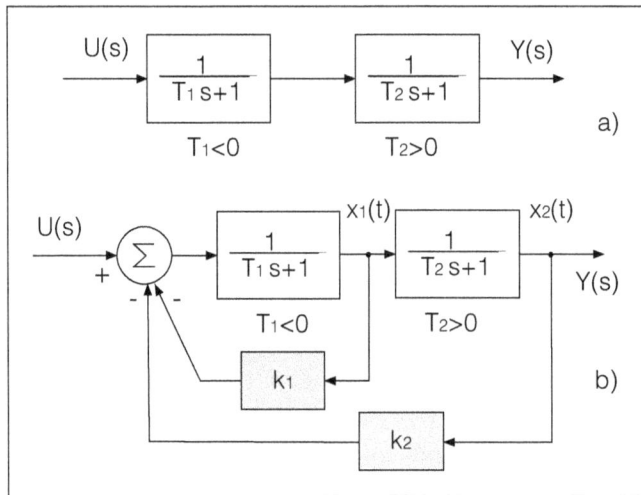

Abb. 3.51: a) Beispiel für einen Prozess, dessen Pole mit Hilfe der Struktur b) an beliebiger Stelle zu platzieren sind

Für die angenommenen Verzögerungsglieder erster Ordnung stellen die Ausgänge auch die Zustandsvariablen $x_1(t)$, $x_2(t)$ dar.

Mit Hilfe zweier Rückkopplungen der Zustandsvariablen zum Eingang, wie in Abb. 3.51b dargestellt, wird versucht, das System zu stabilisieren und die Pole des Systems an gewünschte Stellen zu bringen. Die Übertragungsfunktion der Struktur gemäß Abb. 3.51b ist einfach zu ermitteln. Man beginnt mit der Übertragungsfunktion des ersten Gliedes mit seiner Rückkopplung:

$$G_1(s) = \frac{1/(T_1 s + 1)}{1 + k_1/(T_1 s + 1)} = \frac{1}{T_1 s + (k_1 + 1)} \tag{3.53}$$

Die gesamte Übertragungsfunktion lässt sich nun durch

$$H(s) = \frac{Y(s)}{U(s)} = \frac{G_1(s)(1/(T_2s+1)}{1 + k_2 G_1(s)(1/(T_2s+1))} = \frac{1}{T_1 T_2 s^2 + (T_1 + T_2 + k_1 T_2)s + (k_1 + k_2 + 1)} \tag{3.54}$$

ausdrücken.

Angenommen man möchte, dass die Pole der Übertragungsfunktion die Werte $p_{1,2} = (a \pm jb)$ mit $a < 0$ annehmen. Mit anderen Worten, gewünscht ist, dass:

$$H(s) = \frac{1}{k(s - (a + jb))(s - (a - jb))} \tag{3.55}$$

Der Vergleich der zwei Übertragungsfunktionen ergibt die Unbekannten k_1, k_2 und k abhängig von den bekannten Parametern T_1, T_2 und a, b:

$$k = T_1 T_2$$
$$k_1 = -2aT_1 - \frac{T_1}{T_2} - 1 \tag{3.56}$$
$$k_2 = (a^2 + b^2)T_1 T_2 - k_1 - 1$$

Die statische Verstärkung des Systems mit den Rückführungen für die Polplatzierung erhält man aus Gl. (3.54) für $s \to 0$:

$$H(0) = \frac{1}{k_1 + k_2 + 1} \tag{3.57}$$

Damit die ursprüngliche und die durch Polplatzierung korrigierte Übertragungsfunktion die gleiche statische Verstärkung besitzen, muss im korrigierten System noch eine Übertragungskonstante der Größe $k_1 + k_2 + 1$ in Reihe hinzugefügt werden. Diese beeinflusst nur die Größe der Antwort und nicht deren Form, die durch die Pole bestimmt ist.

Mit Hilfe des Modells `pol1.mdl`, das vom Skript `pol_1.m` initialisiert und aufgerufen wird, wird dieses Beispiel untersucht. Das Modell ist in Abb. 3.52 dargestellt.

Über folgende Zeilen des Skripts wird das System initialisiert und aufgerufen:

```
% Skript pol_1.m, zur Untersuchung einer Polplatzierung. Arbeitet mit
% Modell pol1.mdl
clear;
% ------- Parameter des Systems
T1 = -5;
T2 = 10;
p1 = -2+j*2;      p2 = conj(p1);    % Gewünschte Pole
% p1 = -1+j*2;    p2 = conj(p1);    % Gewünschte Pole
% ------- Rückkopplungen
a = real(p1);     b = imag(p1);
k1 = -2*a*T1-T1/T2-1;
```

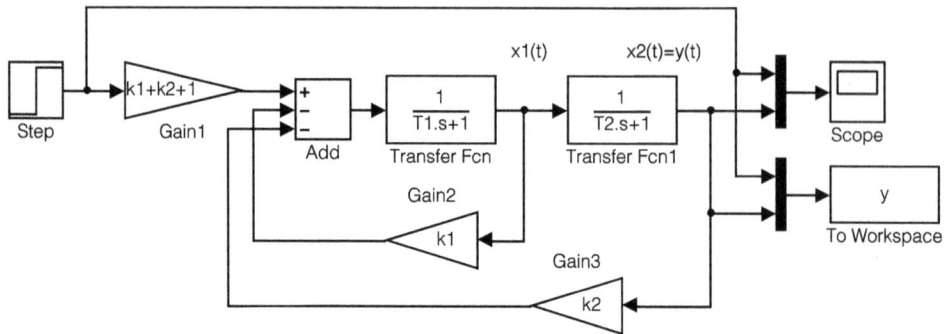

Abb. 3.52: Simulink-Modell für das System mit Rückkopplung für die Polplatzierung
(pol_1.m, pol1.mdl)

```
k2 = (a^2 + b^2)*T1*T2-k1-1;
% ------- Aufruf der Simulation
Tfinal = 10;     dt = 0.1;
my_options = simset('Solver','ode45','MaxStep', dt);
sim('pol1',[0,Tfinal], my_options);
......
```

Für die gewählten Pole ist die Sprungantwort in Abb. 3.53 gezeigt. Man sollte die Simulation mit verschiedenen Werten für die gewünschten Pole aufrufen und die Ergebnisse interpretieren. Der negative Realteil der Pole ergibt die Dämpfung der Antwort und der Imaginärteil bestimmt die Frequenz der periodischen Antwort.

Die Faktoren der Rückkopplungen sind für die gewählten Pole gleich:

```
k1 =    -20.5000        k2 =    -380.5000
```

Der relativ großer Wert k_2 für die zweite Zustandsvariable (die auch den Ausgang bildet) zeigt, dass man nur so das ursprünglich träge System auf die gezeigte Reaktionszeit bringen kann. Es lohnt sich hier ein bisschen zu experimentieren, um zu sehen, dass mit angemessenen Wünschen, was die Reaktionszeit anbelangt, auch die Steuerleistung in Grenzen bleibt.

Um die gleiche statische Verstärkung zu erhalten, wurde im Modell pol1.mdl ein in Reihe geschalteter Block *Gain* mit der Verstärkung $k_1 + k_2 + 1$ hinzugefügt. Es ist in dieser Form kein geschlossenes Regelungssystem und hat somit alle Nachteile der offenen Systeme. Es kann keine Störung, die z.B. den Ausgang beeinflusst, kompensieren.

Damit man ein Regelungssystem erhält, könnte man die Lösung aus Abb. 3.54 anwenden. Wenn keine Führungsgröße vorhanden ist ($u(t) = 0$), erkennt man die Struktur der Korrektur mit Rückführungen der Zustandsvariablen. Dadurch erhält man dieselbe homogene Lösung wie zuvor. Mit der Führungsgröße als Erregung ändert sich die Dynamik nicht, sondern bloß die Übertragungskonstante von der Führungsgröße bis zur zweiten Zustandsvariable, die hier als Ausgangsgröße fungiert. Die statische

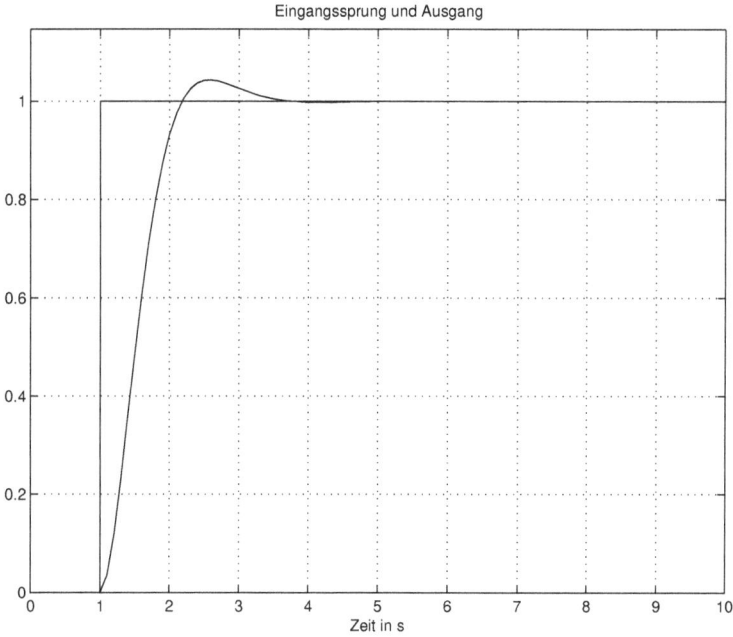

Abb. 3.53: Die Sprungantwort des Systems mit Polplatzierung (pol_1.m, pol1.mdl)

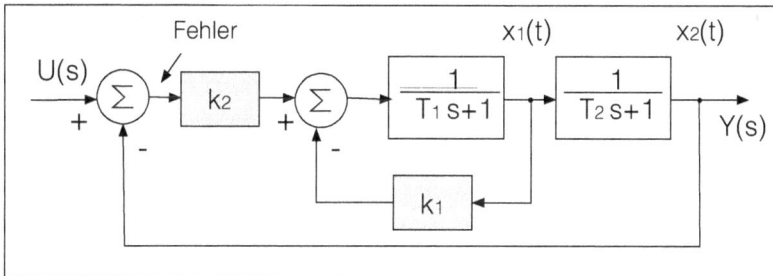

Abb. 3.54: Das durch Polplatzierung korrigierte System als Regelungssystem aufgebaut

Übertragungskonstante ist nicht Eins, und es entsteht ein statischer Fehler. Mit dem Simulink-Modell pol2.mdl bzw. Skript pol_2.m kann man Experimente zu dieser Lösung durchführen.

Die statische Verstärkung dieses geschlossenen Systems ist jetzt $k_2/(k_1 + k_2 + 1)$ und daraus folgt der statische Fehler, der in Abb. 3.55 zu sehen ist.

Mit der Lösung aus Abb. 3.56 kann der statische Fehler wie in klassischen Regelungssystemen durch eine Integralwirkung kompensiert werden. Das Verhalten des Systems ändert sich jetzt, weil der korrigierte Teil mit einem PI-Regler geregelt wird.

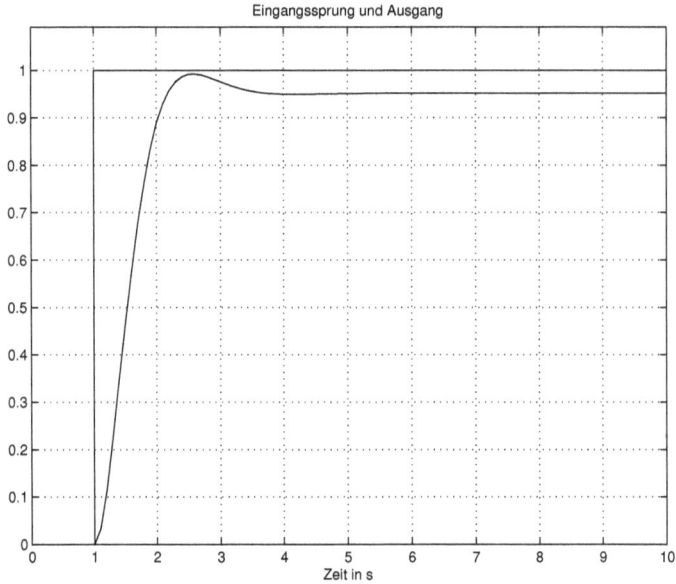

Abb. 3.55: Die Sprungantwort des korrigierten Systems als Regelungssystem aufgebaut
(pol_2.m, pol2.mdl)

Durch Versuche, ohne die Konstanten k_1 und k_2 zu ändern, kann eine Verstärkung k_i für die Gewichtung der Integralwirkung ermittelt werden.

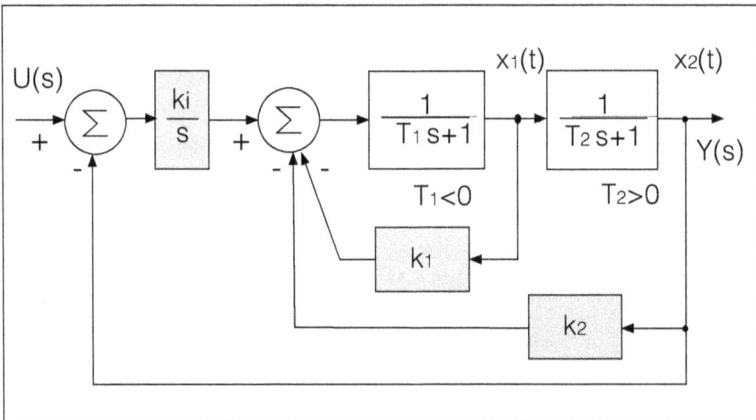

Abb. 3.56: Struktur des korrigierten Systems als Regelungssystem mit I-Anteil aufgebaut

Die Verstärkung $k_1 + k_2 + 1$ in Abb. 3.52 ist negativ und in der neuen Struktur aus Abb. 3.56 muss man auch einen negativen Wert für k_i verwenden. Mit dem Modell pol3.mdl bzw. Skript pol_3.m wird diese Struktur simuliert.

Für $k_i = -400$ und die vorherigen Werte für k_1, k_2 ist die Sprungantwort dieser Struktur in Abb. 3.57 dargestellt.

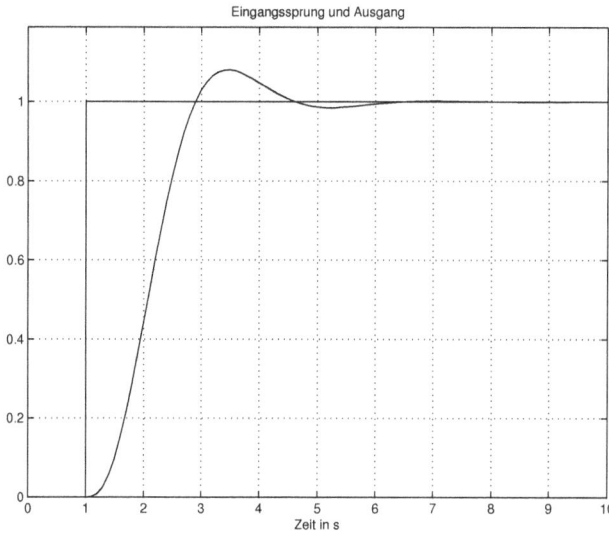

Eingangssprung und Ausgang

Zeit in s

Abb. 3.57: Die Sprungantwort des korrigierten Systems als Regelungssystem mit I-Anteil aufgebaut (pol_3.m, pol3.mdl)

Wenn alle Parameter k_1, k_2 und k_i nach einem Verfahren, das im nächsten Abschnitt beschrieben wird, neu eingestellt werden, können die Pole des geschlossenen Systems die gewünschten Werte annehmen.

3.6.2 Polplatzierung für ein Servosystem

Bei Systemen höherer Ordnung sind die Bestimmungsgleichungen für die Rückführungen nicht mehr so einfach zu lösen und man setzt Matrizenrechnungen ein. Ein Modell der Ordnung n oder mit n Zustandsvariablen benötigt für die Rückführungen dieselbe Anzahl von Konstanten $k_j, j = 1, 2, \ldots, n$, die man durch die Angabe der n gewünschten Pole bestimmen muss.

In MATLAB gibt es zwei Funktionen für die Platzierung der Pole eines Systems, das durch ein Zustandsmodell beschrieben ist. Ausgehend von einem Modell der Form

$$\frac{d\mathbf{x}(t)}{dt} = \mathbf{A}\mathbf{x}(t) + \mathbf{B}\mathbf{u}(t) \tag{3.58}$$

das den Zustandsvektor $\mathbf{x}(t)$ mit dem Anregungsvektor $\mathbf{u}(t)$ verbindet, erhält man durch Rückführung

$$\mathbf{u}(t) = -\mathbf{K}\mathbf{x}(t) \tag{3.59}$$

ein homogenes Differentialgleichungssystem erster Ordnung:

$$\frac{d\mathbf{x}(t)}{dt} = (\mathbf{A} - \mathbf{BK})\mathbf{x}(t) \tag{3.60}$$

Die Pole als Eigenwerte der Matrix $\mathbf{A} - \mathbf{BK}$ (oder die Wurzeln der charakteristischen Gleichung) können durch die Matrix $\mathbf{K}$ beliebig platziert werden, wenn die Matrizen $\mathbf{A}$ und $\mathbf{B}$ bestimmte Bedingungen erfüllen. Die MATLAB-Funktionen (aus der *Control System Toolbox*), die die nötige Rückführungsmatrix $\mathbf{K}$ ermittelt sind:

```
K = place(A, B, p)          oder          K = acker(A, B, p)
```

Im Vektor p müssen die gewünschten Pole angegeben werden.

Um die Bedingungen, die die Matrizen $\mathbf{A}$ und $\mathbf{B}$ erfüllen müssen, zu erläutern, wird folgendes Modell angenommen:

$$\begin{aligned} \dot{x}_1(t) &= 2x_1(t) \\ \dot{x}_2(t) &= 3x_1(t) - 4x_2(t) + 3,5u(t) \end{aligned} \tag{3.61}$$

Daraus ergeben sich folgende Matrizen $\mathbf{A}$ und $\mathbf{B}$, in der MATLAB-Syntax geschrieben:

```
A = [-2, 0; 3, -4];                    B = [0; 3.5];
```

Der Versuch die Pole für dieses System zu platzieren scheitert, da die Matrix $\mathbf{A}$ und $\mathbf{B}$ ein nicht steuerbares System [45],[10] darstellen. Die Steuerbarkeit verlangt, dass die Matrix

$$\mathbf{C}_0 = [\mathbf{B}, \mathbf{AB}, \mathbf{A^2B}, \ldots, \mathbf{A^{n-1}B}] \tag{3.62}$$

den Rang n, gleich der Ordnung des Systems, besitzt. In der *Control System Toolbox* gibt es zwei Funktionen, welche die Steuerbar- und Beobachtbarkeitsmatrix (*Controlability-* und *Observability*-Matrix) berechnen:

Die Beobachtbarkeitsmatrix [45],[10], definiert durch

$$\mathbf{O}_b = [\mathbf{C}, \mathbf{CA}, \mathbf{CA^2}, \ldots, \mathbf{CA^{n-1}}], \tag{3.63}$$

stellt eine wichtige Eigenschaft dar, die in Verbindung mit der Ermittlung des Zustandsvektors $\mathbf{x}(t)$ aus dem Ausgangsvektor $\mathbf{y}(t)$ mit dem sogenannten Beobachter Verwendung findet. Mit $\mathbf{C}$ wurde die Matrix der Ausgangsgleichung

$$\mathbf{y}(t) = \mathbf{Cx}(t) + \mathbf{Du}(t) \tag{3.64}$$

des Systems bezeichnet.

Für die Matrizen $\mathbf{A}$ und $\mathbf{B}$ des oben gezeigten Beispiels erhält man eine Steuerbarkeitsmatrix:

```
CO = [0, 0; 3.5, -14];
```

die den Rang (ermittelt durch die MATLAB-Funktion **rank**(C0)) gleich $1 < n = 2$ besitzt und somit die Bedingung für die Polplatzierung nicht erfüllt.

Aus dem Zustandsmodell (3.61) ist klar ersichtlich, dass die Zustandsvariable $x_1(t)$ durch den Eingang $u(t)$ nicht zu beeinflussen ist. Es gibt keine Möglichkeit, mit einer Rückführung die homogene Lösung dieses Systems zu ändern.

Wenn als Ausgang dieses Systems die erste Zustandsvariable $x_1(t)$ gilt, dann ist die Matrix $\mathbf{C} = [1,0]$ und dieser Ausgang enthält keinerlei Information über die zweite Zustandsvariable $x_2(t)$. Das System ist nicht beobachtbar. Umgekehrt, wenn $\mathbf{C} = [0,1]$ ist, also der Ausgang die zweite Zustandsvariable ist, dann enthält der Ausgang Information sowohl über die erste als auch über die zweite Zustandsvariable und das System wird beobachtbar.

3.6.3 Servosystem mit Polplatzierung durch Rückführungsmatrix und Regelung mit I-Wirkung

Als Beispiel für die Modalität mit der durch Polplatzierung ein Servosystem geregelt und mit beliebigem Verhalten versehen werden kann, soll das System aus Abb. 3.58 dienen.

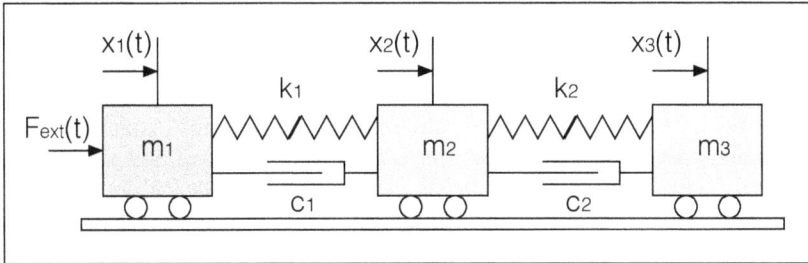

Abb. 3.58: Prozess für das Servosystem

Die Koordinate $x_3(t) = y(t)$ der Position der dritten Masse soll geregelt werden. Die Differentialgleichungen relativ zur statischen Gleichgewichtslage sind:

$$m_1\ddot{x}_1(t) + c_1(\dot{x}_1(t) - \dot{x}_2(t)) + k_1(x_1(t) - x_2(t)) = F_{ext}(t)$$
$$m_2\ddot{x}_2(t) + c_1(\dot{x}_2(t) - \dot{x}_1(t)) + c_2(\dot{x}_2(t) - \dot{x}_3(t)) + k_1(x_2(t) - x_1(t)) +$$
$$k_2(x_2(t) - x_3(t)) = 0 \tag{3.65}$$
$$m_3\ddot{x}_3(t) + c_2(\dot{x}_3(t) - \dot{x}_2(t)) + k_2(x_3(t) - x_2(t)) = 0$$

Wenn man als Zustandsvariablen in den Zustandsvektor die Variablen

$$\mathbf{x}(t) = [x_1(t), v_1(t), x_2(t), v_2(t), x_3(t), v_3(t)]$$

annimmt, mit $v_i(t) = \dot{x}_i(t)$, dann erhält man folgendes Zustandsmodell, aus dem die

Matrizen $\mathbf{A}$ und $\mathbf{B}$ leicht zu entnehmen sind:

$$
\begin{bmatrix} \dot{x}_1(t) \\ \dot{v}_1(t) \\ \dot{x}_2(t) \\ \dot{v}_2(t) \\ \dot{x}_3(t) \\ \dot{v}_3(t) \end{bmatrix} = \begin{bmatrix} 0 & 1 & 0 & 0 & 0 & 0 \\ -\dfrac{k_1}{m_1} & -\dfrac{c_1}{m_1} & \dfrac{k_1}{m_1} & \dfrac{c_1}{m_1} & 0 & 0 \\ 0 & 0 & 0 & 1 & 0 & 0 \\ \dfrac{k_1}{m_2} & \dfrac{c_1}{m_2} & -\dfrac{k_1+k_2}{m_2} & -\dfrac{c_1+c_2}{m_2} & \dfrac{k_2}{m_2} & \dfrac{c_2}{m_2} \\ 0 & 0 & 0 & 0 & 0 & 1 \\ 0 & 0 & \dfrac{k_2}{m_3} & \dfrac{c_2}{m_3} & -\dfrac{k_2}{m_3} & -\dfrac{c_2}{m_3} \end{bmatrix} \begin{bmatrix} x_1(t) \\ \dot{x}_1(t) \\ x_2(t) \\ \dot{x}_2(t) \\ x_3(t) \\ \dot{x}_3(t) \end{bmatrix} + \begin{bmatrix} 0 \\ 1 \\ 0 \\ 0 \\ 0 \\ 0 \end{bmatrix} F_{ext}(t)
$$

$$(3.66)$$

Die Ausgangsgleichung mit $y(t) = x_3(t)$ wird:

$$y(t) = [0, 0, 0, 0, 1, 0]\mathbf{x}(t) + 0 \cdot F_{ext}(t) \tag{3.67}$$

Dadurch sind auch die Matrizen $\mathbf{C}$ und D definiert. Die Eigenwerte der Matrix $\mathbf{A}$ sind die Pole der Übertragungsfunktionen vom Eingang des Prozesses ($F_{ext}(t)$) bis zu jeder Zustandsvariable. Die Nenner der Übertragungsfunktionen sind die gleichen. Die Übertragungsfunktionen unterscheiden sich nur durch die Zähler.

Mit dem Skript pol_4.m, das zusammen mit dem Modell pol_4.m arbeitet, wird die Polplatzierung für das Servosystem untersucht. Im Skript werden zu Beginn die Matrizen $\mathbf{A}, \mathbf{B}$ des Zustandsmodell berechnet und die Matrizen $\mathbf{C}, \mathbf{D}$ der Ausgangsgleichung ermittelt:

```
% Skript pol_4.m, in dem ein Servosystem mit Polplatzierung
% und I-Wirkung untersucht wird. Arbeitet mit Modell
% pol4.mdl

clear;
% -------- Parameter des Systems
m1 = 10;      m2 = 10;      m3 = 5;
k1 = 10;      k2 = 1;
c1 = 0.2;     c2 = 0.2;
n = 6;        % Ordnung des Systems
A = [0 1 0 0 0 0;
     -k1/m1 -c1/m1 k1/m1 c1/m1 0 0;
     0 0 0 1 0 0;
     k1/m2 c1/m2 -(k1+k2)/m2 -(c1+c2)/m2 k2/m2 c2/m2;
     0 0 0 0 0 1;
     0 0 k2/m3 c2/m3 -k2/m3 -c2/m3];
B = [0 1 0 0 0 0]';
C = [0 0 0 0 1 0];
D = 0;
. . . . .
```

Die Eigenwerte der Matrix A sind:

```
eig(A)
  -0.0264 + 1.4338i
  -0.0264 - 1.4338i
  -0.0236 + 0.4925i
  -0.0236 - 0.4925i
  -0.0000 + 0.0000i
  -0.0000 - 0.0000i
```

Die letzten zwei Eigenwerte sind praktisch gleich null und signalisieren eine doppelte Integration in den Übertragungsfunktionen. Ein Stoß (oder Impuls) der Anregungskraft $F_{ext}(t)$ führt im Mittel zu einer gleichmäßigen Bewegung, weil keine Gegenkräfte (wie z.B. Reibung) wirken.

Das System ist steuerbar weil die Steuerbarkeitsmatrix gemäß Gl. (3.62) Rang sechs besitzt, gleich der Ordnung des Systems ($n = 6$):

```
>> CO = ctrb(A,B)
CO =
        0    1.0000   -0.0200   -0.9992    0.0800    1.9944
   1.0000   -0.0200   -0.9992    0.0800    1.9944   -0.2636
        0         0    0.0200    0.9988   -0.1019   -2.0912
        0    0.0200    0.9988   -0.1019   -2.0912    0.3239
        0         0         0    0.0008    0.0439    0.1938
        0         0    0.0008    0.0439    0.1938   -0.1206
>> rank(CO)
ans =      6
```

Der Leser sollte mit Hilfe der Matrix gemäß Gl. (3.63) zeigen, dass der Prozess nicht beobachtbar ist und eine Lösung finden, die den Prozess auch beobachtbar macht.

In Abb. 3.59 ist die Struktur des Systems mit Polplatzierung und Regelung mit I-Wirkung dargestellt. Der Prozess beschrieben durch das Zustandsmodell mit den Matrizen $\mathbf{A}$, $\mathbf{B}$, C, D ist mit Hilfe des Multisignal-Integrators gebildet. Die Multisignal-Verbindungen, also die vektoriellen Signale, sind fett gekennzeichnet.

Am Ausgang des Integrators erhält man alle sechs Zustandsvariablen, die durch Multiplikation mit der Polplatzierungsmatrix $\mathbf{K}$ die Rückführung ergibt, die vom Eingang des Prozesses subtrahiert wird.

Vom Ausgang des Prozesses $y(t)$ wird die Regelungsrückführung als Istwert erhalten. Die Differenz des Sollwertes $w(t)$ und des Istwerts ergibt den Fehler der Regelung. Dieser wird integriert und danach mit dem Faktor k_i verstärkt, um zusammen mit dem Ausgang der Rückführungsmatrix den Eingang $u(t)$ des Prozesses zu bilden.

Für die gewählte Struktur aus Abb. 3.59 kann man folgendes Zustandsmodell

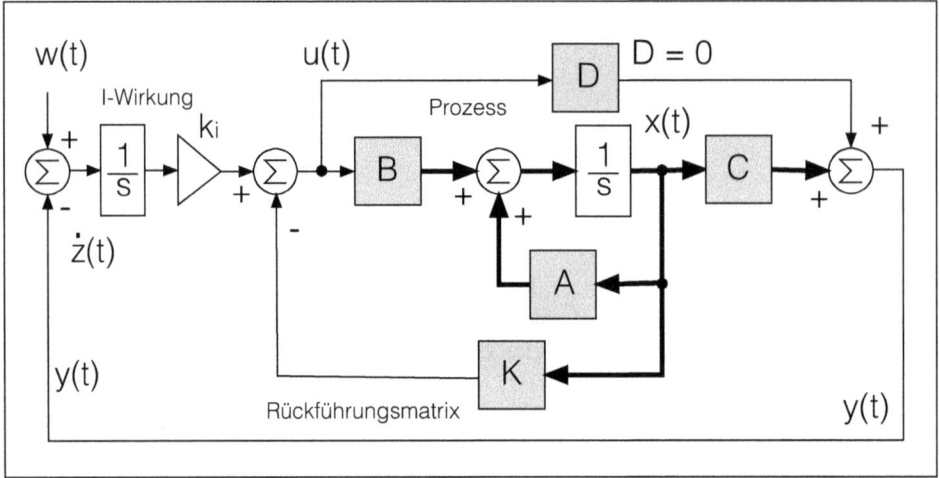

Abb. 3.59: Struktur des Servosystems mit Rückführung für die Polplatzierung und I-Wirkung
(pol_4.m, pol4.mdl)

bilden [45], [44]:

$$\frac{d\mathbf{x}(t)}{dt} = \mathbf{A}\mathbf{x}(t) + \mathbf{B}u(t)$$
$$y(t) = \mathbf{C}\mathbf{x}(t) + Du(t) \quad \text{mit} \quad D = 0$$
$$u(t) = -\mathbf{K}\mathbf{x}(t) + k_i\, z(t) \tag{3.68}$$
$$\frac{dz(t)}{dt} = w(t) - y(t) = w(t) - \mathbf{C}\mathbf{x}(t)$$

Dabei ist $w(t)$ der Sollwert und $z(t)$ das Signal am Ausgang des Integrators, der als PI-Regler dient. Aus diesem Gleichungssystem wird ein erweitertes Zustandsmodell erzeugt:

$$\begin{bmatrix} \dot{\mathbf{x}}(t) \\ \dot{z}(t) \end{bmatrix} = \begin{bmatrix} \mathbf{A} & \mathbf{0} \\ \mathbf{C} & 0 \end{bmatrix} \cdot \begin{bmatrix} \mathbf{x}(t) \\ z(t) \end{bmatrix} + \begin{bmatrix} \mathbf{B} \\ 0 \end{bmatrix} u(t) + \begin{bmatrix} 0 \\ 1 \end{bmatrix} w(t) \tag{3.69}$$

Dieses Zustandsmodell soll im stationären Zustand konstante Werte für $\mathbf{x}(\infty)$, $z(\infty)$ und $u(\infty)$ ergeben. Der Eingang des Integrators des PI-Reglers wird im stationären Zustand $\dot{z}(t) = 0$ sein und somit erhält man den gewünschten Effekt $y(\infty) = w(\infty)$. Für diesen Zustand ergibt die letzte Differentialgleichung folgenden Zusammenhang:

$$\begin{bmatrix} \dot{\mathbf{x}}(\infty) \\ \dot{z}(\infty) \end{bmatrix} = \begin{bmatrix} \mathbf{A} & \mathbf{0} \\ \mathbf{C} & 0 \end{bmatrix} \cdot \begin{bmatrix} \mathbf{x}(\infty) \\ z(\infty) \end{bmatrix} + \begin{bmatrix} \mathbf{B} \\ 0 \end{bmatrix} u(\infty) + \begin{bmatrix} 0 \\ 1 \end{bmatrix} w(\infty) \tag{3.70}$$

Mit einem Sollwert als Führungsgröße in Form eines Sprunges ist $w(\infty) = w(t) = w$ eine Konstante für $t > 0$ und das Subtrahieren von Gl. (3.70) aus Gl. (3.69) ergibt:

$$\begin{bmatrix} \dot{\mathbf{x}}(t) - \dot{\mathbf{x}}(\infty) \\ \dot{z}(t) - \dot{z}(\infty) \end{bmatrix} = \begin{bmatrix} \mathbf{A} & 0 \\ \mathbf{C} & 0 \end{bmatrix} \cdot \begin{bmatrix} \mathbf{x}(t) - \mathbf{x}(\infty) \\ z(t) - z(\infty) \end{bmatrix} + \begin{bmatrix} \mathbf{B} \\ 0 \end{bmatrix} (u(t) - u(\infty)) \tag{3.71}$$

Es können jetzt neue Zustandsvariablen definiert werden:

$$\begin{aligned} \mathbf{x}_e(t) &= \mathbf{x}(t) - \mathbf{x}(\infty) \\ z_e(t) &= z(t) - z(\infty) \\ u_e(t) &= u(t) - u(\infty) \end{aligned} \tag{3.72}$$

Für diese Zustandsvariablen ist folgendes Zustandsmodell gültig:

$$\begin{bmatrix} \dot{\mathbf{x}}_e(t) \\ \dot{z}_e(t) \end{bmatrix} = \begin{bmatrix} \mathbf{A} & 0 \\ \mathbf{C} & 0 \end{bmatrix} \cdot \begin{bmatrix} \mathbf{x}_e(t) \\ z_e(t) \end{bmatrix} + \begin{bmatrix} \mathbf{B} \\ 0 \end{bmatrix} u_e(t) \tag{3.73}$$

Gemäß der Struktur des Modells aus Abb. 3.59 ist jetzt die Steuerung $u_e(t)$ für den Prozess durch

$$u_e(t) = -\mathbf{K}\mathbf{x}_e(t) + k_i z_e(t) = -\begin{bmatrix} \mathbf{K} & -k_i \end{bmatrix} \begin{bmatrix} \mathbf{x}_e(t) \\ z_e(t) \end{bmatrix} \tag{3.74}$$

gegeben. Mit der Definition eines neuen Fehlervektors

$$\mathbf{e}(t) = \begin{bmatrix} \mathbf{x}_e(t) \\ z_e(t) \end{bmatrix} \tag{3.75}$$

kann schließlich ein neues Zustandsmodell aufgebaut werden:

$$\dot{\mathbf{e}}(t) = \mathbf{A}_n \mathbf{e}(t) + \mathbf{B}_n u_e(t) \tag{3.76}$$

Die Matrizen dieses Zustandsmodell sind jetzt (siehe Gl. (3.73)):

$$\mathbf{A}_n = \begin{bmatrix} \mathbf{A} & 0 \\ \mathbf{C} & 0 \end{bmatrix} \qquad \mathbf{B}_n = \begin{bmatrix} \mathbf{B} \\ 0 \end{bmatrix} \tag{3.77}$$

Die Steuerung des Prozesses kann wie folgt geschrieben werden:

$$u_e(t) = -\mathbf{K}_n \mathbf{e}(t) \qquad \text{mit} \qquad \mathbf{K}_n = \begin{bmatrix} \mathbf{K} & -k_i \end{bmatrix} \tag{3.78}$$

Für das neue Zustandsmodell gemäß Gl. (3.76) kann man die Polplatzierung in üblicher Weise mit der Funktion **place** oder der Funktion **acker** realisieren. Diese sichern dann, dass aus einem beliebigen Anfangszustand des Fehlers $e(0)$ (gegeben durch eine Führungs- oder Störungsgröße) das System mit gewünschten Polen in den Ruhezustand $e(t) \to 0$ gelangt.

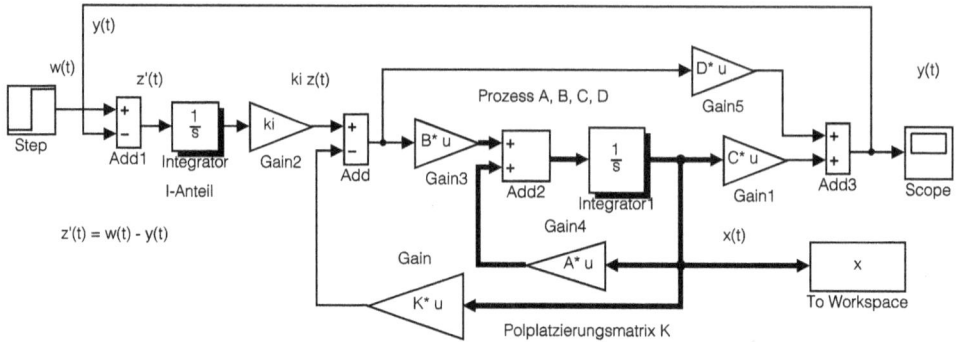

Abb. 3.60: Simulink-Modell für das Servosystem mit Rückkopplung für die Polplatzierung und I-Wirkung (pol_4.m, pol4.mdl)

Das Simulink-Modell des Systems ist in Abb. 3.60 dargestellt. Es entspricht der Struktur aus Abb. 3.59 und wird aus dem Skript pol_4.m initialisiert und aufgerufen. Im Skript werden am Anfang die Matrizen des Prozesses gebildet und die Impulsantwort ermittelt und dargestellt:

```
% Skript pol_4.m, in dem ein Servosystem mit Polplatzierung
% und I-Wirkung untersucht wird. Arbeitet mit Modell
% pol4.mdl
clear;
% -------- Parameter des Systems
m1 = 10; m2 = 10; m3 = 5;
k1 = 10;   k2 = 1;
c1 = 0.2;   c2 = 0.2;
n = 6;      % Ordnung des Systems
A = [0 1 0 0 0 0;
    -k1/m1 -c1/m1 k1/m1 c1/m1 0 0;
    0 0 0 1 0 0;
    k1/m2 c1/m2 -(k1+k2)/m2 -(c1+c2)/m2 k2/m2 c2/m2;
    0 0 0 0 0 1;
    0 0 k2/m3 c2/m3 -k2/m3 -c2/m3];
B = [0 1 0 0 0 0]';
C = [0 0 0 0 1 0];
D = 0;
my_sys = ss(A, B, C, D);      Tf = 50;
figure(1);      clf;
  impulse(my_sys, Tf);
```

```
title('Impulsantwort des Prozesses');   xlabel('s');   grid on;
```

Die Impulsantwort erscheint als linearer steigender Verlauf, der einen doppelten Integraleffekt wegen der zwei Nulleigenwerte (oder Pole) signalisiert.

Für die Polplatzierung muss man die sieben Pole wählen, was nicht so einfach ist. Wenn man sich eine Übertragungsfunktion siebter Ordnung vorstellt, die man in Produkte erster und zweiter Ordnung der Form

$$H_1(s) = \frac{1}{T_1 s + 1} \qquad H_2(s) = \frac{1}{s^2 + 2\zeta\omega_{02} + \omega_{02}^2}, \tag{3.79}$$

zerlegt, dann sind die Pole dieser Produkte durch

$$p_1 = -\frac{1}{T_1} \qquad p_{21} = -\zeta\omega_{02} \pm j\sqrt{\omega_{02}^2 - (\zeta\omega_{02})^2} \tag{3.80}$$

gegeben. Man kann fünf negative reelle Pole wählen und ein konjugiert komplexes Paar, das maßgebend für die Antwort in Form einer stark gedämpften Schwingung ist. Negative und im Betrag relativ große reelle Pole ergeben sehr kleine Zeitkonstanten und entsprechend große Werte in der Polplatzierungsmatrix $\mathbf{K}$. Diese führen weiter zu sehr großen Steuersignalen des Prozesses $u(t)$. Durch einige Versuche wurden folgende sieben Pole für das Gesamtsystem gewählt:

```
% ------- Polplatzierung
%p = [-1, -2, -3, -4, -5, -0.5+j*0.8, -0.5-j*0.8]; % Gewählte Pole
p = [-1.25,-1.5,-2,-2.5,-3,-0.5+j*0.8, -0.5-j*0.8]; % Gewählte Pole
```

Nach der Wahl des Vektors p wird das erweiterte Zustandsmodell des Gesamtsystems der Ordnung sieben berechnet und die Polplatzierungsmatrix $\mathbf{K}$ bzw. der Faktor k_i als Verstärkung des integrierten Fehlers ermittelt:

```
% ------- Erweitertes Modell
An = [A, zeros(n,1); -C,0];      Bn = [B;0];
Kn = place(An, Bn, p);
K = Kn(1:n);          ki = -Kn(n+1);
```

Danach wird die Simulation gestartet und die sechs Zustandsvariablen des Prozesses dargestellt. Die Zustandsvariable $x_3(t)$, als Koordinate der Lage der dritten Masse, stellt auch den Ausgang $y(t)$ des Servosystems dar.

```
% ------- Aufruf der Simulation
Tfinal = 20;        dt = 0.1;
my_options = simset('Solver','ode45','MaxStep',dt);
sim('pol4', [0, Tfinal], my_options);
xt = x.signals.values;
t = x.time;
figure(2);     clf;
  plot(t, xt);
  title('Zustandsvariablen des geregelten Prozesses');
  xlabel('s');     grid on;
  legend('x1','v1','x2','v2','x3','v3')
```

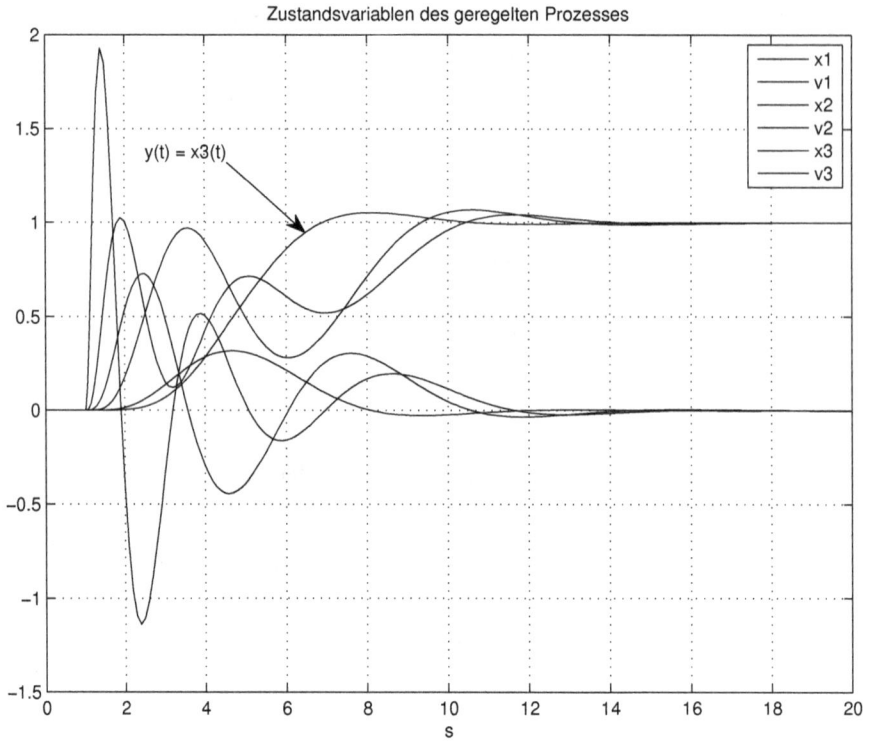

Abb. 3.61: Die sechs Zustandsvariablen des geregelten Prozesses (pol_4.m, pol4.mdl)

In Abb. 3.61 sind die sechs Zustandsvariablen des Prozesses mit dem gekennzeichneten Ausgang dargestellt. Die Koordinaten der Lagen $x_1(t), x_2(t), x_3(t)$ der drei Massen streben alle im stationären Zustand zum Wert eins des Eingangssprunges. Das verwirrt ein bisschen. Die Differentialgleichungen gemäß Gl. (3.65) stellen die Bewegungen der Massen relativ zu den statischen Gleichgewichtslagen dar, die sicher nicht gleich sind. So z.B. ist die statische Lage der zweiten Masse gleich der statischen Lage der ersten Masse plus die Länge der unverformten Feder mit Federkonstante k_1.

Wegen des Integralanteils ist die Steuerung des Prozesses $u(t) = F_{ext}(t)$ im stationären Zustand gleich null und alle Massen haben die gleiche Abweichung relativ zur statischer Gleichgewichtslage. Bei einem Einheitssprung am Eingang wird die Abweichung zur statischen Gleichgewichtslage für alle Massen im Endwert eins sein.

Die Geschwindigkeiten der Massen, die durch die Zustandsvariablen

$$\dot{x}_1(t) = v_1(t), \quad \dot{x}_2(t) = v_2(t), \quad \dot{x}_3(t) = v_3(t)$$

gegeben sind, streben alle im stationären Zustand zu null.

3.6.4   Simulation eines Beobachters

Die gezeigten Zustandsregler mit Polplatzierung oder Polvorgabe gehen von der Annahme aus, dass die Zustandsvariablen zugänglich und messbar sind. Bei vielen Prozessen, die mit Zustandsmodellen dargestellt sind, können nur die Ausgangsgrößen als lineare Kombination der Zustandsvariablen gemessen werden.

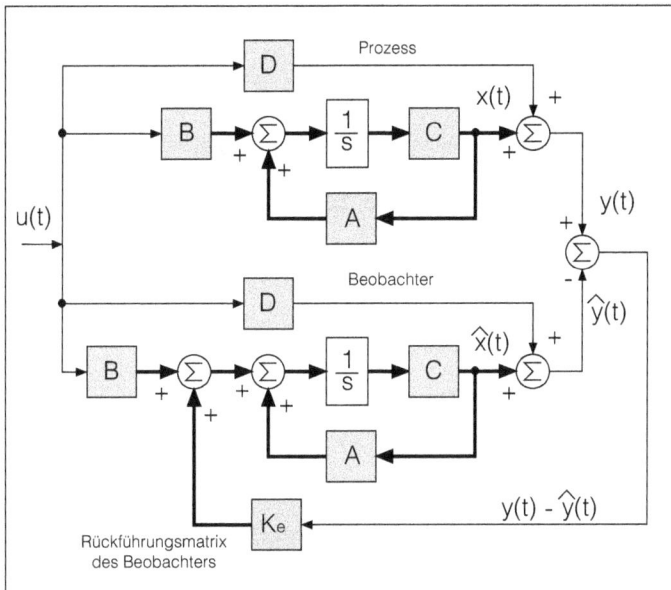

Abb. 3.62: Struktur eines Beobachters

Um die gezeigten Lösungen mit Polvorgabe einzusetzen, müssen aus den Ausgangsvariablen die Zustandsvariablen geschätzt werden. Die Struktur eines Beobachters für ein SISO-System[2] ist in Abb. 3.62 dargestellt.

Die Ausgangsvariable des Prozesses $y(t)$ wird mit dem Ausgang eines Modells des Prozesses $\hat{y}(t)$ verglichen und die Differenz beeinflusst über die Rückkopplungsmatrix K_e des Beobachters das Modell. Wenn das Modell den Prozess genau darstellt und beide die gleichen Anfangsbedingungen haben, dann ergibt der gemeinsame Eingang $u(t)$ gleiche Zustands- und Ausgangsvariablen und die Rückführung hat keinen Einfluss.

Da im Allgemeinen auch bei Übereinstimmung des Prozesses mit dem Modell die Anfangsbedingungen des Prozesses nicht bekannt sind, geschieht eine Korrektur des Zustandes des Beobachters über die Rückführung. Der Zustandsvektor $\hat{x}(t)$ ist der geschätzte Zustandsvektor des Prozesses, der dann in einer Regelung mit z.B. Polvorgabe eingesetzt werden kann.

Mit der Rückführungsmatrix des Beobachters wird das Verhalten über die Lage der Pole des Beobachters so eingestellt, dass die Schätzung des Zustandsvektors von

---

[2]*Single-Input-Single-Output*

einem beliebigen Fehler (Abweichung des Zustandes des Prozesses von dem des Beobachters) ausgehend, schnell ohne große Unterschiede geschieht.

Auch hier reduziert sich die Lösung für den Beobachter auf eine Polplatzierung
für eine homogene Differentialgleichung des Fehlers des Beobachters. Für ein SISO-
Prozess mit einem Eingang und einem Ausgang sind der Prozess und der Beobachter
durch folgende Differentialgleichungen beschrieben:

$$\dot{\mathbf{x}}(t) = \mathbf{A}\mathbf{x}(t) + \mathbf{B}u(t) \qquad y(t) = \mathbf{C}\mathbf{x}(t) + Du(t)$$
$$\dot{\hat{\mathbf{x}}}(t) = \mathbf{A}\hat{\mathbf{x}}(t) + \mathbf{B}u(t) \qquad \hat{y}(t) = \mathbf{C}\hat{\mathbf{x}}(t) + Du(t) \tag{3.81}$$

Die Bezeichnungen der Variablen und Matrizen entsprechen der Struktur aus Abb.
3.62. Aus diesen Gleichungen lässt sich eine Differentialgleichung für die Differenz der
Zustandsvariablen des Prozesses und des Beobachters ableiten:

$$\dot{\mathbf{x}}(t) - \dot{\hat{\mathbf{x}}}(t) = \mathbf{A}\big(\mathbf{x}(t) - \hat{\mathbf{x}}(t)\big) - \mathbf{K}_e\mathbf{C}\big(\mathbf{x}(t) - \hat{\mathbf{x}}(t)\big)$$

oder

$$\dot{\mathbf{x}}(t) - \dot{\hat{\mathbf{x}}}(t) = \big(\mathbf{A} - \mathbf{K}_e\mathbf{C}\big)\big(\mathbf{x}(t) - \hat{\mathbf{x}}(t)\big) \tag{3.82}$$

Die Differenz zwischen dem Zustandsvektor des Prozesses und dem des Beobachters bildet den Fehler des Beobachters:

$$\mathbf{e}(t) = \mathbf{x}(t) - \hat{\mathbf{x}}(t) \tag{3.83}$$

Für diesen Fehler gilt gemäß der zweiten Differentialgleichung (3.82) folgende homogene Differentialgleichung:

$$\dot{\hat{\mathbf{e}}}(t) = \big(\mathbf{A} - \mathbf{K}_e\mathbf{C}\big)\mathbf{e}(t) \tag{3.84}$$

Diese homogene Differentialgleichung erinnert an das ursprüngliche Problem der
Polplatzierung, bei der ausgehend von einem Prozess beschrieben durch

$$\dot{\mathbf{x}}(t) = \mathbf{A}\mathbf{x}(t) + \mathbf{B}u(t) \tag{3.85}$$

mit einer Rückführung der Zustandsvariablen

$$u(t) = -\mathbf{K}\mathbf{x}(t) \tag{3.86}$$

die Pole des resultierenden Systems

$$\dot{\mathbf{x}}(t) = \big(\mathbf{A} - \mathbf{B}\mathbf{K}\big)\mathbf{x}(t) \tag{3.87}$$

an vorgegebene Stellen gebracht werden. Die Rückführungsmatrix $\mathbf{K}$ wurde mit der
MATLAB Funktion **place** (oder **acker**) für gewünschte Pole ermittelt.

Die Pole des Systems, beschrieben durch diese homogene Differentialgleichung,
sind die Eigenwerte der Matrix $\mathbf{A} - \mathbf{B}\mathbf{K}$ oder die Wurzeln des charakteristischen Polynoms:

$$P(s) = \det\big(s\mathbf{I} - (\mathbf{A} - \mathbf{B}\mathbf{K})\big) = 0 \tag{3.88}$$

Hier ist $\mathbf{I}$ die $n \times n$ Einheitsmatrix, mit n als die Größe des Zustandsvektors und s die komplexe Variable des Polynoms n-ten Grades.

Die Pole der homogenen Differentialgleichung (3.84) des Fehlers des Beobachters sind ähnlich die Eigenwerte der Matrix $\mathbf{A} - \mathbf{K}_e\mathbf{C}$, welche die Wurzeln folgenden Polynoms sind:

$$P(s) = \det\big(s\mathbf{I} - (\mathbf{A} - \mathbf{K}_e\mathbf{C})\big) = 0 \qquad (3.89)$$

Da die Determinante einer Matrix gleich der der Transponierten ist, sind die Wurzeln auch aus

$$P(s) = \det\big(s\mathbf{I} - (\mathbf{A}^T - \mathbf{C}^T\mathbf{K}_e^T)\big) = 0 \qquad (3.90)$$

zu berechnen. Wenn diese Gleichung mit der Gl. (3.88) verglichen wird, sieht man, dass die Rückführungsmatrix für den Beobachter mit denselben MATLAB-Funktionen **place** oder **acker** berechnet werden kann, wenn die entsprechenden transponierten Matrizen eingesetzt werden. In der MATLAB-Syntax wäre das durch

```
Ke = (place(A', C', p))';
```

möglich. Der Vektor p muss die n gewünschten Pole des Beobachters enthalten.

Es wird an dieser Stelle klar, dass es abhängig von der Wahl dieser Pole, eine Vielzahl von Lösungen für den Beobachter gibt. Die Pole des Beobachters müssen eine schnelle Reaktion sichern und werden somit im Betrag 5 bis 10 mal größer als die Beträge der Pole des Prozesses, der beobachtet wird, gewählt. Die Simulation kann für diese Wahl wichtige Erkenntnisse liefern.

Ein Prozess beschrieben durch ein Zustandsmodell muss beobachtbar sein, um den Zustandsvektor aus dem Ausgangsvektor mit Hilfe eines Beobachters zu schätzen. Die Beobachtungsmatrix gemäß Gl. (3.63) muss Rang n besitzen, wobei n die Ordnung des Prozesses oder Größe des Zustandsvektors ist. Die MATLAB-Funktion **obsv** aus der *Control System Toolbox* berechnet diese Matrix und mit der Funktion **rank** kann der Rang überprüft werden.

Der Prozess aus dem vorherigen Abschnitt aus Abb. 3.58 ist nicht beobachtbar. Der Leser soll das überprüfen. Die Erklärung dazu ist relativ einfach. Die erste Differentialgleichung aus (3.65) enthält nicht die Zustandsvariable $x_3(t)$ die auch den Ausgang darstellt und somit kann diese Zustandsvariable nicht beobachtet werden. In Abb. 3.63 ist eine Lösung dargestellt, die dazu führt, dass der Prozess beobachtbar wird.

Die Feder der Federkonstante k_3 ergibt die Verbindung zwischen den Zustandsvariablen $x_3(t)$ und $x_1(t)$ und macht den Prozess beobachtbar. Die Differentialgleichungen, die die Bewegungen der Massen relativ zu den statischen Gleichgewichtslagen beschreiben, sind jetzt:

$$
\begin{aligned}
&m_1\ddot{x}_1(t) + c_1(\dot{x}_1(t) - \dot{x}_2(t)) + k_1(x_1(t) - x_2(t)) + k_3(x_1(t) - x_3(t)) - F_{ext}(t) \\
&m_2\ddot{x}_2(t) + c_1(\dot{x}_2(t) - \dot{x}_1(t)) + c_2(\dot{x}_2(t) - \dot{x}_3(t)) + k_1(x_2(t) - x_1(t)) + \\
&\qquad k_2(x_2(t) - x_3(t)) = 0 \\
&m_3\ddot{x}_3(t) + c_2(\dot{x}_3(t) - \dot{x}_2(t)) + k_2(x_3(t) - x_2(t)) + k_3(x_3(t) - x_1(t)) = 0
\end{aligned}
\qquad (3.91)
$$

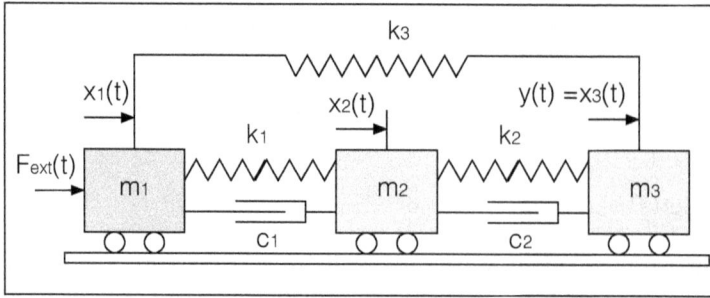

Abb. 3.63: Prozess der beobachtbar ist

Der Beobachter für diesen Prozess wird im Skript `beobachter_1.m`, das mit dem Simulink-Modell `beobachter1.mdl` arbeitet, untersucht. Hier werden auch die entsprechenden Matrizen des Zustandsmodells gebildet:

```
% Skript beobachter_1.m, in dem ein Beobachter
% untersucht wird. Arbeitet mit Modell beobachter1.mdl
clear;
% -------- Parameter des Systems
m1 = 10; m2 = 10; m3 = 5;
k1 = 10;   k2 = 1;    k3 = 10;
c1 = 0.5;  c2 = 0.5;
n = 6;      % Ordnung des Systems
A = [0 1 0 0 0 0;
    -(k1+k3)/m1 -c1/m1 k1/m1 c1/m1 k3/m1 0;
     0 0 0 1 0 0;
     k1/m2 c1/m2 -(k1+k2)/m2 -(c1+c2)/m2 k2/m2 c2/m2;
     0 0 0 0 0 1;
     k3/m3 0 k2/m3 c2/m3 -(k2+k3)/m3 -c2/m3];
B = [0 1 0 0 0 0]';
C = [0 0 0 0 1 0];
D = 0;
figure(1);     clf;
my_sys = ss(A, B, C, D);      Tf = 50;
  impulse(my_sys, Tf);    % Impulsantwort des Prozesses
  title('Impulsantwort des Prozesses');
  xlabel('s'); grid on;
% -------- Beobachter Entwicklung
p = [-1.25, -1.5, -2, -2.5, -1+j*0.8,...
     -1-j*0.8];              % Gewählte Pole
Ke = (place(A',C',p))';      % Rückführungsmatrix
x0 = [10,-20,0,0,0,0];       % Anfangsbedingungen des Prozesses
% ------ Aufruf der Simulation
Tfinal = 50;       dt = 0.01;
my_options = simset('Solver','ode45','MaxStep',dt);
sim('beobachter1', [0, Tfinal], my_options);
```

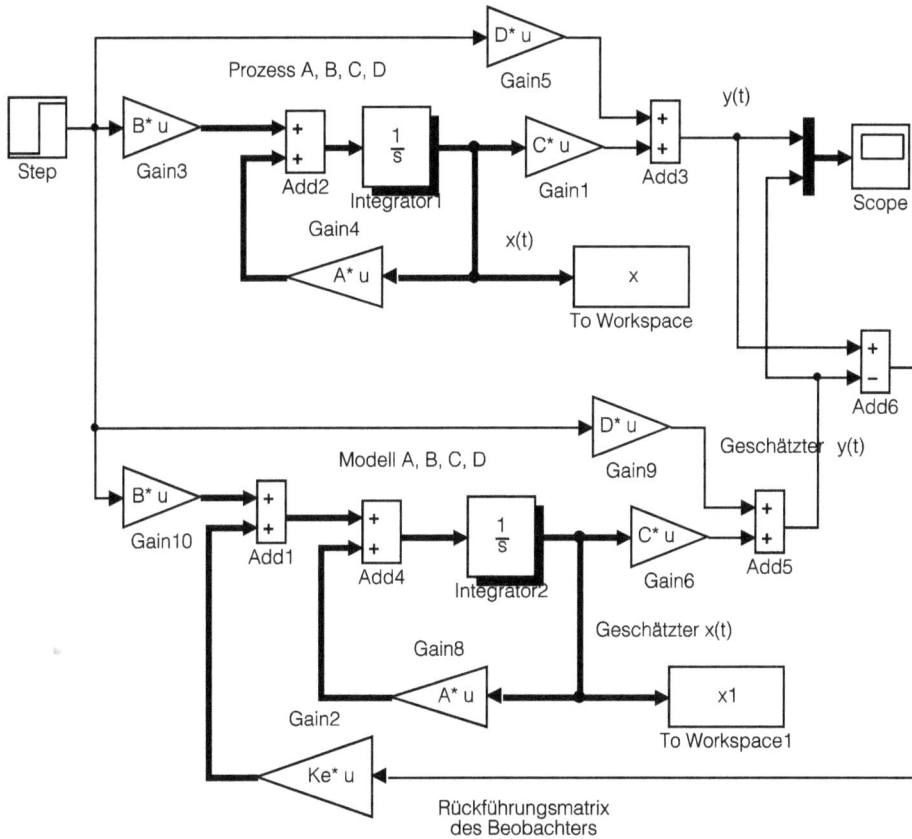

Abb. 3.64: Simulink-Modell für den Prozess mit Beobachter
(beobachter_1.m, beobachter1.mdl)

```
xt = x.signals.values;
xg = x1.signals.values;
t = x.time;
......
```

Das Simulink-Modell ist in Abb. 3.64 dargestellt. Der Aufbau entspricht der Struktur aus Abb. 3.62. Die Eigenwerte des Prozesses

```
>> eig(A)
ans =
  -0.0347 + 1.9131i
  -0.0347 - 1.9131i
  -0.0903 + 1.2770i
  -0.0903 - 1.2770i
   0.0000
  -0.0000
```

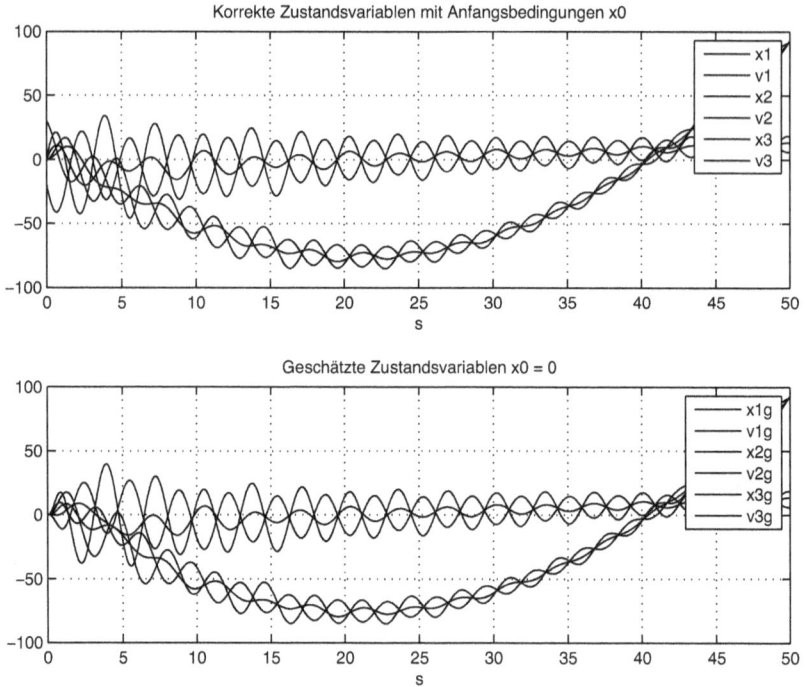

Abb. 3.65: Korrekte und geschätzte Zustandsvariablen (beobachter_1.m, beobachter1.mdl)

mit den zwei Nullwerten zeigen, dass der Prozess einen doppelten Integralcharakter besitzt (wie der vorherige Prozess).

Die konstante Eingangskraft (der Eingangssprung) beschleunigt die Massen und ergibt eine Bewegung, die im stationären Zustand dem Quadrat der Zeit proportional ist. Die Impulsantwort führt im stationären Zustand zu einer linear steigenden Zeitfunktion. Das erste Integral des Eingangsimpulses ergibt eine Konstante, die durch das zweite Integral diese lineare Funktion bildet.

In Abb. 3.65 sind oben alle Zustandsvariablen des Prozesses mit Anfangsbedingungen aus dem Vektor x0 dargestellt. Darunter sind die durch den Beobachter geschätzten Zustandsvariablen, ausgehend von Anfangsbedingungen gleich null, gezeigt.

Einen besseren Einblick erhält man mit den Darstellungen aus Abb. 3.66. Oben ist die korrekte und die geschätzte Zustandsvariable $x_3(t) = y(t)$ dargestellt und darunter die korrekte und die geschätzte Zustandsvariable $x_1(t)$ gezeigt. Bei der Zustandsvariablen $x_1(t)$, die einen Anfangswert von $x_1(0) = 30$ und eine Geschwindigkeit $\dot{x}(t)$ mit Anfangswert $\dot{x}(t) = -20$ hat, stellt sich ein Einschwingen ein und danach ist der geschätzte Wert nicht mehr vom korrekten zu unterscheiden.

Interessant zu bemerken ist, dass die geschätzte Zustandsvariable $x_3(t)$ ohne Einschwingen der korrekten entspricht, weil für diese keine Anfangsbedingung angenommen wurde.

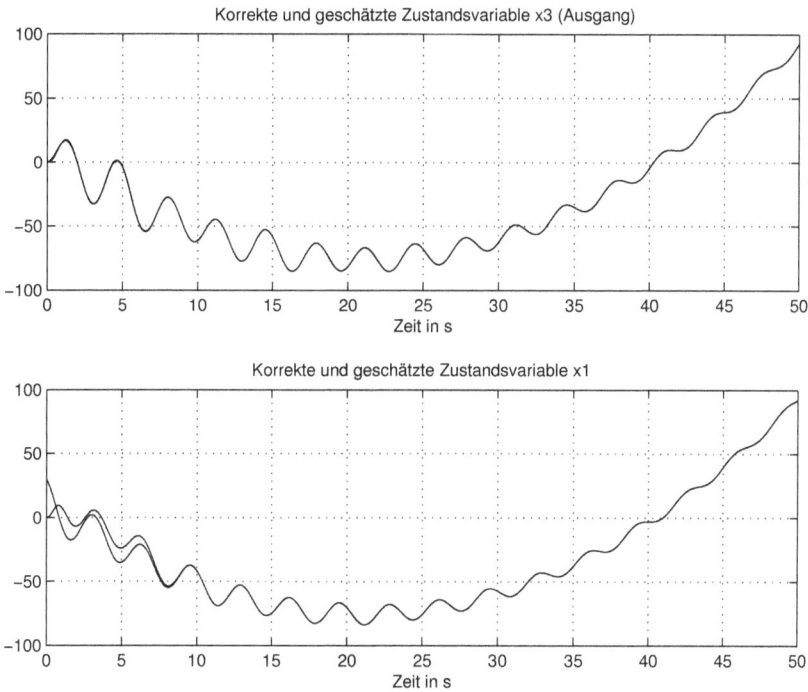

Abb. 3.66: Korrekte und geschätzte Zustandsvariable $y(t) = x_3(t)$ *bzw.* $x_1(t)$ (beobach-
ter_1.m, beobachter1.mdl)

Für den Leser ergeben sich hier unzählige Experimentiermöglichkeiten. Man kann
z.B. für alle Zustandsvariablen Anfangsbedingungen annehmen und mit verschiedenen Polen des Beobachters aus dem Vektor p experimentieren. Auch die Beobachtbarkeit soll überprüft werden, indem man den Rang der Beobachtbarkeitsmatrix gemäß
Gl. (3.63) ermittelt.

Man kann jetzt ein Servosystem mit dem Prozess und dem Beobachter aufbau-
en, wie es im Modell beobachter21.mdl in Abb. 3.67 dargestellt ist. Der Prozess
mit Beobachter gemäß Abb. 3.63 wurde in ein *Subsystem* umgewandelt, der als Eingang die Steuervariable $u(t)$ hat und als Ausgänge den Prozessausgang $y(t)$ und die
geschätzten Zustandsvariablen $\hat{\mathbf{x}}(t)$ besitzt. Mit deren Hilfe wird die Rückführung für
das Regelsystem mit I-Anteil gebildet.

Durch Doppelklick auf das *Subsystem* mit dem Namen „Prozess mit Beobachter" öffnet sich der Block und man sieht praktisch den Prozess mit Beobachter gemäß
Abb. 3.64. Das Sevosystem wird im Skript beobachter_2.m initialisiert und aufgerufen:

```
% Skript beobachter_2.m, in dem ein Servosystem mit
% Beobachter und Polplatzierung untersucht wird.
% Arbeitet mit Modell beobachter21.mdl
clear;
```

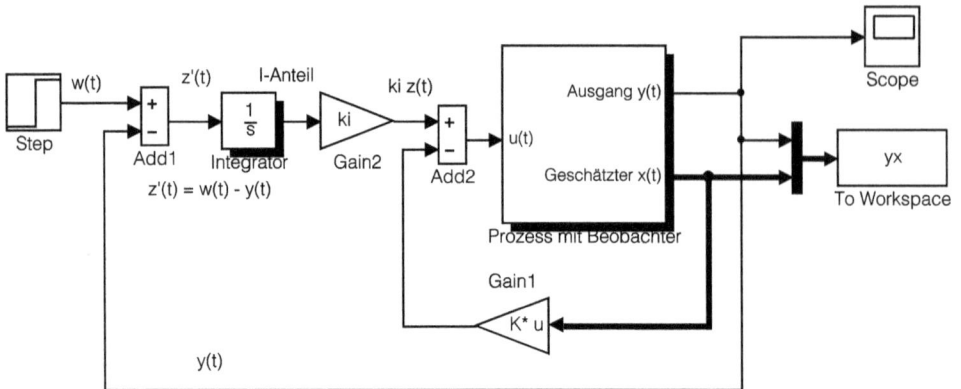

Abb. 3.67: Simulink-Modell für den Prozess mit Beobachter und Positionsregelung mit I-Anteil
(beobachter_2.m, beobachter21.mdl)

```
% --------- Parameter des Systems
m1 = 10; m2 = 10; m3 = 5;
k1 = 10;   k2 = 1;     k3 = 10;
c1 = 0.5;  c2 = 0.5;
n = 6;       % Ordnung des Systems
A = [0 1 0 0 0 0;
     -(k1+k3)/m1 -c1/m1 k1/m1 c1/m1 k3/m1 0;
     0 0 0 1 0 0;
     k1/m2 c1/m2 -(k1+k2)/m2 -(c1+c2)/m2 k2/m2 c2/m2;
     0 0 0 0 0 1;
     k3/m3 0 k2/m3 c2/m3 -(k2+k3)/m3 -c2/m3];
B = [0 1 0 0 0 0]';        C = [0 0 0 0 1 0];        D = 0;
% ------- Beobachter Entwicklung mit 6 Pole
p = [-1.25, -1.5, -2, -2.5, -1+j*0.8,...
     -1-j*0.8];                  % Gewählte Pole
Ke = (place(A',C',p))';
%x0 = [0.1,0,0.2,0,0.3,0];       % Anfangszustände des Prozesses
x0 = [0,0,0,0,0.3,0];
% ------- Polplatzierung der 7 Pole des Sevosystems
p = [-0.5, -0.6, -0.7, -0.8, -0.9, -0.5+j*0.8,...
     -0.5-j*0.8]; % Gewählte Pole
An = [A, zeros(n,1); -C,0];   Bn = [B;0];
Kn = place(An, Bn, p);
K = Kn(1:n);         ki = -Kn(n+1);
% ------- Aufruf der Simulation
Tfinal = 50;       dt = 0.01;
my_options = simset('Solver','ode45','MaxStep',dt);
sim('beobachter21', [0, Tfinal], my_options);
y = yx.signals.values(:,1);
xg = yx.signals.values(:,2:7);
```

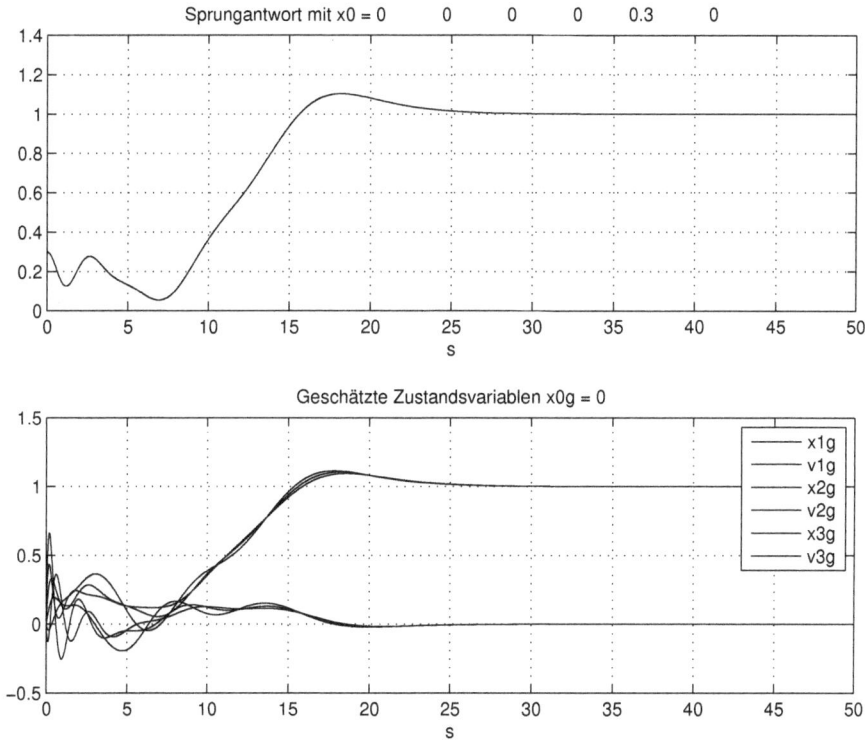

Abb. 3.68: Sprungantwort des Servosystems mit $x(0) \neq 0$
(beobachter_2.m, beobachter21.mdl)

```
t = yx.time;
figure(1);     clf;
subplot(211), plot(t, y);
  title(['Sprungantwort mit x0 = ',num2str(x0)]);
  xlabel('s');      grid on;
subplot(212), plot(t, xg);
  title('Geschätzte Zustandsvariablen x0g = 0');
  xlabel('s');      grid on;
  legend('x1g','v1g','x2g','v2g','x3g','v3g')
Q = std(y),        % Gütemass
```

In Abb. 3.68 ist oben die Sprungantwort des Servosystems für einen Anfangsvektor der Zustandsvariablen gleich x0 = [0 0 0 0 0.3 0] und Nullanfangswerte für die geschätzten Zustandsvariablen dargestellt. Wie erwartet, gehen die geschätzten Zustandsvariablen $x_1(t), x_2(t), x_3(t)$, die die Koordinaten der Lagen der Massen darstellen, im stationären Zustand zu eins und die Geschwindigkeiten der Massen $\dot{x}_1(t), \dot{x}_2(t), \dot{x}_3(t)$ zu null.

Das *Subsystem* „Prozess mit Beobachter"wird im Modell beobachter_2.mdl gebildet. Hier kann der Leser den Block *In1*-Port für den Eingang $u(t)$ und die zwei Blöcke *Out1* bzw. *Out2* für den Ausgang $y(t)$ und den geschätzten Zustandsvektor $\hat{x}(t)$ untersuchen.

3.6.5   Anti-*Windup* für Zustandsregelungen

Wenn die Zustandsregelung einen I-Anteil besitzt und die Stellgröße des Prozesses aus praktischen Gründen begrenzt werden muss, kann auch hier das *Windup*-Phänomen auftreten. Im Modell pol41.mdl, das aus dem Skript pol_41.m initialisiert und aufgerufen wird, ist das System aus Kapitel 3.6.3, das in Abb. 3.60 dargestellt ist, mit einer *Back-Calculation* Anti-*Windup*-Lösung ausgestattet.

Das Modell pol41.mdl ist in Abb. 3.69 gezeigt. Die Anti-*Windup*-Lösung mit *Clamping*, die ein abrupten Übergang des Eingangs des Integrierers für den I-Anteil bewirkt, verhält sich nicht so gut wie die Lösung mit *Back-Calculation*.

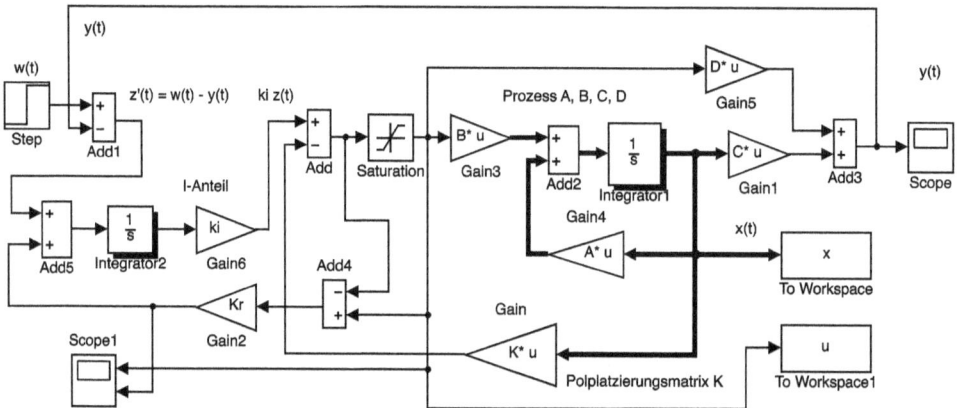

Abb. 3.69: Simulink-Modell der Zustandsregelung mit Anti-Windup-Lösung
(pol_41.m, pol41.mdl)

Die Ergebnisse der Simulation sind in Abb. 3.70 dargestellt. Oben sind die Zustandsvariablen gezeigt und unten ist die Stellgröße oder Steuergröße des Prozesses, die begrenzt wird, dargestellt. Die gewählten Pole für die Polplatzierung sind etwas kleiner, wie in der Simulation mit pol4.mdl bzw. pol_4.m ohne Begrenzung, so dass die Rückkopplungsmatrix K kleinere Werte enthält. Dadurch ist auch die Antwort des Systems etwas langsamer geworden.

In ähnlicher Form kann man auch die Zustandregelung mit Beobachter aus Abschnitt 3.6.4, deren Modell in Abb. 3.67 dargestellt ist, mit einer Anti-*Windup*-Lösung erweitern. Das Modell mit der Erweiterung beobachter22.mdl, das vom Skript beobachter_22.m aufgerufen wird, ist in Abb. 3.71 gezeigt. Man erkennt die Anti-*Windup*-Lösung mit *Back-Calculation*.

Der Beobachter erhält das begrenzte Steuersignal und die Schätzung der Zustandsvariablen enthält den Einfluss der Begrenzung. Mit gut gewählten Polen für den Beobachter kann man die Steurgröße ohne Begrenzung einschränken. Hier hat der Leser

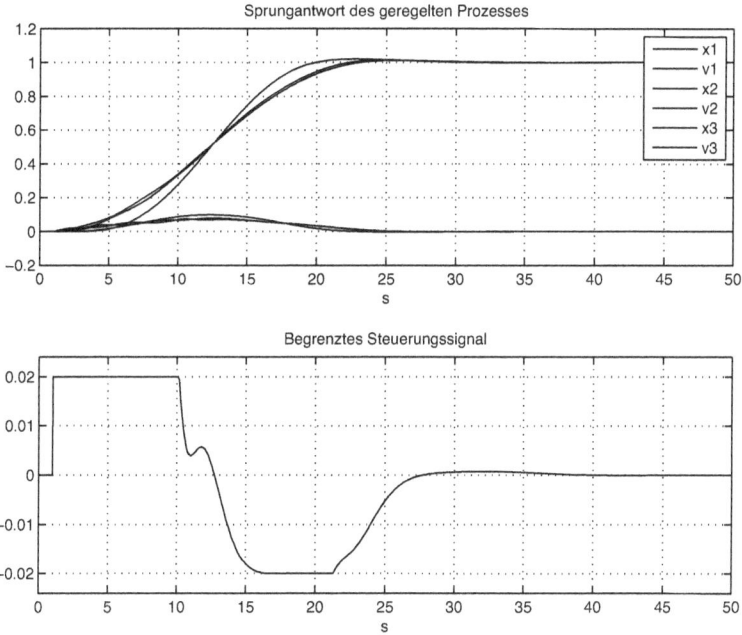

Abb. 3.70: Sprungantwort des Servosystems mit Anti-Windup-Lösung (pol_41.m, pol41.mdl)

eine Menge Möglichkeiten zu experimentieren.

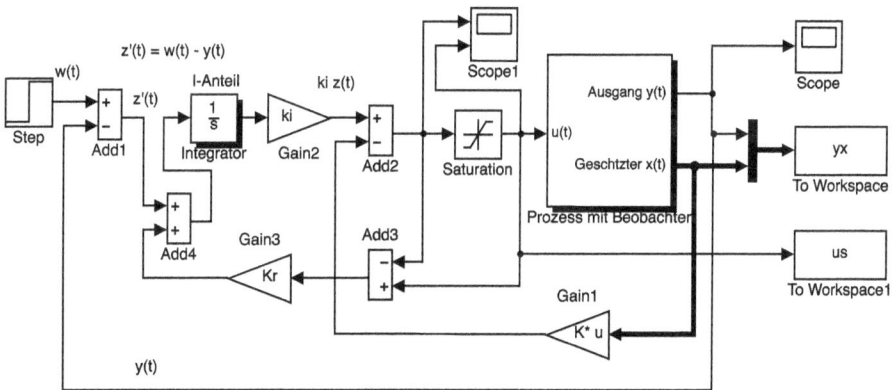

Abb. 3.71: Simulink-Modell der Zustandsregelung mit Beobachter und Anti-Windup-Lösung
(beobachter_22.m, beobachter22.mdl)

Die Ergebnisse der Simulation sind in Abb. 3.72 gezeigt. Wegen den Anfangsbe-dingungen, die angenommen wurden, ist der Anfang der Sprungantwort unruhig. Man sollte die Simulation mit Anfangsbedingungen gleich null starten, um den Unterschied zu beobachten.

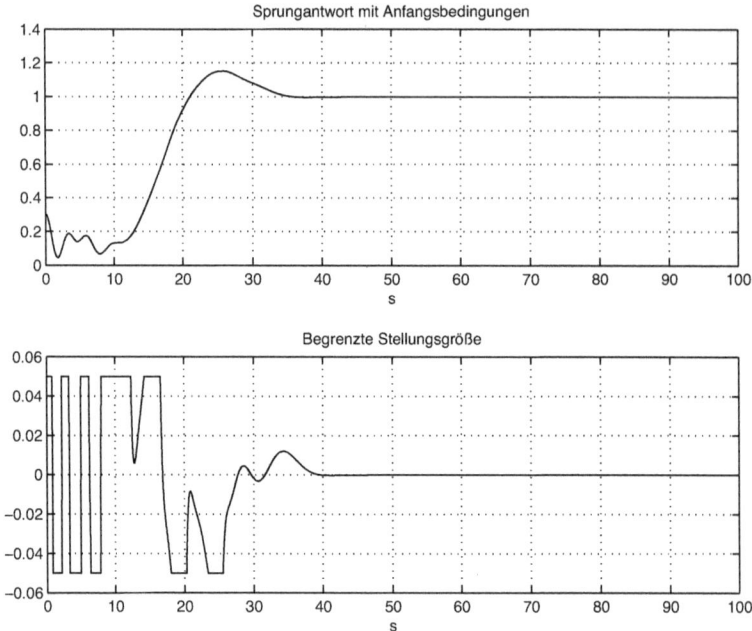

Abb. 3.72: Sprungantwort der Zustandsregelung mit Anti-Windup-Lösung
(beobachter_22.m, beobachter22.mdl)

3.6.6   Optimale LQR-Regelung

Die optimale LQR-Regelung (*Linear-Quadratic-Regulator*) basiert auf einer Technik, welche schon in den 1960er Jahren entwickelt wurde [45], [44]. Die Rechnerleistung der damaligen Zeit war zu schwach, um die Verfahren dieser Regelung zu implementieren. Sie haben einen großen Aufschwung in Verbindung mit den Raumforschungsprojekten und den gesteuerten Marschflugkörpern in den 1970er bis späten 1980er Jahren erfahren.

Obwohl die Verfahren z.Zt. als gereift anzusehen sind, gab es zu Beginn der 1990er Jahre noch wenig industrielle Entwicklungen, die auf der LQR-Technik aufbauten. Ein Grund dafür ist in den Lehrbüchern vermerkt und zwar die nicht so leicht zugänglichen mathematischen Grundlagen der Verfahren.

Durch Werkzeuge, wie z.B. MATLAB/Simulink, mit denen man Experimente und konkrete Untersuchungen mit einem Minimum an Programmieraufwand durchführen kann, sind die LQR-Techniken gegenwärtig bei den Studierenden und Entwicklungsingenieuren aus der Industrie angekommen.

In diesem Abschnitt wird ein einfaches LQR-Regelungsproblem untersucht, um zu zeigen, wie einfach man mit nur einigen MATLAB-Programmzeilen und anschaulichen Simulink-Modellen mit diesen Techniken experimentieren kann. Die einfachste optimale LQR-Regelung für ein SISO-System berechnet die Rückführungsmatrix $\mathbf{K}$ einer Zustandsregelung, so dass die Rückkopplung

$$u(t) = -\mathbf{K}\mathbf{x}(t) \tag{3.92}$$

eine Zielfunktion (oder Kostenfunktion)

$$J = \int_0^\infty \left[\mathbf{x}^T(t)\mathbf{Q}\mathbf{x}(t) + \mathbf{u}^T(t)\mathbf{R}\mathbf{u}(t)\right] dt = \int_0^\infty \left[\mathbf{x}^T(t)\mathbf{Q}\mathbf{x}(t) + Ru^2(t)\right] dt \tag{3.93}$$

minimiert, unter der Nebenbedingung

$$\dot{\mathbf{x}}(t) = \mathbf{A}\mathbf{x}(t) + \mathbf{B}u(t), \tag{3.94}$$

die das Modell des geregelten Prozesses darstellt. Für diesen einfachen Fall ist die gesuchte Rückführungsmatrix durch

$$\mathbf{K} = \mathbf{R}^{-1}\mathbf{B}^T\mathbf{P} = \mathbf{B}^T\mathbf{P}/R \tag{3.95}$$

gegeben [45].

Die Gewichtungsmatrix $\mathbf{R}$ muss allgemein positiv definit und invertierbar sein und im angenommenen Fall eines SISO-Systems, bei dem die Gewichtung ein Skalar ist, muss $R > 0$ sein.

Die Matrix $\mathbf{P}$ ist die positiv definite Lösung der so genannten algebraischen Riccati-Gleichung [44], für den allgemeinen Fall durch

$$\mathbf{A}^T\mathbf{P} + \mathbf{P}\mathbf{A} + \mathbf{Q} - \mathbf{P}\mathbf{B}\mathbf{R}^{-1}\mathbf{P} = 0 \tag{3.96}$$

ausgedrückt. Die Bedingungen, dass die Lösung für die Rückführungsmatrix $\mathbf{K}$ existiert, lauten: Das Matrixpaar $\mathbf{A}, \mathbf{B}$ des Prozessmodells muss stabilisierbar sein; $\mathbf{R} > 0$ (positiv definit) und die Gewichtungsmatrix $\mathbf{Q} \geq 0$ (positiv semidefinit). Letztere muss in Form $\mathbf{Q} = \mathbf{C}_q^T\mathbf{C}_q$ darstellbar sein, wobei das Paar $\mathbf{C}_q, \mathbf{A}$ detektierbar ist.

Die Stabilisier- und Detektierbarkeit sind eine Erweiterung (im Sinne der Lockerung) der Bedingungen der Steuer- und Beobachtbarkeit. Es müssen nur die instabilen Pole des Systems steuer- und beobachtbar sein.

Wenn die Zielfunktion nicht von Null bis Unendlich definiert ist, sondern nur für ein Zeitintervall T, dann ist die Rückführungsmatrix zeitabhängig und wird mit Hilfe einer Matrix $\mathbf{P}(t)$, welche eine Riccati-Differentialgleichung erfüllt, ermittelt.

In der *Control System Toolbox* gibt es für die LQR-Regelung die Funktionen **lqr** und **lqry**. Die zweite Funktion geht von einer Zielfunktion aus, die statt der Zustandsvariablen die Ausgangsvariablen enthält. Für lineare zeitdiskrete Modelle des Prozesses gibt es die Funktion **dlqr**. Mit der **help**-Funktion können kurze Beschreibungen dieser Funktionen erhalten werden.

Die LQR-Servoregelung für das SISO-System 6. Ordnung aus Abb. 3.63, das steuer- und beobachtbar ist, hat dieselbe Struktur wie die Servoregelung mit Polplatzierung aus Abb. 3.59. Sie unterscheiden sich nur durch die Art in der man die Rückführungsmatrix $\mathbf{K}$ ermittelt. Die dort gezeigte Erweiterung des Prozesses für die Einbindung der zusätzlichen Zustandsvariablen $z(t)$ am Ausgang des Integrators für die I-Wirkung bleibt erhalten.

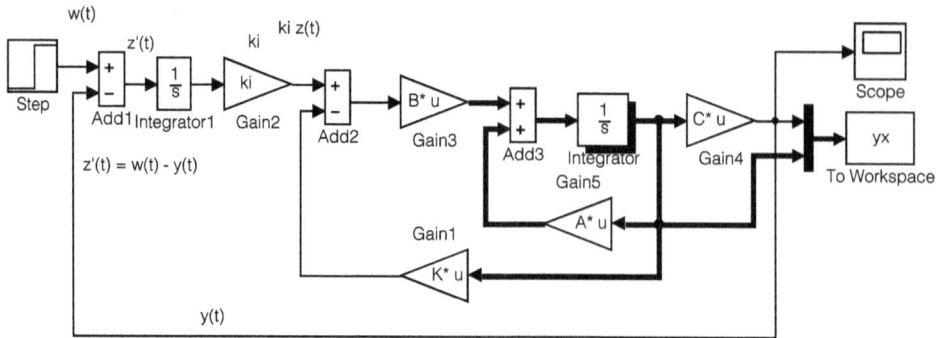

Abb. 3.73: Simulink-Modell der LQR-Servoregelung mit I-Wirkung (LQR_1.m, LQR1.mdl)

Mit den erweiterten Matrizen $\mathbf{A}_n$ und $\mathbf{B}_n$ gemäß Gl. (3.77) und der Kosten-
matrix $\mathbf{Q}$ bzw. dem Kostenskalar R der Zielfunktion wird die Rückführungsmatrix
$\mathbf{K}_n$ mit der MATLAB-Funktion **lqr** ermittelt. Aus dieser Matrix werden weiter die
Rückführungsmatrix $\mathbf{K}$ und der Faktor k_i gemäß Gl. (3.78) getrennt.

In Abb. 3.73 ist das Simulink-Modell LQR1.mdl dieser Untersuchung dargestellt.
Es wird aus dem Skript LQR_1.m initialisiert und aufgerufen:

```
% Skript LQR_1.m, in dem ein Servosystem mit
% einer LQR-Regelung untersucht wird.
% Arbeitet mit Modell LQR1.mdl
clear;
% -------- Parameter des Systems
m1 = 10; m2 = 10; m3 = 5;
k1 = 10;   k2 = 1;    k3 = 10;
c1 = 0.5;  c2 = 0.5;
n = 6;      % Ordnung des Systems
A = [0 1 0 0 0 0;
     -(k1+k3)/m1 -c1/m1 k1/m1 c1/m1 k3/m1 0;
     0 0 0 1 0 0;
     k1/m2 c1/m2 -(k1+k2)/m2 -(c1+c2)/m2 k2/m2 c2/m2;
     0 0 0 0 0 1;
     k3/m3 0 k2/m3 c2/m3 -(k2+k3)/m3 -c2/m3];
B = [0 1 0 0 0 0]';        C = [0 0 0 0 1 0];         D = 0;
randn('seed', 17935);
%x0 = randn(1,6);           % Anfangsbedingungen
x0 = 0;
% ------- LQR-Regelung mit I-Anteil
An = [A, zeros(6,1); -C,0];   % Erweitertes Modell
Bn = [B;0];
Q = eye(7,7)*100;             % Kosten der Zielfunktion
R = 1;
Kn = lqr(An,Bn,Q,R),         % LQR-Rückführungsmatrix
```

```
pole = eig(An-Bn*Kn);        % Eigenwerte des erweiterten Systems
K = Kn(1:6),  ki = -Kn(7), % Rückführung und Verstärkung für I-Anteil
% ------- Aufruf der Simulation
Tfinal = 50;        dt = 0.01;
my_options = simset('Solver','ode45','MaxStep',dt);
sim('LQR1', [0, Tfinal], my_options);
y = yx.signals.values(:,1);
x = yx.signals.values(:,2:7);
t = yx.time;
figure(1);      clf;
subplot(211), plot(t, y);
  title(['Sprungantwort für y(t) mit x0 = ',num2str(x0)]);
  xlabel('s');       grid on;
subplot(212), plot(t, x);
  title('Zustandsvariablen ');
  xlabel('s');       grid on;
  legend('x1g','v1g','x2g','v2g','x3g','v3g')
```

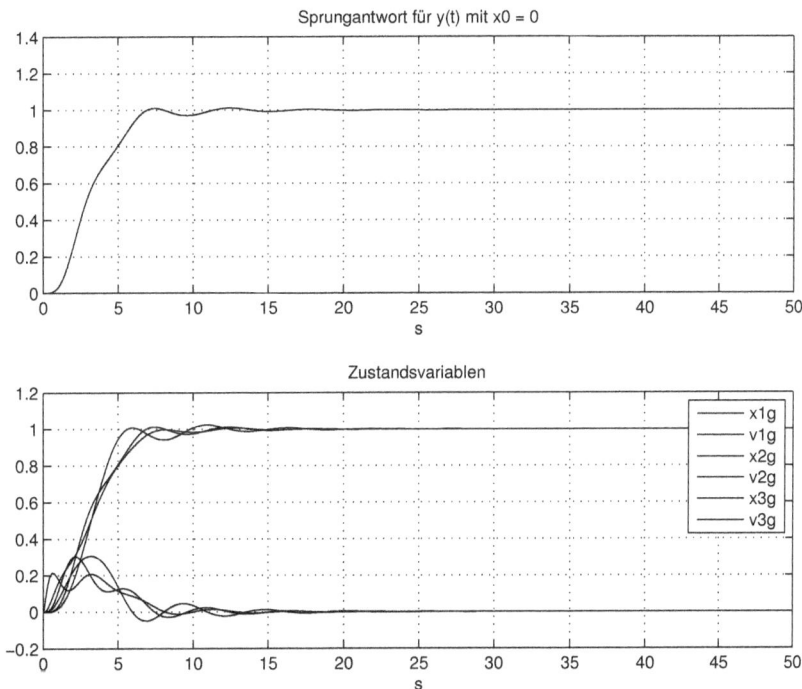

Abb. 3.74: Sprungantwort der LQR-Servoregelung und die Zustandsvariablen des Prozesses
(LQR_1.m, LQR1.mdl)

In Abb. 3.74 ist oben die Sprungantwort der LQR-Servoregelung dargestellt und darunter sind alle sechs Zustandsvariablen des Prozesses gezeigt. Wie erwartet, gehen

die drei Koordinaten der Lagen der Masse im stationären Zustand zu eins und die drei Geschwindigkeiten gehen zu null.

Das Verhalten ist jetzt durch die Wahl der Matrix $\mathbf{Q}$ und des Skalars R der Zielfunktion gegeben. Der Leser soll hier mit verschiedenen Werten für diese Parameter experimentieren. Indirekt werden durch die Wahl von $\mathbf{Q}$ und R bestimmte Pole der Übertragungsfunktionen von der Führungsgröße $W(s)$ bis zu den Zustandsvariablen $X(s)$ des Systems festgelegt, die man als Eigenwerte der Matrix $\mathbf{A}_n - \mathbf{B}_n\mathbf{K}_n$ erhalten kann:

```
pole =
   -9.7482
   -0.6679 + 1.5765i
   -0.6679 - 1.5765i
   -0.7580 + 0.1442i
   -0.7580 - 0.1442i
   -0.2257 + 1.1662i
   -0.2257 - 1.1662i
```

Die Übertragungsfunktionen für alle Zustandsvariablen haben denselben Polynom in s im Nenner und somit gleiche Pole. Die Polynome im Zähler sind verschieden und dadurch sind die Nullstellen verschieden.

Dem Leser wird empfohlen das gleiche Servosystem mit einem Beobachter für die Zustandsvariablen zu simulieren, ähnlich wie im Beispiel aus Abb. 3.67. Das Modell dieses Beispiels muss mit einem anderen Name gespeichert werden und im Skript, das die Simulation aufruft, muss man nur die Matrizen $\mathbf{K}$ und Verstärkung k_i wie im Skript LQR_1.m berechnen.

3.6.7 Kalman-Filter für die Schätzung der Zustandsvariablen

In der Praxis treten häufig Messstörungen auf, die man als überlagerte Rauschsignale betrachten kann. Auch die Störungen der Prozesse haben oft einen zufälligen Charakter und können durch Modelle aus unabhängigen Zufallssignalen (weißes Rauschen) angenähert werden.

Wenn solche zusätzlichen Störungen vorkommen, liefert das sogenannte Kalman-Filter [10], [23], [63] optimale Schätzwerte für die nicht messbaren Zustandsvariablen und kann auch zur Filterung der stark verrauschten Messwerte eingesetzt werden.

In Abb. 3.75 ist die Struktur eines Kalman-Filters zur Schätzung der Zustandsvariablen eines SISO-Prozesses mit Prozessrauschen $\mathbf{w}(t)$ als Störung und Messrauschen $v(t)$, das dem Ausgangssignal des Prozesses überlagert ist dargestellt. Zu bemerken ist die große Ähnlichkeit mit dem Beobachter für den Fall deterministischer Signale (wie in Abb. 3.62).

Das Modell des Prozesses ist durch folgende Differentialgleichungen beschrieben:

$$\dot{\mathbf{x}}(t) = \mathbf{A}\mathbf{x}(t) + \mathbf{B}u(t) + \mathbf{G}\mathbf{w}(t)$$
$$y(t) = \mathbf{C}\mathbf{x}(t) + Du(t) + v(t) \tag{3.97}$$

Dabei werden durch $\mathbf{w}(t)$ das Prozessrauschen und durch $v(t)$ das Messrauschen bezeichnet. Besonders einfache Lösungen ergeben sich, wenn diese Rauschsignale als

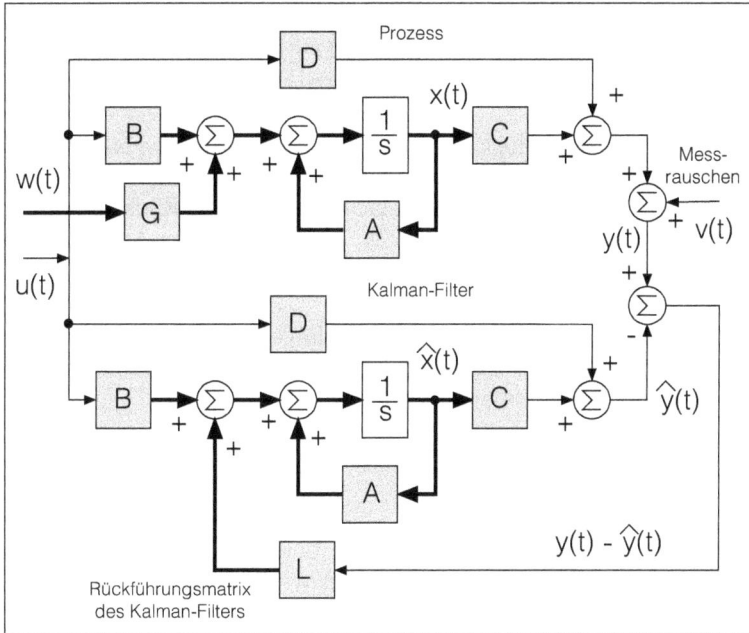

Abb. 3.75: Struktur eines Kalman-Filters zur Schätzung der Zustandsvariablen eines SISO-Prozesses

gaussverteilte weiße Rauschsignale mit Mittelwert (oder Erwartungswert) gleich null

$$E\{\mathbf{w}(t)\} = 0, \qquad E\{v(t)\} = 0 \tag{3.98}$$

und Kovarianzen gegeben durch

$$\begin{aligned} &E\{\mathbf{w}(t)\mathbf{w}(\tau)^T\} = \mathbf{Q}\ \delta(t-\tau); \qquad E\{v(t)v(\tau)\} = R\delta(t-\tau) \\ &E\{\mathbf{w}(t)v(\tau)\} = \mathbf{0} \end{aligned} \tag{3.99}$$

angenommen werden.

Das kontinuierliche weiße Rauschen besitzt eine konstante spektrale Leistungsdichte in einem Frequenzbereich von null bis unendlich, was eine Varianz (oder mittlere Leistung) gleich unendlich bedeutet. Es ist klar, dass diese Rauschsignale ideale, nicht realisierbare Signalmodelle der realen zufälligen Störungen sind, die eingeführt wurden um eine einfache Lösung für das Schätzproblem zu erhalten.

Die Delta-Funktion $\delta(t-\tau)$, die keine Funktion im mathematischen Sinn ist, wurde eingeführt, um zu zeigen, dass die Kovarianz des Signals nur mit sich selbst ($t = \tau$) einen von null verschiedenen Wert ergibt. Für die Simulation werden Rauschsignale mit konstanter spektraler Leistungsdichte in einem Frequenzbereich eingesetzt, der viel größer als die signifikanten Frequenzen des Prozesses ist.

In der *Sources*-Bibliothek von Simulink gibt es eine Quelle genannt *Band Limited White Noise* mit der man solches Rauschen erzeugen kann. Der erste Parameter im Initialisierungsfenster der Quelle ist die spektrale Leistungsdichte (als *Power* bezeichnet) und der zweite Parameter stellt die Schrittweite der Simulation oder die Abtastperiode im Falle zeitdiskreter Simulationen dar. Der Kehrwert dieser Schrittweite oder Abtastperiode ergibt den Frequenzbereich in dem das Rauschen als weißes Rauschen betrachtet werden kann.

Es kann auch der Quelle-Block mit der Bezeichnung *Random Number* benutzt werden. Er generiert bei jedem Schritt einen normal verteilten Zufallswert mit Mittelwert null und Varianz gleich eins. Daraus lässt sich leicht weißes Rauschen mit gewünschter spektralen Leistungsdichte, z.B. der Größe q, erzeugen. Der Ausgang dieses Blocks wird mit einem *Gain*-Block, der eine Verstärkung von $\sqrt{q/dt}$ besitzt, gewichtet. Hier ist dt wieder die Schrittweite der Simulation.

Das Problem des Schätzens der Zustandsvariablen eines Systems mit Prozess- und Messrauschen gemäß Abb. 3.75 bedeutet die Bestimmung der Rückführungsmatrix $\mathbf{L}$, so dass der geschätzte Zustandsvektor durch

$$\dot{\hat{\mathbf{x}}}(t) = \mathbf{A}\hat{\mathbf{x}}(t) + \mathbf{B}u(t) + \mathbf{L}\big(y(t) - \hat{y}(t)\big) \tag{3.100}$$

gegeben ist.

Auf die Herleitung der Beziehungen zur Berechnung der optimalen Kalman-Matrix $\mathbf{L}$ muss hier aus Platzmangel verzichtet werden. Obwohl dem Filterproblem ein statistischer Ansatz zugrunde liegt, ist die Lösung von gleicher Art wie beim Beobachter, was sich auch in der Struktur des Filter aus Abb. 3.75 widerspiegelt.

Die optimale Rückführungsmatrix für das SISO-System ist durch

$$\mathbf{L} = \mathbf{P}\mathbf{C}^T\mathbf{R}^{-1} = \mathbf{P}\mathbf{C}^T/R \tag{3.101}$$

definiert. Im allgemeinen Fall mit mehreren Ausgängen muss die positiv definite Kovarianzmatrix $\mathbf{R}$ des Messrauschens invertierbar sein. Die Matrix $\mathbf{P}$ ist die positiv definite Lösung einer algebraischen Riccati-Gleichung der allgemeinen Form:

$$\mathbf{A}\mathbf{P} + \mathbf{P}\mathbf{A}^T - \mathbf{P}^T\mathbf{C}^T\mathbf{R}^{-1}\mathbf{C}\mathbf{P} + \mathbf{Q} = 0 \tag{3.102}$$

Dabei sind $\mathbf{A}$ und $\mathbf{C}$ die Matrizen des Zustandsmodells des Prozesses.

Es müssen bestimmte Voraussetzungen erfüllt sein, um die Existenz einer optimalen Kalman-Filtermatrix zu sichern. Die Kovarianzmatrix des Prozessrauschens $\mathbf{Q}$ muss positiv semi-definit sein ($\mathbf{Q} \geq 0$), die Kovarianzmatrix $\mathbf{R}$ muss positiv definit sein ($\mathbf{R} > 0$) und das Paar $\mathbf{A}, \mathbf{C}$ sollte beobachtbar sein.

Es wird als Beispiel für die Schätzung der Zustandsvariablen mit einem Kalman-Filter ein Prozess mit einer Übertragungsfunktion zweiter Ordnung angenommen:

$$H(s) = \frac{100}{s^2 + 5s + 100} \tag{3.103}$$

Die Untersuchung wird mit dem Simulink-Modell `kalman1.mdl`, das aus dem Skript `kalman_1.m` initialisiert und aufgerufen wird, durchgeführt. Der Prozess ist als *Transfer Function* mit dem Befehl `tf` definiert und danach mit der Funktion `ss` in ein Zustandsmodell umgewandelt:

```
% Skript kalman_1.m, in dem ein Kalman Filter untersucht wird
% Es arbeitet mit dem Modell kalman1.mdl
clear;
% ------- Parameter des Systems
b = 100;                    % Koeffizienten der Übertragungsfunktion
a = [1, 5, 100];
% ------- Zustandsmodell
my_sys = ss(tf(b, a));
A = my_sys.a;     B = my_sys.b;
C = my_sys.c;     D = my_sys.d;
G = eye(2,2);
. . . . .
```

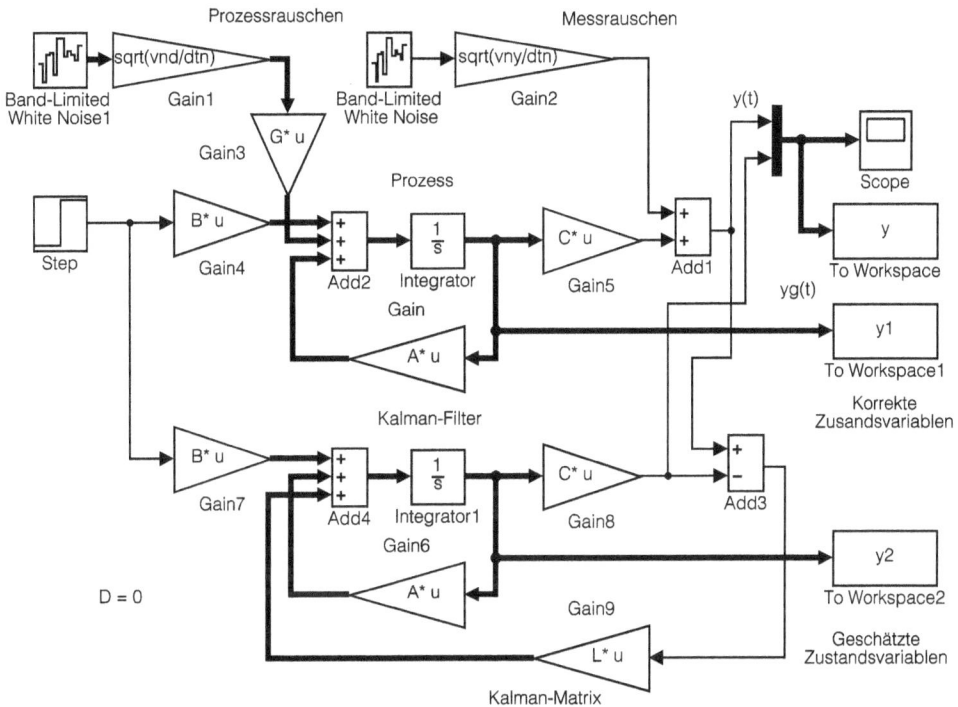

Abb. 3.76: Simulink-Modell des Kalman-Filters (kalman_1.m, kalman1.mdl)

Wenn man die Matrix C untersucht,

```
>> C
C =   0    3.1250
```

stellt man fest, dass die zweite Zustandsvariable der Ausgang des Prozesses ist.

Danach wird der ursprüngliche Prozess aus dem Objekt `my_sys` mit nur einem Eingang auf drei Eingängen erweitert, so dass dieser der ersten Gleichung (3.97) entspricht und den zusätzlichen Eingang $\mathbf{w}(t)$ (als Vektor mit zwei zufälligen Elementen) enthält.

Das Messrauschen $v(t)$ und die Prozess-Störung $\mathbf{w}(t)$ werden mit den Blöcken *Band-Limited White Noise* und *Band-Limited White Noise1* generiert. Da weißes Rauschen mit konstanter spektraler Leistungsdichte von $-\infty$ bis ∞ nicht realisierbar ist, wird ein so genanntes bandbegrenztes weißes Rauschen in der Simulation benutzt. Dieses muss eine viel größere Bandbreite als der signifikante Frequenzbereich des Systems besitzen. Für den angenommenen Prozess mit einer Eigenfrequenz gleich $\omega_0 = \sqrt{100}$ rad/s oder $10/(2\pi) = 1{,}59$ Hz ist eine Bandbreite gleich 100 Hz sicher hinreichend groß. Diese Bandbreite erhält man für die Rauschgeneratoren mit einer Abtastperiode von `dtn` = `0.01` s. Wenn der Parameter *Noise Power* dieser Blöcke, der eigentlich die spektrale Leistungsdichte des generierten Signals bedeutet, mit dem gleichen Wert `dtn` initialisiert wird, erhält man ein Signal der Varianz eins.

Es ist bei linearen stochastischen Systemen bekannt, dass die spektrale Leistungsdichte eine wichtige Rolle spielt [38]. So z.B. ist die spektrale Leistungsdichte $\Phi_a(\omega)$ am Ausgang durch

$$\Phi_a(\omega) = |H(\omega)|^2 \Phi_e(\omega) \tag{3.104}$$

gegeben, wobei $\Phi_e(\omega)$ die spektrale Leistungsdichte am Eingang ist und $H(\omega)$ die Übertragungsfunktion oder Frequenzgang des Systems ist. Für die Prozess-Störung soll bandbegrenztes weißes Rauschen mit der spektralen Leistungsdichte `vnd` und für das Messrauschen mit der spektralen Leistungsdichte `vny` erzeugt werden. Dafür werden die Ausgänge der Rauschgeneratoren mit der Varianz eins in den Blöcken *Gain1* und *Gain2* mit den Faktoren `sqrt(vnd/dtn)` bzw. `sqrt(vny/dtn)` multipliziert. Die Werte `vnd/dtn` und `vny/dtn` stellen dann die Varianzen oder mittlere Leistungen der generierten Signale dar.

Mit der Varianz `vnd/dtn` wird die Kovarianzmatrix $\mathbf{Q}$ (gemäß Gl. (3.99)) als Diagonalmatrix mit gleichen Varianzen der Diagonalelementen `Qn` = `G*vnd/dtn` definiert. Für den eindimensionalen Ausgang wird die Varianz `vny/dtn` mit `Rn` = `1` multipliziert um die Varianz des Messrauschens festzulegen.

Interessant zu bemerken ist, dass gleiche Faktoren, die die Matrizen `Qn` und `Rn` multiplizieren, die Ergebnisse der Funktion **kalman** nicht beeinflussen. Bei der Berechnung der Rückführungsmatrix $\mathbf{L}$ des Kalman-Filters kürzen sich solche Faktoren. In den folgenden Zeilen des Skripts wird das Kalman-Filter ermittelt:

```
my_sys1 = my_sys(:,[1 1 1]);
my_sys1.b(1:2,2:3) = G;
% ------- Kalman-Filter
vnd = 1e-4;      vny = 1e-6;        % Spektrale Leistungsdichten und
dtn = 0.01;              % Abtastperiode für die Rauschgeneratoren
Qn = G*vnd/dtn;   Rn = vny/dtn;   % Varianzen der Störung und des
           % Messrauschens
%Qn = G*vnd/1000;   Rn = vny/1000;    % Varianzen der Störung und des
           % Messrauschens
```

```
[Kest, L, P] = kalman(my_sys1, Qn, Rn);
.....
```

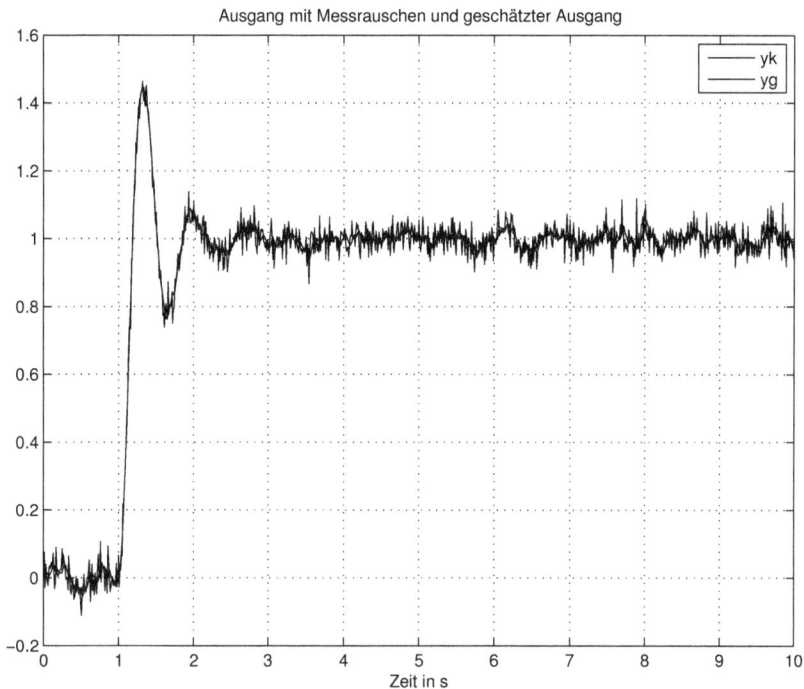

Abb. 3.77: *Gemessener und geschätzter Ausgang* (kalman_1.m, kalman1.mdl)

Die Funktion **kalman** aus der *Control System Toolbox* liefert im Objekt Kest ein Zustandsmodell für die Schätzung der Zustandsvariablen gemäß Gl. (3.100). Dieses Modell besitzt zwei Eingänge: Der erste Eingang ist die Steuertröße $u(t)$ und der zweite Eingang ist der Ausgang $y(t)$ des Prozesses, der mit Messrauschen gestört ist. Der Ausgang des Objektes Kest besteht erstens aus dem geschätzten Ausgang des Prozesses $\hat{y}(t)$ und weiter aus dem geschätzten Zustandsvektor $\hat{x}(t)$ mit zwei Elementen.

In der Matrix L liefert die Funktion **kalman** die Kalman-Matrix als Rückführung der Differenz zwischen gemessenem Ausgang $y(t)$ und geschätztem Ausgang $\hat{y}(t)$, wie in dem Blockschaltbild aus Abb. 3.75 gezeigt ist. In dieser ersten Untersuchung wird das Objekt Kest nicht benutzt sondern nur die Matrix L wie aus dem Simulink-Modell hervorgeht, das in Abb. 3.76 dargestellt ist. Dieses Modell ist eine Umsetzung des Blockschaltbilds aus Abb. 3.75.

In der Senke *To Workspace* y werden der gemessene, verrauschte Ausgang und der vom Kalman-Filter geschätzte Ausgang zwischengespeichert. Die Zustandsvariablen des Prozesses werden in der Senke *To Workspace*-y1 und die geschätzten Zustandsvariablen in der Senke *To Workspace*-y2 zwischengespeichert.

Wenn man mit der Zoom-Funktion die Darstellungen aus Abb. 3.77 näher betrachtet, sieht man, dass der geschätzte Ausgang nicht so verrauscht ist. Das Messrauschen

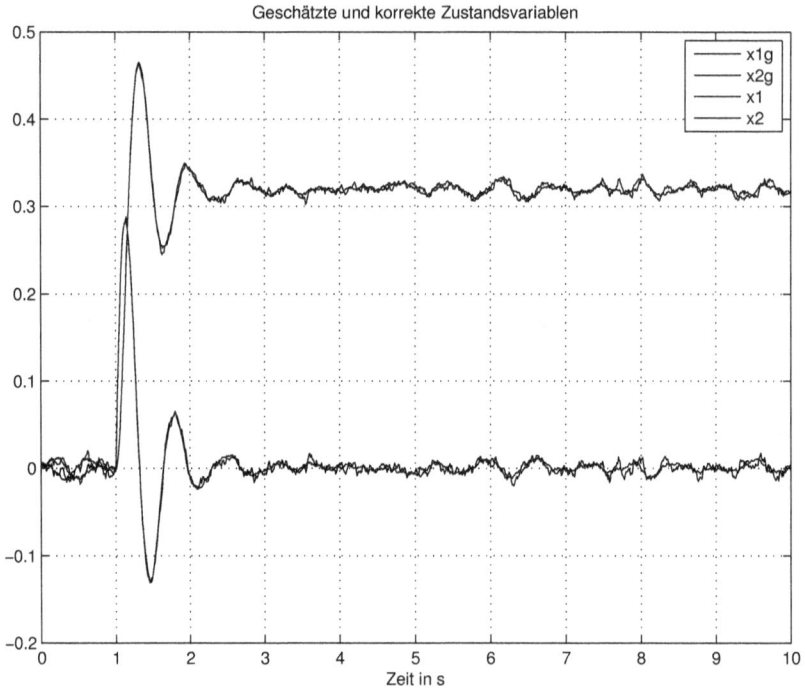

Abb. 3.78: Geschätzte und korrekte Zustandsvariablen (kalman_1.m, kalman1.mdl)

wird stark unterdrückt und es ist nur der Einfluss des Prozessrauschens $w(t)$ zu sehen.

Mit dem Simulink-Modell `kalman10.mdl` und dem Skript `kalman_10.m` wird der gleiche Prozess mit einem Kalman-Filter über das Zustandsmodell des Filters `Kest`, das der Befehl **kalman** liefert, untersucht. Das Modell entspricht (wie schon gezeigt) der Zustandsgleichung (3.100). Nachdem man mit

```
my_sys1 = my_sys(:,[1 1 1]);
```

das ursprüngliche Zustandsmodell `my_sys`, das nur einen Eingang für $u(t)$ besitzt, erweitert, so dass es nun drei Eingänge hat, einen für $u(t)$ und zwei für das Prozessrauschen $w(t)$ mit zwei Komponenten, sieht das neue `my_sys1` Zustandsmodell wie folgt aus:

```
>> my_sys1
my_sys1 =
  a =
          x1      x2
    x1     -5   -12.5
    x2      8       0
  b =
         u1   u2   u3
    x1    4    4    4
```

```
   x2    0    0    0
c =
             x1        x2
   y1         0     3.125
d =
           u1    u2    u3
   y1       0     0     0
```

Man erkennt in der Matrix `my_sys1.b` und in der Matrix `my_sys1.d` die drei Eingänge. In der Matrix `my_sys1.b` sind die zusätzlichen Eingänge noch mit der Matrix `my_sys.b = [4;0]` gewichtet. Um das zu ändern wird noch die Anweisung

```
my_sys1.b(1:2,2:3) = G;
```

hinzugefügt. Jetzt ist die Matrix `my_sys1.b` für die zusätzlichen Eingängen ohne zusätzliche Gewichtungen durch

```
b =
           u1    u2    u3
   x1       4     1     0
   x2       0     0     1
```

gegeben.

Das Zustandsmodell aus `Kest` enthält folgende Matrizen:

```
>> Kest
Kest =
  a =
             x1_e      x2_e
   x1_e        -5    -43.39
   x2_e         8    -22.23
  b =
              u1        y1
   x1_e        4     9.884
   x2_e        0     7.114
  c =
             x1_e      x2_e
   y1_e         0     3.125
   x1_e         1         0
   x2_e         0         1
  d =
            u1    y1
   y1_e      0     0
   x1_e      0     0
   x2_e      0     0
```

Man kann überprüfen, dass die Matrizen des Zustandsmodell des Filters `Kest` der Gl. (3.100) entsprechen. Aus

$$\dot{\hat{\mathbf{x}}}(t) = \mathbf{A}\hat{\mathbf{x}}(t) + \mathbf{B}u(t) + \mathbf{L}\big(y(t) - \hat{y}(t)\big) \tag{3.105}$$

mit

$$\hat{y}(t) = \mathbf{C}\hat{\mathbf{x}}(t) + \mathbf{D}u(t) \qquad \text{hier} \qquad \mathbf{D} = 0 \tag{3.106}$$

erhält man folgendes Zustandsmodell für das Kalman-Filter:

$$\dot{\hat{x}}(t) = (\mathbf{A} - \mathbf{LC})\hat{x}(t) + (\mathbf{B} - \mathbf{LD})u(t) + \mathbf{L}y(t) \tag{3.107}$$

In dieser Anwendung ist $\mathbf{D} = 0$ und dadurch kann diese Differentialgleichung wie folgt geschrieben werden:

$$\dot{\hat{x}}(t) = (\mathbf{A} - \mathbf{LC})\hat{x}(t) + \begin{bmatrix} \mathbf{B} & \mathbf{L} \end{bmatrix} \begin{bmatrix} u(t) \\ y(t) \end{bmatrix} = \mathbf{A}_{neu}\hat{x}(t) + \mathbf{B}_{neu} \cdot \begin{bmatrix} u(t) \\ y(t) \end{bmatrix} \tag{3.108}$$

Der geschätzte Ausgang $\hat{y}(t)$ wird zusammen mit dem geschätzten Zustandsvektor $\hat{x}(t)$ aus folgender algebraischen Ausgangsgleichung ermittelt:

$$\begin{bmatrix} \hat{y}(t) \\ \hat{x}(t) \end{bmatrix} = \begin{bmatrix} \mathbf{C} \\ 1 \ 0 \\ 0 \ 1 \end{bmatrix} \cdot \hat{x}(t) = \mathbf{C}_{neu}\hat{x}(t) \tag{3.109}$$

Mit $\mathtt{A} = \mathtt{my\_sys.a}$, $\mathtt{B} = \mathtt{my\_sys.b}$, $\mathtt{C} = \mathtt{my\_sys.c}$ und $\mathtt{D} = \mathtt{my\_sys.d}$ können die Matrizen des Zustandsmodell des Kalman-Filters gemäß Gl. (3.108) und Gl. (3.109) berechnet werden und mit den Matrizen von Kest verglichen werden.

Als Beispiel mit

```
>> my_sys.a
ans =
    -5.0000   -12.5000
     8.0000          0
>> L
L =

     9.8841
     7.1138
```

erhält man für A-L*C die Matrix:

```
>> my_sys.a-L*my_sys.c
ans =
    -5.0000   -43.3880
     8.0000   -22.2308
```

Diese entspricht der Matrix Kest.a, die weiter oben gezeigt wurde. Ähnlich ist die Matrix [B, L] durch

```
>> [my_sys.b, L]
ans =
     4.0000     9.8841
          0     7.1138
```

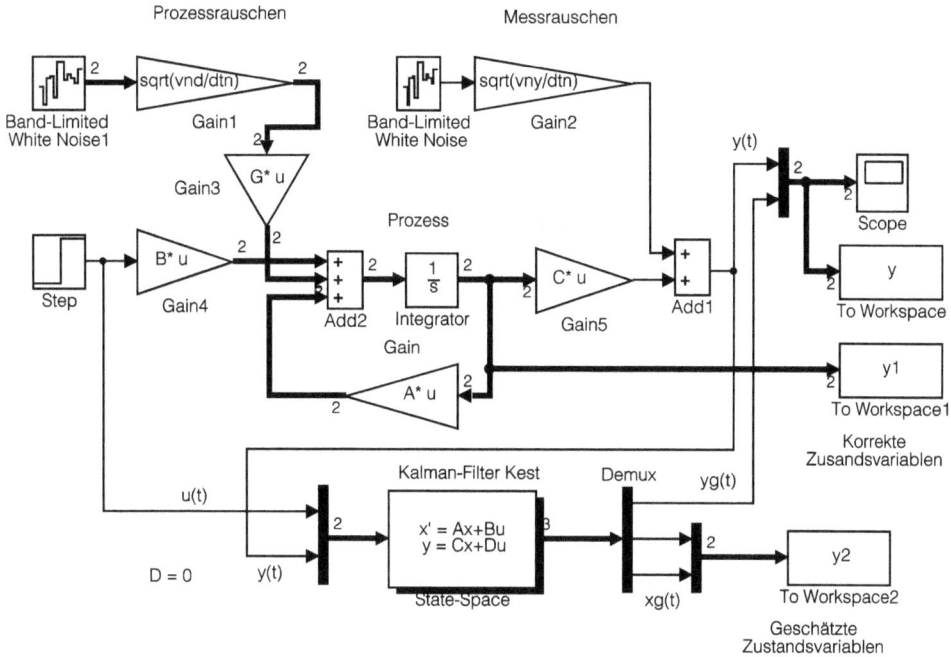

Abb. 3.79: Simulink-Modell des Kalman-Filters mit Zustandsmodell Kest in einem State-Space-*Block implementiert* (kalman_10.m, kalman10.mdl)

gegeben und entspricht der Matrix `Kest.b`.

Das Simulink-Modell mit dem Kalman-Filter `Kest` ist in Abb. 3.79 dargestellt. Die Ergebnisse sind, wie erwartet, die gleichen, wie die aus den Abbildungen 3.77 bzw. 3.78.

Damit im Block *Band-Limited White Noise* aus beiden Simulink-Modellen (Abb. 3.76 und Abb. 3.79) zwei unabhängige Zufallssequenzen für das Prozessrauschen $w(t)$ erzeugt werden können, muss man zwei verschiedene Zahlen für den Parameter *Seed* wählen. Der Parameter *Noise Power* stellt hier die spektrale Leistungsdichte der erzeugten Sequenz dar. Wenn man den Parameter *Sample Time* gleich mit *Noise Power* wählt, dann hat die Ausgangssequenz eine Varianz (oder mittlere Leistung) gleich eins.

In Abb. 3.79 ist das Kalman-Filter mit einem Block *State Space* dargestellt der zwei separate Eingänge besitzt, die Steuerungsgröße $u(t)$ und der gemessene Ausgang $y(t)$, der mit Messrauschen gestört ist. Es stellt sich jetzt die Frage, ob man auch den Prozess dieses Modells mit einem Block *State Space* ersetzen kann.

Im Modell `kalman_11.mdl`, das aus dem Skript `kalman_11.m` initialisiert und aufgerufen wird, ist für den Prozess ein Block *State Space* initialisiert. Das Simulink-Modell ist in Abb. 3.80 dargestellt.

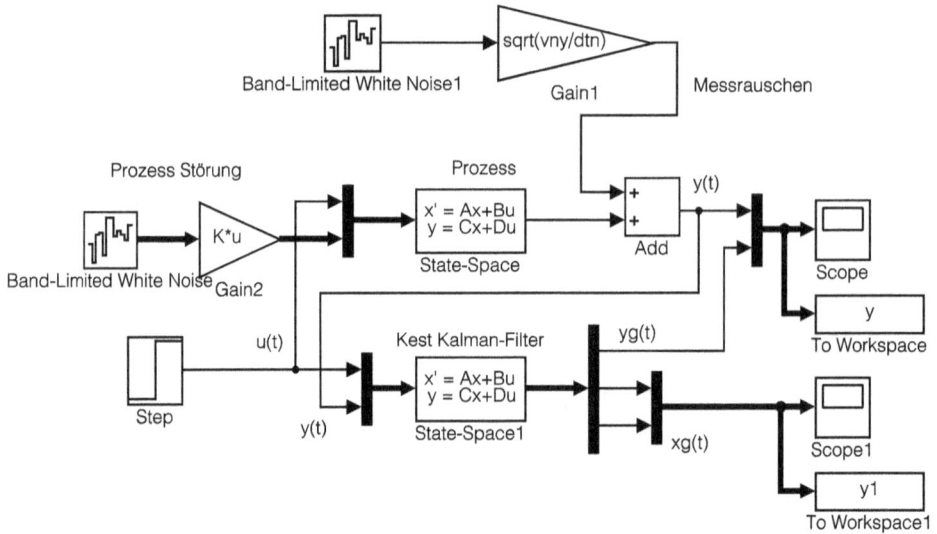

Abb. 3.80: Simulink-Modell des Kalman-Filters mit dem Prozess in einem State-Space-Block implementiert (kalman_11.m, kalman11.mdl)

Der Prozess wird mit einer Übertragungsfunktion, die ein bisschen geändert wurde

$$H(s) = \frac{200}{s^2 + 5s + 100} \tag{3.110}$$

angenommen, so dass eine statische Verstärkung (für $s = 0$) gleich zwei resultiert. Im vorherigen Beispiel war diese gleich eins. Dieser Prozess wird in ein Zustandsmodell `sys1` mit der Funktion **ss** umgewandelt. Das Modell besitzt jetzt nur einen Eingang für die Steuerung $u(t)$. Mit der Erweiterung über die Zeilen

```
....
sys2 = sys1(:,[1,1,1]);        % Ein Eingang für u und zwei für w
sys2.b(:,2:3) = eye(2,2);      % G = eye(2,2);
.....
```

erhält man ein Zustandsmodell mit drei Eingängen.

Nach der Anweisung `sys2 = sys1(:,[1,1,1]);` sind alle Eingänge mit derselben Matrix `sys1.b` gewichtet. Die Anweisung `sys2.b(:,2:3) = eye(2,2);` führt dazu, dass die zwei Eingänge für die Prozess-Störung die Gewichtung `G` erhalten. Ein Eingang bleibt weiter für die Steuerung und zwei für die Prozess-Störung als Vektor mit zwei Elementen. Es kann eine beliebige Matrix `G` eingesetzt werden.

Der Block *State Space* für den Prozess ist jetzt mit den Matrizen des Zustandsmodells `sys2` initialisiert. Die Matrix `K` im Block *Gain2*, die die Kovarianzmatrix des Prozessrauschens ist, wurde hier einfach mit `sqrt(vnd)*eye(2,2)` initialisiert. Sie ergibt somit zwei unabhängigen Zufallssequenzen der Varianz `vdn`. Die restlichen

Zeilen des Skriptes sind dem Skript `kalman_10.m` ähnlich und werden nicht mehr kommentiert:

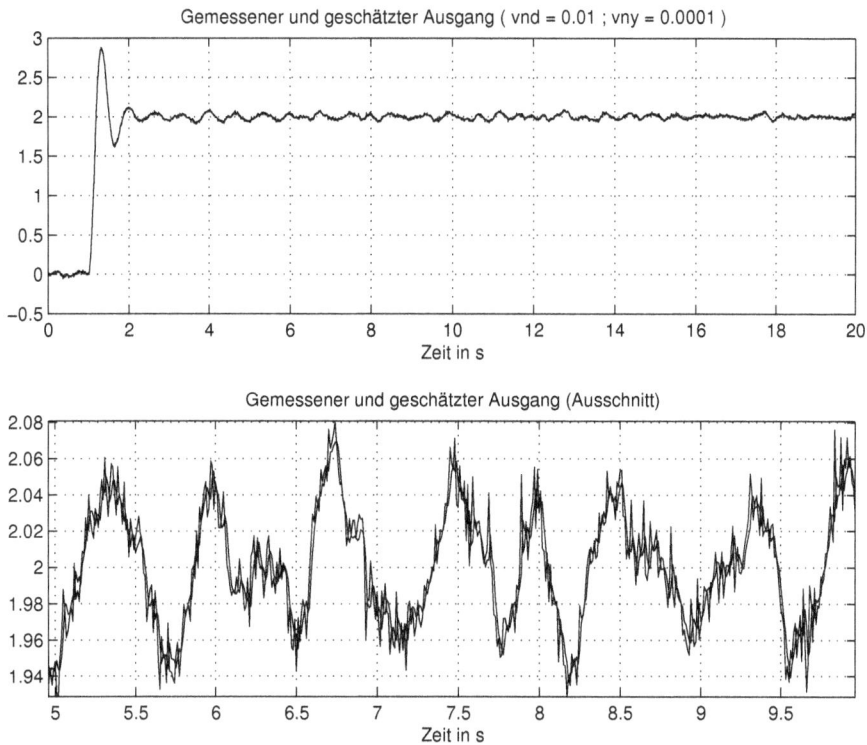

Abb. 3.81: a) Der mit Messrauschen überlagerter Ausgang $y(t)$ und der mit Kalman-Filter geschätzter Ausgang $\hat{y}(t)$ b) Einen Ausschnitt davon (kalman_11.m, kalman11.mdl)

```
% Skript kalman_11.m, in dem ein Zustandsmodell mit
% zwei Eingängen für einen Block State-Space gebildet wird
% x' = Ax + Bu + Gw
% y = Cx + Du + v    % Ein Ausgang
% E{ww'} = xQx';    Ev^2 = R
% Arbeitet mit Modell kalman11.mdl
clear;
% ------- Parameter des Systems
H1 = tf(200, [1, 5, 100]);
sys1 = ss(H1);       % Zustandsmodell mit einem Eingang
A1 = sys1.a;    B1 = sys1.b;
C1 = sys1.c;    D1 = sys1.d;
sys2 = sys1(:,[1,1,1]);       % Ein Eingang für u und zwei für w
G = eye(2,2);
sys2.b(:,2:3) = G;       % G = eye(2,2);
% Mit sys2 wird jetzt der Block State-Space parametriert
```

```
% ------ Kalman-Filter
vnd = 1e-4;       vny = 1e-6;   % Spektrale Leistungsdichte und
dtn = 0.01;        % Abtastperiode für die Rauschgeneratoren
Qn = G*vnd/dtn;  Rn = vny/dtn;   % Varianzen der Störung und des
         % Messrauschens
[Kest, L, P] = kalman(sys2, Qn, Rn);
% -------- Aufruf der Simulation
Tfinal = 20;      dt = 0.01;
my_options = simset('Solver','ode45', 'MaxStep', dt);
sim('kalman11',[0,Tfinal],my_options);
t = y.time;             % Simulationszeit
nt = length(t);
yr = y.signals.values(:,1);  % Korrekter Ausgang y(t)
yg = y.signals.values(:,2);  % Geschätzter Ausgang yg(t)
xg=y1.signals.values(:,:);% Geschätzte Zustandsvariablen des Prozesses
......
```

In Abb. 3.81 sind oben die „gemessenen"und die geschätzten Ausgangsvariablen des Systems dargestellt. Darunter ist ein Ausschnitt derselben Variablen gezeigt, so dass man besser diese zwei Größen erkennen kann. Der geschätzte Ausgang ist relativ niederfrequent.

3.6.8   LQR-Regelung mit Kalman-Filter für die Schätzung der Zustandsvariablen

Für den vorherige Prozess mit zufälliger Störung und Messrauschen für den zu regelnden Ausgang wird eine LQR-Regelung mit I-Anteil untersucht. Abb. 3.82 zeigt das entsprechende Simulink-Modell kalman12.mdl, das aus dem Skript kalman_12.m initialisiert und aufgerufen wird.

Die Rückführungsmatrix des Reglers Kr zusammen mit der Verstärkung des I-Anteils ki werden wie in dem Beispiel des Reglers aus dem Skript LQR_1.m bzw. Modell LQR1.mdl berechnet. Dieser Regler wurde im Abschnitt „Optimale LQR-Regelung"3.6.6 beschrieben. Zusätzlich zum vorherigen Skript kalman_11.m werden hier die Matrix Kr und der Faktor ki berechnet:

```
% ------ LQR-Regelung mit I-Anteil
An = [sys1.a, zeros(2,1); -sys1.c,0]; % Erweitertes Modell
Bn = [sys1.b;0];
Q = eye(3,3)*100;      R = 1;
Kn = lqr(An, Bn, Q, R);
Kr = Kn(1:2);      ki = -Kn(3);
% -------- Aufruf der Simulation
Tfinal = 20;      dt = 0.01;
my_options = simset('Solver','ode45', 'MaxStep', dt);
sim('kalman12',[0,Tfinal],my_options);
```

Die Gewichtungen der Abweichungen der Zustandsvariablen sind in der Matrix Q enthalten und mit R ist die Gewichtung der nötigen Steuerung berücksichtigt. Ein kleinerer Wert für Q (z.B. Q= eye(3,3)*10;) und ein größerer Wert für R ergeben größere Abweichungen des geregelten Ausgangs.

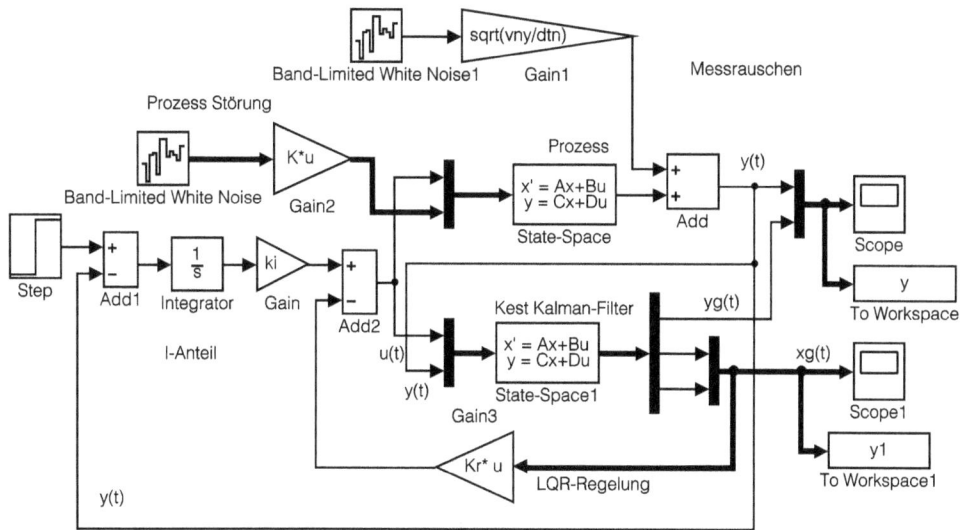

Abb. 3.82: Simulink-Modell der LQR-Regelung mit Kalman-Filter für die Schätzung der Zu-standsvariablen (kalman_12.m, kalman12.mdl)

Abb. 3.83 zeigt den über das Kalman-Filter geschätzten Ausgang und den für die Regelung gemessenen Ausgang für eine Führungsgröße gleich eins (Sprungantwort).

Im Skript `kalman_13.m`, wird das Modell `kalman_13.m` für die Untersuchung einer LQR-Regelung mit Kalman-Filter zur Schätzung der Zustandsvariablen für folgenden Prozess initialisiert und aufgerufen:

$$H(s) = \frac{200}{s^2 + 5s + 100} \cdot \frac{1}{2s - 1} \tag{3.111}$$

Die Übertragungsfunktion stellt ein instabiles System dar, weil es einen positiven Pol enthält $p_3 = 1/2$. Der Prozess besitzt jetzt vier Eingänge, ein Eingang für die Steuerung $u(t)$ und drei für die Prozess-Störung $\mathbf{w}(t)$ als Vektor mit drei Elementen für die drei Zustandsvariablen des Prozesses. Dieser ist jetzt mit folgendem Zustandsmodell beschrieben:

$$\dot{\mathbf{x}}(t) = \mathbf{A}\mathbf{x}(t) + \mathbf{B}u(t) + \mathbf{G}\mathbf{w}(t)$$
$$y(t) = \mathbf{C}\mathbf{x}(t) + v(t) \tag{3.112}$$
$$E\{\mathbf{w}(t)\mathbf{w}'(\tau)\} = \mathbf{Q}_n\,\delta(t - \tau); \qquad E\{v(t)v(\tau)\} = R_n\,\delta(t - \tau)$$

Hier ist $\mathbf{Q}_n$ die Kovarianzmatrix der drei unabhängigen Zufallssignale aus $\mathbf{w}(t)$ und R_n ist die Varianz des Messrauschens. In folgenden Skriptzeilen wird das Modell der LQR-Regelung initialisiert:

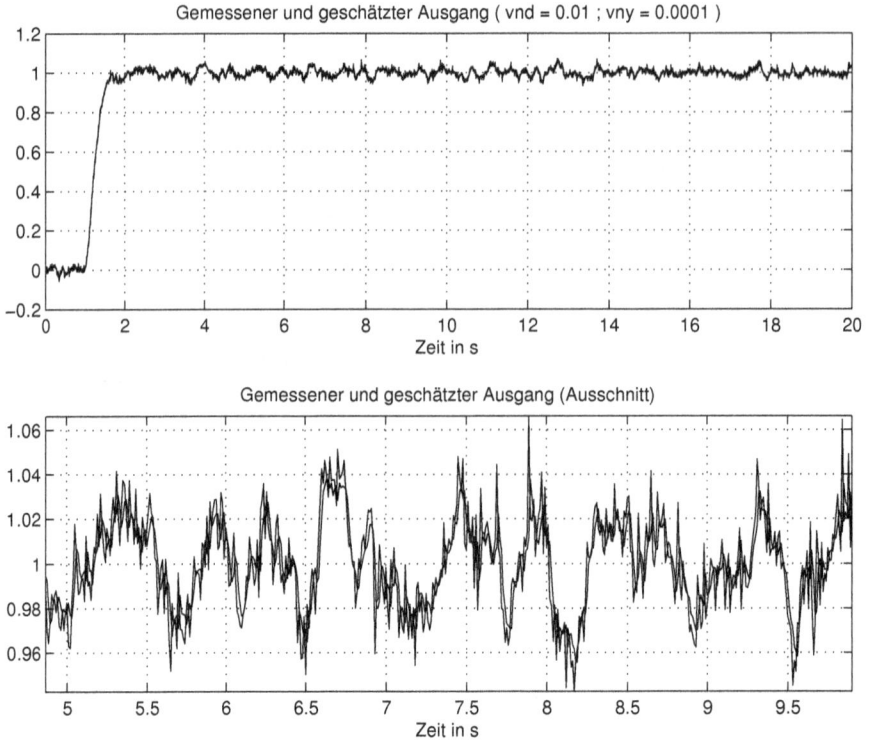

Abb. 3.83: a) Der mit Messrauschen überlagerter, geregelter Ausgang $y(t)$ und der mit Kalman-Filter geschätzter Ausgang $\hat{y}(t)$ b) Ein Ausschnitt davon (kalman_12.m, kalman12.mdl)

```
......
H1 = tf(200, [1, 5, 100]);
H2 = tf(1, [2 -1]);
sys1 = ss(H1*H2);
A1 = sys1.a;     B1 = sys1.b;
C1 = sys1.c;     D1 = sys1.d;
sys2 = sys1(:,[1,1,1,1]);       % Ein Eingang für u und drei für w
sys2.b(:,2:4) = eye(3,3);       % G = eyey(3,3);
% Mit sys2 wird jetzt der Block State-Space parametriert
% ------ Kalman-Filter
vnd = 0.01;            vny = 0.0001;
Qn = eye(3,3)*vnd;        Rn = vny;
[Kest,L,P] = kalman(sys2, Qn, Rn);      % Kalman-Filter
% ------ LQR-Regelung mit I-Anteil
An = [sys1.a, zeros(3,1); -sys1.c,0]; % Erweitertes Modell
Bn = [sys1.b;0];
Q = eye(4,4)*100;      R = 1;
```

```
%Q = eye(4,4)*1;     R = 10;
Kn = lqr(An, Bn, Q, R);
Kr = Kn(1:3);     ki = -Kn(4);
% ------ Aufruf der Simulation
........
```

Die LQR-Regelung ist jetzt stabil und wenn angenommen wird, dass die Schätzung der Zustandsvariablen ideal ist, dann sind die Pole des Prozesses mit der Rückführungsmatrix K_r die Eigenwerte folgender homogener Differentialgleichung:

$$\dot{\mathbf{x}}(t) = \mathbf{A}\mathbf{x}(t) + \mathbf{B}u(t) \quad \text{mit} \quad u(t) = -\mathbf{K}_r\mathbf{x}(t)$$
$$\dot{\mathbf{x}}(t) = (\mathbf{A} - \mathbf{B}\mathbf{K}_r)\mathbf{x}(t)$$

(3.113)

Mit den Bezeichnungen aus dem Skript erhält man folgende Eigenwerte (oder Pole) des Prozesses mit Rückführungmatrix $-\mathbf{K}_r$:

```
>> eig(sys1.a-sys1.b*Kr)
ans =
 -14.7499 +10.5276i
 -14.7499 -10.5276i
  -3.4337
```

Unter der gleichen Bedingung, dass die Schätzwerte der Zustandsvariablen ideal sind ($\hat{\mathbf{x}}(t) = \mathbf{x}(t)$), erhält man folgendes Modell des gesamten Systems von der Führungsgröße $u(t)$ bis zum Ausgang $y(t)$:

$$\dot{\mathbf{x}}(t) = \mathbf{A}\mathbf{x}(t) + \mathbf{B}u(t)$$
$$u(t) = -\mathbf{K}_r\mathbf{x}(t) + k_i z(t)$$
$$y(t) = \mathbf{C}\mathbf{x}$$
$$\dot{z}(t) = u_f(t) - y(t)$$

(3.114)

Hier ist $u_f(t)$ die Führungsgröße am Eingang (Sollwert der Regelung). Aus diesen Gleichungen lässt sich ein erweitertes Zustandsmodell bilden:

$$\begin{bmatrix} \dot{\mathbf{x}}(t) \\ \dot{z}(t) \end{bmatrix} = \begin{bmatrix} \mathbf{A} - \mathbf{B}\mathbf{K_r} & \mathbf{B}ki \\ -\mathbf{C} & 0 \end{bmatrix} \cdot \begin{bmatrix} \mathbf{x}(t) \\ z(t) \end{bmatrix} + \begin{bmatrix} \mathbf{0} \\ 1 \end{bmatrix} u_f(t)$$

(3.115)

Die Eigenwerte der homogenen Differentialgleichung mit $u_f(t) = 0$ für das gesamte System sind dann die Eigenwerte der Matrix:

$$\begin{bmatrix} \mathbf{A} - \mathbf{B}\mathbf{K_r} & \mathbf{B}ki \\ -\mathbf{C} & 0 \end{bmatrix}$$

(3.116)

Diese Eigenwerte werde mit folgendem MATLAB-Befehl ermittelt:

```
>> eig([sys1.a-sys1.b*Kr, sys1.b*ki;-sys1.c 0])
ans =
 -14.9123 +10.5636i
 -14.9123 -10.5636i
  -1.5545 + 0.7602i
  -1.5545 - 0.7602i
```

Da alle Eigenwerte negative Realteile besitzen, ist das gesamte System stabil.

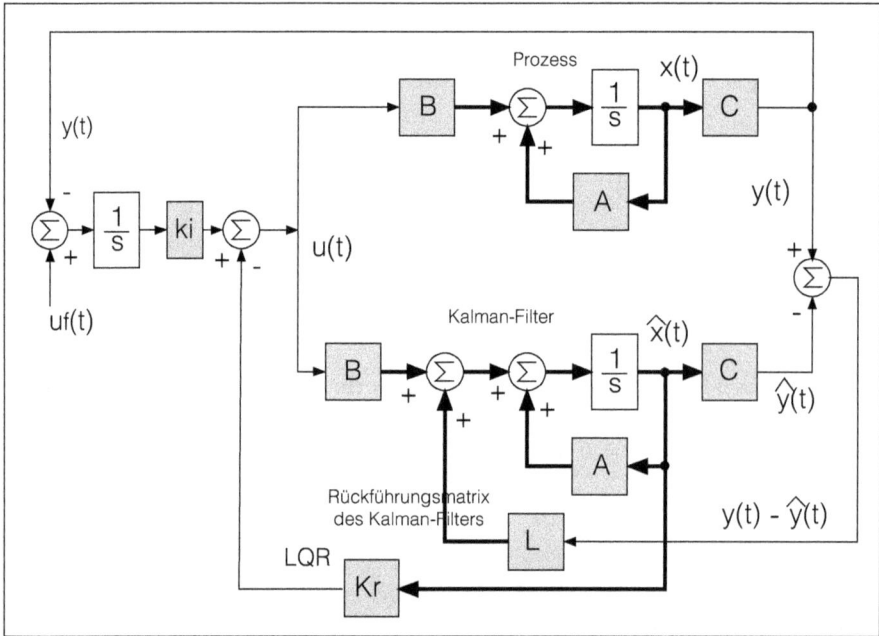

Abb. 3.84: Struktur des Systems ohne Prozess-Störung und ohne Messrauschen

Wenn man auch das Kalman-Filter einbeziehen will, muss man ein Zustandsmodell für die Struktur des gesamten Systems aus Abb. 3.84 bilden. Die Prozess-Störung und das Messrauschen werden weggelassen. Man kann aus der Struktur folgende Beziehungen zwischen den Variablen bilden:

$$
\begin{aligned}
\dot{\mathbf{x}}(t) &= \mathbf{A}\mathbf{x}(t) + \mathbf{B}u(t) \\
u(t) &= -\mathbf{K}_r\hat{\mathbf{x}}(t) + k_i z(t) \\
y(t) &= \mathbf{C}\mathbf{x} \\
\dot{z}(t) &= u_f(t) - y(t) \\
\dot{\hat{\mathbf{x}}}(t) &= \mathbf{A}\hat{\mathbf{x}}(t) + \mathbf{B}u(t) + \mathbf{L}\big(y(t) - \hat{y}(t)\big)
\end{aligned}
\tag{3.117}
$$

Daraus erhält man folgendes Zustandsmodell in den Zustandsvariablen $\mathbf{x}(t), \hat{\mathbf{x}}(t), z(t)$:

$$\begin{bmatrix} \dot{\mathbf{x}}(t) \\ \dot{\hat{\mathbf{x}}}(t) \\ \dot{z}(t) \end{bmatrix} = \begin{bmatrix} \mathbf{A} & -\mathbf{BK_r} & \mathbf{B}ki \\ \mathbf{LC} & \mathbf{A} - \mathbf{BK_r} - \mathbf{LC} & \mathbf{B}ki \\ -\mathbf{C} & \mathbf{0} & 0 \end{bmatrix} \cdot \begin{bmatrix} \mathbf{x}(t) \\ \hat{\mathbf{x}}(t) \\ z(t) \end{bmatrix} + \begin{bmatrix} \mathbf{0} \\ \mathbf{0} \\ 1 \end{bmatrix} u_f(t) \tag{3.118}$$

Für das homogene Differentialgleichungssystem mit $u_f(t) = 0$ sind dann die Eigenwerte der großen Matrix für die Stabilität des Systems maßgebend. Diese Eigenwerte können mit folgenden MATLAB-Befehlen mit den Variablen aus dem Skript berechnet werden:

```
>> agesch=[sys1.a,-sys1.b*Kr,sys1.b*ki;L*sys1.c,...
   sys1.a-sys1.b*Kr-L*sys1.c,sys1.b*ki;-sys1.c,zeros(1,3),0]
agesch =
   -4.5000   -6.0938    1.5625  -28.4335  -20.7614  -36.7998   20.0000
   16.0000         0         0         0         0         0         0
         0    2.0000         0         0         0         0         0
         0         0   -1.9240  -32.9335  -26.8552  -33.3133   20.0000
         0         0    9.4359   16.0000         0   -9.4359         0
         0         0   16.7894         0    2.0000  -16.7894         0
         0         0   -1.5625         0         0         0         0
>> eig(agesch)
ans =
 -14.9123 +10.5636i
 -14.9123 -10.5636i
 -15.6034
  -2.8430 + 9.7530i
  -2.8430 - 9.7530i
  -1.5545 + 0.7602i
  -1.5545 - 0.7602i
```

Die Eigenwerte für die Annahme, dass $\hat{\mathbf{x}}(t) = \mathbf{x}(t)$, die vorher berechnet wurden, sind auch hier enthalten und hinzu kommen noch die Eigenwerte wegen des Kalman-Filters.

Zu bemerken ist, dass die Rückführungsmatrix des Kalman-Filters $\mathbf{L}$ nur für den Fall eines Prozesses mit Messrauschen gemäß Gl. (3.101) zu ermitteln ist. In der Struktur aus Abb. 3.84 wurde das Messrauschen und die Prozess-Störung weggelassen, weil man die Stabilität untersuchen wollte, die durch die Eigenwerte des homogenen Zustandsmodells der Struktur festzustellen ist.

3.6.9 LQR-Regelung mit zeitdiskretem Kalman-Filter

In MATLAB gibt es in der *Control System Toolbox* den Befehl **kalmd** mit dem ein zeitdiskretes Kalman-Filter für einen zeitkontinuierlichen Prozess ermittelt werden kann. Das ist auch die übliche praktische Art, wenn ein Prozess durch einen Mikroprozessor oder Prozessrechner gesteuert wird, in dem die Algorithmen zeitdiskret implementiert sind. Die Ausgänge der Sensoren werden abgetastet und über A/D-Wandler in digitale, zeitdiskrete Größen konvertiert, die dann dem Prozessrechner zur Verfügung gestellt werden. Nachdem mit Hilfe der Algorithmen die zeitdiskreten, digitalen Stellgrößen für den Prozess berechnet wurden, werden sie den Stellgliedern über D/A-Wandler als kontinuierliche Größen übergeben.

In diesen Abschnitt wird diese Möglichkeit für den gleichen Prozess aus dem vorherigen Beispiel untersucht. Es wird von einem kontinuierlichen Modell des Prozesses gemäß Gl. (3.97) mit den Eigenschaften gemäß Gl. (3.98) bzw. Gl. (3.99) ausgegangen.

Die Untersuchung wird mit Hilfe des Skripts kalman_d1.m, das das Modell kalmand1.mdl initialisiert und aufruft, durchgeführt. Die Übertragungsfunktion des SISO-Prozesses entspricht der Übertragungsfunktion aus Gl. (3.111).

Am Anfang des Skriptes wird, wie im vorherigen Skript kalman_12.m das Zustandsmodell des Prozesses sys1 ermittelt und danach daraus das Modell sys2 mit den nötigen Eingängen erzeugt. Die Matrizen dieses Modells werden zur Parametrierung des Blocks *State Space* für den Prozess benutzt:

```
% Skript kalman_d1.m, in dem eine LQG-Regelung
% für einen kontinuierlichen Prozess der Form
% x' = Ax + Bu + Gw           y = Cx + Du + v
% E{ww'} = Q;    Ev^2 = R
% mit zeitdiskretem Kalman-Filter untersucht wird.
% Arbeitet mit Modell kalmand1.mdl
clear;
% -------- Prozess und Zustandsmodell
H1 = tf(200, [1, 5, 100]);          H2 = tf(1,[2 -1]);
sys1 = ss(H1*H2);
A1 = sys1.a;          B1 = sys1.b;
C1 = sys1.c;          D1 = sys1.d;
sys2 = sys1(:,[1,1,1,1]);       % Ein Eingang für u und drei für w
G = eye(3,3);
sys2.b(:,2:4) = G;      % G = eye(3,3);
% Mit sys2 wird jetzt der State-Space Prozess parametriert
......
```

Danach wird das zeitdiskrete Kalman-Filter mit der Funktion **kalmd** ermittelt. Der Befehl erhält als Argumente das zeitkontinuierliche Zustandsmodell des Prozesses sys2, die Kovarianzmatrix der Prozess-Störung Qn und die Varianz Rn des Messrauschens. Zusätzlich muss hier auch die Abtastperiode für das zeitdiskrete Kalman-Filter angegeben werden:

```
% ------ Zeitdiskretes Kalman-Filter
vnd = 1e-4;      vny = 1e-6; % Spektrale Leistungsdichten und
dtn = 0.01;        % Abtastperiode für die Rauschgeneratoren
Qn = eye(3,3)*vnd/dtn;       Rn = vny/dtn;
Ts = 0.05;
[Kest,L,P] = kalmd(sys2, Qn, Rn, Ts);     % Kalman-Filter
```

Als Ergebnisse erhält man das zeitdiskrete Zustansmodell des Filters im Objekt Kest und die Rückführungsmatrix des Filters in L. Die Matrix P ist die Kovarianzmatrix des Fehlers der Schätzung der Zustandsvariablen.

Mit

```
>> Kest
Kest =
  a =
              x1_e      x2_e      x3_e
     x1_e    0.6965   -0.2584    0.1554
     x2_e    0.6878      0.89   -0.2155
     x3_e   0.03643   0.09623    0.4135
  b =
                 u1        y1
     x1_e    0.08598   -0.0565
     x2_e    0.03643    0.1561
     x3_e   0.001247     0.376
  c =
              x1_e      x2_e      x3_e
     y1_e        0         0    0.6879
     x1_e        1         0   0.06656
     x2_e        0         1   -0.3077
     x3_e        0         0    0.4402
  d =
                 u1        y1
     y1_e        0    0.5598
     x1_e        0   -0.0426
     x2_e        0    0.1969
     x3_e        0    0.3583
Input groups:
         Name          Channels
     KnownInput            1
     Measurement           2
Output groups:
         Name          Channels
     OutputEstimate        1
     StateEstimate       2,3,4
Sample time: 0.05 seconds
```

erhält man die Matrizen des Zustandsmodells Kest und kann die Struktur des Filters verstehen. So erkennt man z.B. in der Matrix Kest.b die zwei Eingänge in Form der Steuerung $u(t)$ und des Ausgangs mit Messrauschen $y(t)$ des Prozesses. Ähnlich zeigt die Matrix Kest.c, dass das Modell Kest als Ausgänge den geschätzten Ausgang $\hat{y}(t)$ als erste Variable hat und danach die geschätzten Zustandsvariablen $\hat{x}(t)$ liefert. Das widerspiegelt sich auch im Modell kalmand1.mdl, das in Abb. 3.85 dargestellt ist.

Der Block *Discrete State Space* besitzt vier Ausgänge, wobei der erste der geschätzte Ausgang des Prozesses ist und die restlichen drei die geschätzten Zustandsvariablen sind. Sie werden mit einem *Demux*-Block getrennt. Die geschätzten Zustandsvariablen werden mit einem *Mux*-Block für die Zwischenspeicherung in der Senke *To Workspace1* und für die Darstellung am *Scope1*-Block zusammengefasst.

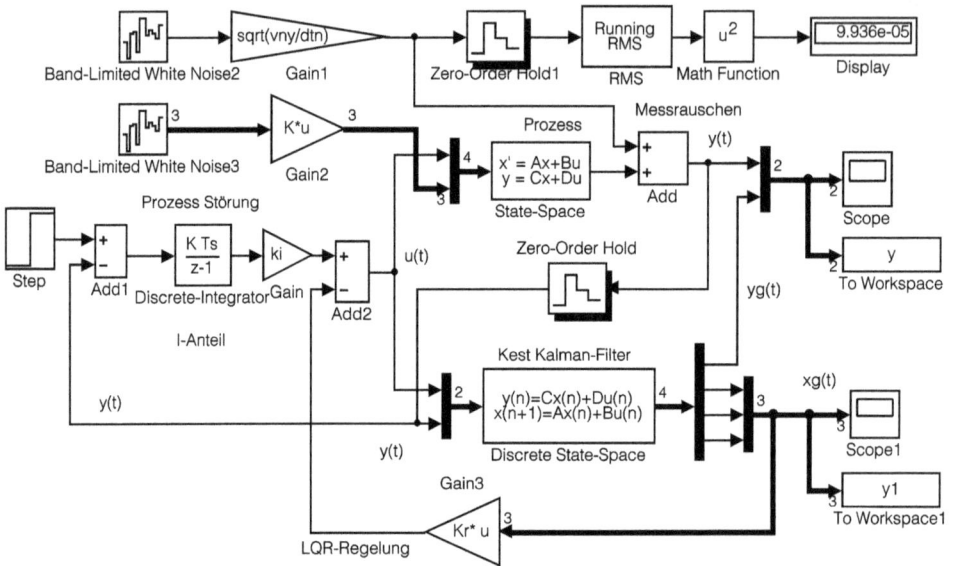

Abb. 3.85: Simulink-Modell der LQR-Regelung mit zeitdiskretem Kalman-Filter (kalman_1d.m, kalman1d.mdl)

Der Ausgang des Prozesses $y(t)$ wird für das Kalman-Filter und für die LQR-Regelung mit dem Block *Zero Order Hold* zeitdiskretisiert (mit einer Abtastperiode Ts).

Danach wird, wie in den vorherigen Beispielen, die LQR-Regelung mit dem Befehl **lqr** ermittelt und die Simulation gestartet:

```
. . . . . . .
% ------ LQR-Regelung mit I-Anteil
An = [sys1.a, zeros(3,1); -sys1.c,0];  % Erweitertes Modell
Bn = [sys1.b;0];
Q = eye(4,4)*100;      R = 1;
%Q = eye(4,4)*1;       R = 10;
Kn = lqr(An, Bn, Q, R);
Kr = Kn(1:3);      ki = -Kn(4);
dtn = 0.01;          % Abtastperiode für die Rauschsignale
% -------- Aufruf der Simulation
Tfinal = 50;        dt = 0.01;
x0 = zeros(1,3);   step = 1;      % Sprungantwort
%x0 = [-1 -2 1];    step = 0;       % Homogene Antwort
my_options = simset('Solver','ode45', 'MaxStep', dt);
sim('kalmand1',[0,Tfinal],my_options);
t = y.time;                  % Simulationszeit
nt = length(t);
yr = y.signals.values(:,1);   % Korrekter Ausgang y(t)
yg = y.signals.values(:,2);  % Geschätzter Ausgang yg(t)
```

```
xg= y1.signals.values(:,:);%Geschätzte Zustandsvariablen des Prozesses
td = y1.time;
figure(1);      clf;
subplot(211), plot(t, yr)
  hold on;      stairs(t, yg);
  title(['Gemessener und geschätzter Ausgang (vnd = ',num2str(vnd),...
    ' ; vny = ', num2str(vny),' )']);
  xlabel('Zeit in s');      grid on;      hold off;
nd = fix(nt/5);        n = nd:2*nd;
subplot(212), plot(t(n), yr(n))
  hold on;      stairs(t(n), yg(n));
  title('Gemessener und geschätzter Ausgang (Ausschnitt)');
  xlabel('Zeit in s');      grid on;      hold off;      axis tight;
figure(2);      clf;
stairs(td, xg);
  title('Geschätzte Zustandsvariablen des Prozesses');
  xlabel('Zeit in s');      grid on;
```

Die zeitdisikreten Signale werden mit der Funktion **stairs** treppenförmig dargestellt.

Mit den drei Blöcken oben: *RMS*, der den Effektivwert misst und als *Running RMS* parametriert ist, dem Block *Math Function*, der als Quadrierer initialisiert ist und dem *Display*-Block, kann man für zeitdiskrete Sequenzen ihre Varianz bestimmen. Der Display Block zeigt einen Wert von $9,9361 0^{-5} \cong 0,0001$. Auf diesen Wert wurde im Skript das Verhältnis `vny/dtn = 0,0001` initialisiert.

Diese Kette von Blöcken kann an verschiedenen Stellen angeschlossen werden, um die Varianz der zeitdiskreten Variablen zu ermitteln. Mit einem Block Add kann die Differenz zwischen dem Ausgang $y(t)$ und dem geschätzten Ausgang gebildet werden, um dann die Varianz des Schätzfehlers zu messen. Der Ausgang $y(t)$ muss dazu nach dem A/D-Wandler, der hier mit dem Block *Zero-Order Hold* nachgebildet ist, entnommen werden.

Diese Simulation meldet eine algebraische Schleife, die aber von MATLAB aufgelöst werden kann:

```
Found algebraic loop containing:
  'kalmand1/Discrete State-Space'
  'kalmand1/Gain3'
  'kalmand1/Add2' (algebraic variable)
```

Der Versuch durch eine Verspätung mit einem Zeitschritt die algebraische Schleife aufzulösen, scheitert und die Simulation konvergiert nicht mehr.

3.6.10   Diskretes Kalman-Filter zur Sensorsignalverarbeitung

Abb. 3.86 zeigt ein einfaches Feder-Masse-System, das durch einen Elektromagneten mit der Kraft $F_e(t)$ angeregt wird. Mit m, k bzw. c wurden die Masse, die Federkonstante und der viskose Dämpfungsfaktor bezeichnet.

In der ersten Untersuchung wird angenommen, dass mit einem Piezo-Sensor die

Beschleunigung der Masse gemessen wird und daraus soll die Geschwindigkeit und der Weg oder die Lage der Masse ermittelt werden.

Der direkte Weg wäre, durch Integrieren der Beschleunigung und dann der Geschwindigkeit diese Größen zu erhalten. Es wird angenommen, dass das System zusätzlich mit Zufallsstörungen und Messrauschen angeregt wird und dadurch die gewünschten Größen mit Hilfe eines Kalman-Filters zu ermittelt sind. Das erfordert auch, dass das System bekannt und ein Zustandsmodell vorhanden ist.

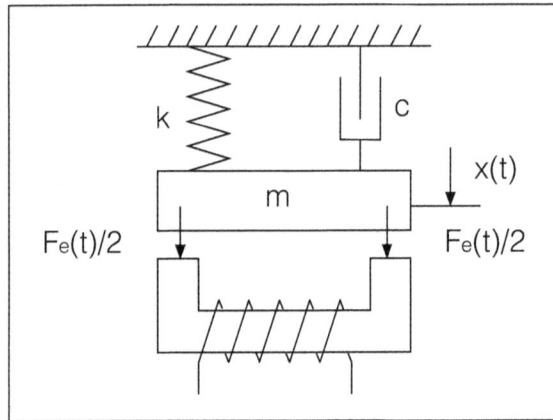

Abb. 3.86: Einfaches Feder-Masse-System

Die Differentialgleichung, die die Bewegung relativ zur statischen Gleichgewichtslage beschreibt, ist:

$$m\ddot{x}(t) + c\dot{x}(t) + kx(t) = F_e(t) \quad \text{mit} \quad x(0),\ \dot{x}(0) \quad \text{gegeben} \tag{3.119}$$

Als Zustandsvariablen werden die Koordinate der Lage $x(t)$ und die Geschwindigkeit $\dot{x}(t) = v_x(t)$ gewählt. Diese Wahl führt dann zu folgendem Zustandsmodell:

$$\begin{bmatrix} \dot{x}(t) \\ \dot{v}_x(t) \end{bmatrix} = \begin{bmatrix} 0 & 1 \\ -\dfrac{k}{m} & -\dfrac{c}{m} \end{bmatrix} \cdot \begin{bmatrix} x(t) \\ v_x(t) \end{bmatrix} + \begin{bmatrix} 0 \\ \dfrac{1}{m} \end{bmatrix} F_e(t) + \begin{bmatrix} w_1(t) \\ w_2(t) \end{bmatrix} \tag{3.120}$$

Der Vektor $\mathbf{w}(t)$ mit den zwei unabhängigen Zufallssignalen $w_1(t), w_2(t)$ stellt die Prozess-Störung dar.

Wenn die Beschleunigung $\ddot{x}(t)$ als Ausgang gewählt wird, dann ist sie gemäß Gl. (3.119) durch

$$y(t) = \ddot{x}(t) = \begin{bmatrix} -\dfrac{k}{m} & -\dfrac{c}{m} \end{bmatrix} \cdot \begin{bmatrix} x(t) \\ v_x(t) \end{bmatrix} + \frac{1}{m} F_e(t) + v(t) \tag{3.121}$$

gegeben. Hier stellt das unabhängige Zufallssignal $v(t)$ das Messrauschen des Beschleunigungssensors dar. Die Zufallssignale werden als weißes Rauschen der

Kovarianz $\mathbf{Q_n}$ für die Prozess-Störung bzw. Varianz R_n für das Messrauschen angenommen:

$$E\{\mathbf{w}(t)\mathbf{w}(\tau)'\} = \mathbf{Q_n}\delta(t-\tau); \qquad E\{v(t)v(\tau)\} = R_n\delta(t-\tau) \tag{3.122}$$

Aus diesem zeitkontinuierlichen System wird mit der MATLAB-Funktion **c2d** ein zeitdiskretes Zustandsmodell gebildet und entsprechend wird auch ein zeitdiskretes Kalman-Filter eingesetzt, um aus der Beschleunigung, die mit Messrauschen überlagert ist, die Zustandsvariablen in Form der Koordinate der Lage bzw. der Geschwindigkeit der Masse zu schätzen.

Die Untersuchung wird mit Hilfe des Skripts `kalman_d2.m` und des Simulink-Modells `kalmand2.m`, das in Abb. 3.87 dargestellt ist, durchgeführt.

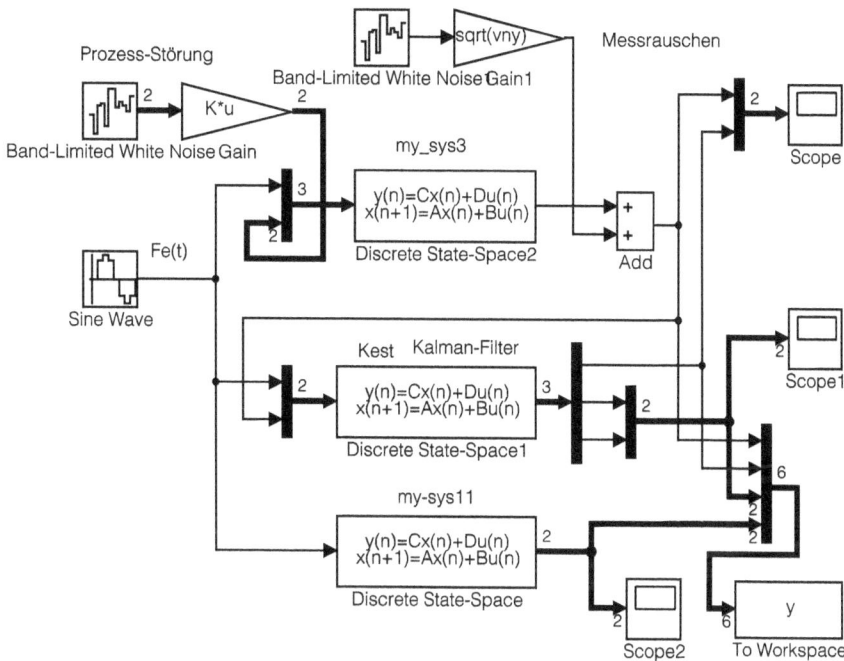

Abb. 3.87: Simulink-Modell der Schätzung der Zustandsvariablen aus der Beschleunigung (kalman_2d.m, kalman2d.mdl)

Das Simulink-Modell enthält drei zeitdiskrete Zustandsblöcke *Discrete State-Space*, in denen ganz oben der Prozess `my_sys3` simuliert wird, darunter ist das zeitdiskrete Kalman-Filter `Kest` enthalten und ganz unten ist der Prozess ohne Störungen und mit den Zustandsvariablen als Ausgänge in `my_sys11` nachgebildet. Diese dienen dem Vergleich mit den geschätzten Zustandsvariablen.

Am Anfang wird im Skript das Zustandsmodell des Prozesses gemäß Gl. (3.120) und Gl. (3.121) ohne Störung und Messrauschen berechnet:

```
% Skript kalman_d2.m, in dem ein zeitdiskretes Kalman-Filter
```

```
% zur Schätzung der Lage und Geschwindigkeit eines
% Feder-Masse-Systems aus der Beschleunigung untersucht wird.
% Arbeitet mit Modell kalman2d.mdl
clear;
% ------- Parameter des Systems
m = 2;        k = 10;       c = 0.5;
fanreg = 0.1; ampl = 2; % Frequenz und Amplitude der Anregung
% ------- Zustandsmodell
A1 = [0,1;-k/m,-c/m];
B1 = [0;1/m];
C1 = [-k/m,-c/m];   D1 = [1/m];
my_sys1 = ss(A1, B1, C1, D1);    % Zustandsmodell des Systems
% mit einem Eingang
```

Danach wird das Zustandsmodell erweitert, so dass es auch die Prozess-Störung als Eingang erhält. Man benötigt drei Eingänge: einen für die Anregungskraft $F_e(t)$ und zwei für die unabhängigen Variablen $w_1(t), w_2(t)$:

```
Ts = 0.1;
% ------ Zustandsmodell mit drei Eingänge u(t), Gw(t)
my_sys2 = my_sys1(:, [1,1,1]);
my_sys2.b = [my_sys2.b(:,1),eye(2,2)];
```

Weiter wird das kontinuierliche Zustandsmodell my_sys11 gebildet, das keine Prozess-Störung am Eingang hat, und das als Ausgänge die Zustandsvariablen liefert:

```
% ------ Zeitdiskretisierung
my_sys11 = c2d(my_sys1, Ts, 'zoh'); % Zeitdiskretes Modells
my_sys11 = ss(my_sys11.a,my_sys11.b,eye(2,2),[0;0]);
% das die idealen Zustandsvariablen liefert
```

Es kann jetzt das kontinuierliche Zustandsmodell my_sys2 zeitdiskretisiert werden, um es dann bei der Ermittlung des Kalman-Filters mit der Funktion **kalman** einzusetzen:

```
my_sys3 = c2d(my_sys2, Ts, 'zoh'); % Zeitdiskretes Modell
% für das Kalman-Filter
% ------ Kalman-Filter
vnd = 0.0001;  vny = 0.01;  % Varianzen der Prozess-Störung
% und Messrauschen
Qn = eye(2,2)*vnd;    Rn = vny; % Kovarianzen
[Kest, L, P] = kalman(my_sys3, Qn, Rn,'current');
```

Da in dem Modell nur zeitdiskrete Blöcke enthalten sind, die alle mit der Abtastperiode T_s arbeiten, wird die Simulation mit dem 'FixedStepDiscrete' Solver und fester Schrittweite T_s durchgeführt:

```
% -------- Aufruf der Simulation
Tfinal = 100;
my_options=simset('Solver','FixedStepDiscrete','FixedStep',Ts);
sim('kalmand2',[0,Tfinal],my_options);
t = y.time;    nt = length(t);        % Simulationszeit
```

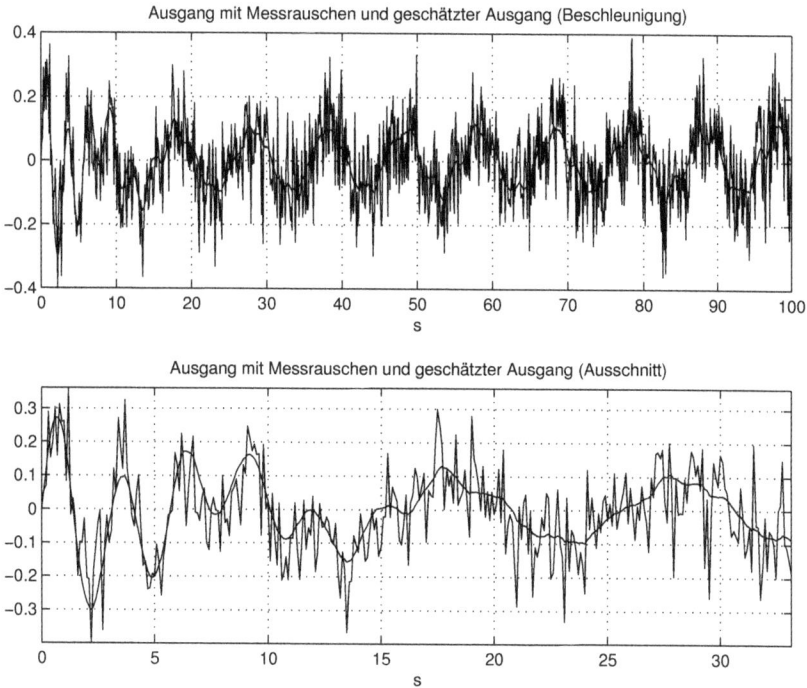

Abb. 3.88: Ausgang mit Messrauschen und geschätzter Ausgang (Beschleunigung) (kalman_2d.m, kalman2d.mdl)

```
ym = y.signals.values(:,1);% Ausgang y(t) mit Messrauschen
yg = y.signals.values(:,2);% Geschätzter Ausgang
xg1 = y.signals.values(:,3); % Erste geschätzte Zustandsvariable
xg2 = y.signals.values(:,4); % Zweite geschätzte Zustandsvariable
xk1 = y.signals.values(:,5); % Erste korrekte Zustandsvariable
xk2 = y.signals.values(:,6); % Zweite korrekte Zustandsvariable
figure(1);    clf;
.......
```

Im letzten Teil des Skriptes werden die Darstellungen programmiert. Abb. 3.88 zeigt die mit Messrauschen überlagerte Beschleunigung als Ausgang des Prozesses zusammen mit der geschätzten Beschleunigung für die Parameter, die im Skript initialisiert sind.

In Abb. 3.89 sind oben die mit dem Kalman-Filter geschätzten Zustandsvariablen und darunter die korrekten dargestellt, die mit Hilfe des Blocks *Discrete State-Space*, das mit dem Modell `my_sys11` initialisiert ist, ermittelt werden. Die sinusförmige Anregung führt im stationären Zustand ebenfalls zu sinusförmigen Variablen. In Abb. 3.89 ist die größere Schwingung die Koordinate der Lage der Masse und die etwas kleinere Schwingung stellt die Geschwindigkeit der Masse dar.

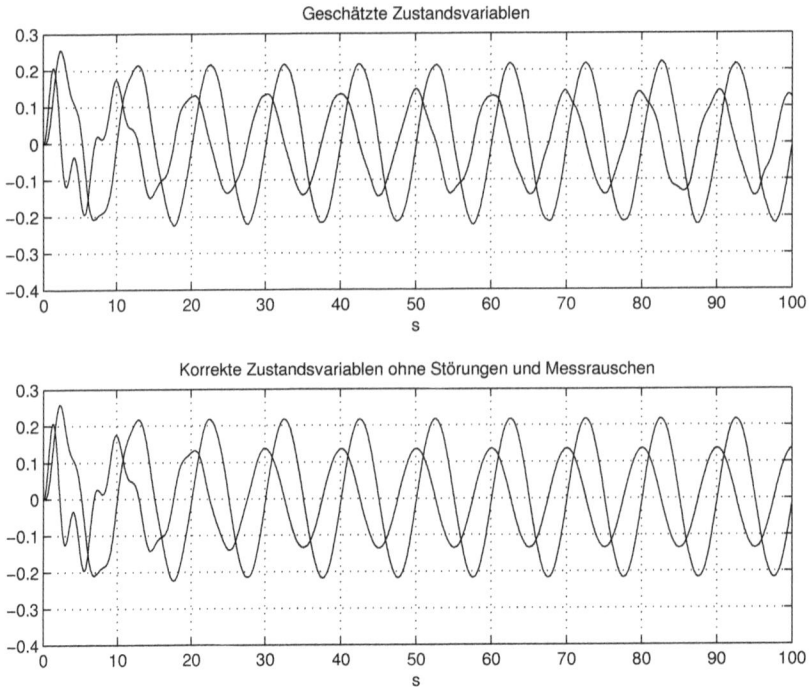

Abb. 3.89: a) Geschätzte Zustandsvariablen des Prozesses b) Korrekte Zustnadsvariablen (kalman_2d.m, kalman2d.mdl)

Aus diesen Abbildungen sieht man, wie man mit dem Kalman-Filter und einem guten Modell des Prozesses die Störung und das Messrauschen mit bestimmten Varianzen unterdrücken kann. Der Leser sollte hier weitere Experimente durchführen. Als Beispiel könnte man das Simulink-Modell mit zwei Integratoren erweitern und aus der Beschleunigung als Ausgang durch Integration die Geschwindigkeit und die Koordinate der Lage der Masse ermitteln.

Ein Beschleunigungssensor mit starkem Messrauschen, wie in Abb. 3.88 gezeigt, ist allgemein nicht realistisch. Hier wurde er angenommen, um die Möglichkeit des Kalman-Filters hervorzuheben.

Im Skript `kalman_d3.m`, aus dem das Modell `kalmand3.mdl` initialisiert und aufgerufen wird, ist als Ausgang die Koordinate der Lage der Masse angenommen, die mit Messrauschen überlagert ist. Aus diesem Ausgang soll jetzt ein geschätzter Ausgang mit unterdrücktem Messrauschen und die geschätzte Geschwindigkeit mit einem Kalman-Filter ermittelt werden.

Im neuen Skript ist nur die Matrix `C1` und `D1` wie folgt geändert:

```
C1 = [1, 0];    D1 = 0;
```

Abb. 3.90 zeigt den Ausgang mit Messrauschen und den geschätzten Ausgang als Koordinate der Lage. Die geschätzten Zustandsvariablen (nochmals die Lage und die

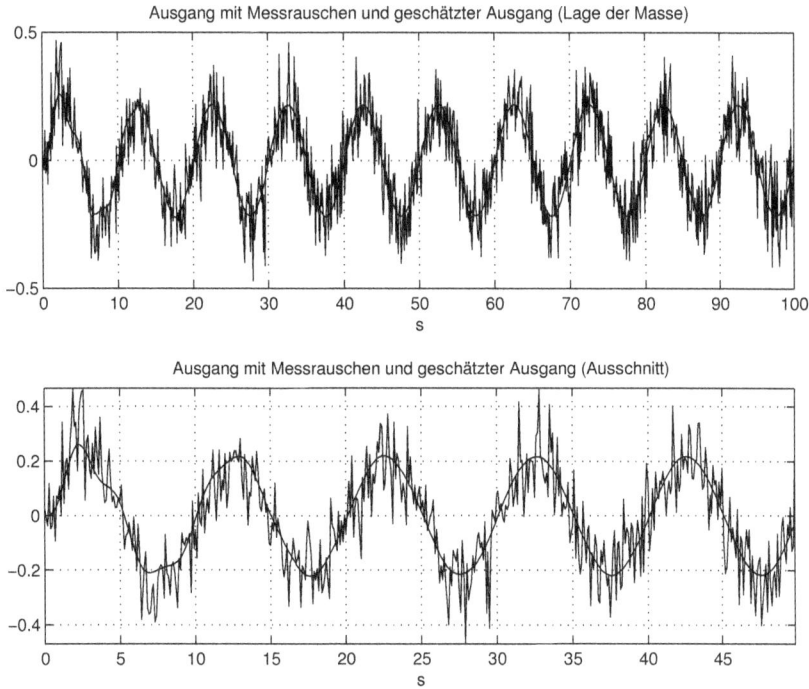

Abb. 3.90: Ausgang mit Messrauschen und geschätzter Ausgang (Lage der Masse)
(kalman_3d.m, kalman3d.mdl)

Geschwindigkeit) sind den Zustandsvariablen aus Abb. 3.89 gleich und werden nicht mehr dargestellt.

Ein weiteres Experiment könnte die Geschwindigkeit mit Messrauschen als Ausgang haben, um daraus die geschätzte Lage und die geschätzte Geschwindigkeit mit dem Kalman-Filter zu bestimmen.

3.6.11 Zeitabhängiges, zeitdiskretes Kalman-Filter

Es wird für die gleiche Anwendung ein zeitabhängiges, zeitdiskretes Kalman-Filter untersucht. Diese Form ist auch für zeitabhängige Systeme geeignet. Es wird von einem zeitdiskreten System, das durch folgendes Zustandsmodell beschrieben [23] ist, ausgegangen:

$$\mathbf{x}[k+1] = \mathbf{A}_k\mathbf{x}[k] + \mathbf{B}_k\mathbf{u}[k] + \mathbf{G}_k\mathbf{w}[k]$$
$$\mathbf{y}[k] = \mathbf{C}_k\mathbf{x}[k] + \mathbf{v}[k]$$

$$(3.123)$$

Hier ist $\mathbf{x}[k]$ der Vektor der Zustandsvariablen, $\mathbf{y}[k]$ ist der Vektor der Ausgangsvariablen und $\mathbf{u}[k]$ ist der Vektor der deterministischen Eingänge. Die Prozess-Störung $\mathbf{w}[k]$ und das Messrauschen $\mathbf{v}[k]$ sind statistisch unabhängige, normalverteilte

Zufallssequenzen mit folgende Kovarianzen:

$$E\{\mathbf{w}[k]\mathbf{w}^T[k+n]\} = \mathbf{Q}[k]\delta[k-n]$$
$$E\{\mathbf{v}[k]\mathbf{v}^T[k+n]\} = \mathbf{R}[k]\delta[k-n]$$

$$(3.124)$$

Die Berechnungen des Kalman-Filters werden in zwei Etappen durchgeführt [23], [10]. In der ersten Etappe wird der mit einem Zeitschritt vorausgesagte geschätzte Zustandsvektor $\hat{\mathbf{x}}[k+1|k]$ ermittelt:

$$\hat{\mathbf{x}}[k+1|k] = \mathbf{A}_k\hat{\mathbf{x}}[k|k] + \mathbf{B}_k\mathbf{u}[k] \qquad (3.125)$$

Hier ist $\hat{\mathbf{x}}[k|k]$ der geschätzte Zustandsvektor zum Zeitpunkt k, der auf allen Informationen die zu diesem Zeitpunkt verfügbar sind, basiert. Die vorausgesagte Kovarianzmatrix des Schätzfehlers $\mathbf{P}[k+1|k]$ wird durch

$$\mathbf{P}[k+1|k] = \mathbf{A}_k\mathbf{P}[k|k]\mathbf{A}_k^T + \mathbf{G}_k\mathbf{Q}[k]\mathbf{G}_k^T \qquad (3.126)$$

ermittelt, wobei die Kovarianzmatrizen durch

$$\mathbf{P}[k+1|k] = E\{(\mathbf{x}[k+1] - \hat{\mathbf{x}}[k+1|k]) \cdot (\mathbf{x}[k+1] - \hat{\mathbf{x}}[k+1|k])^T\}$$
$$\mathbf{P}[k|k] = E\{(\mathbf{x}[k] - \hat{\mathbf{x}}[k|k]) \cdot (\mathbf{x}[k] - \hat{\mathbf{x}}[k|k])^T\}$$

$$(3.127)$$

definiert sind.

In der zweiten Etappe werden der geschätzte Zustandsvektor $\hat{\mathbf{x}}[k+1|k+1]$, die Kovarianzmatrix $\mathbf{P}[k+1|k+1]$ und die Rückführungsmatrix des Kalman-Filters $L[k+1]$ berechnet:

$$\hat{\mathbf{x}}[k+1|k+1] = \hat{\mathbf{x}}[k+1|k] + \mathbf{L}[k+1]\big(\mathbf{y}[k+1] - \mathbf{C}_{k+1}\mathbf{x}[k+1|k]\big)$$
$$\mathbf{P}[k+1|k+1] = \mathbf{P}[k+1|k] - \mathbf{L}[k+1]\mathbf{C}_{k+1}\mathbf{P}[k+1|k] \qquad (3.128)$$
$$\mathbf{L}[k+1] = \mathbf{P}[k+1|k]\mathbf{C}_{k+1}^T\big[\mathbf{C}_{k+1}\mathbf{P}[k+1|k]\mathbf{C}_{k+1}^T + R[k+1]\big]^{-1}$$

Bei jedem Zeitschritt müssen die Berechnungen in der oben gezeigten Reihenfolge (Gl. (3.125), Gl. (3.126) und Gl. (3.128)) durchgeführt werden, beginnend mit den Anfangsbedingungen:

$$\hat{\mathbf{x}}[0,0] = \bar{\mathbf{x}}[0], \qquad \mathbf{P}[0,0] = P[0] \qquad (3.129)$$

Mit $\bar{\mathbf{x}}[0]$ wird der Mittelwert des geschätzten Zustandsvektors zum Zeitpunkt null bezeichnet und $P[0]$ ist die Kovarianzmatrix des Fehlers ebenfalls für $k = 0$.

Im Skript kalman_d4.m wird dieses Filter für das gleiche System aus Abb. 3.86 programmiert, wobei die Matrizen des Zustandsmodells als zeitkonstant betrachtet werden. Als Ausgang wird die Koordinate der Lage der Masse angenommen, die mit Messrauschen überlagert ist. Es wird dieser Ausgang und die Zustandsvariablen mit dem Filter geschätzt.

Am Anfang des Skriptes wird das zeitkontinuierliche Zustandsmodell ermittelt und weiter in ein zeitdiskretes Modell mit der Funktion **c2d** umgewandelt. Danach wird die Antwort des zeitdiskreten Modells auf eine sinusförmige Anregung mit Prozess-Störung berechnet:

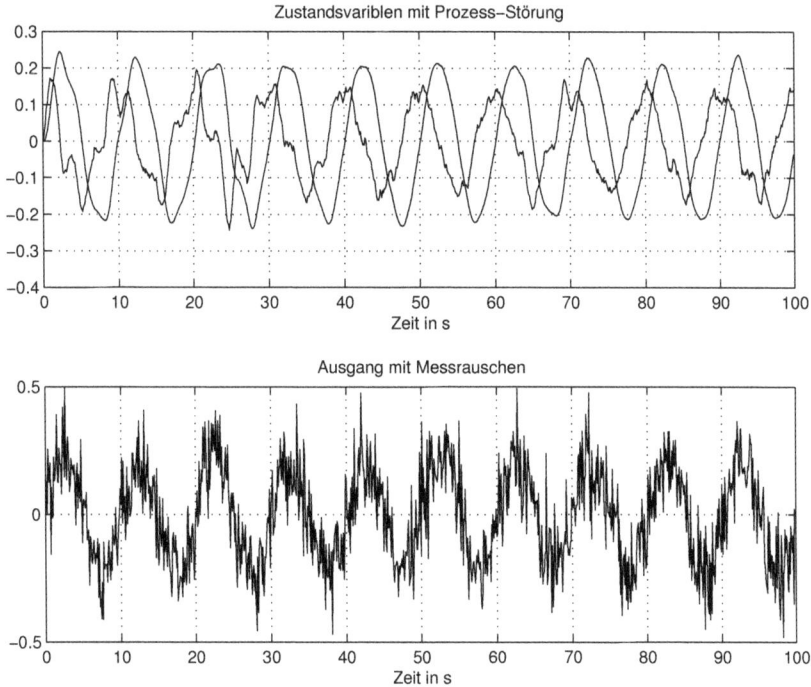

Abb. 3.91: *Zustandsvariablen mit Prozess-Störung und Ausgang mit Messrauschen (Lage der Masse) für vnd=0,01 und vny=0,01* (kalman_4d.m, kalman4d.mdl)

```
% Skript kalman_d4.m, in dem ein zeitdiskretes Kalman-Filter
% zur Schätzung der Lage und Geschwindigkeit eines
% Feder-Masse-Systems aus der Lage, die mit Messrauschen
% überlagert ist, untersucht wird.
clear;
% ------- Parameter des Systems
m = 2;        k = 10;        c = 0.5;
fanreg = 0.1; ampl = 2; % Frequenz und Amplitude der Anregung
randn('seed', 1378);
% ------- Zustandsmodell
A = [0,1;-k/m,-c/m];
B = [0;1/m];
C = [1,0];   D = [0];
my_sys = ss(A, B, C, D);    % Zustandsmodell des Systems
% mit einem Eingang
Ts = 0.1;
my_sys1 = c2d(my_sys, Ts, 'zoh'); % Zeitdiskretes Modells
A1 = my_sys1.a;    B1 = my_sys1.b;
C1 = my_sys1.c;    D1 = my_sys1.d;
G1 = [B1,B1];        % Eingänge für die Prozess-Störung
```

```
vnd = 0.01;   vny = 0.01;   % Varianzen der Prozess-Störung
% und des Messrauschens
Qn = eye(2,2)*vnd;      Rn = vny;  % Kovarianzen
nfinal = 1000;
% -------- Antwort des Systems mit Prozess- und Messrauschen
x = zeros(2,nfinal);
y = zeros(1,nfinal);
w = randn(2,nfinal)*sqrt(vnd);   % Prozess-Störung
v = randn(1,nfinal)*sqrt(vny);   % Messrauschen
x0 = [0;0];                % Anfangsbedingungen
x(:,1) = x0;
u = ampl*sin(2*pi*fanreg*(0:nfinal-1)*Ts);   % Anregung
for k = 1:nfinal-1
    x(:,k+1) = A1*x(:,k) + B1*u(k) + G1*w(:,k);
    y(k) = C1*x(:,k) + v(k);
end;
......
```

Abb. 3.91 zeigt oben die Zustandsvariablen mit Prozess-Störung und darunter der Ausgang mit Messrauschen für eine Varianz der Prozess-Störung von vnd=0.01 und eine Varianz des Messrauschens von vny=0.01. Eine der Zustandsvariablen, die nicht so stark durch das Prozess-Rauschen gestört ist, stellt auch den Ausgang ohne Messrauschen dar.

Im Skript wird weiter das Kalman-Filter programmiert. Die Kovarianzmatrix des korrigierten Schätzfehlers $\mathbf{P}[k|k]$ und die Kovarianzmatrix des vorausgesagten Schätzfehlers $\mathbf{P}[k+1|k]$ werden in dreidimensionale Felder mit den Namen Pk bzw. Pk_ gespeichert.

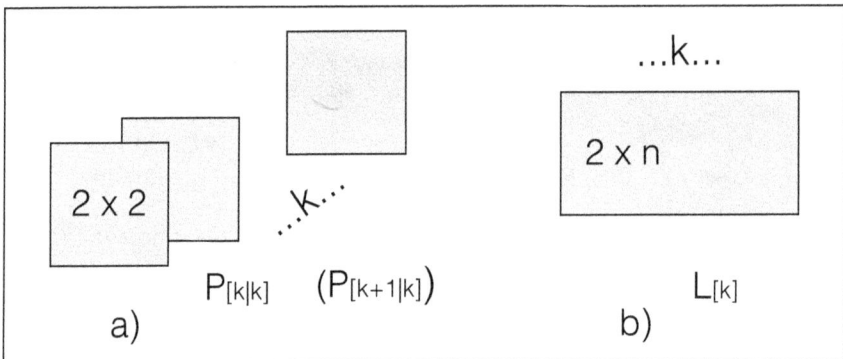

Abb. 3.92: *Mehrdimensionales Feld für die Zwischenspeicherung der Kovarianzmatrizen* $\mathbf{P}[k|k]$ *und* $\mathbf{P}[k+1|k]$ *der Schätzfehler und für die Matrix* $\mathbf{L}[k]$
(kalman_4d.m, kalman4d.mdl)

In Abb. 3.92a ist die Struktur dieser Felder skizziert. Die ersten zwei Indizes des Feldes stellen die Zeilen und Spalten der 2x2 Matrix für den laufenden Zeitpunkt k dar und der dritte Index stellt den Zeitpunkt k dar. Somit werden alle Kovarianzen der Untersuchung gespeichert und man kann dann feststellen, dass diese Matrizen sich im stationären Zustand zu konstanten Matrizen entwickeln.

Ähnlich wird, wie in Abb. 3.92b skizziert, die 2x1 Rückführungsmatrix $\mathbf{L}[k]$ in einem zweidimensionalen Feld (eine Matrix) mit dem Namen Lk für alle Simulationsschritte k zwischengespeichert. In folgenden Skriptzeilen wird das Filter programmiert:

```
% ------ Kalman-Filter
% Prediction und Filtering
xk_ = zeros(2,nfinal);    % Vorausgesagte Zustandsvariablen
xk = xk_;                 % Geschätzte Zustandsvariablen
Pk_ = zeros(2,2,nfinal);      Pk = Pk_; % Vorausgesagte
            % und geschätzte Kovarianzen des Fehlers
Lk = zeros(2,1,nfinal);   % Rückführungsmatrix
xk_(:,1) = x0;            % Anfangsbedingungen
Pk_(:,:,1) = eye(2,2);
for k = 1:nfinal-1
    xk_(:,k+1) = A1*xk(:,k) + B1*u(k);
    Pk_(:,:,k+1) = A1*Pk(:,:,k)*A1' + G1*Qn*G1';
    xk(:,k+1) = xk_(:,k+1) + Lk(:,k+1)*(y(k+1) - C1*xk_(:,k+1));
    Pk(:,:,k+1) = (eye(2,2) - Lk(:,k+1)*C1)*Pk_(:,:,k+1);
    Lk(:,k+1) = Pk_(:,:,k+1)*C1'*inv(C1*Pk_(:,:,k+1)*C1' + Rn);
end;
yk = C1*xk;                  % Geschätzter Ausgang
figure(1);          clf;
subplot(211), plot((0:nfinal-1)*Ts, x');
  title('Zustandsvariblen mit Prozess-Störung');
  xlabel('Zeit in s');     grid on;
subplot(212), plot((0:nfinal-1)*Ts, xk');
  title('Geschätzte Zustandsvariblen');
  xlabel('Zeit in s');     grid on;
figure(2);          clf;
subplot(211), plot((0:nfinal-1)*Ts, y);
  title('Ausgang mit Messrauschen');
  xlabel('Zeit in s');     grid on;
subplot(212), plot((0:nfinal-1)*Ts, yk);
  title('Geschätzter Ausgang');
  xlabel('Zeit in s');     grid on;
```

Abb. 3.93 zeigt oben die geschätzten Zufallsvariablen und darunter den geschätzten Ausgang, der eigentlich gleich mit einer geschätzten Zufallsvariablen ist.

Zum besseren Verständnis des drei dimensionalen Feldes werden einige Werte der Matrizen Pk ausgegeben:

```
>> Pk(:,:,1:5)
ans(:,:,1) =
      0     0
      0     0
ans(:,:,2) =
   1.0e-04 *
```

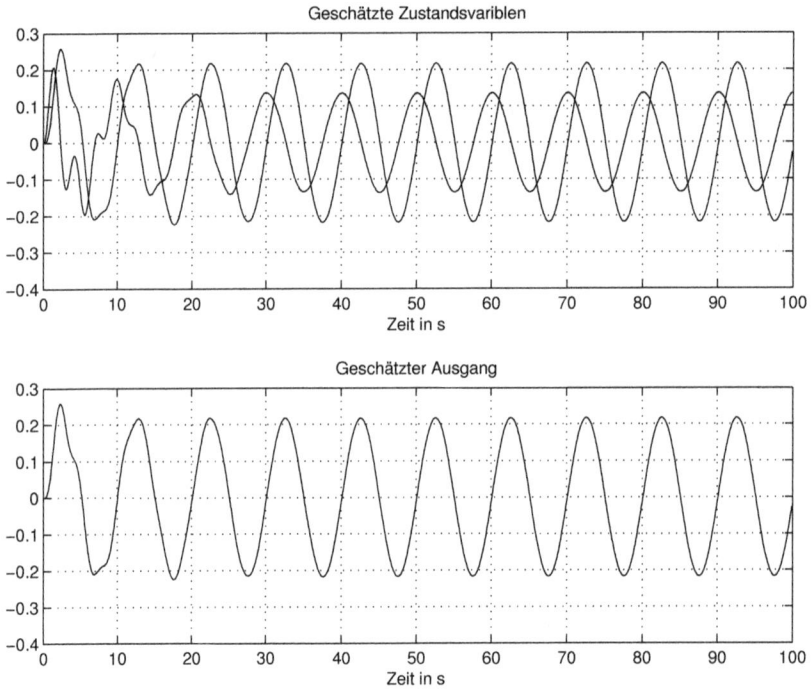

*Abb. 3.93: Geschätzte Zustandsvariablen und geschätzter Ausgang für vnd=0,01 und
vny=0,01 (kalman_4d.m, kalman4d.mdl)*

```
       0.0012      0.0242
       0.0242      0.4796
ans(:,:,3)  =
    1.0e-04 *
       0.0116      0.0895
       0.0895      0.8910
ans(:,:,4)  =
    1.0e-03 *
       0.0038      0.0180
       0.0180      0.1205
ans(:,:,5)  =
    1.0e-03 *
       0.0083      0.0277
       0.0277      0.1410

    . . . . .
```

Mit einigen Skriptzeilen kann man die Entwicklung der Werte der Kovarianzmatrizen
Pk oder Pk_ vom den Anfangswerten gleich null zu den stationären Endwerten ermitteln und darstellen. Das Gleiche gilt auch für die Werte der Rückführungsmatrix Lk, die auch zu konstanten Werten strebt.

Der Leser soll mit den Varianzen der Prozess-Störung und des Messrauschens experimentieren und mit größeren Werten als die im Skript gewählten das Verhalten untersuchen.

3.6.12   Schlussbemerkungen

Mit Hilfe des Kalman-Filters können die Zustandsvariablen eines dynamischen Systems aus verrauschten Messungen und mit zufälligen Prozess-Störungen optimal geschätzt werden. Die Schätzung ist statistisch optimal im Bezug auf eine quadratische Funktion des Schätzfehlers.

Das Filter ist zweifellos eine der größten Erfindungen in der Geschichte der statistischen Schätztheorie [23]. Die unmittelbare Anwendung war im Bereich der Regelungstechnik für komplexe dynamische Systeme. Es ist ein Schätzwerkzeug und wird als Filter bezeichnet, weil es zur Trennung der Signale von Rauschen dient und ein inverses Problem löst. Aus dem Wissen, wie die gemessenen Größen von den Zustandsvariablen abhängen, werden diese mit einer inversen Funktion geschätzt.

Die im vorherigen Abschnitt gezeigten Beispiele des Kalman-Filters sind alle von linearen zeitinvarianten Systemen ausgegangen. Das letzte dargestellte zeitdiskrete Kalman-Filter kann auch für lineare zeitvariante Systeme benutzt werden. Leider sind die praktischen Systeme oft nichtlinear. Seit der Erfindung des Filters in 1960 [30] sind sehr viele Erweiterungen hinzugekommen.

Das so genannte *Extended Kalman-Filter* [23] wird für nichtlineare Systeme eingesetzt. Das System wird in der Umgebung des geschätzten Wertes $\hat{x}[k|k]$ linearisiert und mit Hilfe des Filters wird der Schätzwert $\hat{x}[k+1|k]$ berechnet. Danach wird eine weitere Linearisierung in der Umgebung dieses vorausgesagten Schätzwertes durchgeführt, um daraus den Wert $\hat{x}[k+1|k+1]$ zu ermitteln. Danach wiederholt sich der Zyklus.

Im Internet gibt es von verschiedenen Hochschulen Aufsätze, Skripte etc., die sehr gute Einführungen in die Thematik der Kalman-Filter enthalten. Die deutschen klassischen Bücher [10], [52] zusammen mit den englischen Büchern [23], [40] bilden eine gute Grundlage für das Verstehen und Anwenden der Schätztheorie allgemein und speziell der Kalman-Filter-Theorie.

Literaturverzeichnis

[1] ACSL-PROGRAMMING LANGUAGE: *Advanced Continuous Simulation Language:* `www.acslx.com`.

[2] ARMSTRONG-HELOUVRY BRIAN, DUPONT PIERRE, CANUDAS DE WIT CARLOS: *A Survey of Models, Analysis Tools and Compensation Methods for the Control of Machines with Friction.* Automatica, Vol. 30(No.7):1083–1138, 1994.

[3] ASTRÖM K. J., CANUDAS-DE-WIT C.: *Revisiting the LuGre Model. Stick-slip motion and rate dependence.* IEEE Control System Magazine, 28(6):101–114, 2008.

[4] ASTRÖM KARL J.: *Control of Systems with Friction.* Technischer Bericht, Department of Automatic Control, Lund Institute of Technology, SWEDEN, 1996.

[5] ASTRÖM KARL J., HÄGGLUND TORE: *PID Controllers: Theory, Design, and Tuning.* Instrumental Society of America, 1995.

[6] ASTRÖM KARL JOHAN, MURRAY RICHARD M.: *Feedback Systems. An Introduction for Scientists and Engineers.* Princeton University Press, 2008.

[7] BECKER HICKL GMBH: *LIA-150 Dual Phase Lock-in Amplifier:* `http://www.becker-hickl.de/pdf/Lia150.pdf`.

[8] BEST, ROLAND: *Phase Locked Loops: Design, Simulation and Applications.* McGraw Hill, Sixth Edition Auflage, 2007.

[9] BOHL W., ELMENDORF W.: *Technische Strömungslehre.* Vogel Buchverlag, 2008.

[10] BRAMMER KARL, SIFFLING GERHARD: *Kalman-Bucy-Filter.* Oldenbourg Verlag, 1975.

[11] CHARU MAKKAR: *Nonlinear Modeling, Identification and Compensation for Frictional Disturbances.* Doktorarbeit, University of Florida, 2006.

[12] CHOU DANIELLE: *Dahl Friction Modeling.* Diplomarbeit, Massachusetts Institute of Technology, June 2004.

[13] CLEVE MOLER: *Numerical Computing with MATLAB.* MathWorks: `http://www.mathworks.de/moler/index\_ncm.html`, 2000.

[14] DANKERT JÜRGEN, DANKERT HELGA: *Technische Mechanik. Statik, Festigkeitslehre, Kinematik, Kinetik.* Teubner, 3. Auflage Auflage, 2004.

[15] DANKERT/DANKERT: *Laufkatze mit pendelnder Last - einfache Berechnung mit Matlab; http://www.tm-aktuell.de/TM5/Laufkatze/laufkatze_matlab.html.*

[16] DEN HARTOG J. P.: *Mechanische Schwingungen.* Springer-Verlag, 1952.

[17] DIECKERHOFF MARC, PRASSE CHRISTIAN, HOMPEL MICHAEL: *Systemvergleich zwischen magnetisch erregten und piezoerregten Schwingförderen.* Logistics Journal: Proceedings -ISSN 2192-9084, 2012.

[18] FLIEGE NORBERT: *Multiraten-Signalverarbeitung: Theorie und Anwendungen.* Teubner, 1993.

[19] FREUND E.: *Regelungssysteme im Zustandsraum I und II, Struktur und Analyse bzw. Synthese.* Oldenbourg Verlag, 1987.

[20] GEERING H. P., SHAFAI E.: *Regelungstechnik II.* Institut für Mess- und Regeltechnik ETH-Zentrum, CH-8092 Zürich, Schweiz, 2. Auflage, März 2004 Auflage.

[21] GEORGE BRADLEY ARMEN: *Phase sensitive detection: the Lock in amplifier.* Technischer Bericht, Department of Physics and Astronomy, The University of Tennessee Knoxville, Tenessee 37996-1200, April 2008.

[22] GRAHAM KELLY S.: *Mechanical Vibrations Theory and Applications.* CENGAGE Learning, 2012.

[23] GREWAL MOHINDER S., ANDREWS ANGUS P.: *Kalman Filtering: Theory and Practice Using MATLAB.* John Wiley, Second Edition Auflage, 2001.

[24] HARMAN THOMAS L., DABNEY JAMES, RICHERT NORMAN: *Advanced Engineering Mathematics using MATLAB.* Cengage Learning, 2 edition Auflage, December 1999.

[25] HENRICHFREISE HERMANN, WITTE CHRISTIAN: *Observer-based nonlinear Compensation of Friction in a Positioning System.* Technischer Bericht, University of applied sciences Cologne, IX. German-Polisch Seminar, Cologne Laboratory of Mechatronics, Betzdorfer Str. 2, D-50679 Cologne, Germany, 1997.

[26] HOFFMANN JOSEF: *MATLAB und Simulink. Beispielorientierte Einführung in die Simulation dynamischer Systeme.* Addison-Wesley, 1998.

[27] HOFFMANN JOSEF: *Spektrale Analyse mit MATLAB und Simulink. Anwendungsorientierte Computer-Experimente.* Oldenbourg Verlag, 2011.

[28] HOFFMANN JOSEF, QUINT FRANZ: *Signalverarbeitung mit MATLAB und Simulink. Anwendungsorientierte Simulationen.* Oldenbourg Verlag, 2007.

[29] HOFFMANN JOSEF, QUINT FRANZ: *Einführung in Signale und Systeme. Lineare zeitinvarinte Systeme mit anwendungsorientierten Simulationen in MATLAB/Simulink.* Oldenbourg Verlag, 2013.

[30] KALMAN R. E.: *A New Approach to Lonear Filtering and Prediction Problems*. Transaction of the ASME-Journal of Basic Engineering, 82 (Series D):35–45, 1960.

[31] KELLY R.: *Enhancement the LuGre Model for Global Description of Friction Phenomena*. Latin American Applied Reserch, 34:173–177, 2004.

[32] KESSLER R.: *Füllstandsregelung mit Zweipunktregler*, `http://www.home.hs-karlsruhe.de/~kero0001/`.

[33] KESTER WALTER, ERISMAN BRIAN: *Practical Design Techniques for Power and Thermal Management, Section 3 Switching Regulators*. Analog Devices, Inc., 1998.

[34] KLOTZBACH S., HENRICHFREISE H.: *Ein nichtlineares Reibmodell für die numerische Simulation reibungsbehafteter mechatronischer Systeme*. Technischer Bericht, DMecS Development of Mechatronic Systems, Gottfried-Hagen-Straße 60, D-51105 Köln, 2002.

[35] KOUICHI MITSUNAGA, TAKAMI MATSUO: *Adaptive Compensation of Friction Forces with Differential Filter*. International Journal of Computers, Communications and Control, Vol III(No. 1):pp. 80–89, 2008.

[36] KREYSZIG, ERWIN: *Advanced Engineering Mathematics*. John Wiley & Sons, 2006.

[37] LINDH C., LAFLAMME S., CONNOR J.: *Effects of Damping Device Nonlinearity on the Performance of Semiactive Tuned Mass Dampers*. In: *5 th World Conference on Structural Control and Monitoring*, 12-14 july 2010 Tokyo.

[38] MCCLELLAN JAMES H., BURRUS C. SIDNEY, OPPENHEIM ALAN V., PARKS THOMAS W., SCHAFER RONALD W., SCHUESSLER HANS W.: *Computer-Based Exercises for Signal Processing using MATLAB 5*. Prentice Hall, 1998.

[39] MCINTYRE M.E., WOODHOUSE J.: *On the fundamentals of bowed string dynamics*. Acustica, 43(2):93–108, Sept. 1979.

[40] MENDEL JERRY M.: *Lessons in Estimation Theory for Signal Processing, Communication and Control*. Prentice Hall, 1995.

[41] MERTEN F., SPERLING L.: *Numerische Untersuchungen zur Selbstsynchronisation von Unwuchtmotoren*. Technische Mechanik, Band 16(Heft 3):209–220, 1996.

[42] MEYER DAGMAR, STEER ANDREAS: *Versuch 3-Füllstandsregelung*, `https://www.ostfalia.de/export/sites/default/de/pws/meyer/lehrveranstaltungen/rtlabor/skripte/GRTV3.pd`, 2011.

[43] MOHAN NED , UNDERLAND TORE M., ROBBINS WILLIAM P.: *Power electronics: converters, applications and design*. John Wiley, 3rd ed Auflage, 2003.

[44] OGATA, K.: *Modern Control Engineering*. Prentice Hall, 1990.

[45] OGATA, K.: *Designing Linear Control Systems with MATLAB*. Prentice Hall, 1994.

[46] OLSSON H., ASTRÖM K. J., CANUDAS DE WIT C., GÄFVERT M., LISCHINSKY P.: *Friction Models and Friction Compensation*. Technischer Bericht, Department of Automatic Control, Lund Institute of Technology, Lund University, 1997.

[47] PIERSOL ALLAN G., PAEZ THOMAS L. (Herausgeber): *Shock and Vibration Handbook*. McGraw Hill, 6. Auflage, 2009.

[48] PIRES VITOR FEMAO, SILVA JOSE FERNANDO A.: *Teaching Nonlinear Modeling and Control of Electronic Power Converters Using MATLAB/SIMULINK*. IEEE Transactions on Education, 45(3), August 2002.

[49] POPOV VALENTIN L.: *Kontaktmechanik und Reibung. Ein Lehr- und Anwendungsbuch von der Nanotribologie bis zur numerischen Simulation*. Springer-Verlag, 2009.

[50] REUTER MANFRED, ZACHER SEGER : *Regelungstechnik für Ingenieure*. Vieweg Verlag, 2004.

[51] RISCH THOMAS: *Zweidimensionale Bewegungsformen in der Vibrationsfördertechnik*. Doktorarbeit, Fakultät für Maschinenbau der Technischen Universität Chemnitz, 2011.

[52] SCHRICK KARL-WILHELM PROF. DR.-ING (Herausgeber): *Anwendungen der Kalman-Filter-Technik, Anleitung und Beispiele*. Im Auftrage der Deutschen Gesellschaft für Ortung und Navigation. Oldenbourg Verlag, 1977.

[53] SERAFIN STEFANIA, AVANZINI FEDERICO, ROCCHSSO DAVIDE: *Bowed String Simulation using an Elasto-Plastic Friction Model*. Proceedings of the Stockholm Musik Acoustics Conference (SMAC 03), Seiten SMAC 1–4, August 6-9, 2003.

[54] STAMM WOLFGANG: *Modellierung und Simulation von Mehrkörpersystemen mit flächigen Reibkontakten*. Doktorarbeit, Karsruhe Institut für Technologie, 2009.

[55] STANFORD RESEARCH SYSTEMS: *About Lock-In Amplifiers. Application Note 3:* `http://www.thinksrs.com/downloads/PDFs/ApplicationNotes/AboutLIAs.pdf`.

[56] STRUM ROBERT D., KIRK DONALD E.: *Contemporany Linear Systems Using MATLAB*. PWS Publishing Company, 1999.

[57] SU JUING HUEI, CHEN JIANN JONG, WU DONG SHIUH: *Learning Feedback Controller Design of Switching Converters Via MATLAB/SIMULINK*. IEEE Transactions on Education, Vol. 45, November 2002.

[58] TIETZE U., SCHENK CH.: *Halbleiter-Schaltungstechnik*. Springer, 12. Auflage, 2012.

[59] TONOLI ANDREA, AMATI NICOLA, SILVAGNI MARIO: *Electromechanical Dampers for Vibration Control of Structures and Rotors*. In: MICKAEL LALLART (Herausgeber): *Vibration Control*. Sciyo, 2010.

[60] TORSTENSSON ERIK: *Comparison of Schemes for Windup Protection*. Diplomarbeit, Lund University, Department of Automatic Control, 2013.

[61] UNBEHAUEN HEINZ: *Regelungstechnik II. Zustandsregelungen, digitale und nichtlineare Regelsysteme.* Vieweg Verlag, 9. Auflage Auflage, 2007.

[62] WAFFLER STEFAN: *Hochkompakter bidirektionaler DC-DC-Wandler für Hybridfahrzeuge.* Doktorarbeit, Eidgenössische Technische Hochschule (ETH) Zürich, 2011.

[63] WELCH GREG, BISHOP GARY: *An Introduction to the Kalman Filter.* TR 95-041, Department of Computer Science University of North Carolina at Chapel Hill, 2006.

[64] YOHJI OKADA, RYUICHI OKASHITA: *Adaptive Control of an Active Mass Damper to Reduce Structural Vibration.* The Japan Society of Mechanical Engineers, 33(3):435–440, 1990.

Index

www.ingramcontent.com/pod-product-compliance
Lightning Source LLC
Chambersburg PA
CBHW081050220326
41598CB00038B/7044